产品效果图
电脑表现技法

赵　竞　尹章伟◎主　编
郭　磊　张春红◎副主编

化学工业出版社
·北京·

本书介绍Photoshop和CorelDRAW这两个平面软件在产品效果图表现中的使用方法和技巧。本书从零基础开始介绍软件的基本操作，直到综合性的产品设计案例制作，书中所选的案例新颖，包括汽车、家电、信息产品等，理论与实践结合，读者不仅能学会操作，更理解为什么要这样做，从而掌握方法。书中每章后配有课后练习，供学习后练习使用。

本书配有电子教案、PPT、案例素材和工程文件以及教学视频，可供使用本书的授课教师和读者下载使用。

本书适合高等院校工业设计、产品设计专业教学使用，也可供从事产品设计工作的专业设计师和产品设计爱好者参考，还可作为相关培训学校的教材。

图书在版编目（CIP）数据

产品效果图电脑表现技法 / 赵竞，尹章伟主编. —北京：化学工业出版社，2016.11（2022.7 重印）

ISBN 978-7-122-28136-4

Ⅰ. ①产… Ⅱ. ①赵… ②尹… Ⅲ. ①工业产品－造型设计－效果图－计算机辅助设计 Ⅳ. ①TB472-39

中国版本图书馆 CIP 数据核字（2016）第 229815 号

责任编辑：李玉晖 杨 菁　　文字编辑：向 东

责任校对：王 静　　装帧设计：史利平

出版发行：化学工业出版社（北京市东城区青年湖南街 13 号 邮政编码 100011）

印 装：北京虎彩文化传播有限公司

787mm×1092mm 1/16 印张 23¾ 字数 386 千字 2022 年 7 月北京第 1 版第 5 次印刷

购书咨询：010-64518888　　售后服务：010-64518899

网 址：http://www.cip.com.cn

凡购买本书，如有缺损质量问题，本社销售中心负责调换。

定 价：78.00 元

前言 Preface

产品效果图表现技法是产品设计的语言，也是设计师传达设计创意必备的技能，是设计全过程中的一个重要环节。设计表现能力是设计人员必备的专业技能之一。

本书主要针对学习工业设计、产品设计专业的读者，为他们学习产品效果图表现必须掌握的两种软件（Photoshop和CorelDRAW）提供简要的设计方法说明、软件操作技巧分类说明以及产品效果图制作案例的详细讲解。全书分为三个部分，首先是总体概述，从产品效果图绘制的流程及软件比较出发，介绍产品效果图电脑表现的一般思路、方法与绘制流程；然后分别介绍Photoshop和CorelDRAW这两个软件的基本操作，在每个部分中都是先结合小案例讲解绘制外形轮廓、颜色光影和材质质感的技巧，再通过综合性案例运用表现技巧来完成产品效果图的绘制；最后通过一个综合性案例详细讲解了两个软件之间的优势互补及分工合作。另外，本书附录中还收录了常用图形图像术语、常用图形图像文件格式、Photoshop和CorelDRAW软件常用的快捷键以及学生获奖作品和课堂作业展示，供读者参考。

全书内容由浅入深，适合零基础的读者作为入门学习的参考资料，同时对于从事产品设计工作的设计师来讲，也能从本书中获得电脑效果图绘制表现技法及原理的一些补充，为知识的活学活用打下坚实的基础。

本书由电子科技大学中山学院赵竞和武汉大学尹章伟主编，电子科技大学中山学院郭磊、张春红副主编，赵竞统稿。其中，第3、4、7章由赵竞编写，第1章由尹章伟编写，第5章由郭磊编写，第2章由张春红编写，第6章由陈晓纯编写，第8章由蔡铿编写。

本书内容丰富，案例新颖，通过书中的操作步骤详解与配套素材可以详细地了解案例的操作过程和步骤，每章还附有课后练习。本书配套素材包含书中所有案例的工程文件和效果图，对于案例中的部分难点和课后思考题录制了学习视频，方便读者学习。

本书在撰写的过程中，得到了电子科技大学中山学院艺术设计学院的领导和同事们的大力支持与指导，感谢他们为本书的构架和内容组成提供了许多的指导。感谢本院工业设计专业学生的支持，他们不仅提供了本门课程的作业及考试作品作为本书的部分展示内容，展现了学习的效果，同时还结合自己上课学习过程中的切身感受，为本书的案例选取提出了许多宝贵的意见。

由于作者时间和水平有限，书中内容与文字难免存在不足之处，望各位专家、同行不吝赐教，批评指正。

赵　竞

电子科技大学中山学院

2016年11月

目录
Contents

第7章 CorelDRAW产品效果图表现实例 / 231

二维码所在页码

42	43	117	195	196	217	229	230
250	269	271	278	296	333	338	

下载PPT课件

www.cipedu.com.cn

搜索“赵竞”

下载工程文件

第1章

概　述

产品设计是基于市场需求和消费者分析基础之上对产品的开发，以及从形状、结构、颜色、材料等方面对产品进行的一体化设计。现代产品设计不仅要满足人们的物质需求即产品的使用功能，而且要满足人们的精神需求即产品的审美功能。

1.1 产品设计的一般流程

现代产品设计是有计划、有步骤、有目标、有方向的创造活动。每个设计过程都是解决问题的过程。产品设计流程一般分为设计准备、市场调研、设计定位、创意草图、产品设计效果图、结构设计和样机模型制作等7个步骤（见图1-1），包括信息搜集和整理的工作、创造性的工作、交流方面的工作、测试和评价方面的工作和说明的工作等。

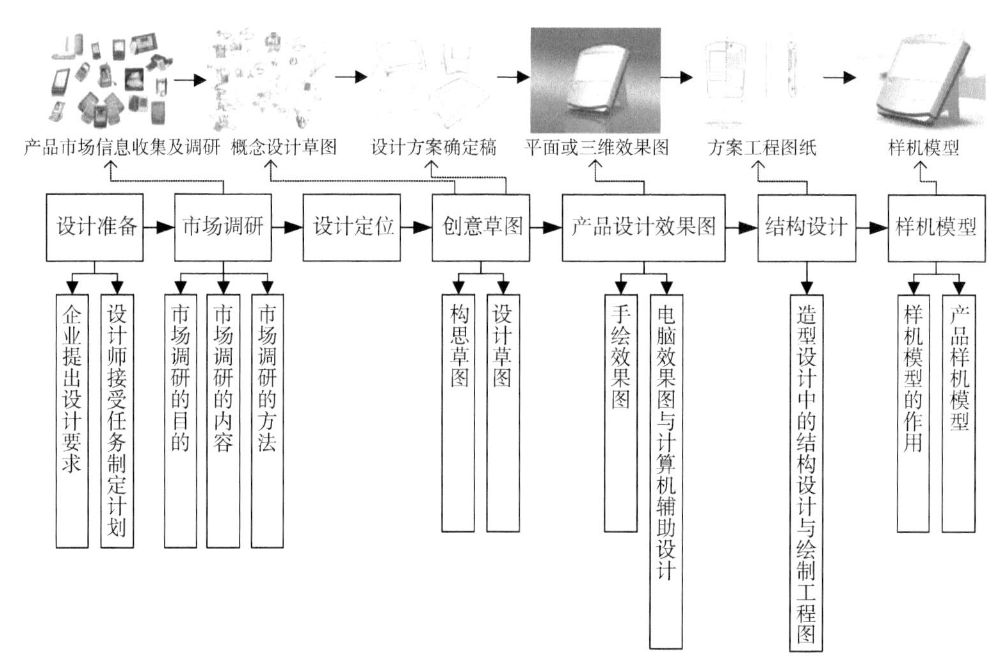

图1-1 产品设计流程图

1.2 产品效果图在工业设计中的重要作用

产品效果图是在一定的设计思维和方法的指导下，把符合生产加工技术条件和消费者需要的产品设计构想，通过技巧先加以可视化的技术手段。

产品效果图包括手绘效果图和电脑效果图（见图1-2），是设计师记录自己的构思过程、发展创意方案的主要手段，也是设计师向其他人阐述设计对象的具体形态、构造、色彩、材料等要素，与对方进行更深入的交流和沟通的重要方式。产品效果图表现技法是产品设计的语言，也是设计师传达设计创意必备的技能，是设计全过程中的一个重要环节。设计表现能力是设计人员必备的专业技能之一。

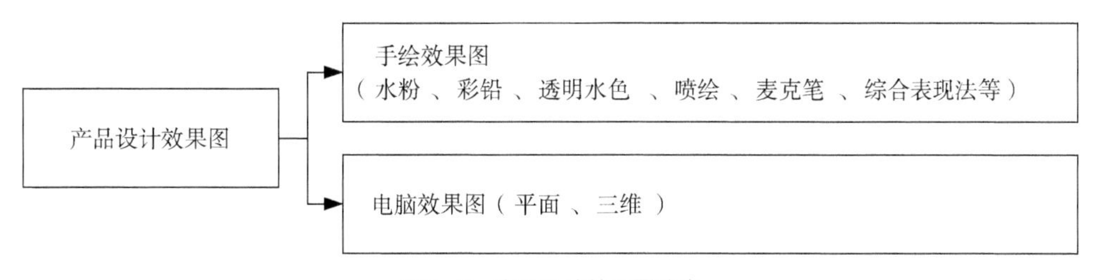

图1-2 产品设计效果图分类

1.3 产品电脑效果图的绘制流程

绘制产品电脑效果图，基本上是顺序完成三个方面的工作，即绘制外形轮廓、绘制颜色光影和绘制材质质感。

1.3.1 绘制外形轮廓

在平面软件中绘制产品效果图，首先要绘制产品的外形轮廓。绘制轮廓时要尽量表达产品的各个视图和使用方式，例如手机要求正视图、左侧视图、右侧视图、后视图、打开视图、顶视图和底视图，这样才能让结构工程师能够从上面提取线和在评审时对手机形成整体的概念。绘制轮廓要求严谨、正确，不能出现结构上的错误，这样才能为后续的工作打好基础。绘制轮廓的方法一般有以下三种：

方法一，参照草图绘制外形轮廓。设计师先在纸上绘制草图方案，然后通过扫描、拍照等手段将手绘草图数字化，再导入软件作为图底参考，并结合运用软件中的相关工具绘制外形轮廓。绘制草图时要注意尺寸、比例关系正确，利用软件中的工具整理草稿时要注意线条清晰、流畅。

方法二，直接绘制外形轮廓。如果设计师对软件的使用已经掌握得比较熟练，那么也可以不用将草图导入软件，直接在平面软件中绘制产品外形轮廓。

方法三，参照三维模型渲染视图绘制外形轮廓。对三维软件熟悉的设计师，还可以先在三维软件里建一个大概的模型，渲染出各个视图，导入平面软件后，再在其基础之上调整绘制外形轮廓线。

以上三个方法中，方法一是从草图方案开始一步一步绘制出最终的电脑效果图，更加适合初学者学习掌握。方法二和方法三都要求设计师对平面软件或三维软件的操作已经掌握得比较熟练。其中，方法三绘制过程可能会花费较多时间，但是画出来的外形轮廓线通常不会存在致命的错误，因此也是很好的方法。本书中的案例一般使用方法一来完成制作。绘制外形轮廓的方法很多，大家也可以采用自己熟悉的方法来制作完成。

1.3.2 绘制颜色光影

产品轮廓绘制完成后，就可以开始绘制颜色光影了，上色过程与素描的方法大致相同，采取从整体到局部的方法，即先铺大调子增强整体感，明确光线的方向，再来刻画细节的地方。这样做的好处是统一确定画面中的光线方向，容易形成整洁、统一的画面效果。

绘制颜色光影时有两种方法：其一，是直接调出我们需要的颜色进行绘制；其二，是先绘制黑白的效果再新建一个调整层来达到调整颜色的目的。第二种方法在后期还可以很方便地改变颜色。

当然，在绘制颜色的时候也不要放松对形态和光线的把握，如果我们仔细观察真实产品的光影效果，就会发现即便是颜色单一的同一个部件，在光线的照射下，同一个面上颜色也有深浅变化，而不应该按照一个部件实际的颜色去填充整个区域的颜色。这就需要我们多留意、多观察，在绘制练习中慢慢建立可靠的感觉，并将观察所得运用于绘制实践中，一次一次提升绘制的效果和准确度。

1.3.3 表现材质质感

产品质感的表现是产品材质和光影效果的综合表达，这要求我们对材质的特点多留心，对材质的表现技巧多观察、多总结。

绘制材质质感是产品效果图表现过程中的重要步骤，我们基本上有两种方法来表现产品的质感：其一，是通过滤镜工具制作出需要的材质效果；其二，是利用蒙板、图层样式等方法，直接将现成的材质素材赋给产品。不管使用哪种方法，最后都要注意将材质自身的特点与材质所处的环境的总体光影效果结合起来，才能够给人一种强烈的质感暗示。具体的表现方法和技巧我们将在第3章通过具体案例分类学习。

1.4 软件简介

目前常用于绘制产品效果图的平面软件有Photoshop，CorelDRAW，Illustrator（见图1-3）。其中Photoshop属于像素处理软件，而CorelDRAW和Illustrator则属于图形处理软件。它们可以单独绘制，也可以结合运用。本书主要以Photoshop和CorelDRAW这两个软件为主，通过工业产品效果图表现的实例讲解这两个软件的用法和深入探讨产品轮廓的准确绘制、色彩与光影的制作以及材质质感的表现，使产品效果图更加真实、贴近于实际产品效果。

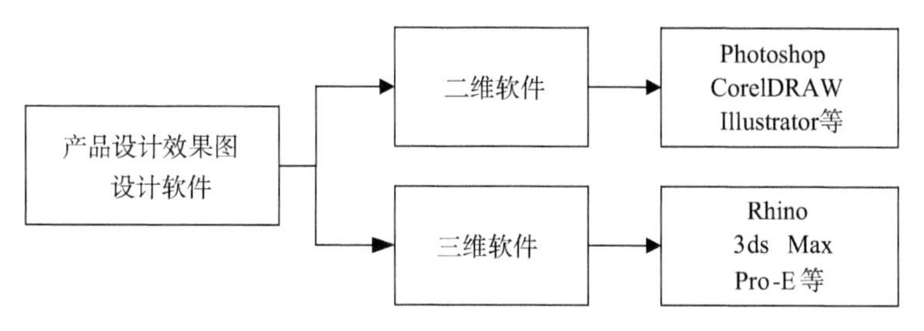

图1-3 产品设计效果图设计软件分类

1.4.1 图形图像软件的区别

计算机图形图像分为像素图和矢量图（具体概念参见附录1）。

常见的图像处理软件有Photoshop、Painter、ACDSee等，由于图像处理软件是基于栅格（即像素）的，因此适于表现具有复杂色彩、虚实丰富的图像，但图像在缩放和旋转变形时容易产生失真的现象，图像放大时边界可能出现锯齿（见图1-4）。图像处理软件通常用于对图像素材的处理和加工。一般来讲，扫描到电脑中的（或数码相机拍摄的）照片是位图，利用三维软件制作生成出来的图像是位图，使用基于位图的软件Photoshop绘制的图像也是位图。

图1-4 位图放大前后对比图

常见的图形创作软件有CorelDRAW、Illustrator、Freehand、AutoCAD等，由于矢量图处理软件是基于数学方程的几何图元（计算机图形学中的点、直线或者多边形等）的软件，因此矢量图在缩放时不会产生失真的现象（见图1-5），但是绘制出来的图形无法像位图那样精确地描绘各种绚丽的景象。

图1-5 矢量图放大前后对比图

例如一个实心的填充圆圈，在位图片里依然是由方格们组成的，在矢量图则是一个圆形再加一个填充的概念，可以随意改变圆形的尺寸大小，无论放到多大圆形还是光滑完美的，里面的填色还是均匀的。

位图和矢量图的区别如表1-1所示。

表1-1　位图和矢量图的区别对比

项目	位图	矢量图
原理	以像素为基本单元，采取点阵方式，每个像素都能记录图像的色彩信息	以点和路径为基本组成单元，以线条和色块为主，其线条的形状、位置、曲率、粗细都通过数学公式进行描述和记录
效果	效果逼真，可以精确表现色彩丰富的图像	图形单一，不如位图美观
占用空间	像素越多，图像细节越丰富，文件也越大，对计算机硬盘和内存的要求也越高	占用空间较小
清晰度	图像在缩放和旋转变形时容易产生失真的现象，图像放大时边界可能出现锯齿	能无限缩放，不影响清晰度
支持软件	Photoshop、Photo Painter、Photo Impact、Paint Shop Pro等	CorelDRAW、Illustrator、Painter、Freehand、AutoCAD等

1.4.2　软件间的优势互补

以Photoshop为代表的图像处理软件是基于栅格的图像处理软件，最擅长的领域是图像处理，即对已有的位图图像进行编辑、加工和处理，如调整照片的颜色、编辑局部位置、裁切图片、重定义图片大小，还可以借助于滤镜库编辑出各种特殊效果。其重点在于对图像的处理加工，而不是图形创作。

以CorelDRAW为代表的矢量图处理软件是基于数学方程的几何图元（计算机图形学中的点、直线或者多边形等）的软件，最擅长按照自己的构思创意设计图形等，适用于创建矢量图形、文字和图片排版及输出。

总之，CorelDRAW是一款主要应用于图形制作、印刷排版的软件，偏向于印刷后期；而Photoshop是一款主要用于图像处理、海报创意等方面的软件，偏向于印刷前期。要完成一个完整的作品时两款软件通常会结合在一起使用。

第2章

Photoshop 操作基础

2.1 Photoshop软件概述

Photoshop软件是目前世界上最优秀的图像编辑和处理软件之一，由Adobe公司开发。

Photoshop简称为PS，广泛应用于平面设计、网页设计、桌面出版、照片图片修饰、彩色印刷品、辅助视频编辑、动画贴图、三维效果图的后期处理等领域（见图2-1～图2-6）。Photoshop软件最擅长的领域是图像处理，即对已有的位图图像进行编辑加工处理以及运用一些特殊效果，其重点在于对图像的处理加工。

图2-1　Photoshop用于制作平面广告

图2-2　Photoshop用于制作海报

图2-3　Photoshop用于网页设计

图2-4　Photoshop用于图像创意与合成

（a）处理前

（b）处理后

图2-5　Photoshop用于修复照片中的脏点、瑕疵等

（a）调色前　（b）调色后

图2-6　Photoshop用于图像调色

图2-7　Photoshop的主要设计者诺尔兄弟Thomas Knoll（左）和John Knoll（右）

Photoshop由美国的汤玛斯·诺尔（Thomas Knoll）和约翰·诺尔（John Knoll）两兄弟共同开发（见图2-7）。1987年，汤玛斯·诺尔（弟弟）尝试编写了一个叫Display的程序，这个不起眼的小程序便是Photoshop软件的前身。后来他的哥哥约翰看到了这个程序的商业价值，四处奔走寻找投资，最终被Adobe公司看中，1990年的2月，Photoshop 1.0便正式发行了。目前Photoshop已经经过了很多版本的改革，5.0、6.0、7.0、CS……，直到现在的CS6、CC版本。

2.2 Photoshop与图层

Photoshop是基于图层的图象处理软件，使用图层可以在不影响整个图像中大部分元素情况下处理其中一个元素。在处理图像时，一般会把不同的元素放置在不同的图层中，以保持各个图层的独立可操作性，方便对单个元素进行独立编辑（见图2-8）。

我们可以把图层想象成是一张一张叠放在一起的透明胶片，每张透明胶片上都有不同的画面，如果图层上没有图像，就可以看到底下的图层（见图2-9），改变图层的顺序和属性可以改变图像最终的效果。通过对图层的操作，使用它的特殊功能可以创建很多复杂的图像效果。

图层这个概念来自动画设计领域，以前为了减少工作量，动画制作人员使用透明纸来绘图，将动画中的变动部分和背景图分别画在不同的透明纸上，这样背景图就不必重复绘制，使用时叠放在一起即可。

（a）原图

（b）图层示意图

图2-8　Photoshop中的图层示意

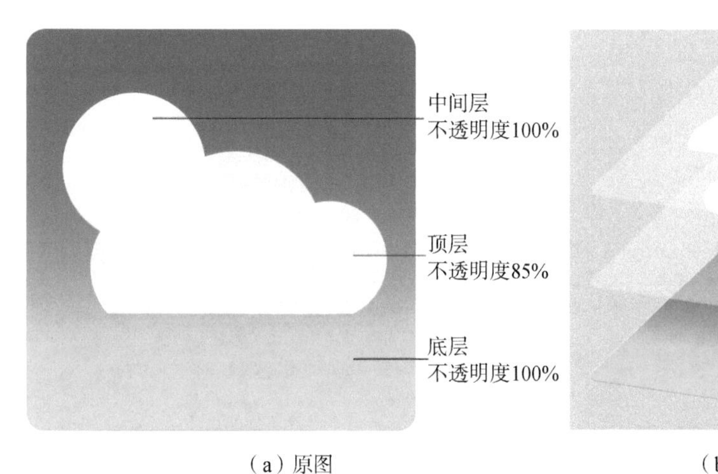

（a）原图　　（b）图层示意图

图2-9　Photoshop中的图层原理示意图

2.3 Photoshop的工作界面

Photoshop的基本功能（默认）工作界面包括菜单栏、工具箱、工具属性栏、面板组、状态栏及图像窗口，其中图像窗口一般用来放置待处理的图像，占据工作界面最大的面积（见图2-10）。

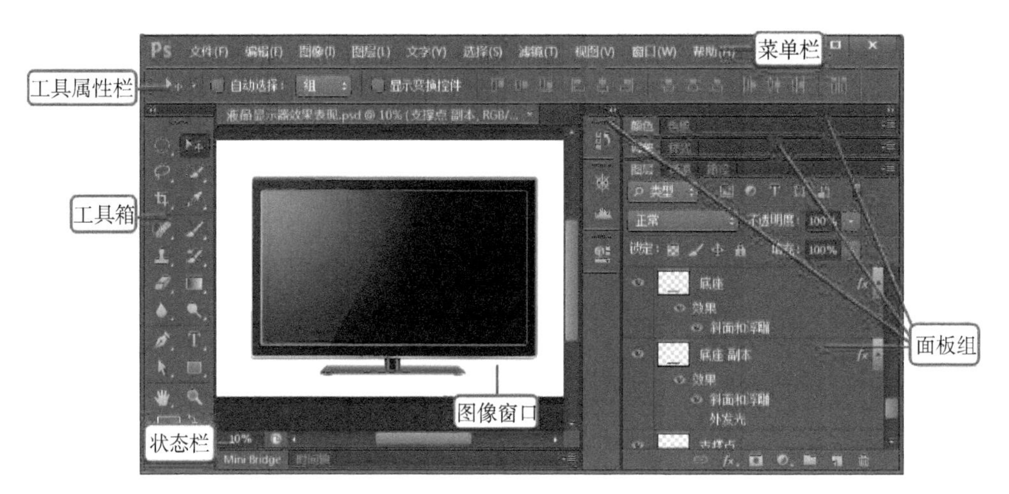

图2-10 Photoshop的工作界面示意图

2.3.1 文档窗口

在Photoshop中，新建/打开一个图像，便会创建一个文档窗口。当打开多个图像时，会以选项卡的形式显示。这时选择【窗口】/【排列】，可以排列文档窗口，或者反复按键盘上的【F】键，在不同文档窗口排列方式间切换。

2.3.2 工具箱

工具箱可以说是Photoshop的强力武器，随着Photoshop版本的不断提高，工具箱的工具都有很大的调整。工具越来越多，功能不断提高，操作也越来越简便（见图2-11）。

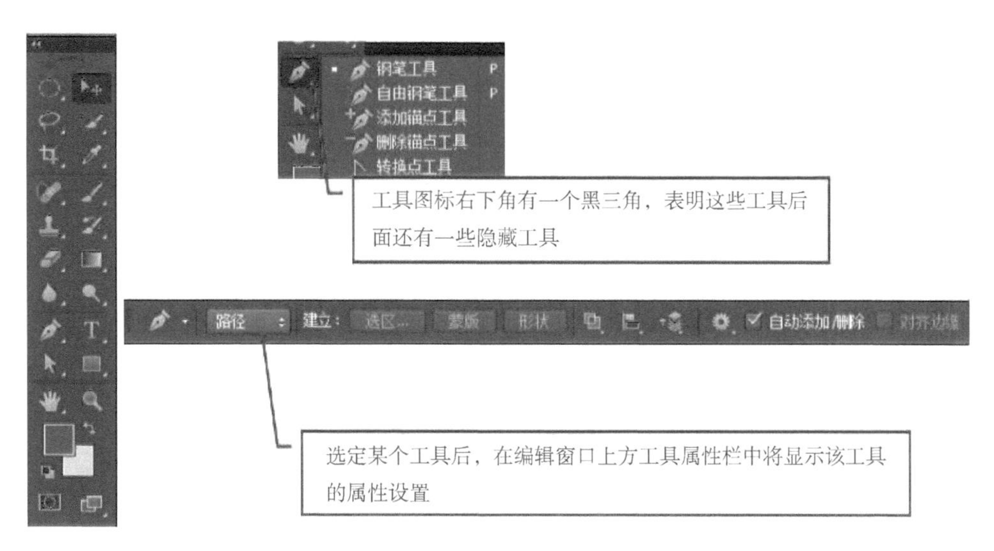

图2-11 Photoshop工具箱示意图

选择工具箱中工具的方法：

方法1，右键单击有黑色小三角的工具图标，弹出隐藏的工具选项；

方法2，左键按住有黑色小三角的工具图标不放，弹出隐藏的工具选项；

方法3，按住【Alt】键，用鼠标单击一个有隐藏工具的图标，可以在多个工具之间进行切换。

选择工具之后，将自动显示其对应的工具选项栏。

2.3.3 面板

面板在Photoshop的图像处理中起着决定性的作用，尤其是其中的图层面板、通道面板和路径面板，几乎在Photoshop所有图像的处理中都离不开。单击【窗口】菜单，从其下拉菜单中可调用从【导航器】到【字符样式】24种面板，各种面板可以在使用中通过拖动来随意组合，放不下的面板还可以暂时折叠为图标，随时需要，随时调用（见图2-12）。

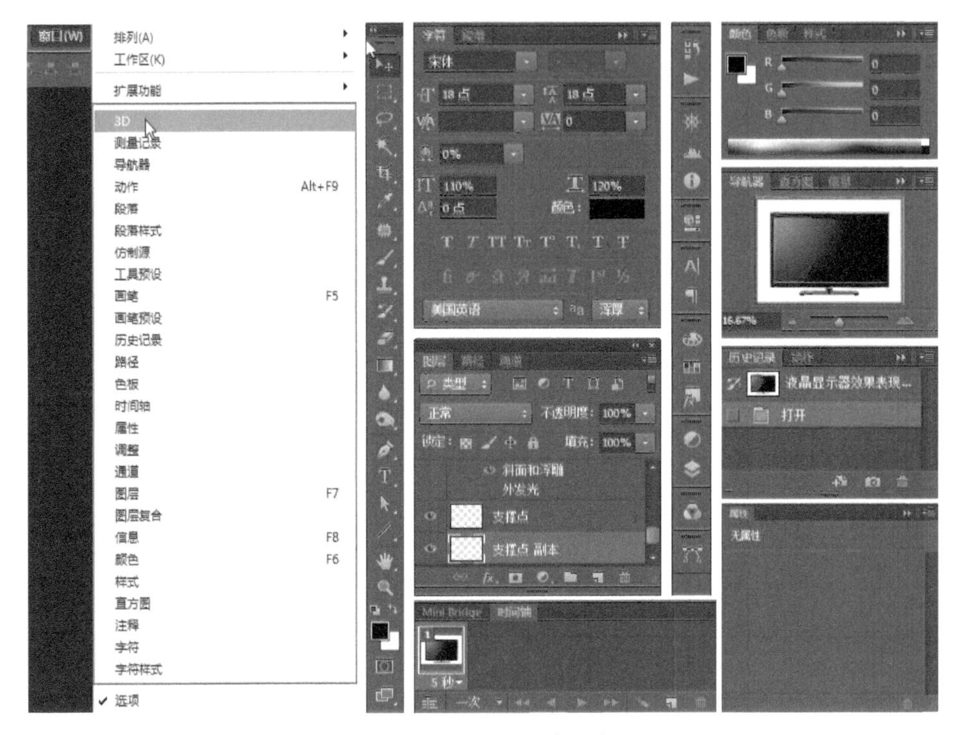

图2-12 Photoshop面板示意图

2.3.4 状态栏

状态栏中的百分比指图像的显示比例。单击状态栏最右边的三角形按钮，可以展开包括文档大小、文档配置文件、文档尺寸在内的文档状态选项，每一项均可选择查看（见图2-13）。

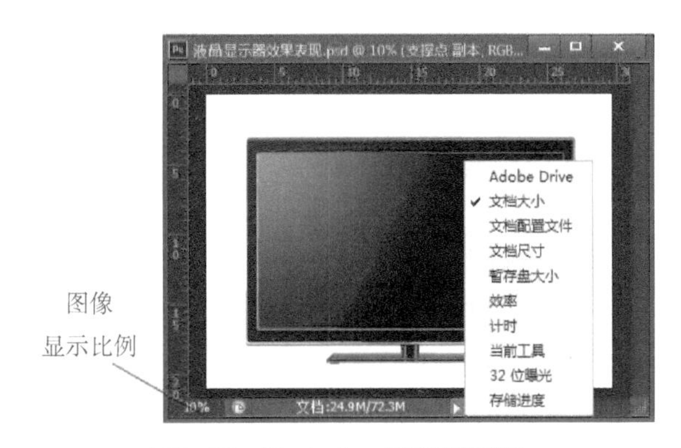

图2-13 Photoshop状态栏示意图

2.4 Photoshop基础操作

2.4.1 新建与存储文件

执行【文件】/【新建】命令（快捷键【Ctrl】+【N】）可创建一个文档（见

图2-14）。文件大小即文档的宽度和高度，可根据需要设定，其常用单位包括像素、厘米、毫米等。一般设定的A4文档，在【预设】中选择【国际标准纸张】/【A4】。分辨率的设定依据文档的适用场合而定，一般来讲，在屏幕上显示的图像，如图像用于网页或喷绘制作等，分辨率可设定为72像素/in（1in=2.54cm），它表示每英寸的长度上排列有72个像素；若用于打印、报纸印刷等，分辨率设置为150像素/in；如用于普通纸印刷，分辨率一般不能低于300像素/in，如用于高质量的铜版纸印刷的画册等，一般分辨率甚至设定到600像素/in。颜色模式，常用的有2种，即RGB和CMYK，RGB颜色模式一般用于在屏幕上显示的图像，而CMYK则适用于需要打印输出的图像，具体颜色模式的相关介绍详见附录1。

新建文件一定要注意单位，常有初学者把400×300像素建成400cm×300cm，造成画面尺寸过大，影响软件处理图像的效率。另外，在【图像】菜单中，有【图像大小】和【画布大小】两个命令，可调节文档的大小尺寸（见图2-15，图2-16）。

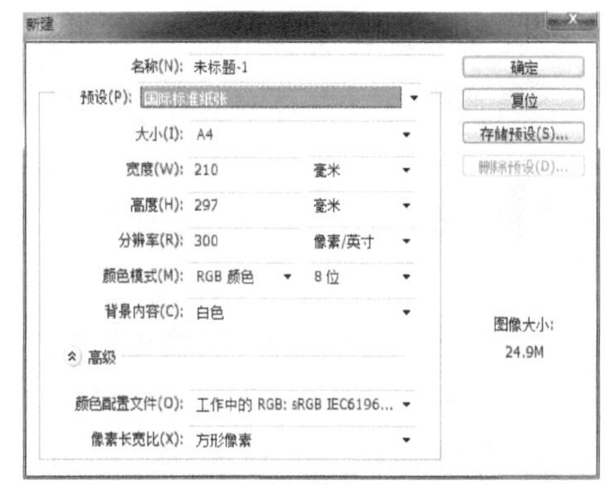

图2-14 新建文件对话框

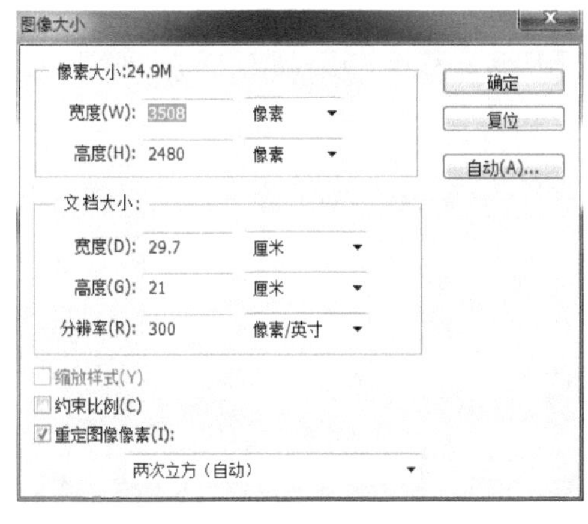

图2-15 图像大小对话框

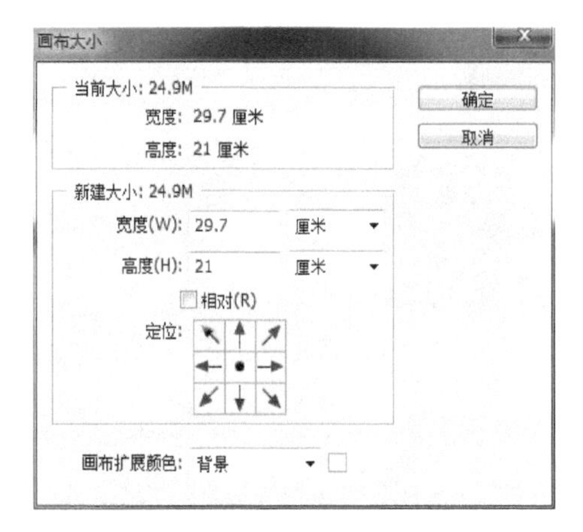

图2-16 画布大小对话框

在Photoshop中“存储”文件的方式很多，常用的有执行【文件】/【保存】或【文件】/【另存为】命令，或使用快捷键【Ctrl】+【S】来保存制作好的文档，通常对于自己绘制的作品，或包含2个以上图层的图像文件，保存为PSD格式，这样可以保留工作过程，方便今后根据作品中存在的问题进行有针对性的修改，或者在原有的工程文件的基础上根据新的输出要求输出其他格式的最终文件。而对于单个图层的图像文件，可保存为jpg格式。关于Photoshop中常用的文件格式参见附录2。

2.4.2 选区工具

图像处理中经常要建立复杂或简单的选区，甚至半透明的选区，以便于对图像的局部进行编辑，对该选区以外的像素则毫无影响。

可以通过各种不同的方法建立和编辑选区，选区的最终轮廓一定是封闭的。保持选区按住【Shift】键，可以增加选区，按住【Alt】键可以减少选区。

（1）规则选框工具

规则选框工具包括矩形选框工具、椭圆选框工具、单行选框工具和单列选框工具，其中单行或单列选框将边框定义为1个像素宽的行或列选框工具选项栏（见图2-17～图2-20）。按住【Shift】键的同时通过矩形选框工具可拉出一个正方形，按住【Shift】键的同时通过椭圆选框工具可拉出一个正圆形，按住【Alt】键可以以起点为几何中心拉出矩形或椭圆，同时按住【Shift】和【Alt】键，配合矩形选框工具和椭圆选框工具，可以画出以起点为几何中心的正方形和正圆形。至于单行选框工具和单列选框工具，直接在画布上点击鼠标便可画出一个像素宽的水平或垂直直线。

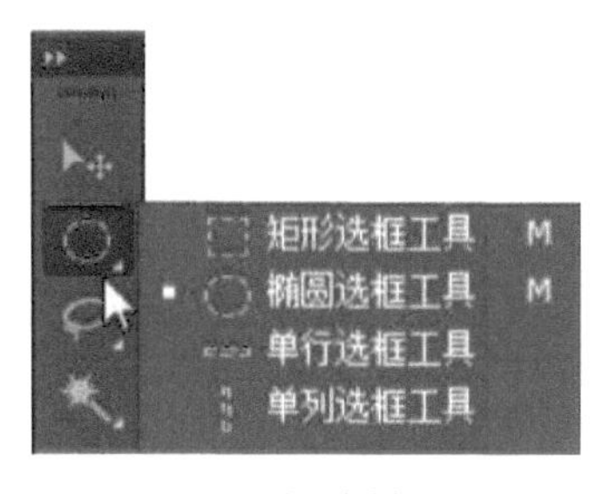

图2-17 规则选框工具

图2-18 选框工具选项栏

图2-19　用规则选框工具获得的选区　　　　图2-20　规则选区填充后的效果

选区工具还可配合选框工具栏选项中的选择范围运算按钮进行选区的加减，包括：■（新选区）、■（添加到选区）、■（从选区减去）■（与选区交叉），用规则选框工具画一个铁路标志和一个小汽车的过程如图2-21、图2-22所示。

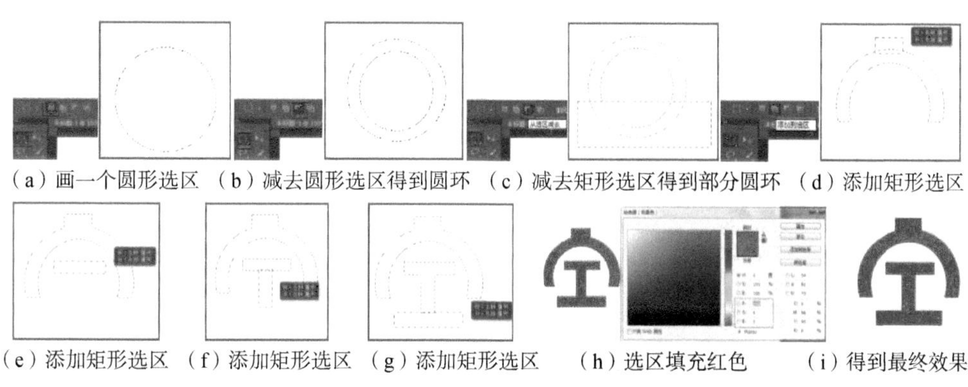

（a）画一个圆形选区　（b）减去圆形选区得到圆环　（c）减去矩形选区得到部分圆环　（d）添加矩形选区

（e）添加矩形选区　（f）添加矩形选区　（g）添加矩形选区　（h）选区填充红色　（i）得到最终效果

图2-21　用规则选框工具画一个铁路标志

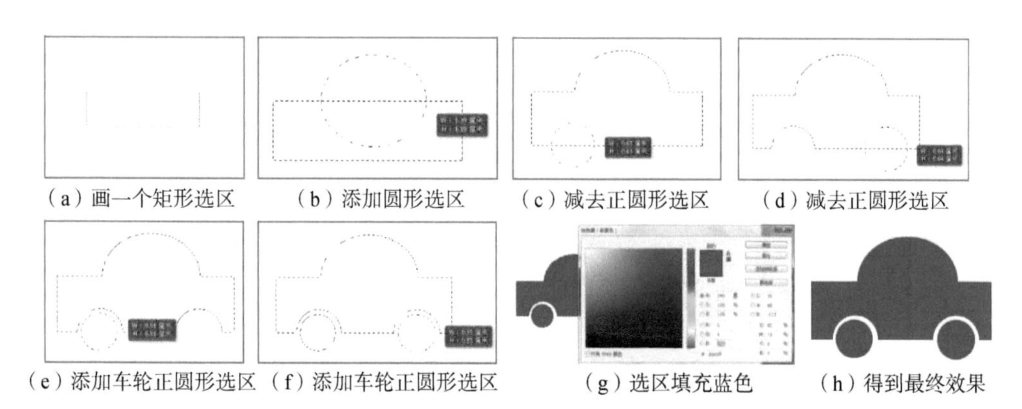

（a）画一个矩形选区　（b）添加圆形选区　（c）减去正圆形选区　（d）减去正圆形选区

（e）添加车轮正圆形选区　（f）添加车轮正圆形选区　（g）选区填充蓝色　（h）得到最终效果

图2-22　用规则选框工具画一个小汽车

对已经选定的选区可以进行修改，方法主要有两种，其一是在选区的虚线选框上单击鼠标右键，选择【变换选区】，可进行缩放、旋转等自由变换调整，还可以继续单击鼠标右键选择斜切、扭曲、透视、变形等变换方式对选区做进一步的变形处理（见图2–23）；其二是通过菜单栏中的【选择】/【修改】命令，对选区进行边界、平滑、扩展、收缩、羽化等处理。其中，平滑能够令角变为圆角，羽化能够得到柔和的边缘。

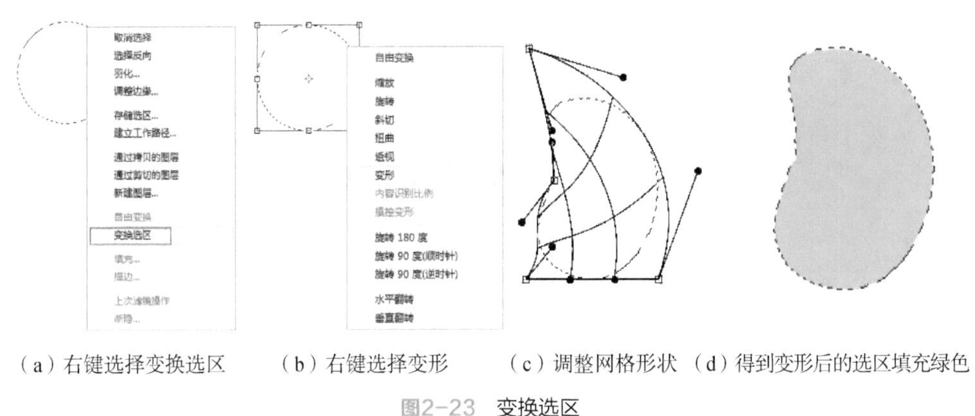

（a）右键选择变换选区　（b）右键选择变形　（c）调整网格形状　（d）得到变形后的选区填充绿色

图2–23　变换选区

（2）魔棒工具

使用魔术棒工具选择一些颜色相似的物体非常有效，是选择工具中应用相对简单的工具。操作时，用魔棒工具对图像中某颜色单击一下对图像颜色进行选择，选择的颜色范围要求是相同的颜色，其相同程度可通过对魔棒工具选项栏上的容差值处调整容差度，数值越大，表示魔棒所选择的颜色差别大，反之，颜色差别小。勾选“连续”选项，表示只选择连续的、颜色相似的区域，否则选取的区域是不连续的。勾选“使用所有图层”表示设置是否对所有图层都有效，如果不选，则魔术棒工具只对当前图层有效（见图2–24）。

图2–24　魔棒工具选项栏

（3）套索工具

套索工具也是一种常用的范围选取工具，可用来创建直线线段或徒手描绘外框的选区。它包含3种不同形状的套索工具：套索工具、多边形套索工具和磁性套索工具（见图2-25）。

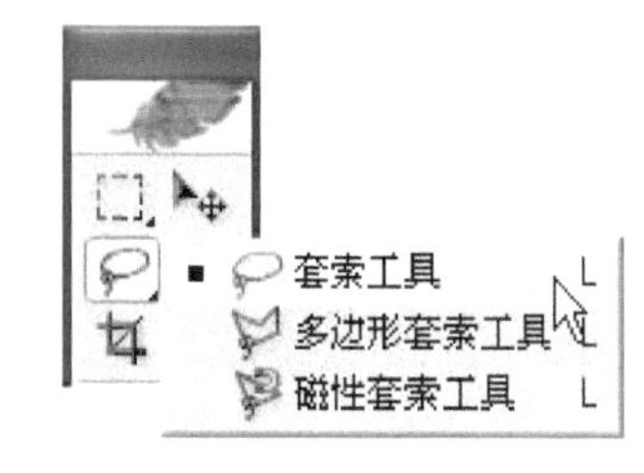

图2-25 套索工具

① 套索工具 套索工具也称自由套索工具。套索工具的操作方法：先选中此工具，在图像中拖动鼠标圈选区域，当回到起始点时，松开鼠标即可以生成一个闭合的选择区域。一般情况下操作不准确、不方便。

② 多边形套索工具 多边形套索工具可以用于选取不规则的多边形选区，可以分段选取，选取变化较多的区域时比较容易把握，常用来设置选区的裁剪。

操作要点：在建立选区范围时单击鼠标再拖移鼠标，每次拖移到单击操作都会形成一段直线，如此反复操作，最后鼠标移至起始点附近时，工具图标的右下角出现小圆圈标示，单击鼠标，或在此之前按键盘回车键（Enter）即形成多段直线构成的多变形封闭区域。

③ 磁性套索工具 磁性套索工具会自动捕捉图像中物体的边缘来形成选区，如同磁性吸附的感觉，可以形成分段但不规则的选区。按【Delete】键返回到前一个节点。

操作要点：在起点处单击鼠标，然后沿物体边缘滑动鼠标，系统将根据图像颜色的反差自动勾勒选取路径，回到起点时再次单击鼠标，就可以作出仿物体边缘构成的闭合选区。当选区外轮廓细节比较多时，常常在用磁性套索工具得到大致轮廓后，还需要结合快速蒙版对选区进行精细修改。

（4）钢笔工具

按住工具箱中的钢笔工具可显示包含其中的钢笔工具、自由钢笔工具、添加锚点工具、删除锚点工具和转换点工具。其中钢笔工具（见图2-26）。按【P】键可以选择钢笔工具，按快捷键【Shift】+【P】能够在钢笔工具、自由钢笔工具、添加锚点工具、删除锚点工具和转换点工具之间切换。其中钢笔工具用于绘制复杂或不规则的形状或曲线，自由钢笔工具用于创建不太精确的路径。钢笔工具的使用方式可以概括为“点—拉—点—拉”，钢笔工具绘制的路径中包括圆形锚点和折角锚点，其中圆形锚点可通过贝塞尔曲线的手柄长短和方向精确控制曲线的形状，从而得到精确的路径（见图2-27）。利用自由钢笔工具在图像中拖动，即可直接形成路径，就像用铅笔在纸上绘画一样。绘制路径时，系统会自动在曲线上添加锚点。钢笔工具的使用要点如图2-28所示。

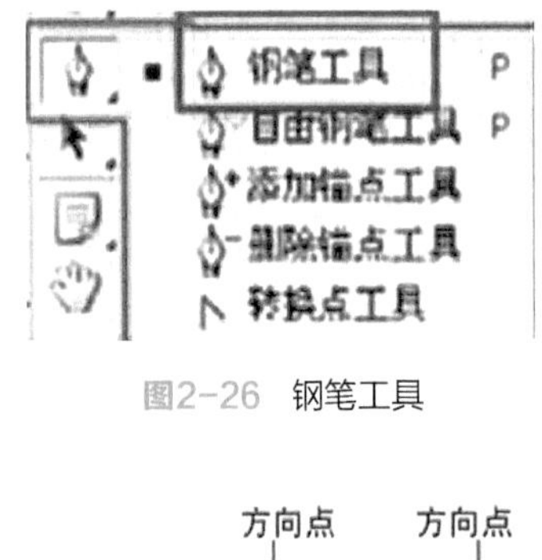

图2-26　钢笔工具

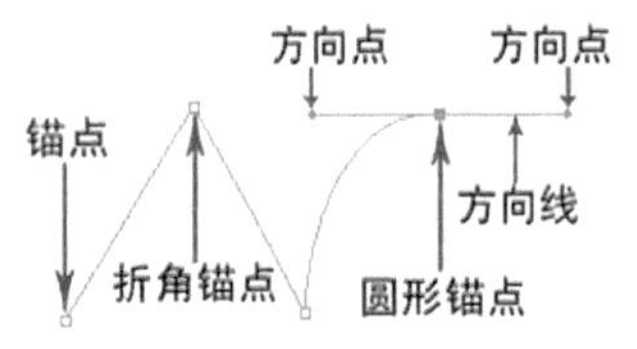

图2-27　钢笔工具绘制的路径

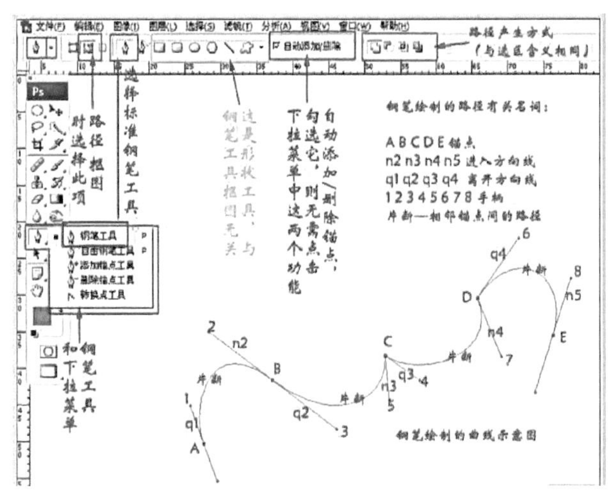

图2-28　钢笔工具使用要点

2.4.3　渐变工具

Photoshop工具箱中的渐变工具下包括渐变工具和油漆桶工具（见图2-29），其中油漆桶工具用来对选区填充某一种指定的颜色（默认用前景色填充），而渐变工具可以实现对选区填充渐变色的目的。通过渐变工具属性栏（见图2-30）上的按钮可以进入渐变编辑器，选择渐变方式（包括线性渐变、径向渐变、角度渐变、对称渐变、菱形渐变），调整图层叠加模式以及图层的不透明度，拉出的渐变填充效果与起始点及拉动方向都有关系，在填充过程中可以反复多次地拉出渐变直到得到理想的效果。选择【渐变编辑器】中的【预设】/【红、绿渐变】，选择渐变方式为“线性渐变”，调整叠加模式为“溶解”，不透明度为“50%”，反复多次地拉出线性渐变，可得到如图2-31所示的不同效果。

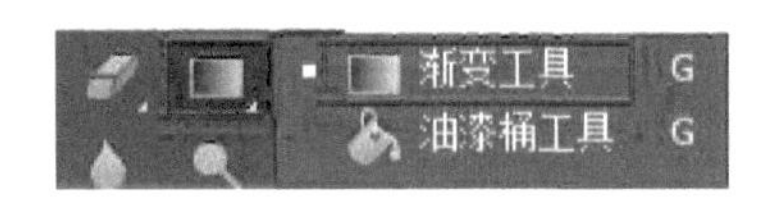

图2-29　渐变工具

模式：正常　不透明度：100%　反向　仿色　透明区域

图2-30　渐变工具属性栏

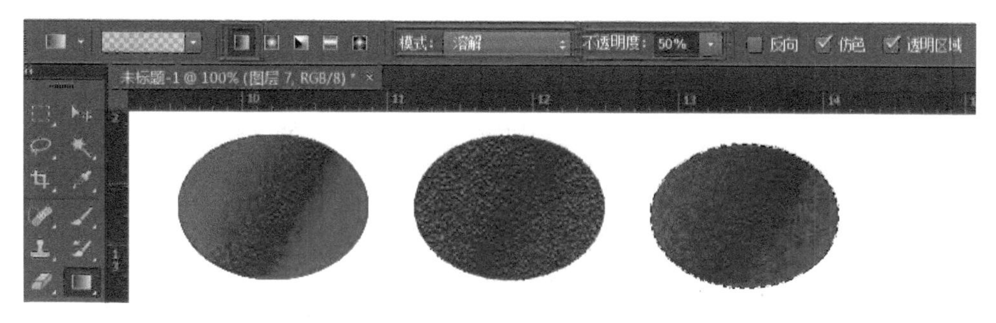

图2-31 线性渐变填充效果

渐变工具也可以对选区填充渐变色，是打造立体效果的利器。在素描中画球体时，我们将整个球体的光影明暗分为高光、中间调子、明暗交界线、反光和投影五大调子，其中高光和中间调子属于受光面，明暗交界线、反光和投影属于背光面（见图2-32）。在素描作品中正是这样的明暗光影表现方法把球体的体积逼真地表现出来，这种方法我们在Photoshop的渐变工具中也可以借鉴。

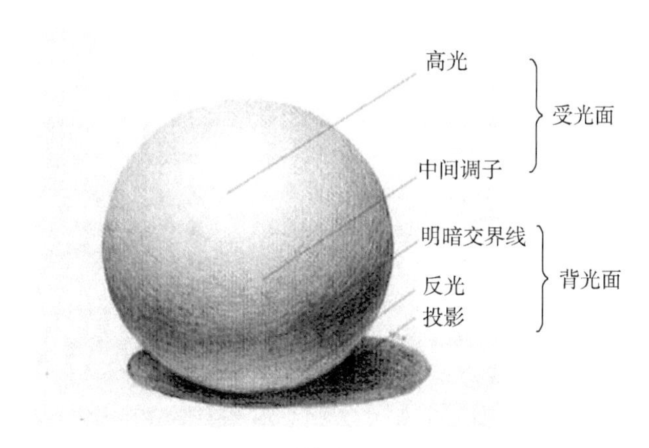

图2-32 素描中的明暗五大调子

根据明暗五大调子的特点，我们可以如法炮制，首先在Photoshop中用规则选框工具绘制一个正圆形，然后选择渐变工具，在渐变工具栏中设置如图2-33所示的渐变，四个颜色值依次为#ffffff、#a1a0a0、#5d5b5b、#e5e4e4，分别代表高光、中间调子、明暗交界线和反光的明暗，供读者参考，至于投影，我们可以最后通过图层样式直接添加投影效果。在调好渐变编辑器后，我们选择径向渐变，再以球体高光点的位置为起点，向右下方拉出渐变，可以反复拉渐变直至得到理想的渐变效果（见图2-34），最终的球体效果如图2-35所示。

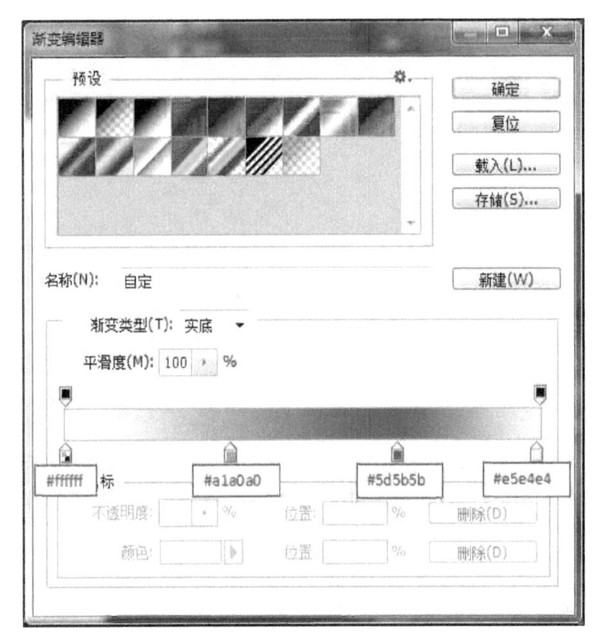

图2-33　渐变编辑器中的颜色设置1

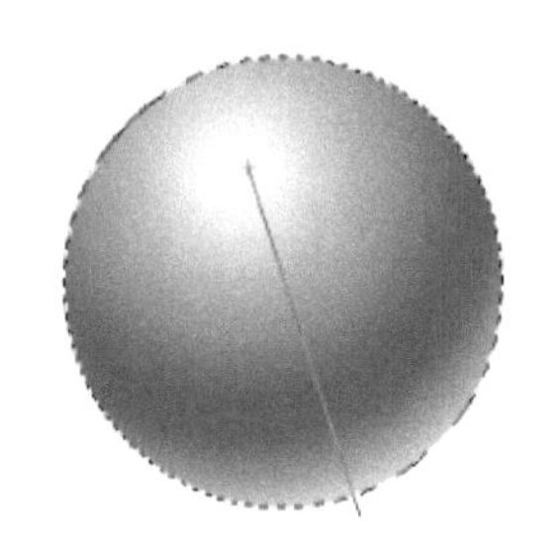

图2-34　从球体内部开始拉出渐变的方向

图2-35　填充后的球体

现在我们用同样的方法绘制一个圆锥体。首先绘制一个矩形，设置渐变编辑器中的颜色值依次为：#828080、#f4f4f4、#0c0c0c、#8f8e8e，供读者参考（见图2-36），选择线性渐变，按住【Shift】键的同时，从左到右拉出线性渐变（见图2-37），填充效果如图2-38所示，然后按【Ctrl】+【T】，单击右键选择【透视】，移动矩形右上角顶点，直至矩形左、右上角顶点重合于矩形上边线的中点位置，变为锥体的顶点（见图2-39），选择椭圆选框工具，选择【与选区交叉】模式，自上而下拉出一个椭圆

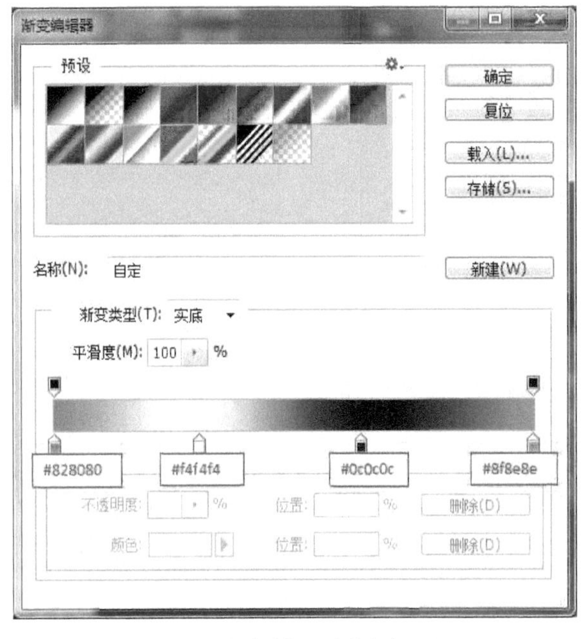

图2-36　渐变编辑器中的颜色设置2

选区（见图2-40），与椎体选区计算后得到圆锥的选区，按【Ctrl】+【J】将选区中的图像复制到新的图层中，得到一个圆锥体（见图2-41）。为球体和锥体添加【图层样式】/【投影】，得到最终效果如图2-42所示。

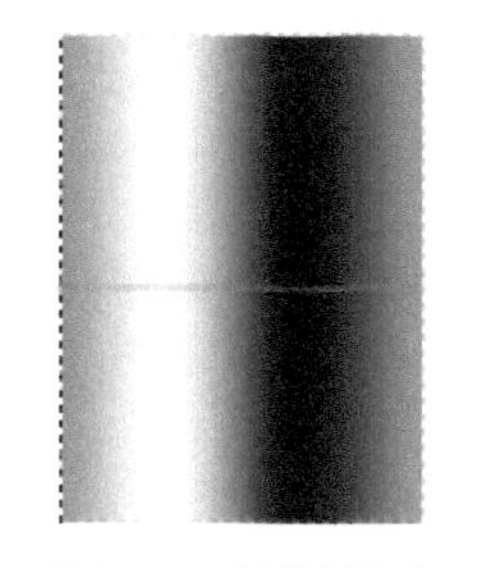

图2-37　拉线性渐变

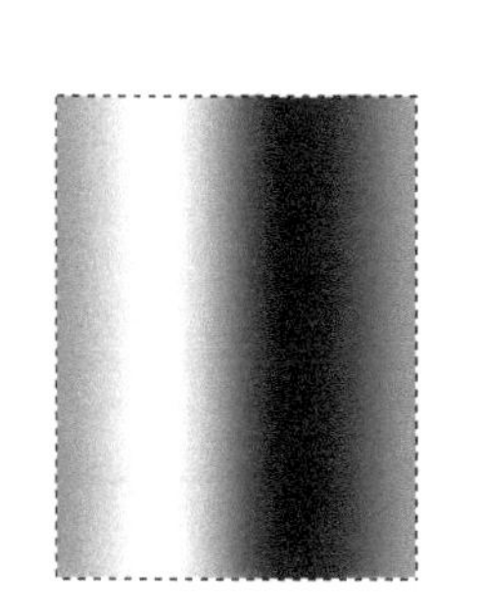

图2-38　填充后的矩形

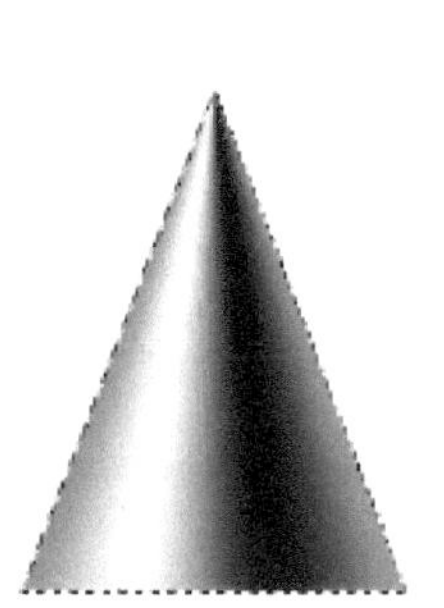

图2-39　变形成锥体

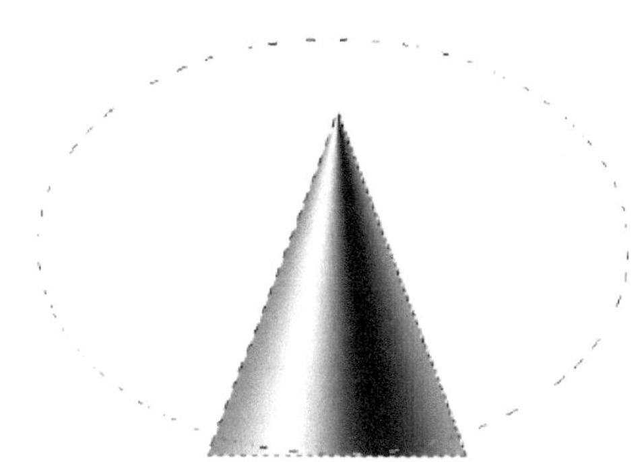

图2-40　选区交叉计算

图2-41　最终的圆锥体效果

图2-42　球体和圆锥体的最终效果

2.4.4　图层样式

图层样式是Photoshop中的一项图层处理功能，通常是应用于一个图层或图层组的一种或多种效果，是制作图片效果的重要手段之一，有助于为特定图层上的对象应用效果。可以为包括普通图层、文本图层和形状图层在内的任何种类的图层应用图层样式。

应用图层样式的操作十分简单：① 选中要添加样式的图层；② 单击图层调板底部的“添加图层样式”按钮或者双击图层缩略图；③ 从列表中选择图层样式，然后根据需要修改参数。如果需要，可以将修改保存为预设，以便日后需要时使用。

利用图层样式功能，可以简单快捷地制作出各种立体投影，各种质感以及光景效果的图像特效。与不用图层样式的传统操作方法相比较，图层样式具有速度更快、效果更精确、可编辑性更强等无法比拟的优势。

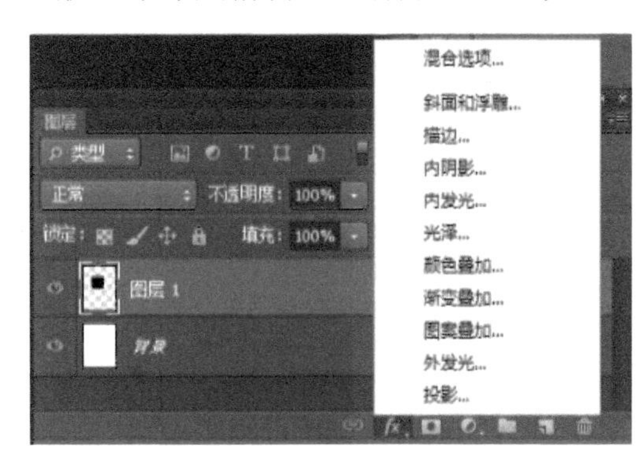

图2-43　图层样式列表

Photoshop自带的10种图层样式如下（见图2-43）。

① 斜面和浮雕　“样式”下拉菜单将为图层添加高亮显示和阴影的各种组合效果。

“斜面和浮雕”对话框样式参数解释如下。

外斜面：沿对象、文本或形状的外边缘创建三维斜面。

内斜面：沿对象、文本或形状的内边缘创建三维斜面。

浮雕效果：创建外斜面和内斜面的组合效果。

枕状浮雕：创建内斜面的反相效果，其中对象、文本或形状看起来下沉。

描边浮雕：只适用于描边对象，即在应用描边浮雕效果时才打开描边效果。

② 描边　使用颜色、渐变颜色或图案描绘当前图层上的对象、文本或形状的轮廓，对于边缘清晰的形状（如文本），这种效果尤其有用。

③ 内阴影　在对象、文本或形状的内边缘添加阴影，让图层产生一种凹陷外观，内阴影效果对文本对象效果更佳。

④ 内发光　从图层对象、文本或形状的边缘向内添加发光效果。

⑤ 光泽　对图层对象内部应用阴影，与对象的形状互相作用，通常创建规则波浪形状，产生光滑的磨光及金属效果。

⑥ 颜色叠加　在图层对象上叠加一种颜色，即用一层纯色填充到应用样式的对象上。从“设置叠加颜色”选项可以通过“选取叠加颜色”对话框选择任意颜色。

⑦ 渐变叠加　在图层对象上叠加一种渐变颜色，即用一层渐变颜色填充到

应用样式的对象上。通过“渐变编辑器”还可以选择使用其他的渐变颜色。

⑧ 图案叠加　在图层对象上叠加图案，即用一致的重复图案填充对象。从“图案拾色器”还可以选择其他的图案。

⑨ 外发光　从图层对象、文本或形状的边缘向外添加发光效果。设置参数可以让对象、文本或形状更精美。

⑩ 投影　为图层上的对象、文本或形状后面添加阴影效果。投影参数由“混合模式”“不透明度”“角度”“距离”“扩展”和“大小”等各种选项组成，通过对这些选项的设置可以得到需要的效果。

2.4.5 文字工具

（1）了解文字工具

在Photoshop中，利用文字工具可以输入画面中相应的信息，直观地对画面主题表现进行文字信息宣传。

利用文字工具，可以在图像上输入横排文字、直排文字、横排蒙版文字、直排蒙版文字、变形文字、沿路径输入文字等，在Photoshop中具有十分重要的作用。

① 横排文字工具和直排文字工具

利用文字工具可以在图像中添加文字。使用Photoshop中的文字工具输入文字，其方法与在一般应用程序中输入文字的方法一致。按【T】键即可选择横排文字工具，按快捷键【Shift】+【T】能够在文字工具之间切换。

② 横排文字蒙版工具和直排文字蒙版工具

使用横排文字蒙板工具和直排文字蒙板工具编辑文字时，是在蒙版状态下进行编辑，当退出蒙版后，被输入的文字以选区的形式显示，在前景色中设置颜色能够对文字选区进行填充。

③ 字符面板

在字符面板中可以进行各项参数设置，包括字体、字号、字的宽窄、字间距、行距、加粗、倾斜、下划线等属性（见图2-44）。

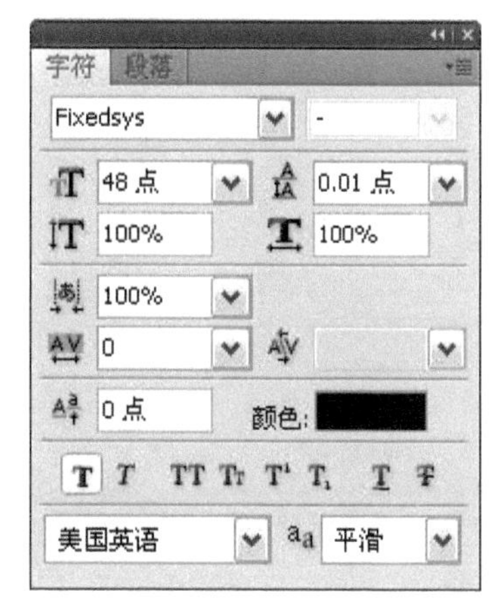

图2-44　字符面板

（2）文字的变形

将文字工具与路径工具结合起来使用，可以实现文字变形效果。

①沿着路径输入文字

首先用钢笔工具绘制路径，灵活运用贝塞尔曲线可画出轮廓光滑的曲线路径。然后选择文字工具，当鼠标落在路径之上光标变成路径文字的图标，便可输入沿着曲线路径排列的文字，适当调整文字大小，便可得到路径文字效果（见图2-45~图2-47）。

图2-45　绘制路径

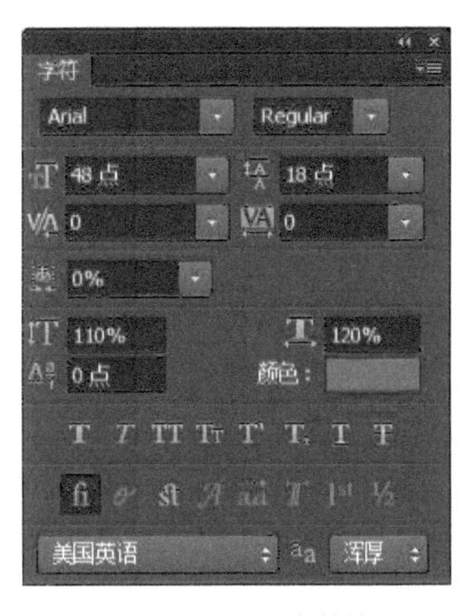

图2-46　设置参数值

图2-47　输入文字

②移动或变换路径文字

当路径文字输入完成后，可以结合移动工具与自由变换命令对路径文件进行位置的旋转或变换。

③建立文字工作路径

在图像中输入文字后，执行【图层】/【文字】/【创建工作路径】命令，可建立文字路径，结合路径编辑工具调整文字的形状。

④ 创建变形文字

在图像窗口中输入文字后，通常会为文字进行变形处理，在文字工具属性栏中，选择【创建文字变形】按钮，即能弹出变形文字对话框，在对话框中根据需要对文字选择不同的变形效果（见图2-48～图2-51）。

图2-48　输入文字

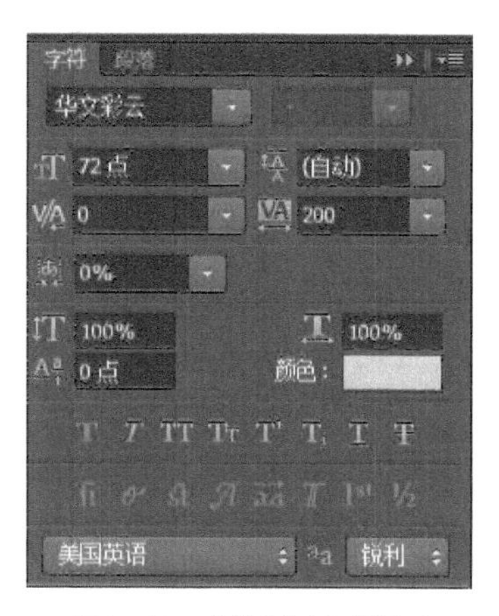

图2-49　字符面板参数设置

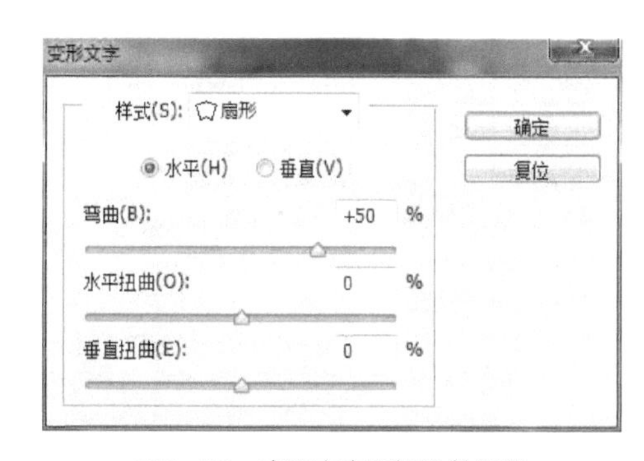

图2-50　变形文字面板参数设置

图2-51　文字变形效果

（3）创建段落文字

①“段落”面板

在图像输入较多文字时，可以采用“段落”面板对文字进行调整。通过对段落文字的多种调整方式，可以对段落文字进行左右缩进和段首缩进、段前和段后添加空白等。

② 设置段落文字对齐方式

在文字选项栏中可以对文字进行居左、居中、居右设置，而在“段落”面板中，根据对应的按钮可以对文字进行“左对齐文本”“居中对齐文本”“右对齐文本”“最后一行左对齐”“最后一行居中对齐”“最后一行右对齐”和“全部对齐”，可以根据需要对文字进行对齐设置。

2.5 Photoshop基础案例

2.5.1 案例1 钢笔抠图——吹风机

1 按住键盘上【Alt】键的同时，用鼠标双击图层面板上的“背景”图层，该图层解锁。

2 选择工具栏中的钢笔工具，然后在钢笔工具的属性展开栏选择“路径”（见图2-52～图2-54）。

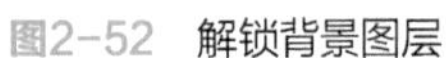
图2-52 解锁背景图层

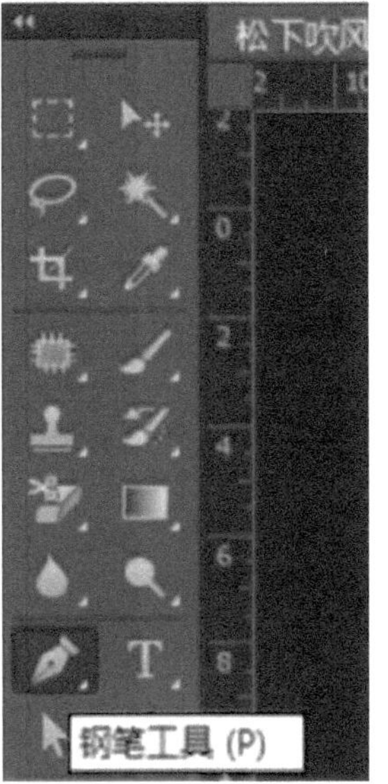

图2-53 选择钢笔工具 图2-54 钢笔工具选择路径属性

3 从吹风机风筒的下方开始绘制吹风机的轮廓。绘制过程中可以结合【Ctrl】+【+】/【－】键放大/缩小视图，也可以按键盘上的空格键随时切换到手型工具，拖动视图。

4 绘制过程一气呵成，钢笔工具的起点和终点相接才能形成一个封闭的路径，封闭的路径才可以转换为选区。在绘制过程中通常不能把所有的细节一次性调整好，可以在闭合路径以后，再用直接选择工具对路径中的锚点进行细微的调节（见图2–55～图2–57）。

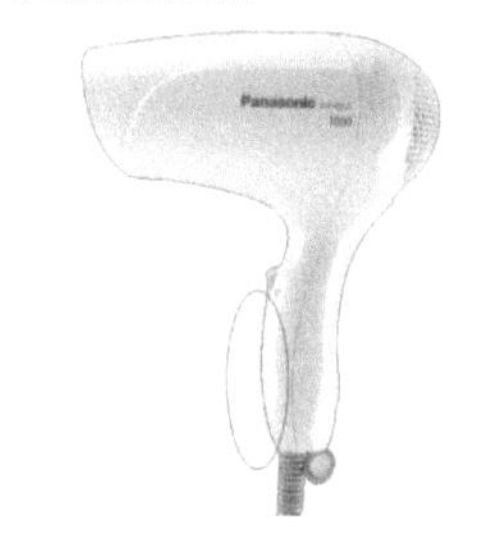

图2–55 绘制闭合路径

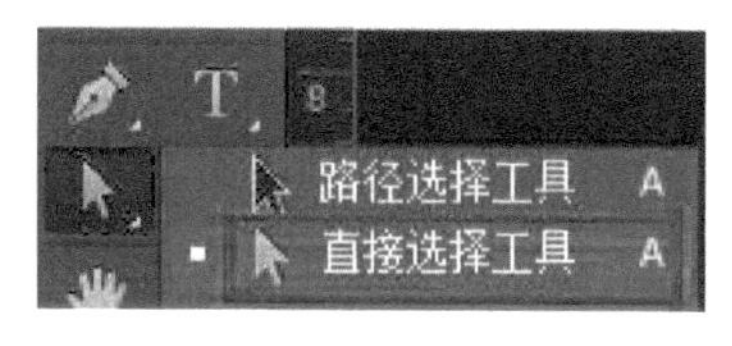

图2–56 用直接选择工具微调路径

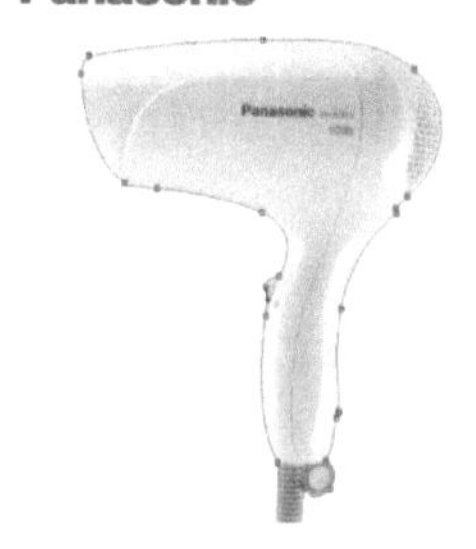

图2–57 用直接选择工具微调路径

5 被直接选择工具选中的锚点呈实心黑色。我们可以调整该锚点的位置及控制手柄的方向来使贝塞尔曲线的弧度更贴近产品自身的外轮廓（见图2–58、图2–59）。

6 调整完毕，我们可以在路径面板上查看钢笔工具绘制的这个闭合路径，可以按住键盘上【Ctrl】键的同时用鼠标左键单击“路径1”的图层或在“路径1”图层被选中的状态下，单击路径面板底端虚线圆圈状按钮（将路径作为选区载入），则可将路径转换为选区（见图2–60，图2–61）。

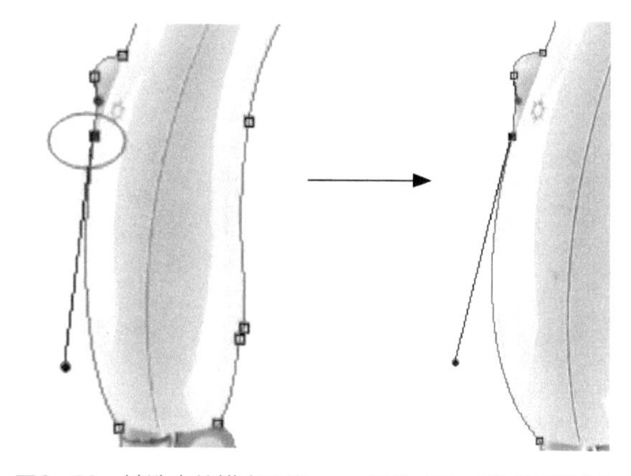

图2–58 被选中的锚点呈实心黑色

图2–59 用过调节锚点位置和手柄来微调路径

7 按键盘上的【Ctrl】+【J】键便可以将选区内的图像复制到单独一个图层中去（见图2–62）。至此，吹风机抠图完成。我们可以将工作文件保存为.psd格式的文件，以保留全部工作过程（包括所有图层和路径），也可以将文件另存为.png格式的文件，以保存透明通道信息。

图2-60　在路径面板查看路径

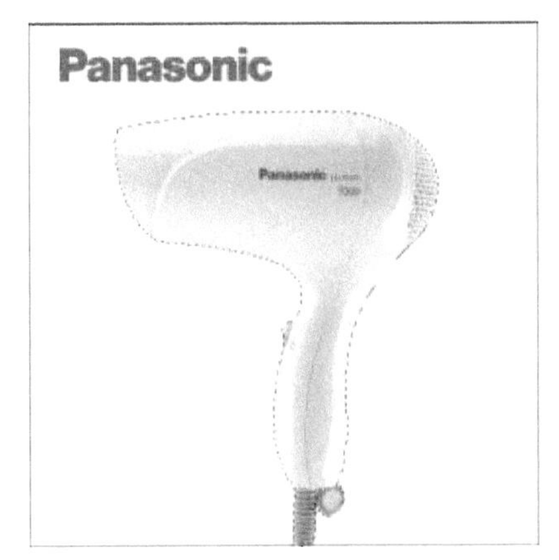

图2-61　将路径载入选区

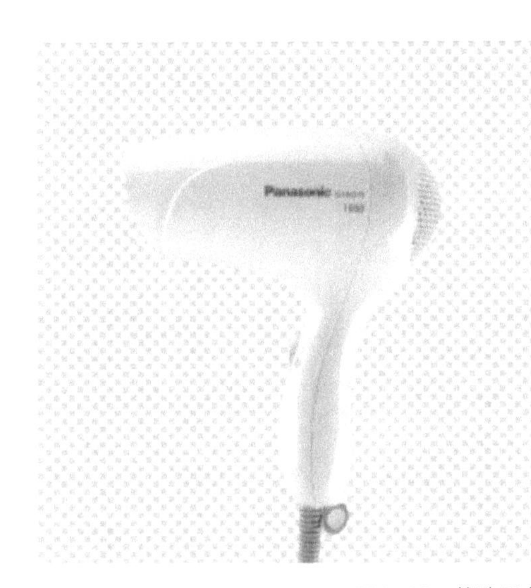

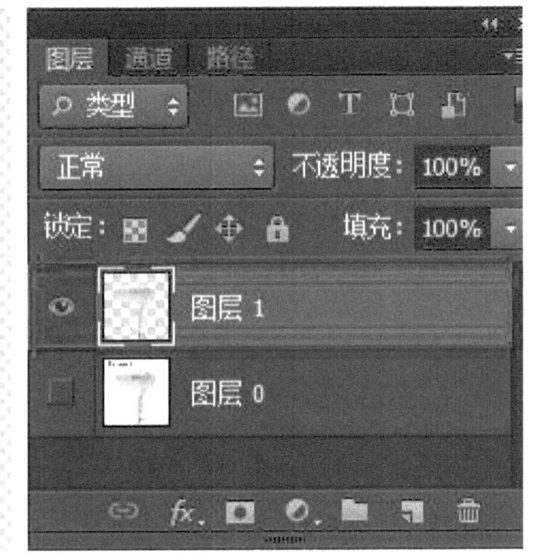

图2-62　将选区内容复制到单独图层

2.5.2　案例2　渐变填充与图层样式——墙上的LED灯

产品介绍：这是一款由Sieger Design 设计的LED灯。从外观上看，这款灯有着光滑、可浮动的外观，并且有两种不同的外观形式：方形和圆形（见图2-63，图2-64）。高度精确的设计轮廓是这款产品最大的亮点，从照明角度看，这款灯最大限度地实现了光对环境影响的转变，能够更好地与环境相适应，创建的是一个均匀、温暖的光环境，并且不会消耗太多成本，是一款简单的外观下面包含着强大的功能的灯具产品。

图2-63　方形LED墙灯

图2-64　圆形LED墙灯

制作分析：本案例以方形LED墙灯的制作为例，综合运用渐变填充工具和图层样式制作墙灯的效果。具体步骤如下。

1 新建一个横向A4文档（宽度为297mm，高度为210mm），命名为“墙灯”，分辨率设定为300像素/in，颜色模式为RGB。

2 新建一个图层，并将其命名为“墙面”。选择【渐变填充工具】，具体颜色参数设置为#e4e1e1、#e4e1e1和#232222，供读者参考（见图2-65），接着从“墙面”图层的中心点往右下方为其拉出一个【径向渐变】（见图2-66），最终效果如图2-67所示。

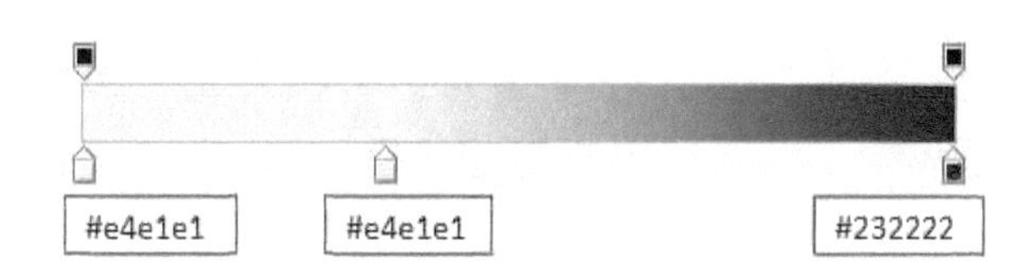

图2-65　渐变设置

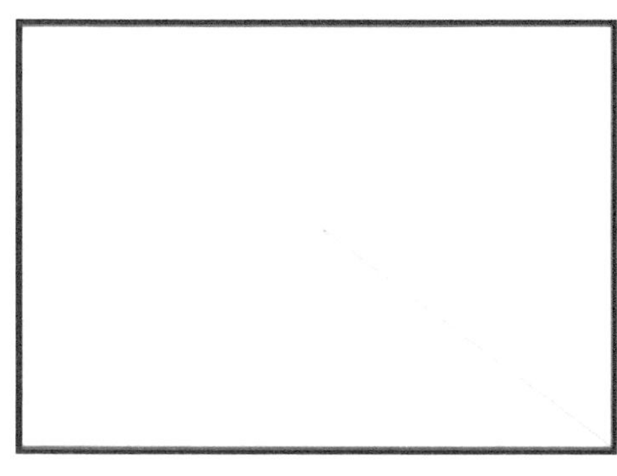

图2-66　拉出径向渐变

图2-67　径向渐变最终效果图

3 使用菜单【滤镜】/【滤镜库】/【纹理】/【纹理化】，纹理选择【砂岩】，具体设置参数如图2-68所示，最终效果图如图2-69所示。

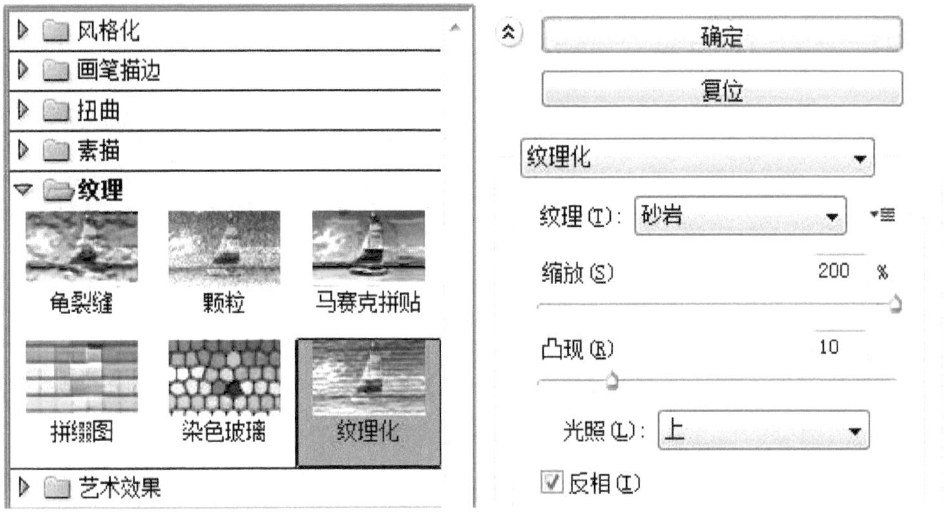

图2-68 纹理具体参数设置

图2-69 “墙面”最终效果图

图2-70 画出灰色圆角矩形

4 选择【圆角矩形工具】，画出一个W为【2167像素】、H为【2167像素】、半径为【300像素】的圆角矩形，接着在该图层单击右键【栅格化图层】。将该图层重命名为“墙灯外框”，并将其【载入选区】，为其填充灰色【#838382】，取消选区，效果如图2-70所示。双击该图层缩略图，为其添加【描边】以及【外发光】的“图层样式”，具体参数设置如图2-71、图2-72所示，最终效果如图2-73所示。

描边
结构
大小(S): 1 像素
位置(P): 外部
混合模式(B): 正常
不透明度(O): 100 %
填充类型(F): 颜色
颜色:
设置为默认值
复位为默认值

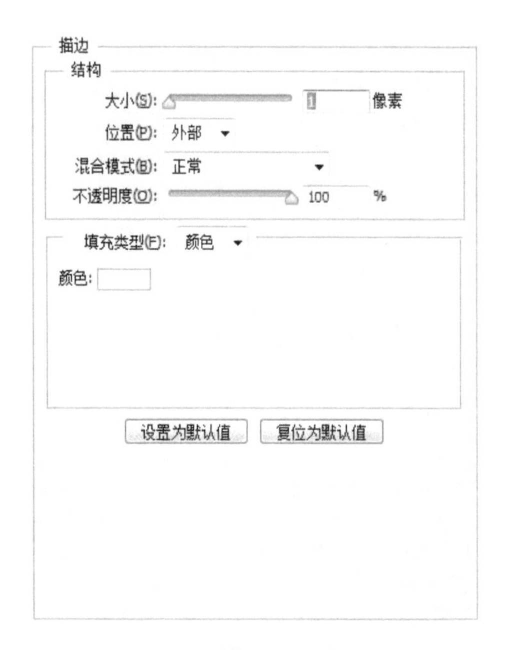

图2-71 描边具体参数设置

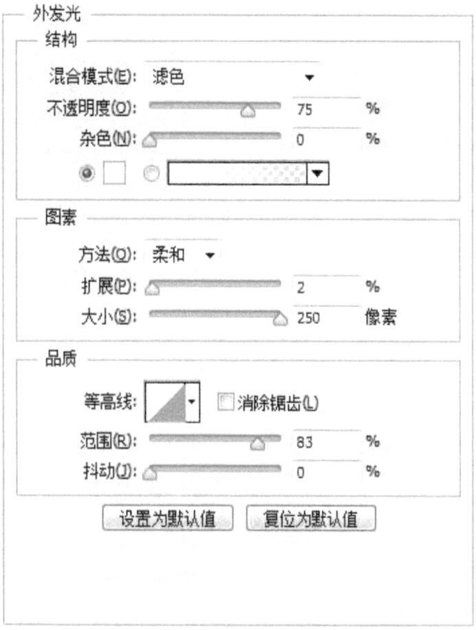

外发光
结构
混合模式(E): 滤色
不透明度(O): 75 %
杂色(N): 0 %
图素
方法(Q): 柔和
扩展(P): 2 %
大小(S): 250 像素
品质
等高线:
消除锯齿(L)
范围(R): 83 %
抖动(J): 0 %
设置为默认值
复位为默认值

图2-72 外发光具体参数设置

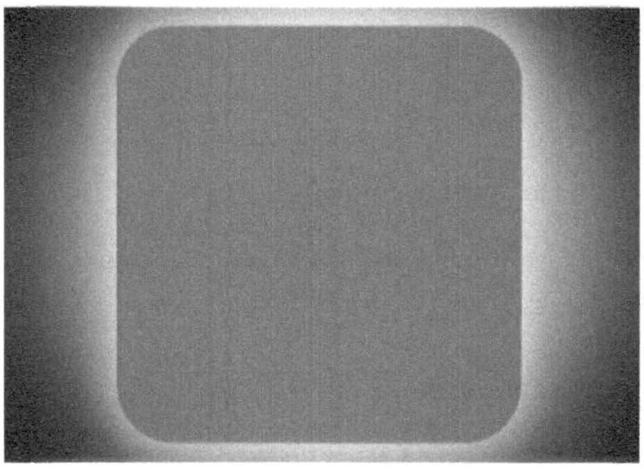

图2-73 墙灯外框最终效果图

图2-74 墙灯效果图

5 新建一个图层，并将其命名为“墙灯”。按住【Ctrl】键的同时，用鼠标左键单击“墙灯外框”图层的缩略图，将其【载入选区】。使用菜单【选择】/【修改】/【收缩】，收缩量设置为【150像素】，使用菜单【选择】/【修改】/【羽化】，羽化值设置为【100像素】，为其填充【白色】，取消选区，最终效果如图2-74所示。

6 双击“墙灯”图层的缩略图，为其添加【外发光】的“图层样式”，具体设置参数如图2-75所示，最终效果图如图2-76所示。

外发光
结构
混合模式(E): 滤色
不透明度(O): 75 %
杂色(N): 0 %
图素
方法(Q): 柔和
扩展(P): 0 %
大小(S): 250 像素
品质
等高线: 消除锯齿(L)
范围(R): 100 %
抖动(J): 0 %
设置为默认值 复位为默认值

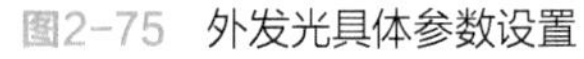

图2-75 外发光具体参数设置

图2-76 “墙灯”最终效果图

2.5.3 案例3 选区工具与图层样式——绘制产品按钮

产品按钮通常用来控制产品或程序的某些功能，细到每一个功能按钮的设计能够使产品更加贴合用户实际需求和使用习惯，使用户在使用产品时获得更好的体验。用Photoshop绘制产品按钮的效果图，首先用合适的选区工具准确绘制按钮形状，然后利用渐变工具和图层样式来绘制出按钮的凹凸效果，增强体积感。本案例绘制现在产品中常见的“滑动”按钮，按钮的最终效果图如图2-77所示。

图2-77 产品按钮效果图

1 新建一个宽度为【15cm】、高度为【15cm】的文档，并将其命名为“按钮”，分辨率设定为300像素/in，颜色模式为RGB。

2 新建一个图层，并将其命名为“背景”。设置前景色为#b3b3b3，按【Ctrl】+【Delete】键为其填充颜色。

3 选择【圆角矩形工具】，画出一个*W*为【1932像素】、*H*为【500像素】、半径为【300像素】的圆角矩形，接着在该图层上单击右键【栅格化图层】。按住【Ctrl】键的同时用鼠标左键单击该图层的缩略图，将其【载入选区】。选择【渐变填充工具】从上往下为其拉出一个从浅灰色【#afafaf】到灰白色【#eaeaea】的【线性渐变】。取消选区，渐变填充效果如图2-78所示。

图2-78 渐变填充效果

4 参考3画出（见图2-79）的圆角矩形，其中填充的渐变为深灰色【#656565】到浅灰色【#d0d0d0】的【线性渐变】。

5 参考3画出（见图2-80）的圆角矩形，其中圆角矩形的*W*为【1087像素】、*H*为【283像素】、半径为【125像素】，填充的深灰色为#5c5c5c。双击该图层的缩略图，为其添加【内阴影】的“图层样式”，具体参数设置可参考图2-81，添加内阴影的效果如图2-82所示。

图2-79 画出圆角矩形1

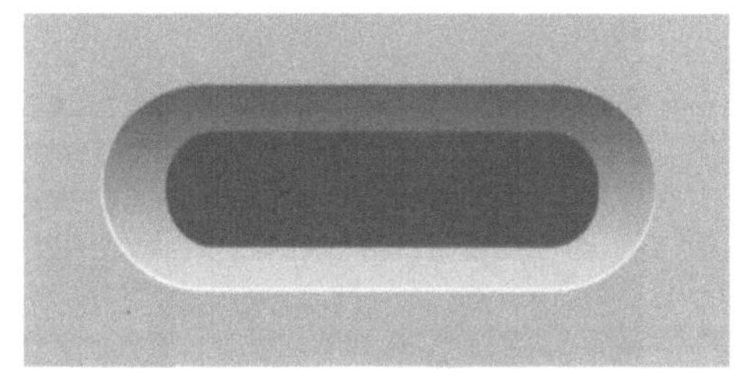

图2-80 画出圆角矩形2

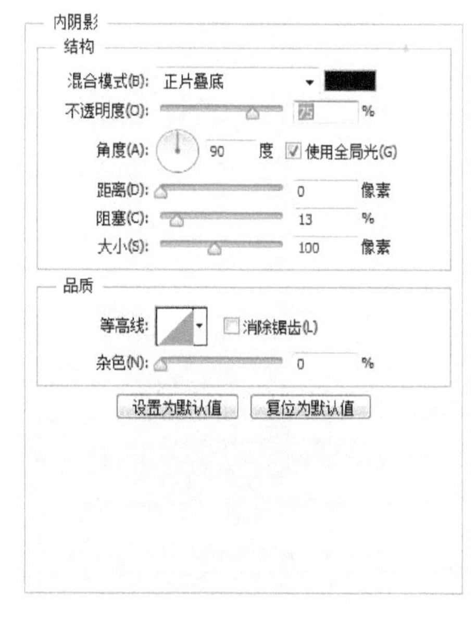

图2-81 内阴影具体参数设置

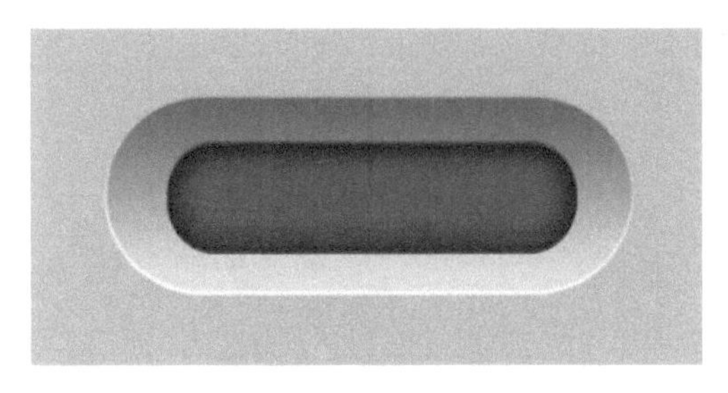

图2-82 加内阴影的效果

6 新建一个图层，并将其命名为“圆形1”。选择【椭圆选框工具】，按住【Shift】键画出如图2-83所示的圆形选框，选择【渐变填充工具】从上往下为其拉出一个从灰白色【#ececec】到深灰色【#767676】的【线性渐变】。取消选区，效果如图2-84所示。双击该图层的缩略图，为其添加【投影】的图层样式，具体参数设置可参考图2-85，添加图层样式后的效果如图2-86所示。

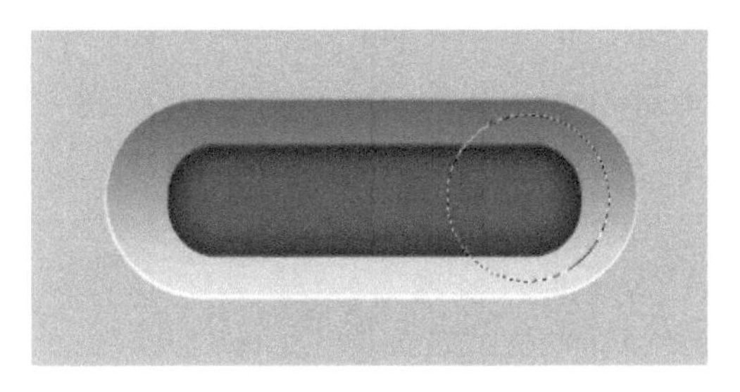

图2-83 画出圆形选框

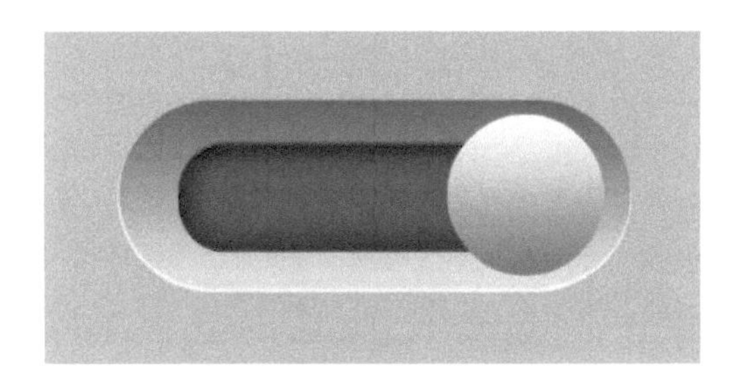

图2-84 填充渐变色后的效果

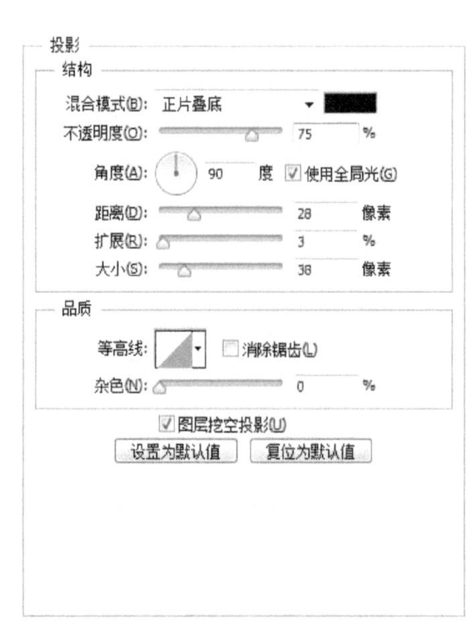

图2-85 投影具体参数设置

7 新建一个图层，并将其命名为“圆形2”。选择【椭圆选框工具】，按住【Shift】键画出如图2-87所示的圆形选框，为其填充灰色【#b8b8b8】。取消选区，按钮表面填充效果如图2-88所示。

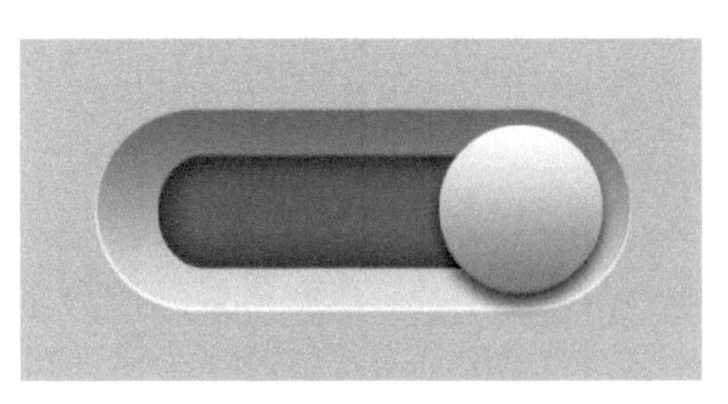

图2-86 添加图层样式后的效果

如果觉得重新画“圆形选框”太麻烦，可以将“圆形1”图层【载入选区】，然后使用菜单【选择】/【修改】/【收缩】，收缩率设置为【8像素】。

图2-87　画出圆形选框

图2-88　按钮表面填充效果

8 选择【文字工具】，输入“OFF”，设置文字颜色为#202020。调节该文字的字体、大小以及位置（见图2-89）。在该图层上单击右键选择【栅格化文字】，双击该文字图层的缩略图，为其添加【斜面和浮雕】的图层样式，具体参数设置可参考图2-90，文字的最终效果如图2-91所示。

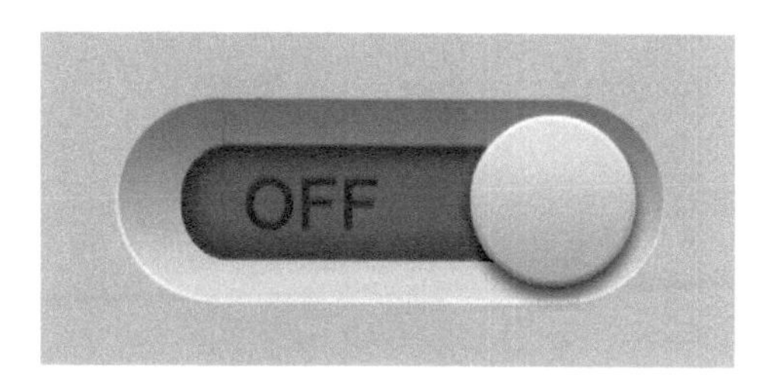

图2-89　输入文字“OFF”

9 按住【Shift】键将画好的图层选中（“背景”图层和“文字”图层除外），复制“副本”图层，并将其移至如图2-92所示的位置。

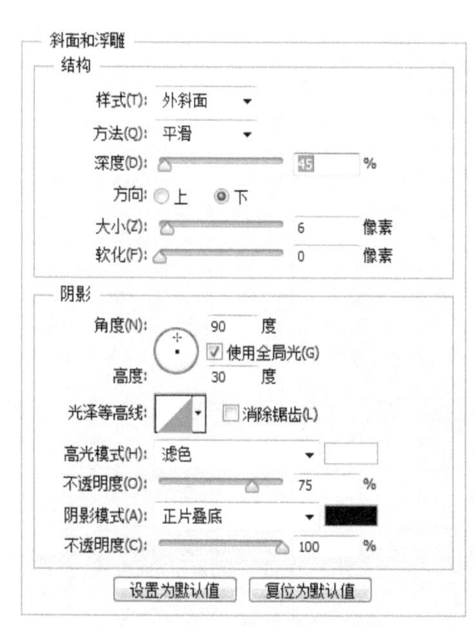

图2-90　斜面和浮雕具体参数设置1

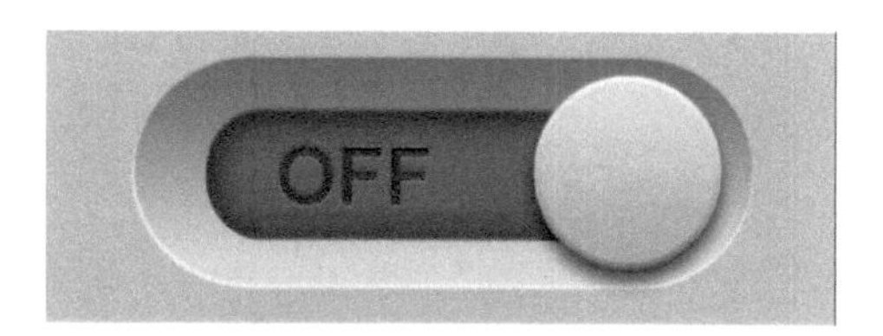

图2-91　“文字”最终效果图

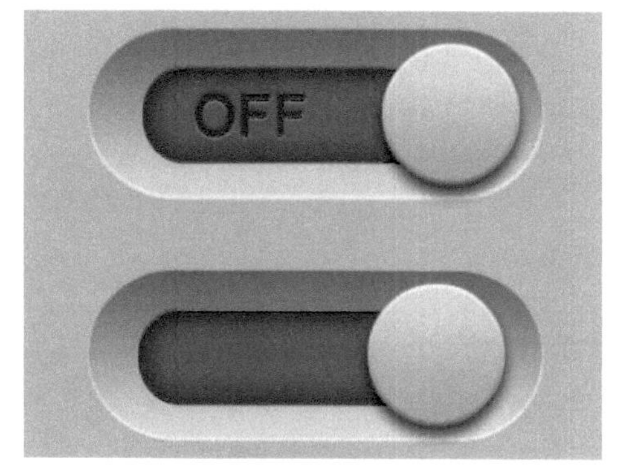

图2-92　复制图层并调节其位置

10 将“圆形1 副本”和“圆形2副本”两个图层移至如图2-93所示的位置。

图2-93 调节“圆形副本图层”的位置

11 选择“深灰色圆角矩形”的副本图层，将该图层【载入选区】，为其填充橙色【#eb6100】，修改其【内阴影】的“图层样式”，参数如图2-94所示，最终效果如图2-95所示。

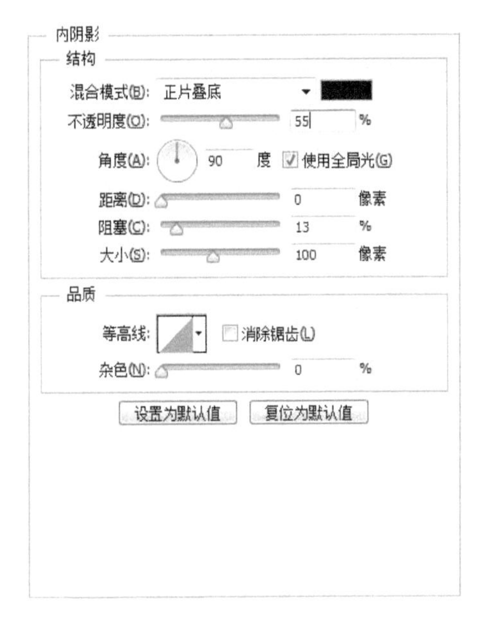

图2-94 内阴影具体参数设置

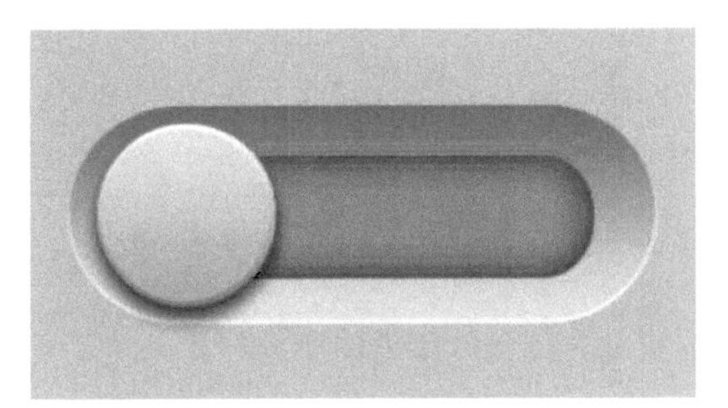

图2-95 内阴影最终效果图

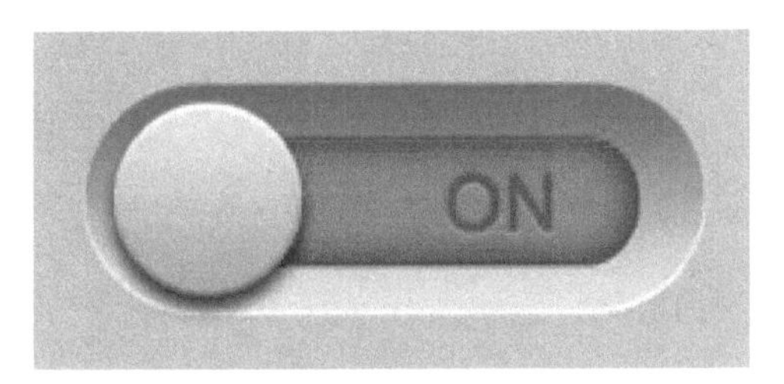

图2-96 绘制出文字“ON”

12 参考 8 绘制出图2-96中的文字。其中文字填充的颜色为#ae4101，【斜面和浮雕】的具体参数设置如图2-97所示。

13 新建一个图层，并将其命名为“突起按钮1”。选择【椭圆选框工具】，画出如图2-98所示的圆形选框。选择【渐变填充工具】，从下往上为其拉出一个从【白色】到【透明】的【线性渐变】，取消选区，最终效果如图2-99所示。

14 新建一个图层，并将其命名为“突起按钮2”。参考 13 画出图2-100中的灰色圆形，其中灰色为#727272。双击该图层的缩略图，为其添加【斜面和浮雕】的“图层样式”，具体参数设置可参考图2-101，最终效果如图2-102所示。

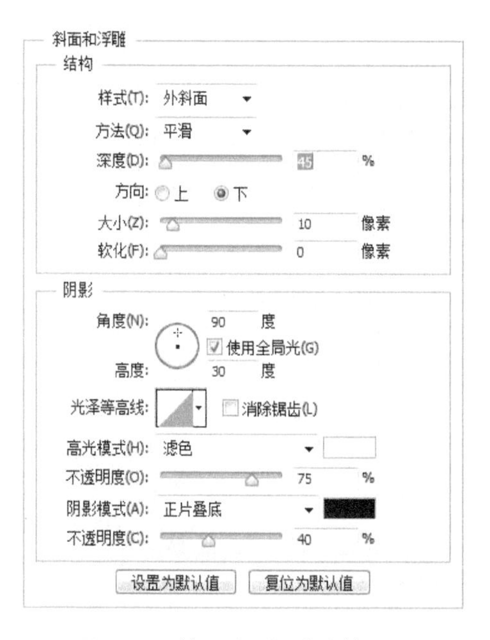

图2-97 斜面和浮雕具体参数设置2

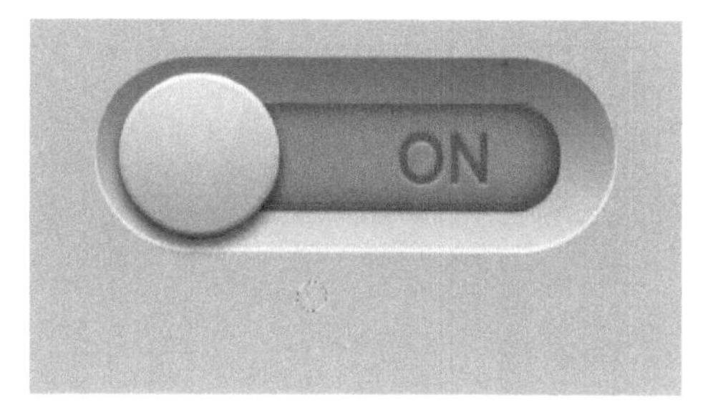

图2-98 画出圆形选框

图2-99 线性渐变最终效果图

图2-100 画出灰色圆形

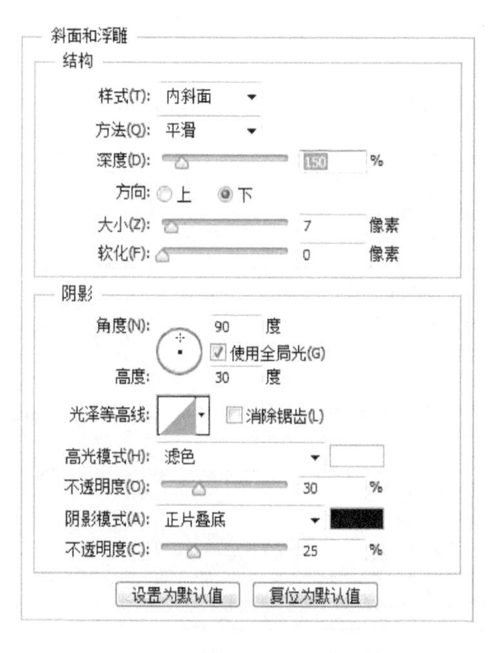

图2-101 斜面和浮雕具体参数设置3

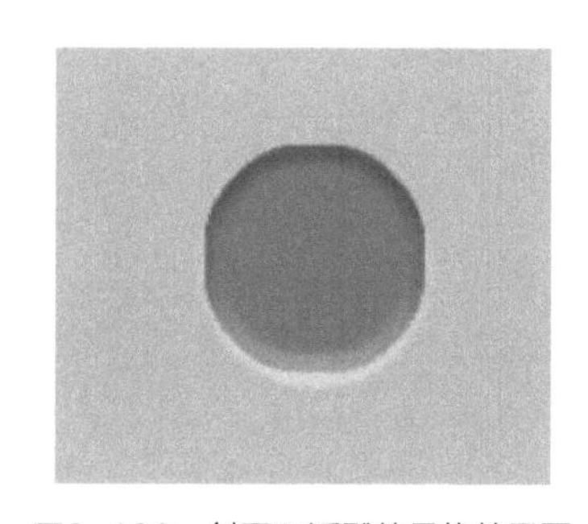

图2-102 斜面和浮雕的最终效果图

图2-103 灰色圆形

15 新建一个图层，并将其命名为“突起按钮3”。参考 13 画出如图2-103所示的灰色圆形，其中灰色为#c6c4c5。双击该图层的缩略图，为其添加【斜面和浮雕】以及【内发光】的“图层样式”，具体参数设置可参考图2-104、图2-105，最终效果如图2-106所示。

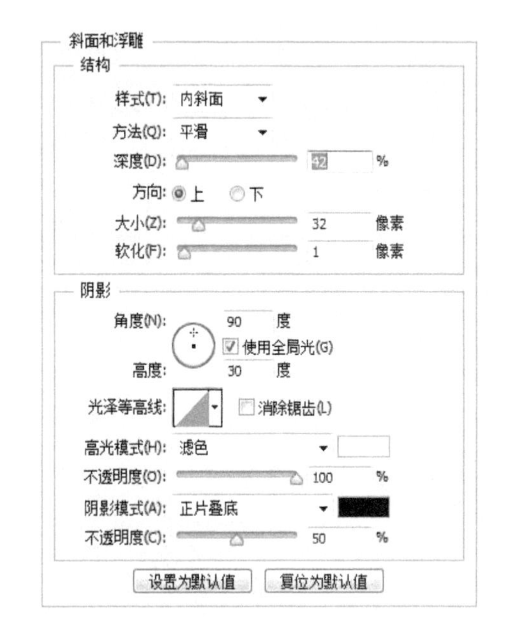

图2-104　斜面和浮雕具体参数设置4

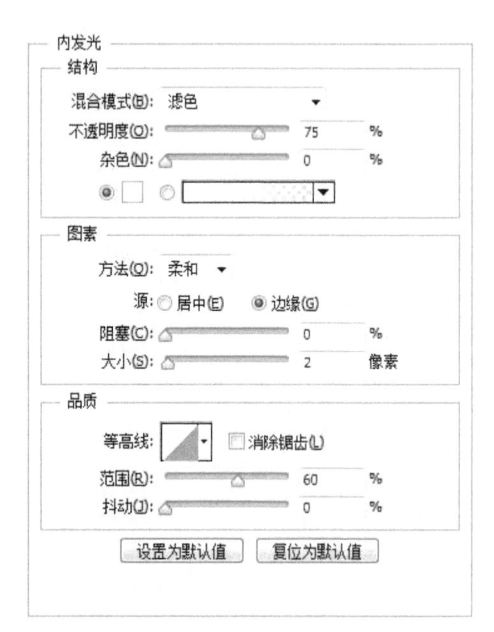

图2-105　内发光具体参数设置

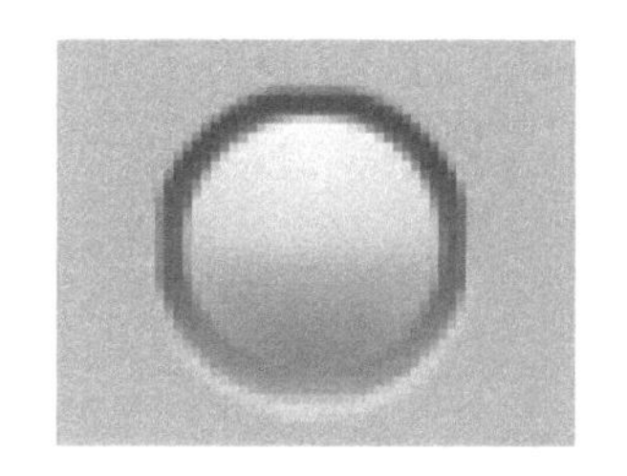

图2-106　“突起按钮3”最终效果图

16 新建一个图层，并将其命名为“凹陷按钮”。参考 13 画出图2-107中的灰色圆形，其中填充的【线性渐变】可参考图2-108。双击该图层的缩略图，为其添加【斜面和浮雕】的“图层样式”，具体参数设置可参考图2-109，最终效果如图2-110、图2-111所示。

图2-107　画出“凹陷按钮”圆形

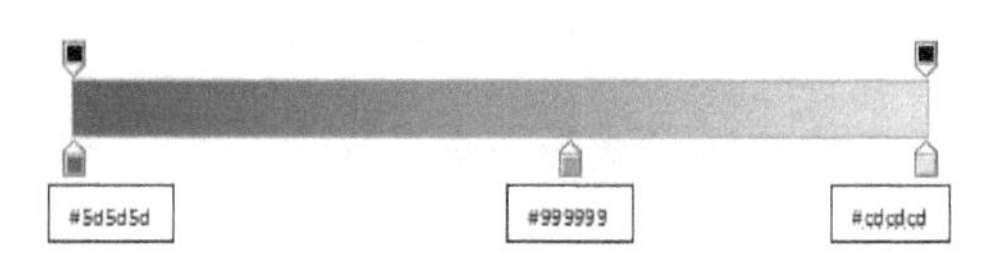

图2-108　线性渐变设置

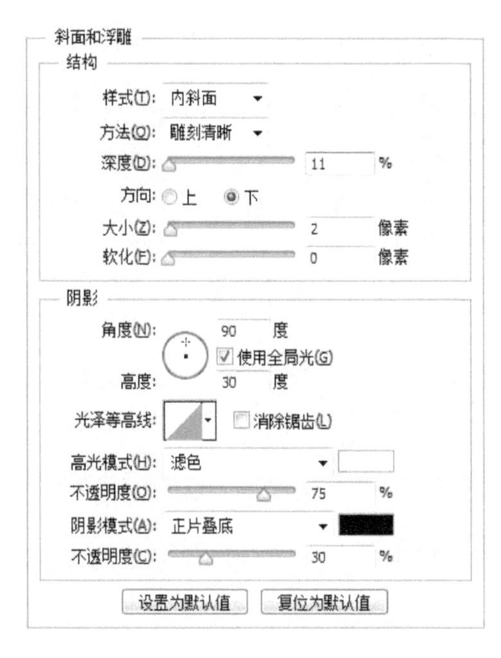

图2-109 斜面和浮雕具体参数设置5

图2-110 “凹陷按钮”最终效果图

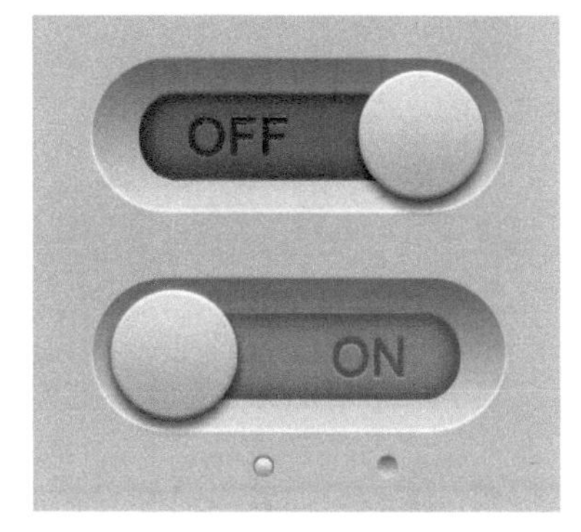

图2-111 产品按钮绘制最终效果图

【课后练习】

练习1 钢笔工具抠图

请参考2.5.1案例的制作方法，熟练掌握钢笔工具的使用，然后完成下图案例的制作（见图2-112～图2-115）。具体操作步骤参看视频教程。

图2-112 原始素材图片

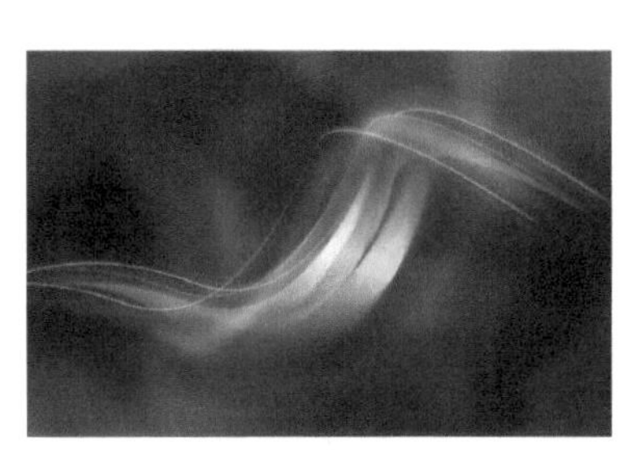

图2-113 目标背景

图2-114 LOGO

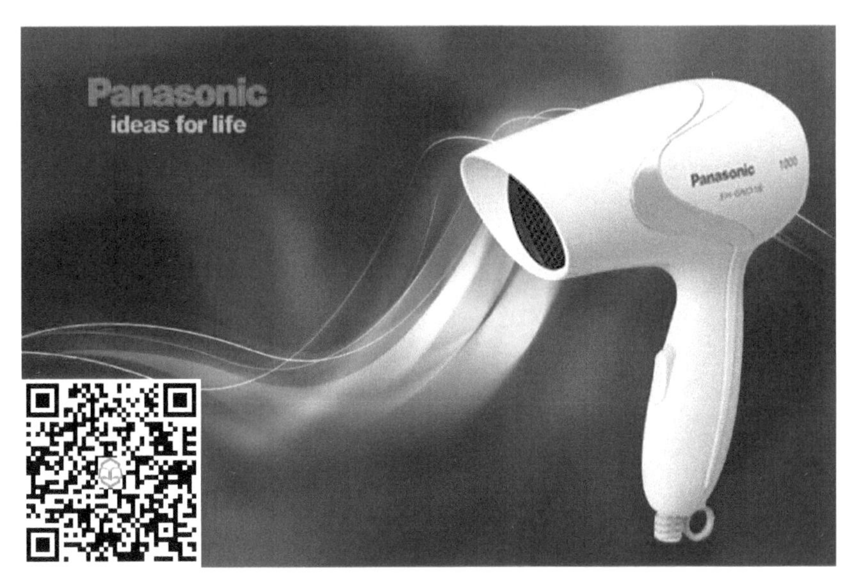

图2-115　最终效果

练习2　渐变工具及图层样式

请参考2.5.2　案例的制作方法，完成图2-116所示的LED灯效果图绘制练习。

图2-116　圆形LED墙灯

练习3　绘制操作手型

在工业产品的展示中，常常需要配合手型展示产品的使用方法，本练习要求读者在熟练掌握钢笔工具使用技巧的基础上，结合工业产品展示中常常需要用到的几个手势绘制线稿，如“握”“滑”“拧”“按”“拉”等手势，绘制时可以自己先拍照，再作为参考依据绘制，也可以根据现有的操作手势照片的参考图来绘制

（见图2–117，图2–118），绘制出手势线框图（见图2–119）。具体操作步骤参看视频教程。

图2–117　手势参考图1

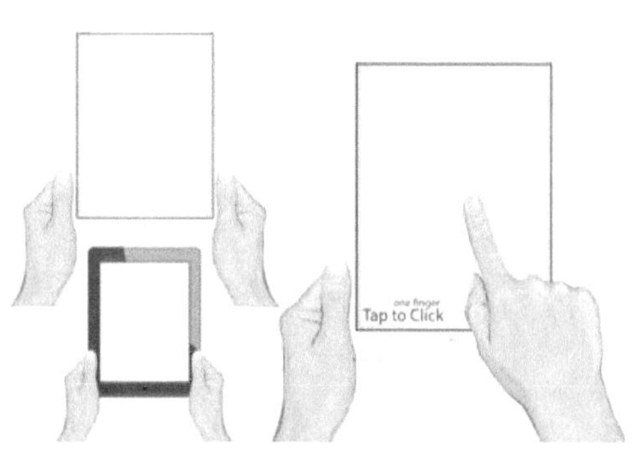

图2–118　手势参考图2

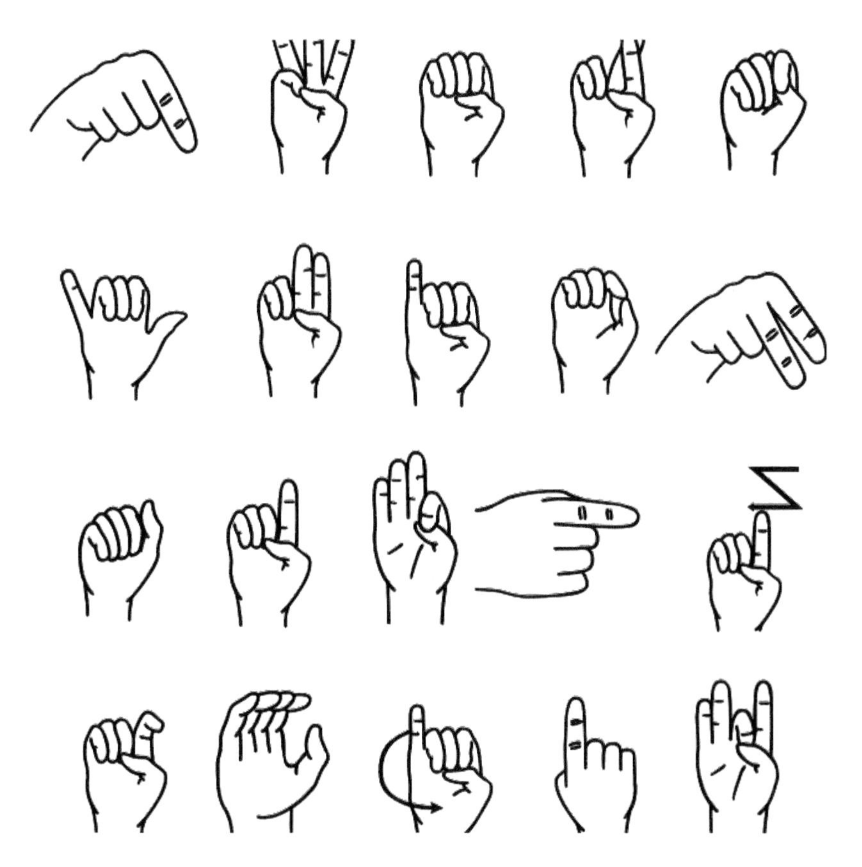

图2–119　手势线框图

第3章

Photoshop 材质表现技法

材料的优劣将直接关系到产品的功能，不合适的材料会影响产品的作用。因此在产品的研制开发过程中，应认识材料的特征品性，从而适当选用材料。质感在产品造型设计中有重要的作用，当不同的材料经加工而组合成为一个完整的产品之后，质感就不仅仅停留在材料的表面上，而升华为产品整体的质感，能够有效提高产品的识别和认同度。

材质的视觉特性是产品设计师确定设计方案的重要依据之一，不同的材质有不同的特点：有些材质自身就有独特的纹理和视觉效果，如纸张、木材、磨砂金属、塑料等，有些材质只需要条形的高光和淡淡的折射与反射的影像，还有些材质自身没有什么特点，必须放在环境中，加上整体的渐变，才有体积感、真实感，例如电镀、玻璃等。在绘制材质质感时，要把握住材质的视觉特性，在效果图中用适当的方法给人强烈的质感暗示。

接下来我们分门别类地介绍不同材质的表现技法。

3.1 纸质感的表现

3.1.1 纸材质的视觉特点

纸材的品类众多，大都柔和而充满韧性，纸的形态、纹理、色泽、透明度等要素综合构成了纸的质感，如蒙肯纸白度低，纸质柔和细腻；牛皮纸坚韧耐磨，呈黄褐色，纹理具有略微磨损的质感等。经过特殊处理的特种纸往往还具有特殊的色彩、光泽、质感和肌理，如铜版纸、哑粉纸等。

3.1.2 案例1 普通纸质感的表现

本案例主要通过折叠形态表现普通纸张充满韧性的特点，制作中首先画出折叠纸张的外轮廓，再通过阴影效果提升其立体感，最终表现效果如图3-1所示。

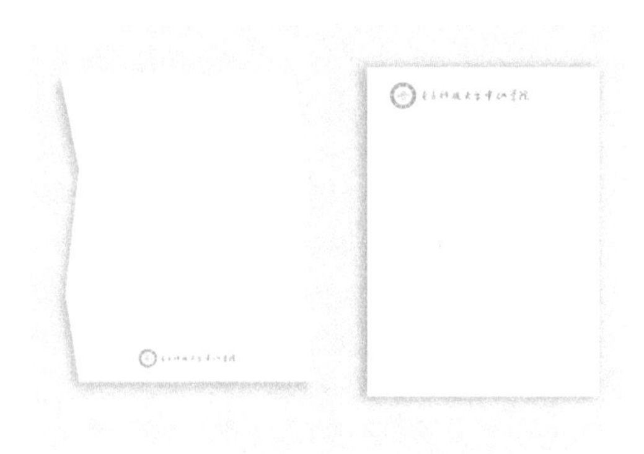

图3-1　普通纸质感表现效果图

1 新建一个横向A4文档（宽度为297mm，高度为210mm），并将其命名为“纸质感的表现”，分辨率设定为300像素/in，颜色模式为RGB。

2 新建一个图层，并将其命名为“背景”，为其填充浅灰色【#e2e2e2】。

3 新建一个图层，并将其命名为“纸张1”。选择【钢笔工具】画出图3-2中黄色区域的轮廓路径，按【Ctrl】+【Enter】键将路径转换为选区，为其填充【白色】。取消选区，最终效果如图3-3所示。

图3-2　画出黄色部分的路径　　图3-3　3 最终效果图

4 在“纸张1”图层下方新建一个图层，并将其命名为“阴影1”。按住【Ctrl】键的同时，用鼠标左键单击“纸张1”的缩略图，将其【载入选区】。选择菜单中【选择】/【修改】/【羽化】，将羽化值改为【30像素】，填充灰色【#b8b4b0】，取消选区，用【移动工具】将该图层向左下移动一点点，效果如图3-4所示。

图3-4 “纸张1”效果

5 打开“电子科技大学中山学院logo”素材（见图3-5），将其【置入】该文件中，并置于图层面板的最上方，调节其大小及位置，最终效果如图3-6所示。

图3-5 logo素材

图3-6 “纸张1”最终效果图

6 新建一个图层，并将其命名为“纸张2”。选择【矩形选框工具】画出图3-7中的矩形选框，并为其填充【白色】。取消选区，最终效果如图3-8所示。

图3-7 画出矩形选框

图3-8 6 最终效果图

7 参考4和5画图（见图3-9），最终效果如图3-10所示。

图3-9　参照上方步骤画出此图效果

图3-10　“纸质感的表现”最终效果图

3.1.3　案例2　特殊底纹纸的表现

具有特殊纹理的纸张，通常在底纹上有特殊的图案填充，带来独特的视觉和触觉感受。本案例讲解利用现有图案填充制作特殊底纹纸张效果的方法，用一个卡通图案作为底纹填充纸张（见图3-11，图3-12），也可以先对图案进行去色处理，得到灰度底纹填充纸张（见图3-13）。

图3-11　填充图案单元

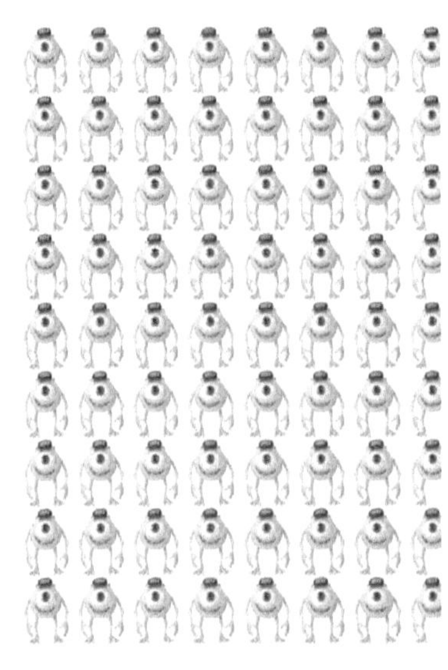

图3-12　填充底纹的纸张效果

图3-13　部分填充减淡底纹效果

1 在Photoshop中打开要定义为“图案”的图片（见图3-14）。

图3-14 打开图片

2 选择【矩形选框工具】，框选出要定义为“图案”的区域（见图3-15）。

3 使用菜单【编辑】/【定义图案】，名称改为“大眼怪”（见图3-16），确定后按【Ctrl】+【D】键取消选区。

图3-15 框选要定义为“图案”的区域

图3-16 定义图案并更改名称

4 使用菜单【编辑】/【填充】。设定【使用（U）：】为【图案】，在“自定图案”中就能选到刚刚定义的“大眼怪”（见图3-17）。

5 在“自定图案”中选到刚刚定义的“大眼怪”，单击图3-18中的按钮，选择【存储图案】。

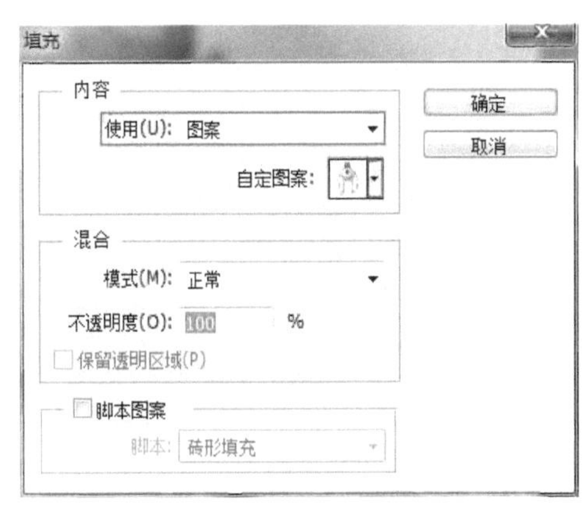

图3-17　找到自定义图案

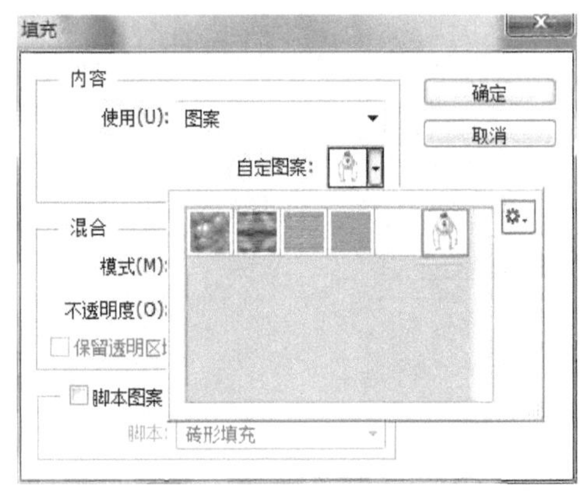

图3-18　选择填充图案

6 存储完图案以后可以直接用【填充工具】填充到需要的地方（见图3-19，图3-20），在填充之前调整模式和不透明度还可以制作出淡淡的图案填充效果（见图3-21～图3-23）。

图3-19　填充设置1

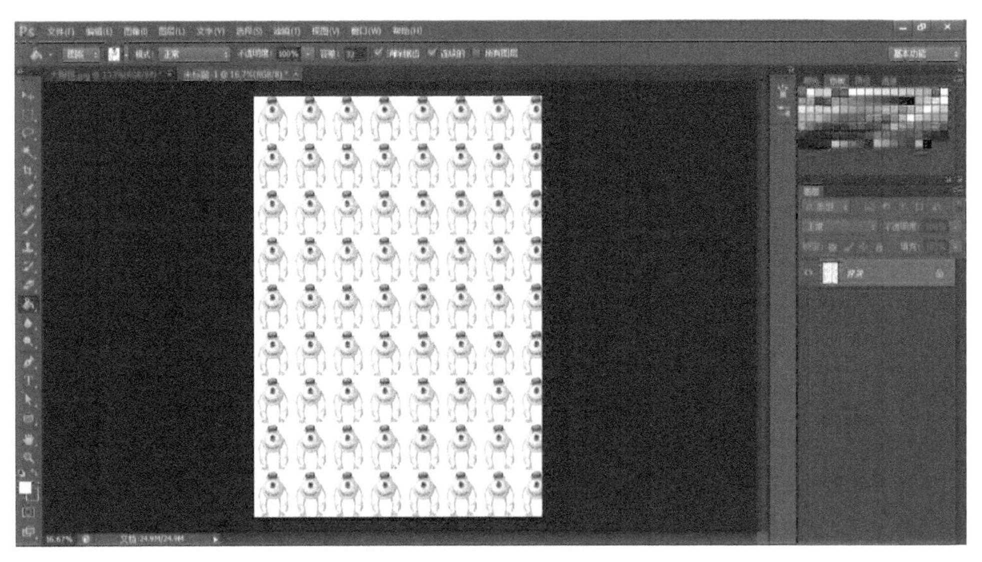

图3-20　填充图案

图3-21　填充设置2

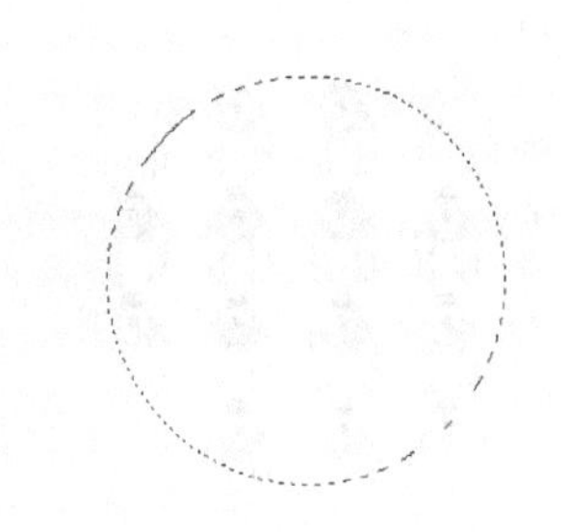

图3-22　用图案填充选区

图3-23　淡淡的底纹填充效果

3.2 玻璃质感的表现

3.2.1　玻璃材质的视觉特点

玻璃主要给人一种通透的质感感受，透明是其最大的特点，我们在用Photoshop绘制玻璃材质的产品时，主要通过玻璃的反光来表现玻璃材质产品玲珑剔透的质感。

3.2.2　案例3　绘制玻璃高脚酒杯

本案例的目标是绘制一个高脚酒杯（见图3-24），对于图层顺序的合理安排是本案例的要点。本案例的制作分为三大块：容器的制作、杯杆的制作和底座的制作。

图3-24　玻璃高脚酒杯

第1部分：容器的制作

1 新建一个竖向A4文档（宽度为210mm，高度为297mm），并将其命名为“高脚杯”，分辨率设定为300像素/in，颜色模式为RGB。

2 单击图层面板上的【创建新图层】按钮，新建一个图层，双击该图层将其命名为“容器”，选择【钢笔工具】画出图3-25中的轮廓路径，按【Ctrl】+【Enter】

键将路径转换为选区，填充黑色（见图3-26），按【Ctrl】+【D】键取消选区。

3 新建一个图层，并将其命名为“水面渐变”。选择【钢笔工具】画出图3-27中黄色区域的路径，按【Ctrl】+【Enter】键将路径转换为选区，选择菜单中【选择】/【修改】/【羽化】，将羽化值改为【3像素】，用【渐变工具】从下往上为其拉出一个从黑色到浅灰色【#cfd2d3】的【线性渐变】，最终效果如图3-28所示，按【Ctrl】+【D】键取消选区。

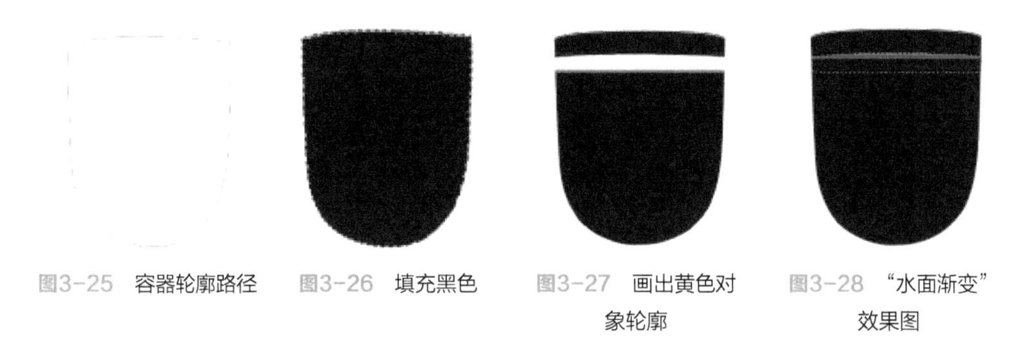

图3-25 容器轮廓路径　图3-26 填充黑色　图3-27 画出黄色对象轮廓　图3-28 “水面渐变”效果图

4 新建一个图层，并将其命名为“杯口灰色”。选择【钢笔工具】画出图3-29中黄色区域的轮廓路径，按【Ctrl】+【Enter】键将路径转换为选区，用【渐变工具】从左往右为其拉出一个灰色的【线性渐变】，具体颜色值设置为#c1bec3、#e9e2e5、#dde2e3、#c3c8cd、#c3c8cd（见图3-30）。取消选区，最终效果如图3-31所示。

图3-29 画出黄色对象轮廓1　图3-30 灰色渐变具体参数设置　图3-31 “杯口灰色”最终效果图

5 新建一个图层，并将其命名为“杯口椭圆”。选择【椭圆选框工具】画出一个*W*为8.74cm、*H*为0.63cm的椭圆（见图3-32），选择菜单中【编辑】/【描边】，将描边宽度设【3像素】，颜色设置为#828084。取消选区，调节该图层位置，最终效果如图3-33所示。

6 新建一个图层，并将其命名为“杯口左厚度”，用【钢笔工具】画出图3-34中黄色区域的轮廓路径，将路径转换为选区，并从左往右为其拉出一个从【黑色】到浅灰色【#d7d1d6】的【线性渐变】。取消选区，最终效果如图3-35所示。

7 参考 6 做出“杯口右厚度”。对象轮廓如图3-36所示，最终效果图如图3-37所示。注意：“杯口右厚度”是从右往左拉出【黑色】到浅灰色【#d7d1d6】的【线性渐变】。

8 在图层面板上调整图层位置（见图3-38）。

9 新建一个图层，并将其命名为“容器内壁”。选择【钢笔工具】画出图3-39中黄色区域的轮廓路径，将路径转换为选区，为其填充【白色】。取消选区，在图层面板调整其不透明度为【15%】（见图3-40），最终效果如图3-41所示。

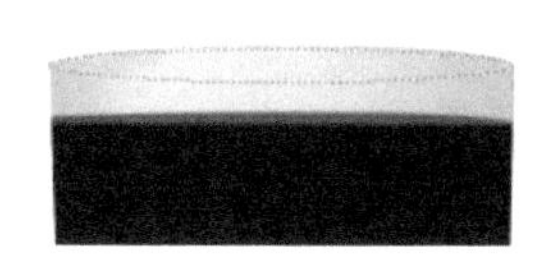

图3-32 拉出椭圆选框

图3-33 “杯口椭圆”最终效果图

图3-34 画出黄色对象轮廓2

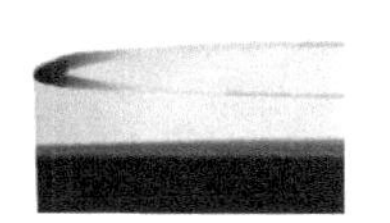

图3-35 “杯口左厚度”最终效果图

图3-36 画出黄色对象轮廓3

图3-37 “杯口右厚度”最终效果图

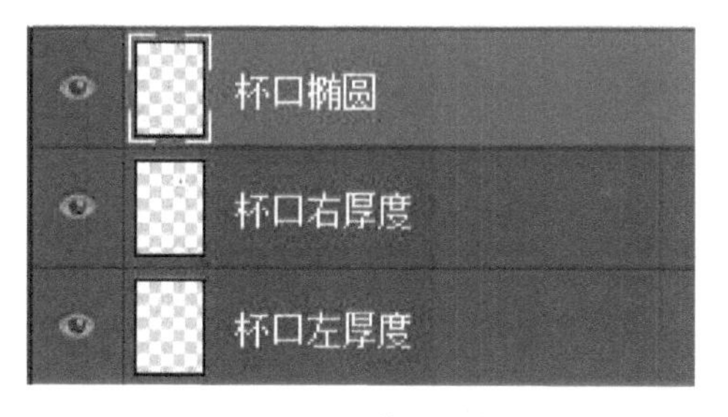

图3-38 调整图层位置

图3-39 画出黄色对象轮廓4

图3-40 图层透明度设置

图3-41 “容器内壁”最终效果图

10 新建一个图层，并将其命名为“容器内壁左”。选择【钢笔工具】画出图3-42中黄色区域的轮廓路径，将路径转换为选区，将其填充成浅灰色【#a8a9af】。取消选区，最终效果如图3-43所示。

11 新建一个图层，并将其命名为“容器内壁右”。参考 9 画出如图3-44所示的效果，填充的深灰色为#6b6b73，最终效果如图3-45所示。

图3-42 画出黄色对象轮廓5

图3-43 “容器内壁左”最终效果图

图3-44 画出黄色对象轮廓6

图3-45 “容器内壁右”最终效果图

12 新建一个图层，并将其命名为“容器白色高光”。选择【钢笔工具】画出图3-46中黄色区域的轮廓路径，将路径转换为选区，选择菜单中【选择】/【修改】/【羽化】，将羽化值改为【3像素】，为其填充【白色】。取消选区，在图层面板调整其不透明度为【20%】，最终效果如图3-47所示。

图3-46 画出黄色对象轮廓7

图3-47 “容器白色高光”最终效果图

第2部分：杯杆的制作

1 新建一个图层，并将其命名为“容器与杯杆连接处”。选择【钢笔工具】画出图3-48中黄色区域的轮廓路径，将路径转换为选区，为其填充【黑色】。取消选区，最终效果如图3-49所示。

图3-48 画出黄色对象轮廓8

图3-49 “容器与杯杆连接处”最终效果图

2 新建一个图层，并将其命名为“容器底部”。选择【钢笔工具】画出图3-50中黄色区域的轮廓路径，将路径转换为选区，为其填充【白色】。取消选区，在图层面板调整其不透明度为【35%】，最终效果如图3-51所示。

3 新建一个图层，并将其命名为“杯底突起”。选择【矩形选框工具】画出如图3-52所示的矩形，选择菜单中【选择】/【修改】/【羽化】，将羽化值改为【2像素】，为其填充【白色】。取消选区，最终效果如图3-53所示。

图3-50 画出黄色对象轮廓9

图3-51 “容器底部”最终效果图

图3-52 画出矩形选框1

图3-53 “杯底突起”最终效果图

4 新建一个图层，并将其命名为“杯杆”。选择【钢笔工具】画出图3-54中黄色区域的轮廓路径，将路径转换为选区，从左往右为其拉出一个深灰色【#aeaeae】到浅灰色【#eceae4】的【线性渐变】。取消选区，最终效果如图3-55所示。

图3-54 画出黄色对象轮廓10

图3-55 “杯杠”最终效果图

5 新建一个图层，并将其命名为“杯杆灰色渐变”。选择【矩形选框工具】画出如图3-56所示的矩形选框，选择【渐变填充工具】从上往下为其拉出一个浅灰色【#e4e4e4】到深灰色【#a6a6a6】的【线性渐变】。取消选区，最终效果如图3-57所示。

6 新建一个图层，并将其命名为“杯杆高光”。参考5画出如图3-58所示的效果，其中填充浅灰色【#eeeeee】。

图3-56　画出矩形选框2　图3-57　“杯杆灰色渐变”最终效果图　图3-58　“杯杆高光”最终效果图

7 新建一个图层，并将其命名为“杯杆与杯底连接处”。选择【钢笔工具】画出图3-59中黄色区域的轮廓路径，将路径转换为选区，选择菜单中【选择】/【修改】/【羽化】，将羽化值改为【2像素】，为其填充灰色【#e4e4e4】。取消选区，最终效果如图3-60所示。

8 新建一个图层，并将其命名为“杯底连接处灰色”。选择【钢笔工具】画出图3-61中黄色区域的轮廓路径，将路径转换为选区，选择菜单中【选择】/【修改】/【羽化】，将羽化值改为【2像素】，为其填充灰色【#c5c5c5】。取消选区，最终效果如图3-62所示。

图3-59　画出黄色对象轮廓11　图3-60　“杯杆与杯底连接处”最终效果图　图3-61　画出黄色对象轮廓12　图3-62　“杯底连接处灰色”最终效果图

9 新建一个图层，并将其命名为“底座连接处小椭圆”。选择【椭圆选框工具】画出如图3-63所示的椭圆选框，选择菜单中【选择】/【修改】/【羽化】，将羽化值改为【2像素】，并为其填充灰色【#c5c4c9】。取消选区，最终效果如图3-64所示。

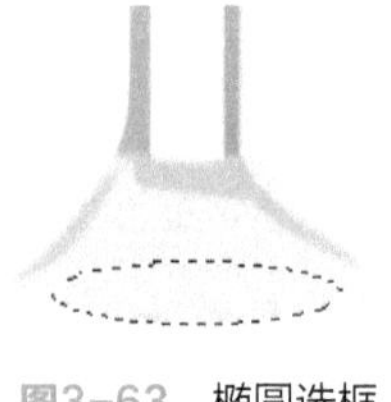

图3-63　椭圆选框

图3-64　“底座连接处小椭圆”最终效果图

第3部分：底座的制作

1 新建一个图层，并将其命名为“底座”，将该图层移至“背景”图层上方（见图3–65）。选择【钢笔工具】画出图3–66中黄色区域的轮廓路径，将路径转换为选区，选择菜单中【选择】/【修改】/【羽化】，将羽化值改为【2像素】，为其填充灰色【#e3e3e3】。取消选区，最终效果如图3–67所示。

图3–65　改变图层位置

图3–66　画出黄色对象轮廓13

图3–67　“底座”最终效果图

2 新建一个图层，并将其命名为“底座液体倒影”，选择【钢笔工具】画出图3–68中黄色区域的轮廓路径，将路径转换为选区，选择菜单中【选择】/【修改】/【羽化】，将羽化值改为【3像素】，用【渐变工具】从上往下为其拉出一个从深灰色【#b5b5b5】到浅灰色【#d8d8d8】的【线性渐变】。取消选区，最终效果如图3–69所示。

3 新建一个图层，并将其命名为“底座边缘高光”，选择【钢笔工具】画出图3–70中黄色区域的轮廓路径，将路径转换为选区，为其填充【白色】。取消选区，设置该图层的不透明度为【40%】最终效果如图3–71所示。

图3–68　画出黄色对象轮廓14

图3–69　“底座液体倒影”最终效果图

图3–70　画出黄色对象轮廓15

4 新建一个图层，并将其命名为“底座厚度表现”，选择【钢笔工具】画出图3–72中黄色区域的轮廓路径，将路径转换为选区，为其填充一个从深灰色【#bcbcbc】到浅灰色【d1d1d1】再到深灰色.【#bcbcbc】的【线性渐变】。取消选区，最终效果如图3–73所示。

图3–71　“底座边缘高光”最终效果图

图3–72　画出黄色对象轮廓15

图3–73　“底座厚度表现”最终效果图

5 新建一个图层，并将其命名为“杯杆倒影”。选择【矩形选框工具】画出图3-74中的矩形选框，选择菜单中【选择】/【修改】/【羽化】，将羽化值改为【2像素】，用【渐变工具】从左往右为其拉出一个从浅灰色【#dadada】到深灰色【#cdcdcd】再到浅灰色【#dadada】的【线性渐变】。取消选区，将该图层移至“杯底连接处灰色”图层下方（见图3-75），最终效果如图3-76所示。

图3-74 画出矩形选框3

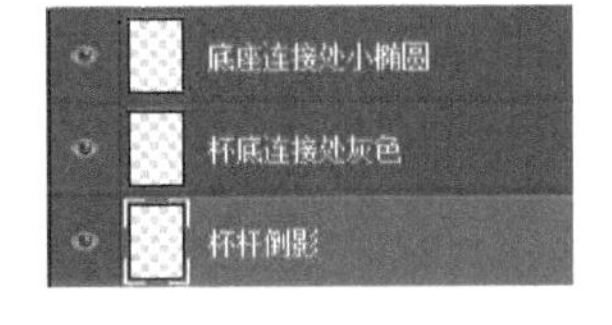

图3-75 调节图层位置

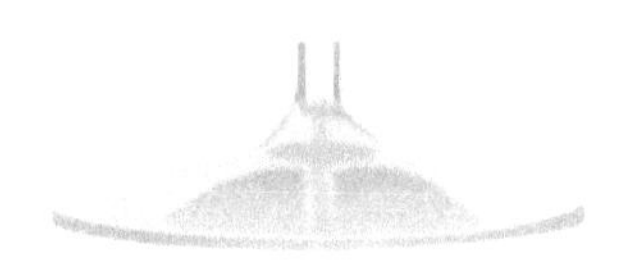
图3-76 “杯杆倒影”最终效果图

6 新建一个图层，并将其命名为“杯底连接处黑色反光”，选择【钢笔工具】画出图3-77中的路径，将路径转换为选区，选择菜单中【选择】/【修改】/【羽化】，将羽化值改为【8像素】，为其填充【黑色】。取消选区，最终效果如图3-78所示。

图3-77 画出路径1

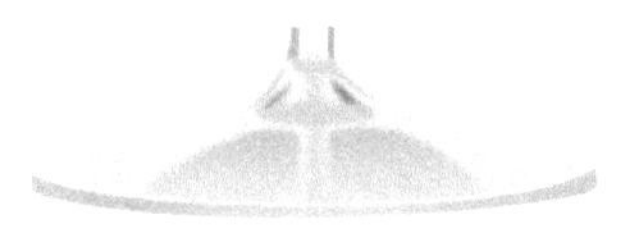
图3-78 “杯底连接处黑色反光”最终效果图

图3-79 画出路径2

7 新建一个图层，并将其命名为“杯底小倒影”，选择【钢笔工具】画出图3-79中黄色区域的轮廓路径（见图3-80），将路径转换为选区，选择菜单中【选择】/【修改】/【羽化】，将羽化值改为【2像素】，为其填充【黑色】。取消选区，最终效果如图3-81所示。

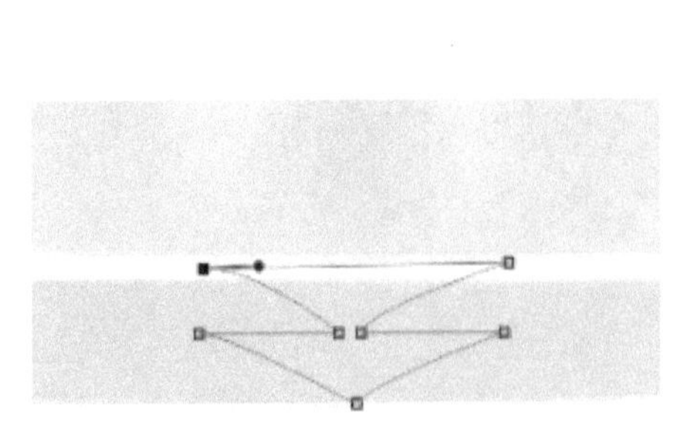
图3-80 路径放大图

图3-81 高脚杯最终效果图

3.3 木材、陶瓷质感的表现

3.3.1 木材材质的视觉特点

木材属于天然材料，要制作木材天然的纹理效果，可以从滤镜入手。很多滤镜都能够产生具有随机性的纹理效果，例如云彩、纤维等，都可以模拟创造自然真实的纹路纹理效果。

当然也可以直接使用材质贴图，辅以剪贴蒙板工具，达到直接使用现有材质纹理贴图来表现产品材质效果图的目的。

3.3.2 陶瓷材质的视觉特点

陶瓷是以天然黏土以及各种天然矿物为主要原料经过粉碎混炼、成型和煅烧制得的材料的各种制品。其中，陶的质地比瓷相对松散，颗粒也较粗，烧制温度一般在900～1500℃之间，温度较低，烧成后色泽自然成趣，古朴大方，成为许多艺术家所喜爱的造型表现材料之一；瓷的质地则有坚硬、细密、严谨、耐高温、釉色丰富等特点，烧制温度一般在1300℃左右，常有人形容瓷器“声如磬、明如镜、颜如玉、薄如纸”，瓷多给人以高贵华丽之感，和陶的那种朴实正好相反。所以在很多艺术家创作陶瓷艺术品时会着重突出陶或瓷的质感所带给欣赏者截然不同的感官享受，因此，创作前对两种不同材料的特征的分析与比较是十分必要的。

3.3.3 案例4 绘制综合材质台灯

图3-82所示的台灯是结合了多种材质的产品实例。本案例主要讲解利用现有木材和瓷器材质纹理贴图，辅以剪贴蒙板工具，来表现木材和瓷材质组成的部分，并结合上一节所讲的玻璃材质的表现技法，完成如图3-82所示的效果图。本案例着重表现灯泡柔和的发光效果、木材的明暗及纹理效果、瓷材质致密明亮的质感以及玻璃材质玲珑剔透的质感。

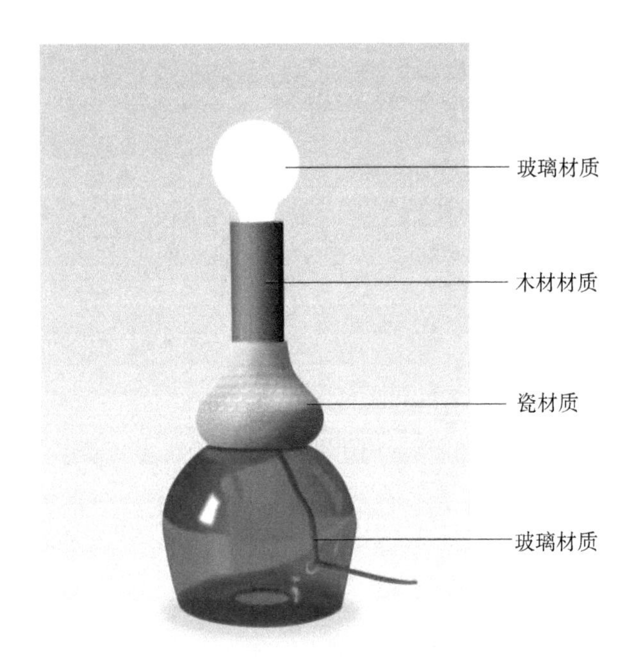

图3-82 综合材质台灯材质分析

第1部分：玻璃容器的制作

1 新建一个竖向A4文档（宽度为210mm，高度为297mm），并将其命名为“灯”，分辨率设定为300像素/in，颜色模式为RGB。

2 单击图层面板上【创建新图层】的按钮，新建一个图层，双击该图层将其命名为“背景”。选择【渐变填充工具】从上往下为其拉出一个【线性渐变】，具体色值依次设置为#d5c6bf、#dbd1d2、#e7e5f2，供读者参考（见图3-83），从上到下拉出线性渐变后的效果如图3-84所示。

图3-83 渐变色具体参数设置

图3-84 填充线性渐变的效果

3 新建一个图层，并将其命名为“玻璃容器造型”。选择【钢笔工具】画出图3-85中黄色区域的路径，将路径转换为选区。选择【渐变填充工具】从左往右为其拉出一个【线性渐变】，具体色值依次设置为#39787f、#3c7b82、#29575c，供读者参考（见图3-86）。取消选区，最终填充效果如图3-87所示。

图3-85　画出路径1

图3-86　渐变色具体参数设置

图3-87　填充线性渐变的效果

4 新建一个图层，并将其命名为“瓶口渐变色”。选择【钢笔工具】画出图3-88中黄色区域的路径，将路径转换为选区。选择【渐变填充工具】从左下往右上为其拉出一个从淡青色【#2b7273】到深绿色【#1c5654】的【线性渐变】，渐变效果如图3-89所示。选择【加深工具】画出如图3-90所示的效果，取消选区。【加深工具】具体参数设置如图3-91所示。

图3-88　画出路径2

图3-89　拉出渐变色

图3-90　加深后效果图

70 范围： 高光 曝光度： 31% 保护色调

图3-91　加深工具具体参数

5 新建一个图层，并将其命名为“玻璃瓶口”。选择【椭圆选框工具】，设置其羽化值为【3像素】，画出图3-92中的椭圆，其中填充深绿色【#0e3736】。

6 新建一个图层，并将其命名为“瓶身色块1”。选择【钢笔工具】画出图3-93中黄色区域的路径，将路径转换为选区。选择菜单中【选择】/【修改】/【羽化】，将羽化值改为【5像素】，为其填充青色【#39767d】。取消选区，填充后的效果如图3-94所示。

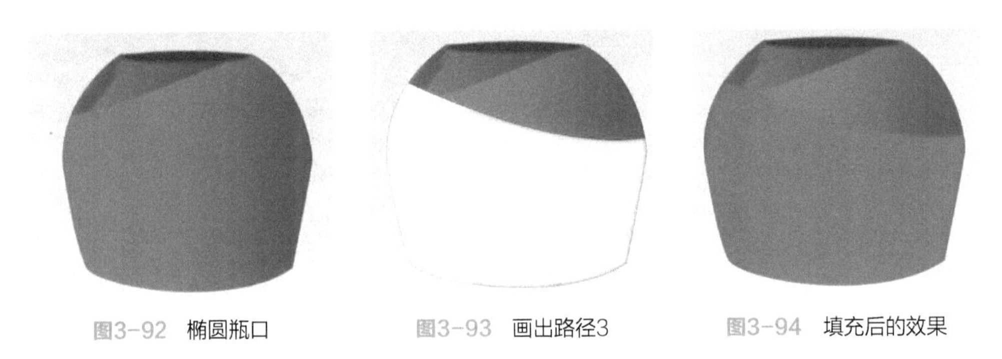

图3-92　椭圆瓶口　　图3-93　画出路径3　　图3-94　填充后的效果

7 新建一个图层，将其命名为“瓶身色块2”。选择【钢笔工具】画出图3-95中黄色区域的路径，将路径转换为选区。选择菜单中【选择】/【修改】/【羽化】，将羽化值改为【5像素】。选择【渐变填充工具】从左往右为其拉出一个从深绿色【#204b4f】到淡青色【#326f7d】的【线性渐变】。取消选区，最终效果如图3-96所示。

8 新建一个图层，并将其命名为“瓶身色块3”。选择【钢笔工具】画出图3-97中黄色区域的路径，将路径转换为选区。选择菜单中【选择】/【修改】/

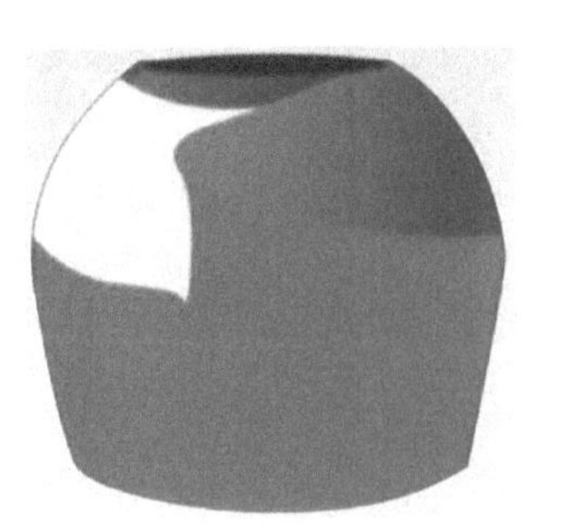

图3-95　画出路径4

图3-96　填充渐变后的效果

图3-97　画出路径5

【羽化】，将羽化值改为【5像素】。选择【渐变填充工具】，从左往右为其拉出一个【线性渐变】。取消选区，最终渐变填充效果如图3-98所示。【渐变填充工具】中具体色值依次设置为#507484、#427f8b、#448c9a、#448d9a、#347a86、#3e7a81，供读者参考（见图3-99）。

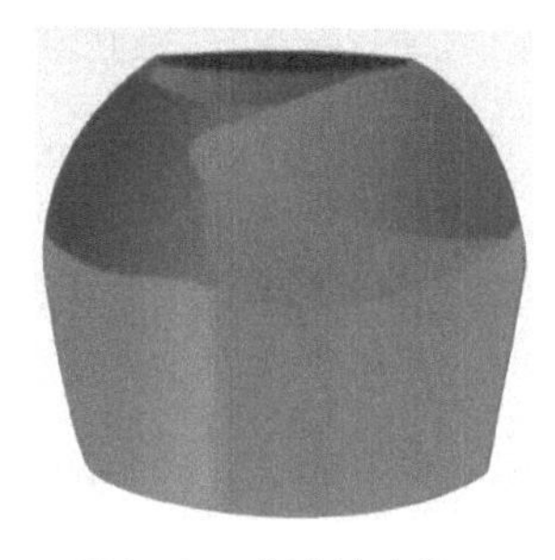

图3-98　渐变填充效果

图3-99　设置渐变色

9 新建一个图层，并将其命名为“瓶底大椭圆”。选择【椭圆选框工具】，设置其羽化值为【0像素】，画出图3-100中的椭圆。选择【渐变填充工具】从下往上为其拉出一个从深绿色【#21454e】到浅青色【#336570】的【线性渐变】（见图3-101）。选择【加深工具】画出如图3-102所示的效果，取消选区。【加深工具】具体参数设置如图3-91所示。双击图层缩略图，为其添加【投影】的“图层样式”，最终效果如图3-103所示，【投影】效果的具体设置参数如图3-104所示，供读者参考。

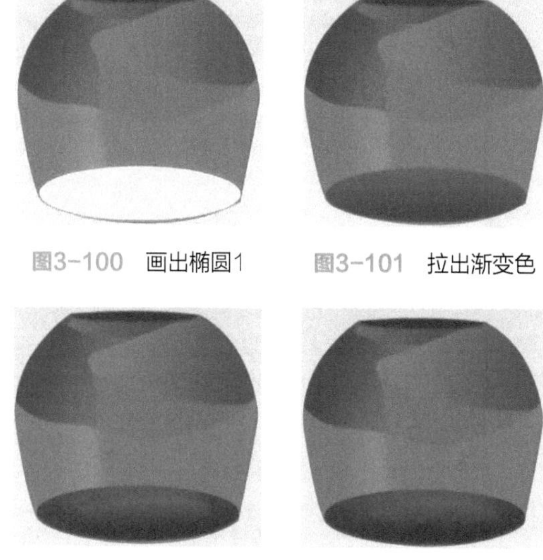

图3-100　画出椭圆1

图3-101　拉出渐变色

图3-102　加深椭圆边缘

图3-103　最终效果图

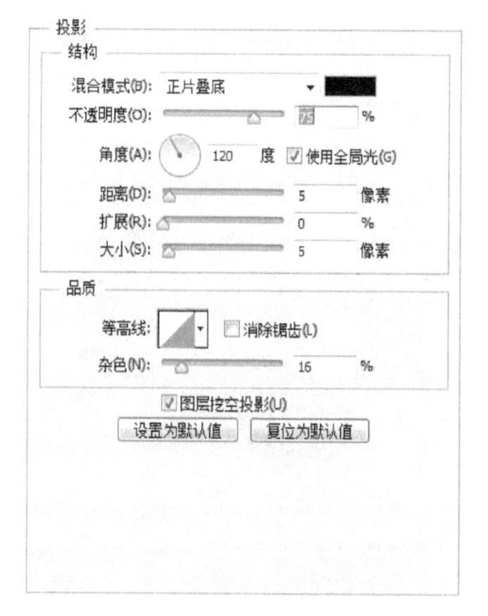

图3-104　投影具体参数设置

10 新建一个图层，并将其命名为“瓶底圆圈厚度”。选择【椭圆选框工具】，设置其羽化值为【3像素】，画出图3-105中的椭圆，其中填充深绿色【#1b3d3d】。

11 新建一个图层，并将其命名为“瓶底圆圈”。参考 9 画出图3-106中的椭圆，填充为青色【#367c83】。双击该图层的缩略图，为其添加【图层样式】，勾选【斜面和浮雕】以及【投影】，添加了图层样式的最终效果如图3-107所示，【斜面和浮雕】与【投影】的具体设置参数如图3-108、图3-109所示，供读者参考。

图3-105 瓶底圆圈厚度

图3-106 瓶底圆圈

图3-107 瓶底圆圈最终效果图

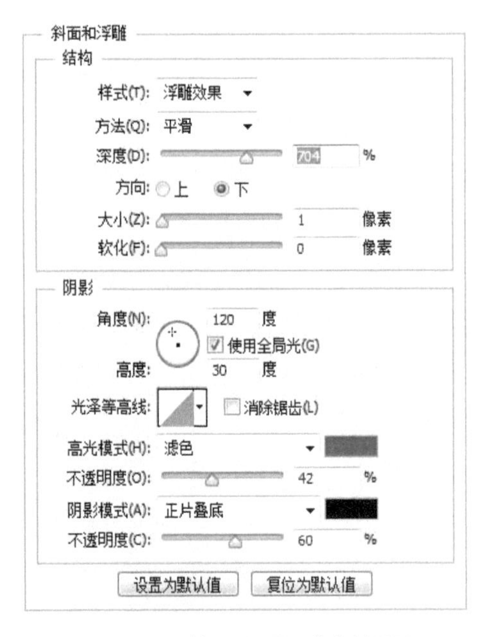

图3-108 斜面和浮雕具体参数设置

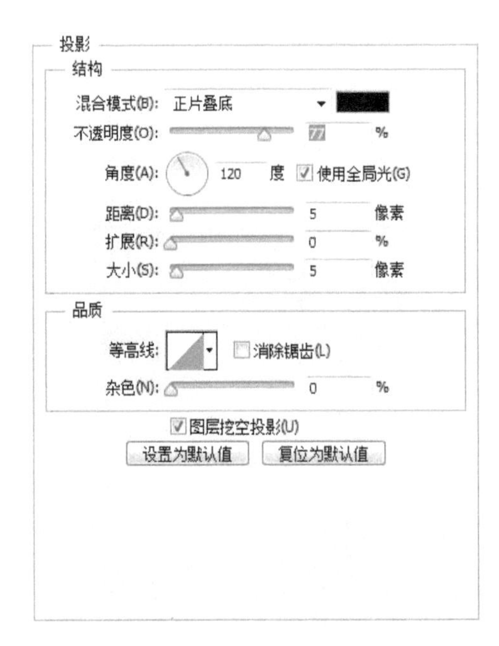

图3-109 投影具体参数设置

12 新建一个图层，并将其命名为“瓶身色块4”。选择【钢笔工具】画出图3-110中黄色区域的路径，将路径转换为选区。选择菜单中【选择】/【修改】/

【羽化】，将羽化值改为【5像素】。为其填充深绿色【#295253】(见图3-111)。取消选区，调节其不透明度为【40%】，最终效果如图3-112所示。

图3-110　画出路径6

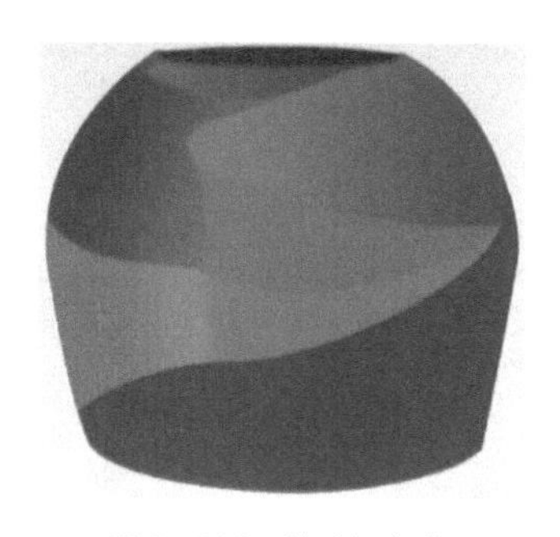
图3-111　填充深绿色

图3-112　瓶身色块4的效果

13 新建一个图层，并将其命名为“白色高光”。选择【钢笔工具】画出图3-113中黄色区域的路径，将路径转换为选区。选择菜单中【选择】/【修改】/【羽化】，将羽化值改为【10像素】，为其填充【白色】。取消选区，最终效果图如图3-114所示。

14 新建一个图层，并将其命名为“右边青色高光”。选择【钢笔工具】画出图3-115中黄色区域的路径，将路径转换为选区。选择菜单中【选择】/【修改】/【羽化】，将羽化值改为【5像素】，为其填充青色【#366c73】(见图3-116)。选择【加深工具】画出如图3-117所示的效果，取消选区。

图3-113　画出路径7

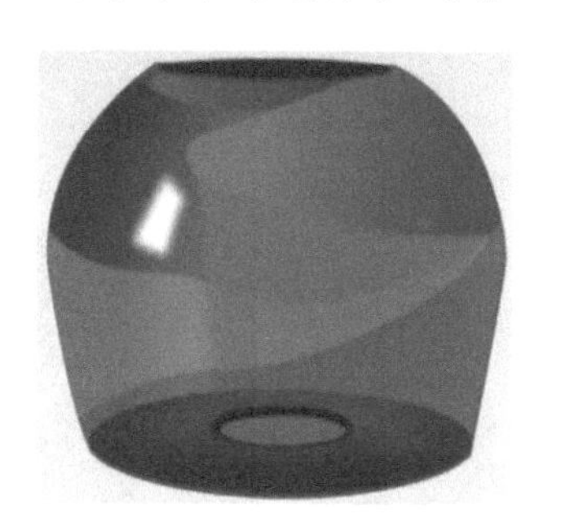
图3-114　白色高光效果

图3-115　画出路径8

图3-116　填充颜色

图3-117　右边青色高光效果

15 新建一个图层，并将其命名为“电线”。选择【钢笔工具】画出图3-118中黄色区域的路径，将路径转换为选区。选择菜单中【选择】/【修改】/【羽化】，将羽化值改为【3像素】。选择【画笔工具】，画出如图3-119所示的效果，取消选区。

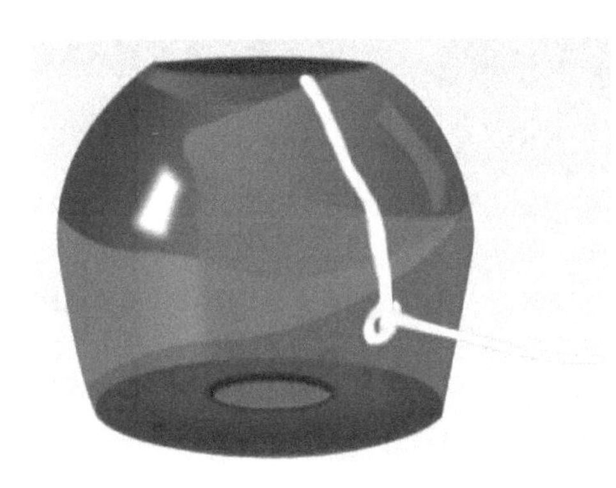

图3-118 画出路径9

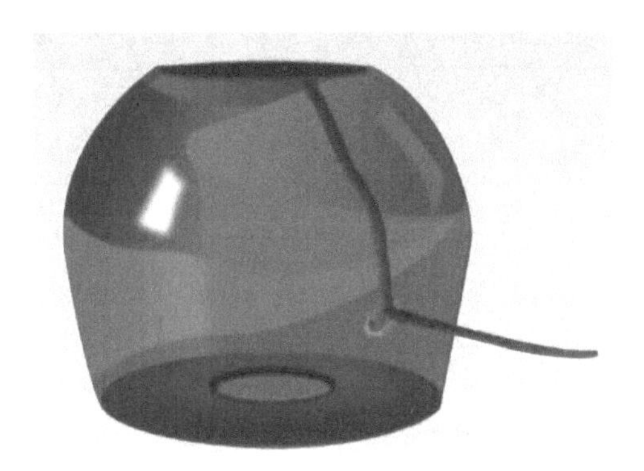

图3-119 电线最终效果

16 新建一个图层，并将其命名为“右边小高光”。选择【钢笔工具】画出图3-120中黄色区域的路径，将路径转换为选区。选择菜单中【选择】/【修改】/【羽化】，将羽化值改为【5像素】，为其填充浅青色【#4c8286】。取消选区，最终效果如图3-121所示。

图3-120 画出路径10

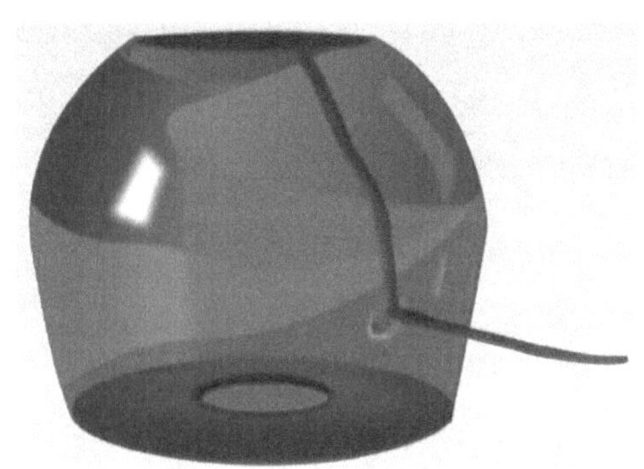

图3-121 右边小高光最终效果

17 新建一个图层，将其命名为“瓶底暗部”。选择【画笔工具】画出图3-122中的效果，具体笔触及形状可参考图3-123。

18 新建一个图层，并将其命名为“青色高光”。选择【画笔工具】画出图3-124中的效果，为其填充青色【#4c9dac】，具体可参考图3-125。

图3-122 画出瓶底暗部

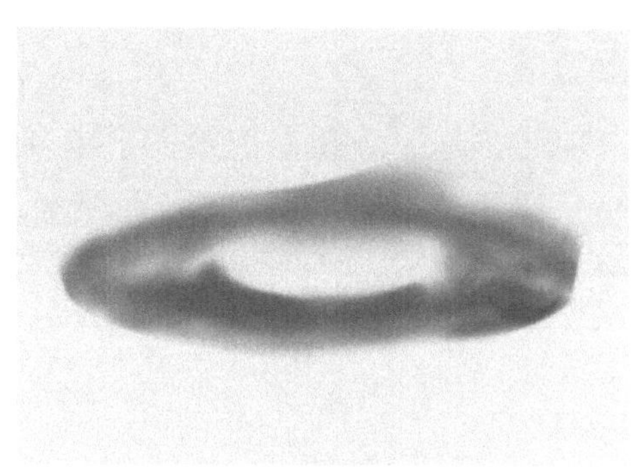

图3-123 瓶底暗部参考图

图3-124 青色高光最终效果

图3-125 青色高光参考图

19 新建一个图层，并将其命名为“线影子”。选择【钢笔工具】画出图3-126中黄色区域的路径，将路径转换为选区。选择菜单中【选择】/【修改】/【羽化】，将羽化值改为【5像素】，为其填充深绿色【#306d70】。取消选区，最终效果如图3-127所示。

图3-126 画出路径11

图3-127 线影子最终效果参考图

第2部分：陶瓷的制作

1 新建一个图层，并将其命名为“陶瓷”。选择【钢笔工具】画出图3-128中黄色区域的路径，将路径转换为选区。为其填充浅青色【#ced6dc】，取消选区，填充后效果如图3-129所示。

图3-128 画出路径12

图3-129 填充效果参考图

2 在网上找一张可以当材质的图片（见图3-130），把照片拖到PS中，将其移至“陶瓷”图层上方。在这两个图层中间按住【Alt】键，让图片在指定的区域内显示（见图3-131）。调节图片的位置，适当地对它进行【变形】。选择【加深工具】对其一些面进行【加深处理】，最终效果可参考图3-132。

图3-130 可当材质贴图的图片

图3-131 显示材质贴图

图3-132 陶瓷部分最终效果图

第3部分：木材的制作

1 新建一个图层，并将其命名为“木材连接处”。选择【椭圆选框工具】，设置其羽化值为【3像素】，画出图3-133中的椭圆，其中填充的渐变为【白色】到棕色【#705a4c】的【线性渐变】。

图3-133 木材连接处

2 新建一个图层，并将其命名为“木材渐变”。选择【矩形选框工具】，设置其羽化值为【0像素】，画出图3-134中的矩形，并为其拉出一个【棕色】的【线性渐变】，取消选区，木材渐变效果如图3-135所示。【渐变填充工具】中具体色值依次设置为#a59892、#e5e0da、#30231b，供读者参考（见图3-136）。

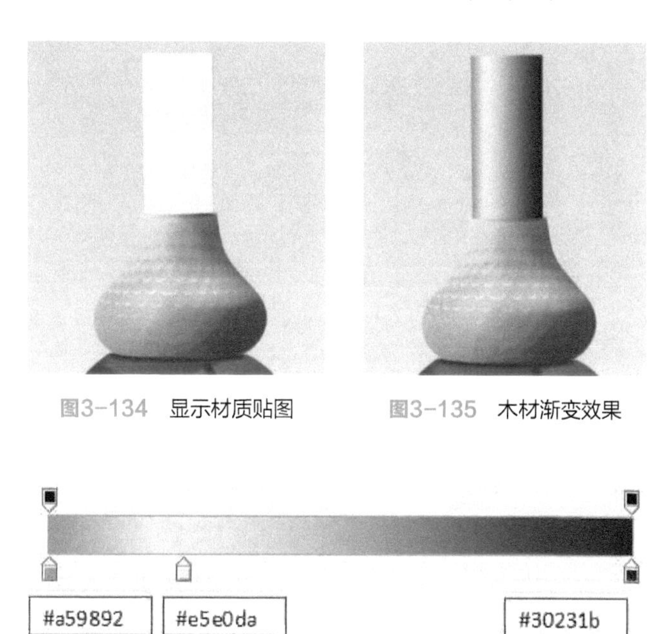

图3-134　显示材质贴图

图3-135　木材渐变效果

图3-136　设置木材渐变色

3 在网上搜索一张“木材质”的图片（见图3-137），把其拖至“木材渐变”图层上方。在两个图层中间按住【Alt】键，让图片在指定的区域内显示，调节图片的位置。设置其【图层类型】为【正片叠底】，修改其不透明度为【50%】，最终木材部分光影和材质的效果如图3-138所示。

图3-137　木材质贴图

图3-138　木材部分最终效果

第4部分：灯泡的制作

新建一个图层，并将其命名为“灯泡”。选择【钢笔工具】画出图3-139中黄色区域的路径，将路径转换为选区。选择菜单中【选择】/【修改】/【羽化】，将羽化值改为【5像素】，为其填充【白色】。取消选区，发光的灯泡最终效果如图3-140所示。

图3-139　画出路径13

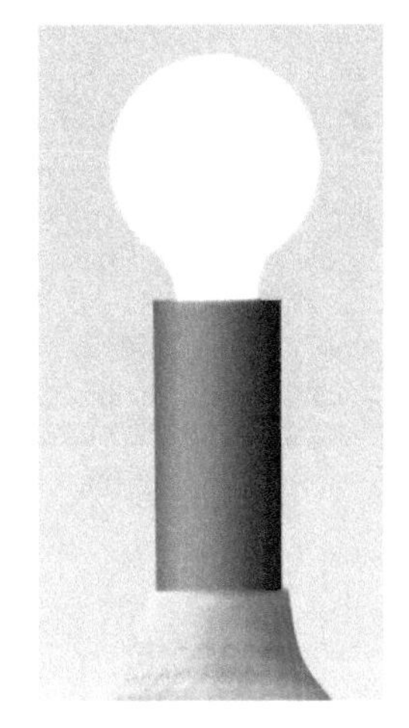

图3-140　发光的灯泡最终效果

第5部分：阴影的制作

选择【椭圆选框工具】，设置其羽化值为【25像素】，画出图3-141中的椭圆选框，为其填充浅蓝色【#becdda】，取消选区，台灯底部阴影的最终效果如图3-142所示。

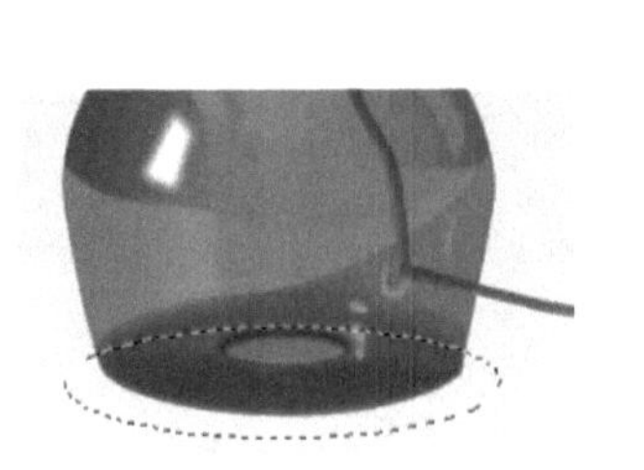

图3-141　画出椭圆2

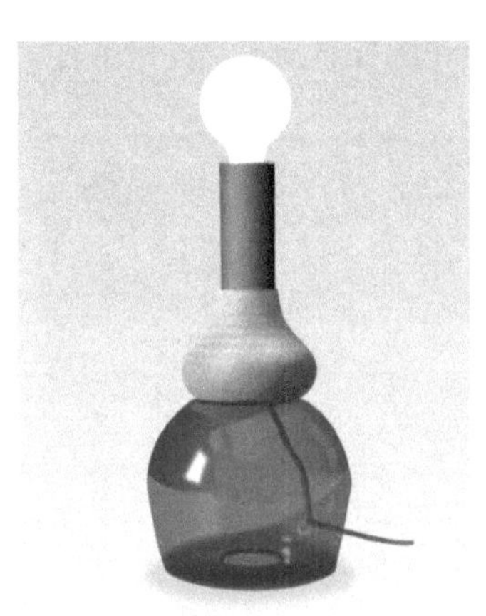

图3-142　台灯底部阴影的最终效果

3.4 布料质感的表现

3.4.1 布料材质视觉特点

布料是一种织物，具有柔软、透气的特点，表面有特殊的纹理效果。本节将结合牛仔布料制作案例讲解布料质感的表现方法与技巧。

3.4.2 案例5 牛仔布料质感的表现

本例将讲解牛仔布质感的表现（见图3−143、图3−144），“牛仔”质感的表现主要有以下几个步骤：

图3−143 制作的牛仔布料

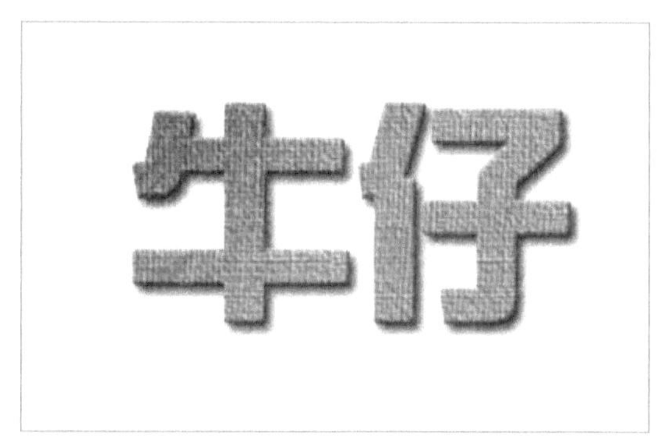

图3−144 牛仔布料肌理的文字1

① 新建一个图层，设置好牛仔面料的颜色。

② 使用菜单【滤镜】/【滤镜库】/【纹理】/【纹理化】。

③ 复制上一步制作的图层，并将其移至图层面板的最上方。

④ 接着对图层面板最上方的这个图层执行【滤镜】/【滤镜库】/【素描】/【绘图笔】。

⑤ 继续对图层面板最上方的这个图层执行【滤镜】/【风格化】/【浮雕效果】，将该图层的混合模式改为【叠加】，并修改其【不透明度】。

第1部分：牛仔布料的制作

1 新建一个文档（宽度为500像素，高度为500像素），并将其命名为“牛仔质感表现”，分辨率设定为300像素/in，颜色模式为RGB（见图3−145）。

2 新建一个图层，并命名为“牛仔背景”。选择【渐变填充工具】从左上角往右下角拉出一个如图3-146所示的【线性渐变】，颜色具体设置为#1a3062、#7d99e1、#7d99e1、#1b3163，供读者参考（见图3-147）。

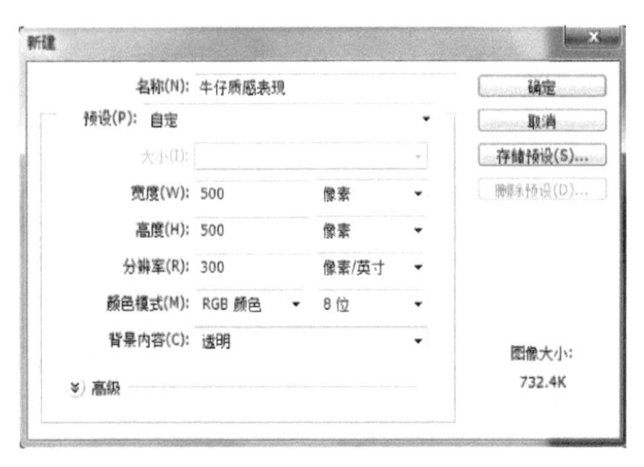

图3-145 新建文档

图3-146 拉出渐变

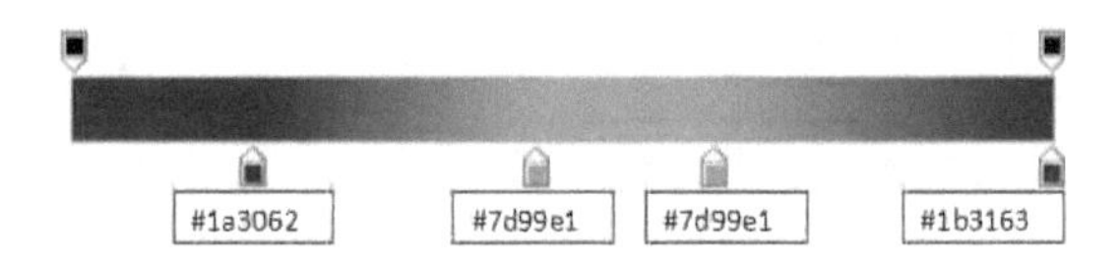

图3-147 渐变颜色设置

3 使用菜单【滤镜】/【滤镜库】/【纹理】/【纹理化】（见图3-148），具体设置如图3-149所示，最终效果如图3-150所示。

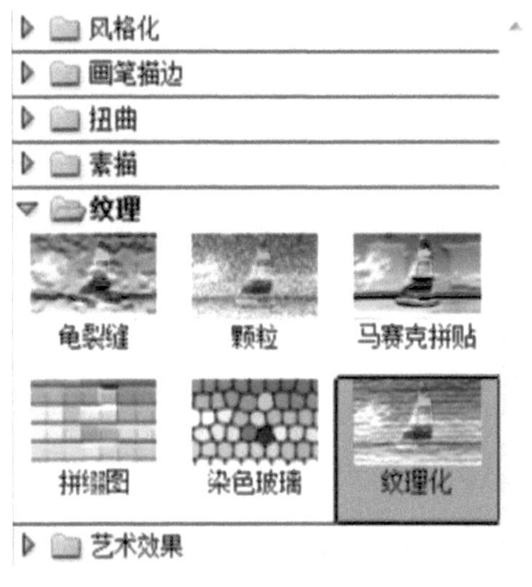

图3-148 执行“纹理化”滤镜

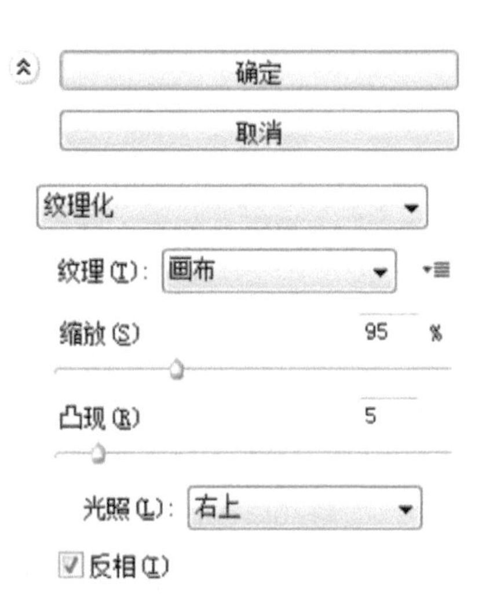

图3-149 “纹理化”具体参数设置

4 复制一个“牛仔背景 副本”图层，并将该图层移至最上方。

5 在“牛仔背景 副本”上执行【滤镜】/【滤镜库】/【素描】/【绘图笔】(见图3-151)，具体参数设置如图3-152所示，执行“绘图笔”的最终效果如图3-153所示。

6 在“牛仔背景 副本”图层上执行【滤镜】/【风格化】/【浮雕效果】，具体设置参考图3-154，执行“浮雕效果”的画面效果如图3-155所示。

图3-150 执行“纹理化”效果

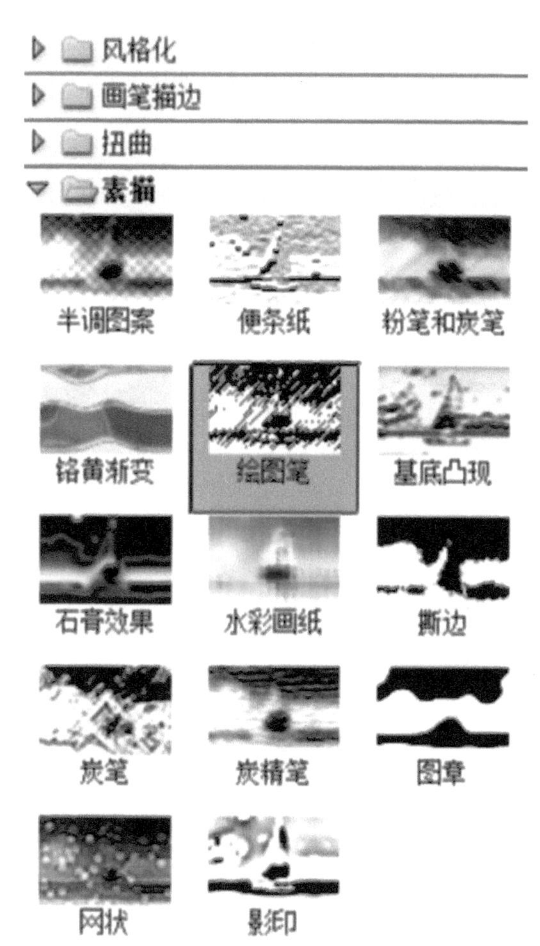

图3-151 执行“绘图笔”

图3-152 执行“绘图笔”具体设置

图3-153 执行“绘图笔”效果

图3-154 “浮雕效果”滤镜设置

图3-155 执行“浮雕效果”的画面效果

7 将该图层的混合模式改为【叠加】，并将其不透明度改为【25%】(见图3-156)，牛仔布料的最终效果如图3-157所示。

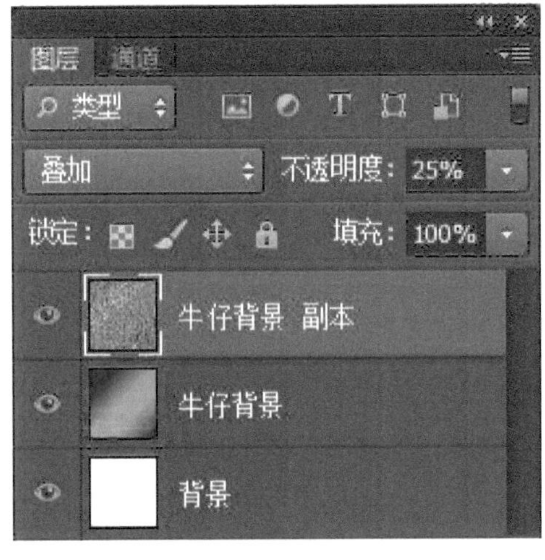

图3-156 修改该图层的“混合模式”以及“透明度”

图3-157 修改后的效果

第2部分：牛仔字体的制作

方法1：利用选取工具制作牛仔肌理文字

1 选择【文字工具】，在完成第一部分的基础上，输入“牛仔”(见

图3-158）。

2【向下合并】“牛仔背景”图层和“牛仔背景 副本”图层。

3 按住【Ctrl】键的同时点击文本图层缩略图（见图3-159），将文字区域载入选区。接着选择“牛仔背景”图层，按【Ctrl】+【Shift】+【I】键反选选区，再按【Delete】键。按【Ctrl】+【D】键取消选区，删除【牛仔文字】图层，得到文字效果如图3-160所示。

图3-158　输入文字

图3-159　左键点击红框内缩略图

图3-160　得到“牛仔”字体

4 双击该文字图层的缩略图（见图3-161），修改其【图层样式】，勾选【斜面和浮雕】以及【投影】，具体参数设置如图3-162所示，最终字体效果图如图3-163所示。

图3-161　双击图层缩略图

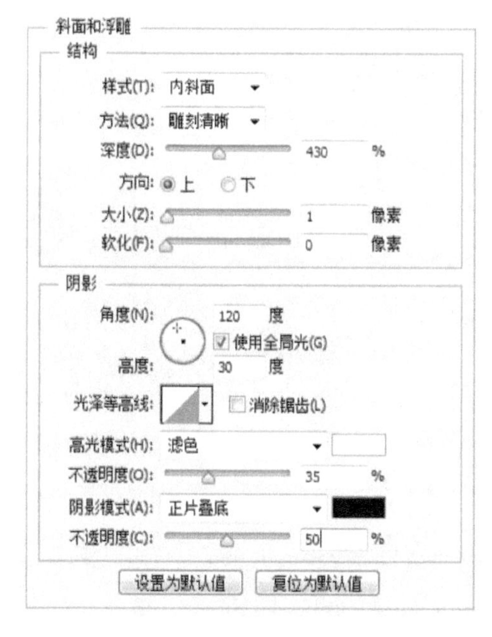

图3-162　修改具体参数

图3-163　“牛仔”字体最终效果图

方法2：利用文字蒙板工具制作牛仔肌理文字

1 选择【文字工具】/【横排文字蒙板工具】(见图3-164)，在完成第一部分的基础上，输入汉字“牛仔”(见图3-165)，在蒙板文字创建过程中，红色部分表示文字选区之外的部分。

图3-164　横排文字蒙板工具

图3-165　创建蒙板文字

2 调整好文字属性，图3-166所示文字属性供读者参考，调整好后，双击鼠标左键或者勾选工具属性栏中的“√”按钮提交文字属性，确认蒙板文字编辑，这时刚才输入的文字变成“牛仔”字样的虚线选区(见图3-167)。注意，在得到文字选区后，还可以在选择【选框工具】的前提下移动选区的具体位置，或者选择移动工具移动背景图层，调节文字纹理的具体位置。

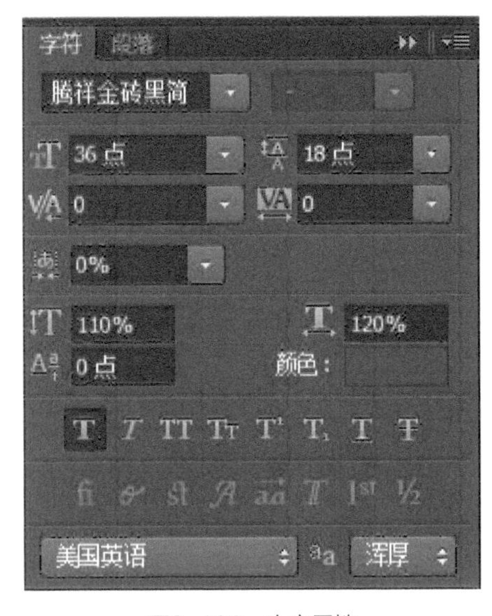

图3-166　文字属性

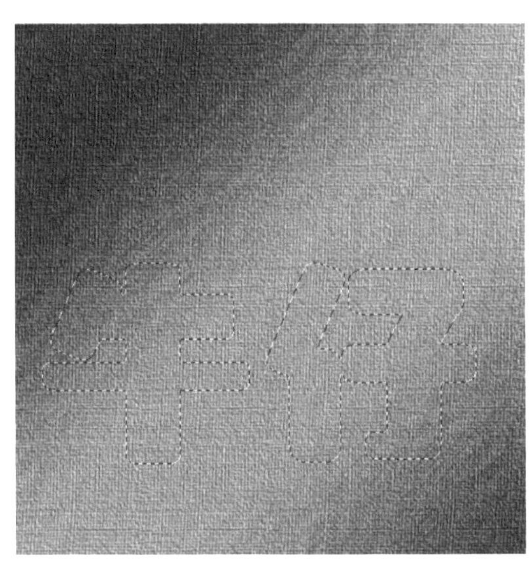

图3-167　得到“牛仔”字样的虚线选区

3 选中背景牛仔布料图层，按【Ctrl】+【J】键便可直接得到牛仔布料肌理的“牛仔”文字图层(见图3-168)，双击文字图层缩略图，打开【图层样式】编辑面板，为其添加【投影】图层样式，最终效果如图3-169所示。至此，牛仔布料肌理的文字制作完毕。

图3-168　牛仔布肌理的文字2

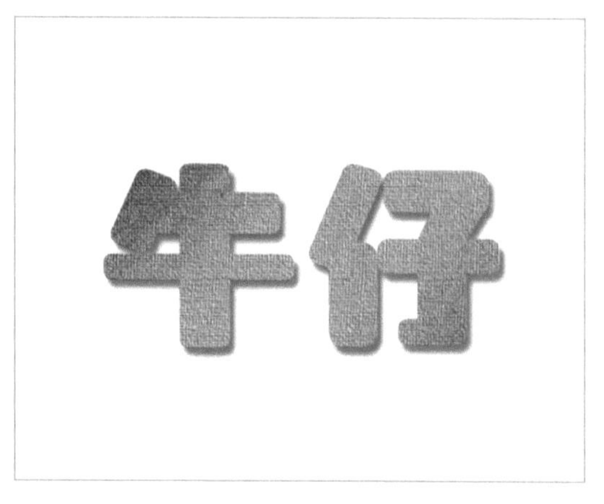

图3-169　牛仔布质感最终效果

3.5 皮革质感的表现

3.5.1　皮革材质的视觉特点

皮革是一种常见的服装和工艺材料，因具有良好的柔韧性和透气性，广泛用于皮鞋、皮箱、皮包等，其表面有一种特殊的粒面层，具有自然的粒纹和光泽，手感舒适。虽然皮革在生活中随处可见，然而要准确表现其质感却并非易事，通常要依靠滤镜、图层样式、通道等工具的配合。

3.5.2　案例6　绘制皮革包

本节案例使用现有的皮革材质贴图，将材质赋予包，结合图层样式和画笔描边工具，制作出带有缝纫线的皮包效果图，最终效果如图3-170所示。

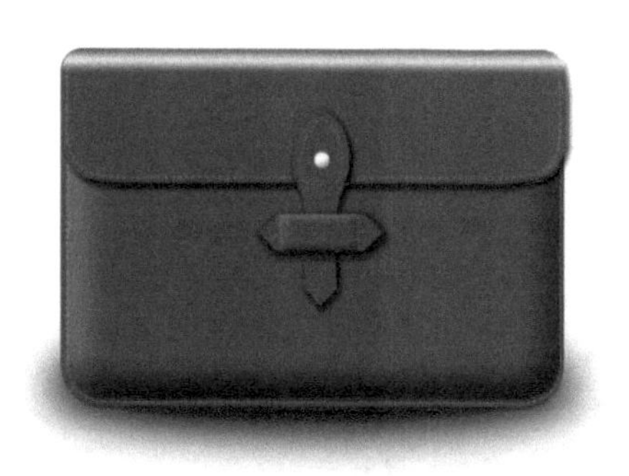
图3-170　皮革包效果图

1 新建一个文档（宽度为15cm，高度为15cm），并将其命名为“皮革包包”，分辨率设定为300像素/in，颜色模式为RGB。

2 选择【圆角矩形工具】画出一个W为【470像素】、H为【322像素】、半径为【40像素】的圆角矩形。在该图层单击右键，【栅格化图层】，并将图层命名为“包包主体”。

3 在网上找一张“皮革”材质的素材（见图3-171），将其【置入】文件中，并将该“皮革材质”图层移至最上方，调节材质图片大小及位置，使其完全覆盖住“包包主体”图层。

4 按住【Ctrl】键的同时用鼠标单击“包包主体”的图层缩略图，将其【载入选区】。把鼠标光标放在“皮革材质”和“包包主体”两个图层之间，按住【Alt】键，会出现一个往下的小箭头，这时单击鼠标左键进行【创建剪贴蒙版】的操作。【向下合并】“皮革素材”和“包包主体”两个图层。取消选区，效果如图3-172所示。

5 将“包包主体”图层【载入选区】，选择菜单中【选择】/【修改】/【收缩】，设置其收缩率为【6像素】，确定后，按【Ctrl】+【J】键，进行【通过拷贝后的图层】的操作。将得到的新图层重命名为“包包厚度”。双击该图层缩略图，为其添加【图层样式】，勾选【斜面和浮雕】，具体设置参数如图3-173所示，最终效果如图3-174所示。

图3-171 皮革素材

图3-172 创建剪贴蒙版后的效果

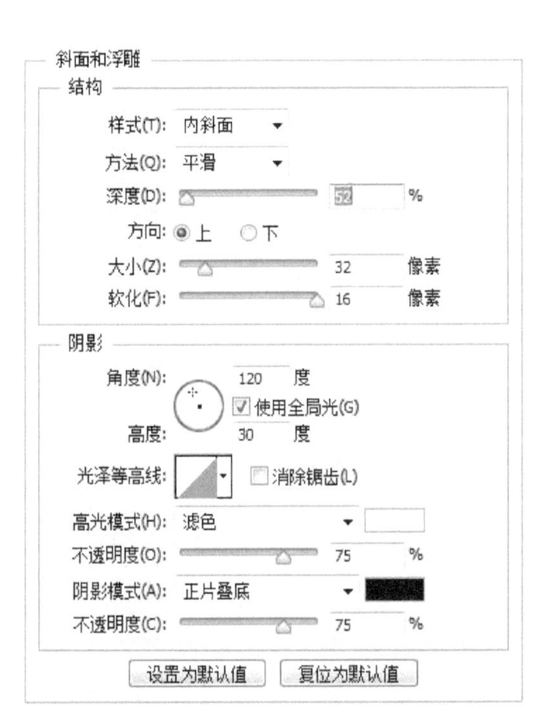

图3-173 “包包主体”斜面和浮雕具体参数设置

6 选择【画笔工具】，选择菜单中【窗口】/【画笔】，在【画笔笔尖形状中】选择一个【椭圆形笔触】，具体设置以及勾选的选项如图3-175所示。在【形状动态】中设置【角度抖动】控制为【方向】（见图3-176）。

图3-174 皮包厚度最终效果图

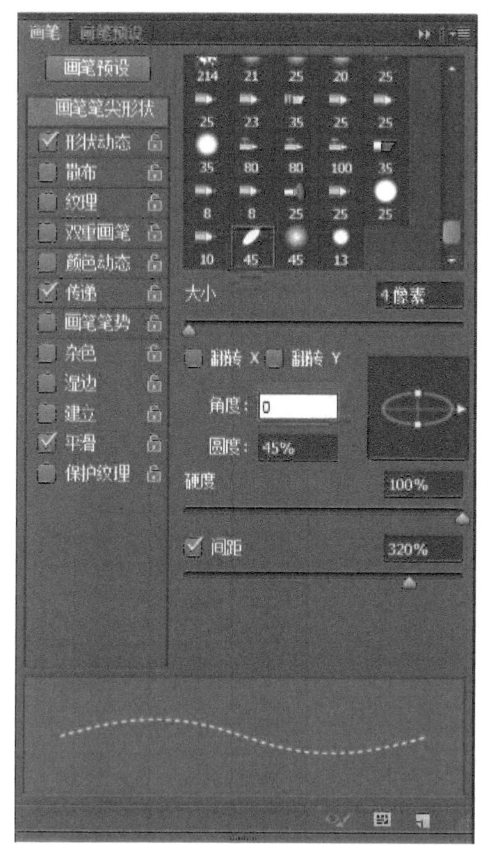

图3-175 设置画笔

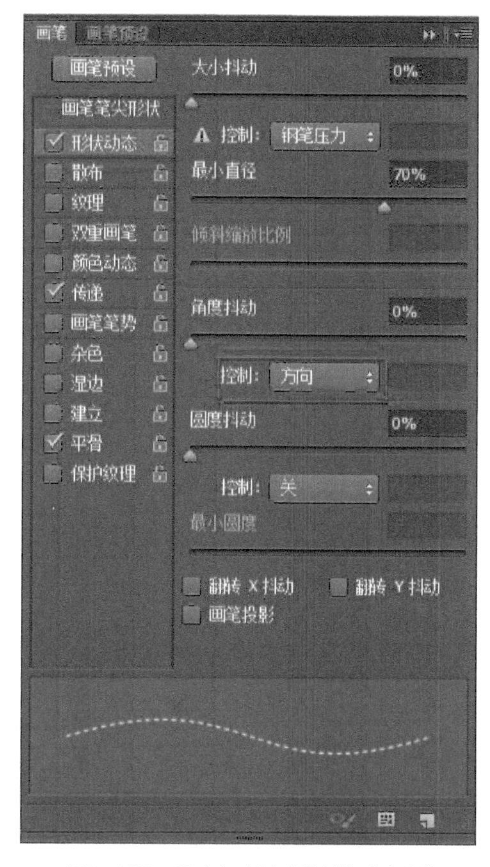

图3-176 开启角度抖动控制为“方向”

7 新建一个图层，并将其命名为“缝纫线1”。将“包包厚度”图层【载入选区】，选择【矩形选框工具】，在选区区域内单击鼠标右键，选择【建立工作路径】，容差设置为【0.5像素】。

8 在图层面板上切换到路径面板（见图3-177，图3-178）。在图3-178中的“工作路径”图层上单击鼠标右键，选择【描边路径】，描边路径的工具选择【画笔】（见图3-179）。描边后将“工作路径”图层【载入选区】，再按【Ctrl】+【D】取消选区。

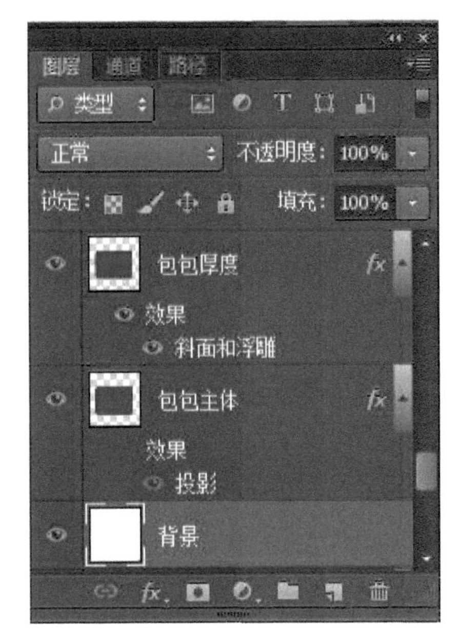

图3-177 切换到路径面板

图3-178 路径面板

9 设置“缝纫线1”图层的“图层类型”为【叠加】，修改该图层的不透明度为【80%】，为其添加【投影】的“图层样式”，具体参数设置如图3-180所示，最终效果如图3-181所示。

图3-179 工具选择“画笔”

图3-180 “缝纫线1”投影具体参数设置

10 新建一个图层，并将其命名为“包包盖子”。选择钢笔工具画出图3-182中黄色区域的轮廓路径，按【Ctrl】+【Enter】，将路径转换为选区，任意为其填充一个颜色，按【Ctrl】+【D】取消选区。包包盖子的绘制也可以画两个半径像素不同的圆角矩形，然后将它们组合起来。

图3-181 “缝纫线1”制作效果

图3-182 画出路径1

11 参考3～4，给“包包盖子”图层赋予“皮革材质”。接着为该图层添加【投影】的“图层样式”，具体参数设置如图3-183所示，最终效果如图3-184所示。

12 新建一个图层，并将其命名为“缝纫线2”。参考7～9，画出图3-185中的缝纫线。其中上方的缝纫线用“羽化”【3像素】的【矩形选框工具】选中后【删除】。

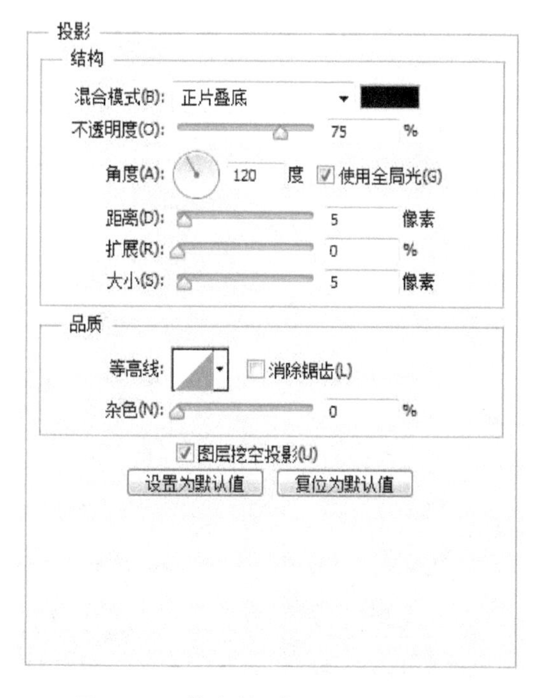

图3-183 “包包盖子”投影具体参数设置

图3-184 “包包盖子”最终效果图

图3-185 “缝纫线2”最终效果图

13 新建一个图层，并将其命名为“白色高光”。选择【矩形选框工具】，羽化值设置为【3像素】，画出图3-186中的“矩形选框”，为其填充【白色】。取消选区，设置其不透明度为【80%】。将“包包盖子”载入选区，按【Ctrl】+【Shift】+【I】反选选区，按【Delete】键对“白色高光”图层进行修剪。取消选区，最终效果如图3-187所示。

图3-186　画出“矩形选框”

14 新建一个图层，并将其命名为“包包部件1”。选择【钢笔工具】画出图3-188中黄色区域的轮廓路径。参考**10**～**11**，为其赋予皮革材质。接着为其添加【投影】的“图层样式”，具体参数设置如图3-189所示，最终效果如图3-190所示。

图3-187　“白色高光”最终效果图

图3-188　画出路径2

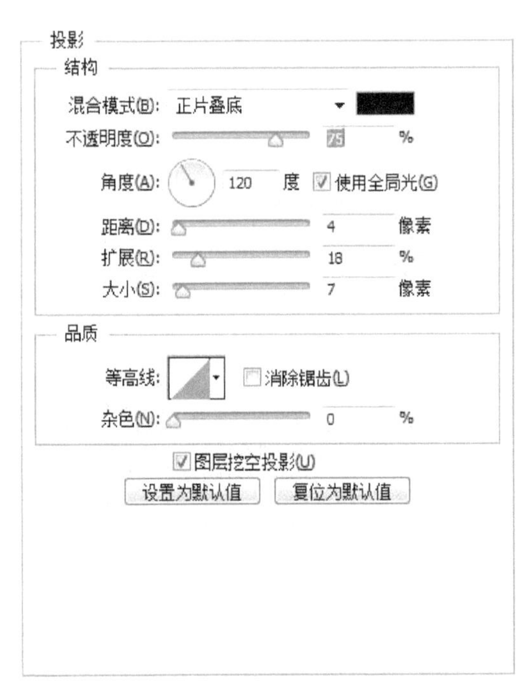

图3-189　“包包部件1”投影具体参数设置

15 新建一个图层，并将其命名为“缝纫线3”。将“包包部件1”图层【载入选区】，收缩【6像素】（见图3-191）。选择【矩形选框工具】，羽化值设置为【0像素】，在上方菜单栏中选择【减选】（见图3-192），选中选区下方部分，留下图3-193中的选区。参考**7**～**9**，画出图3-194中的缝纫线。

图3-190 “包包部件1”最终效果图

图3-191 将选区收缩6像素

图3-192 选择减选

图3-193 留下的选区

图3-194 “缝纫线3”最终效果图

16 新建一个图层，并将其命名为“包包部件2”。选择【钢笔工具】画出图3-195中黄色区域的轮廓路径。参考 10 ~ 11 ，为其赋予皮革材质。接着为其添加【投影】的“图层样式”，具体参数设置如图3-196所示，最终效果如图3-197所示。

17 复制一个“包包部件2 副本”图层，关闭其【投影】的图层样式。选择【矩形选框工具】，画出如图3-198所示矩形选框，按【Ctrl】+【Shift】+【I】反选选区，按【Delete】键进行“删除”操作。取消选区，双击该图层缩略图，为其添加【斜面和浮雕】的“图层样式”，具体参数设置如图3-199所示，最终效果如图3-200所示。

图3-195 画出路径3

图3-196 “包包部件2”投影具体参数设置

图3-197 “包包部件2”最终效果图

图3-198 画出矩形选框

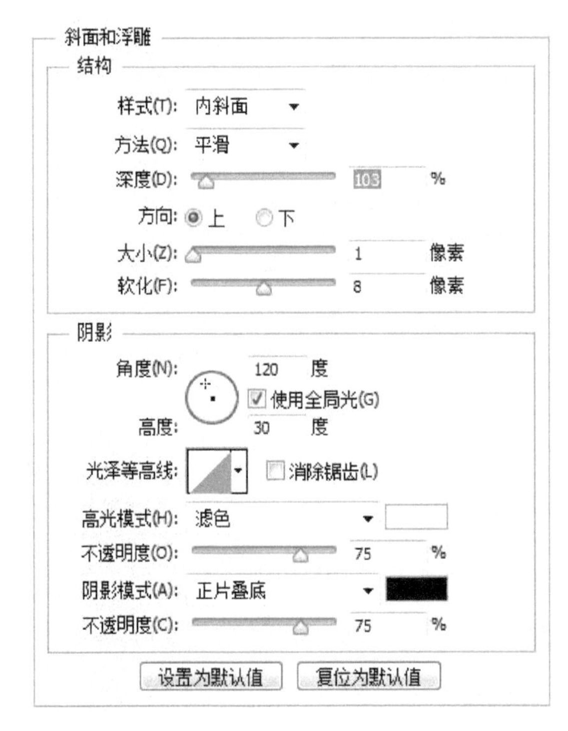

图3-199 “包包部件2副本”斜面和浮雕具体参数设置

18 新建一个图层，并将其命名为“缝纫线4”。将“包包部件2 副本”图层载入选区，参考 7 ~ 9 ，画出图3-201中的“缝纫线”，其中上下的缝纫线用【矩形选框工具】选中【删除】。

19 新建一个图层，并将其命名为“装饰品”。选择【椭圆选框工具】，按住【Shift】键画出图3-202中的圆形选框，为其填充【白色】，取消选区。双击该图层缩略图，为其添加【斜面和浮雕】以及【外发光】的“图层样式”，添加图层样式后的装饰品效果如图3-203所示，【斜面和浮雕】与【外发光】效果的具体设置参数如图3-204、图3-205所示，供读者参考。

图3-200 “包包部件2副本”最终效果图

图3-201 “缝纫线4”最终效果图

图3-202 画出圆形选框

图3-203 “装饰品”最终效果图

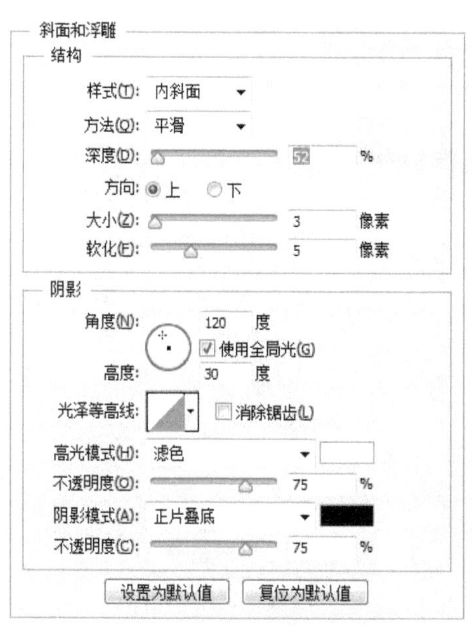

图3-204 “装饰品”斜面和浮雕具体参数设置

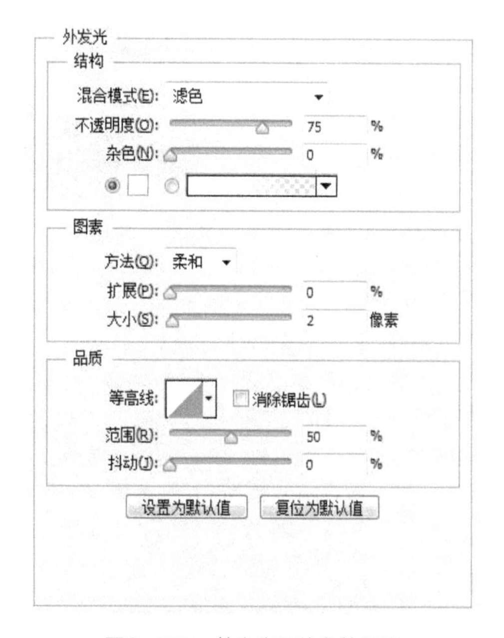

图3-205 外发光具体参数设置

20 新建一个图层，并将其命名为“阴影”。选择【椭圆选框工具】，设置其羽化值为【20像素】，画出如图3-206所示的椭圆选框，为其填充【黑色】，连续填充两次。取消选区，设置其不透明度为【90%】，得到如图3-207所示效果。

图3-206　画出椭圆选框

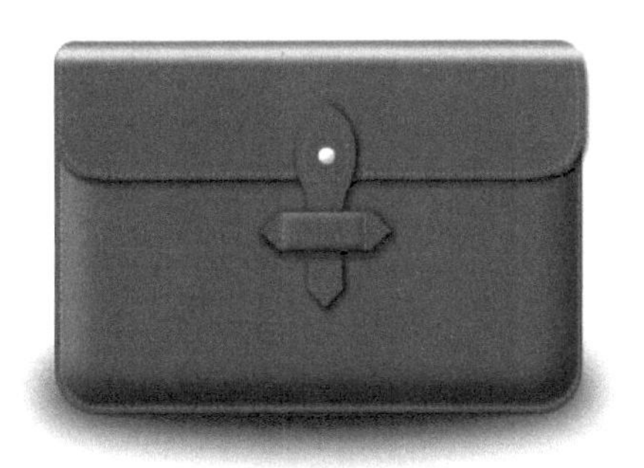

图3-207　皮革包最终效果图

补充：还可以根据个人习惯制作出各种不同的阴影，例如图3-208所示的效果。

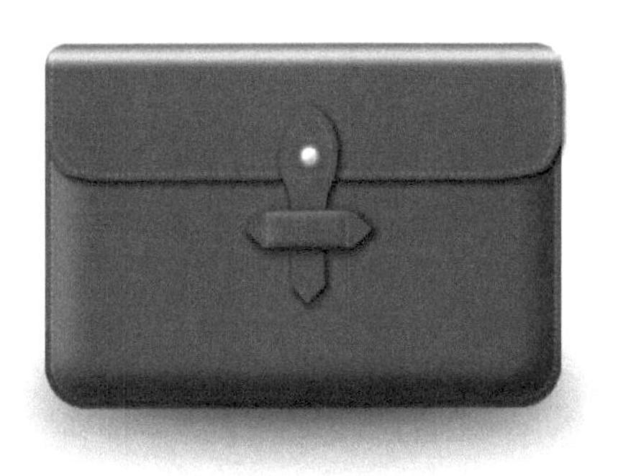

图3-208　阴影的另一种表现形式

3.6 金属质感的表现

3.6.1 金属材质的视觉特征

材料的质感特性除与材料本身固有的属性有关以外，还与材料的成型加工工艺有关。金属的材质在其成型过程中，通过不同的方法和技巧，能够产生不同的外观效果，从而产生不同的感觉特性。最常见的加工工艺和表面处理工艺产生的材质表面效果以镜面、拉丝、磨砂为主。表面光滑的镜面金属主要给人一种闪亮的、精致的、硬朗的感觉，拉丝金属和磨砂金属表面比较粗糙，具有粗犷刚硬的特点。本节主要用3个案例来分别讲解表现这3种常见金属材质视觉特性的方法和技巧。

3.6.2 案例7 光滑金属质感表现——水龙头

本案例讲解水龙头的效果图表现（见图3-209）。镜面反光是光滑金属区别于其他金属材质的最大特点。光滑金属通常有明确的明暗交界线。本实例制作先绘制水龙头的整体轮廓，再通过亮面细节和阴影来表现光滑金属的质感和水龙头的体积感。

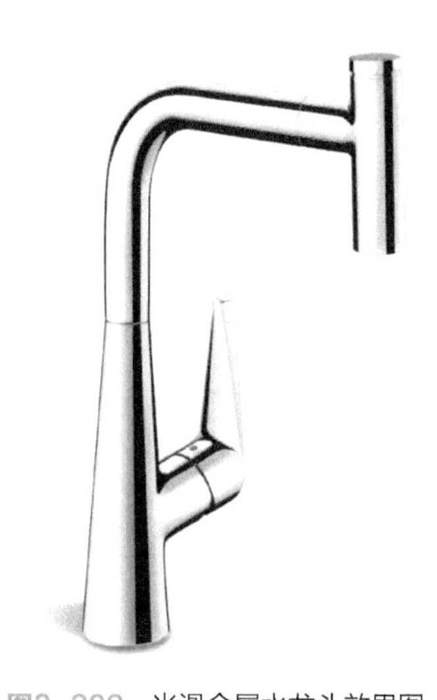

图3-209 光滑金属水龙头效果图

第1部分：水龙头整体制作

1 新建一个竖向A4文档（宽度为210mm，高度为297mm），并将其命名为“光滑金属质感表现”，分辨率设定为300像素/in，颜色模式为RGB。

2 单击图层面板上的【创建新图层】按钮，新建一个图层，双击该图层将其命名为“水龙头形状”。选择【钢笔工具】画出图3-210中黄色区域的轮廓路径，按【Ctrl】+【Enter】键将路径转换为选区，为其填充浅灰色【#f0f0f2】。选择菜单中【编辑】/【描边】，将描边宽度改为【3像素】，描边颜色为深灰色【#b0b4be】，按【Ctrl】+【D】键取消选区，水龙头形状最终效果如图3-211所示。

3 按住【Ctrl】键的同时单击“水龙头形状”图层的缩略图，将其【载入选区】。新建一个图层，并将其命名为“水龙头高光”。选择【画笔工具】，设置其大小为【100像素】，将其硬度调为【0%】，不透明度调为【80%】，流量调为【70%】，画出高光。取消选区，最终效果如图3-212所示。

图3-210 画出黄色对象轮廓1　图3-211 水龙头形状最终效果　图3-212 画出水龙头高光部分

4 新建一个图层，并将其命名为“黑色反光”。选择【钢笔工具】画出图3-213中黄色区域的轮廓路径，将路径转换为选区，为其填充【黑色】。取消选区，最终效果如图3-214所示。

5 在“黑色反光”图层下面新建一个图层，并将其命名为“灰色图层”。选择【画笔工具】，将其硬度调为【0%】，不透明度调为【50%】，流量调为【50%】，画出如图3-215所示的效果，可参考灰色【#8d959a】。画完可将“水龙头形状”图层载入选区，按【Ctrl】+【Shift】+【I】进行反选，删除掉不小心画出界的部分，再取消选区。

6 在“黑色反光”图层下面新建一个图层，并将其命名为“开关灰白渐变”。选择【钢笔工具】画出图3-216中黄色区域的轮廓路径，将路径转换为选区，用【渐变填充工具】为其拉出一个从灰色【#a3abb3】到【白色】的【线性渐变】，取消选区，最终效果如图3-217所示。

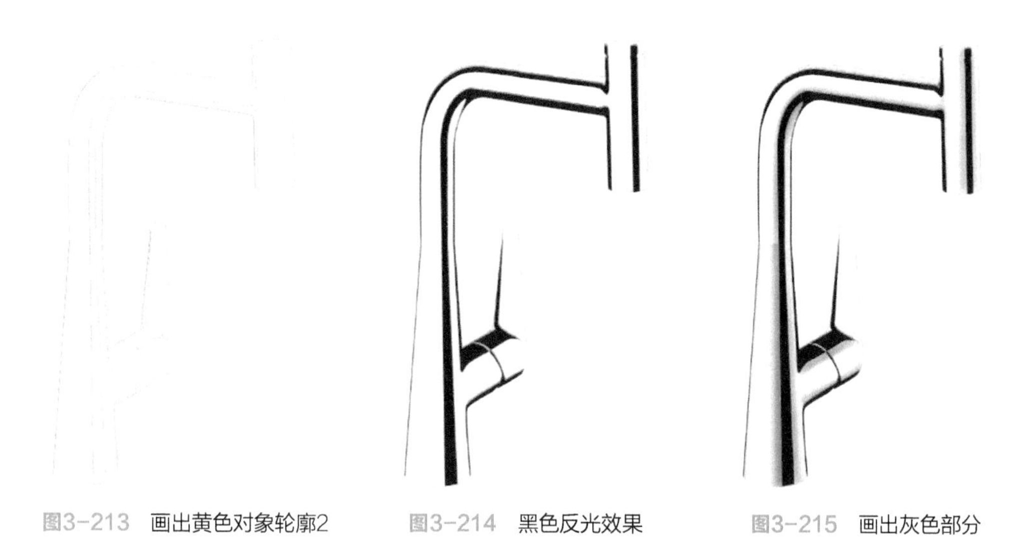

图3-213 画出黄色对象轮廓2　图3-214 黑色反光效果　图3-215 画出灰色部分

7 新建一个图层，并将其命名为“开关厚度”。选择【钢笔工具】画出图3-218中黄色区域的轮廓路径，将路径转换为选区，用【渐变填充工具】为其拉出一个从深灰色【#c1c1c1】到浅灰色【#ededed】的【线性渐变】。取消选区，最终效果如图3-219所示。

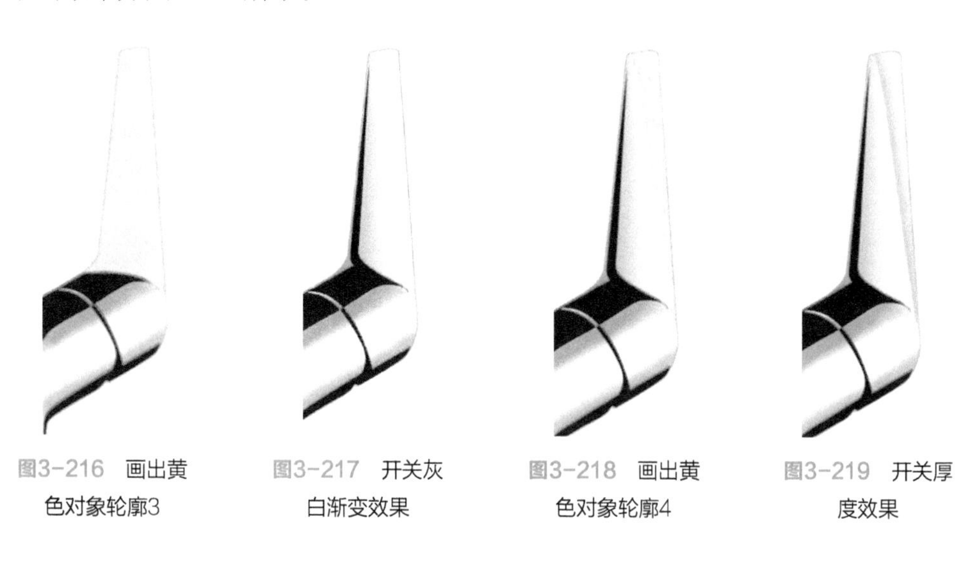

图3-216 画出黄色对象轮廓3　图3-217 开关灰白渐变效果　图3-218 画出黄色对象轮廓4　图3-219 开关厚度效果

第2部分：细节绘制

1 在图层最上方，新建一个图层，并将其命名为“亮面”。选择【钢笔工具】画出图3-220中黄色区域的轮廓路径，将路径转换为选区，为其填充浅灰色【#f6f5f7】。取消选区，最终效果如图3-221所示。

2 新建一个图层，并将其命名为“亮面分割线”。参考 1 画出图3-222中黄色区域的轮廓路径，并为其填充【黑色】，最终效果如图3-223所示。

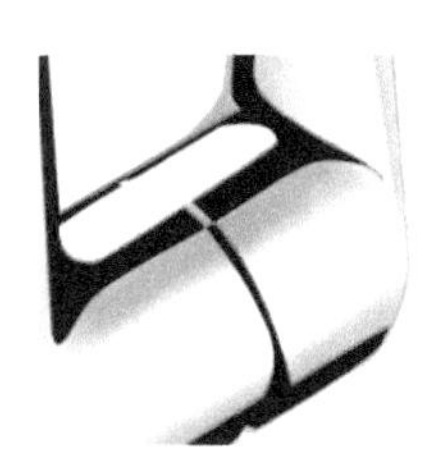
图3-220 画出黄色对象轮廓5

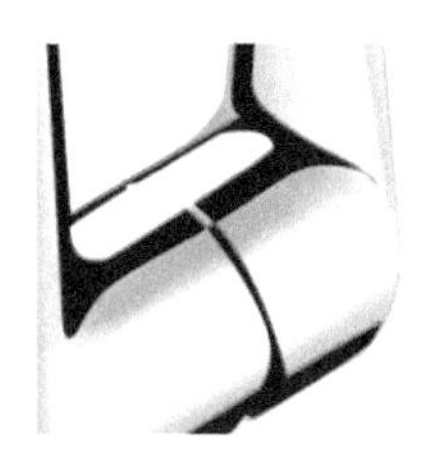
图3-221 亮面效果

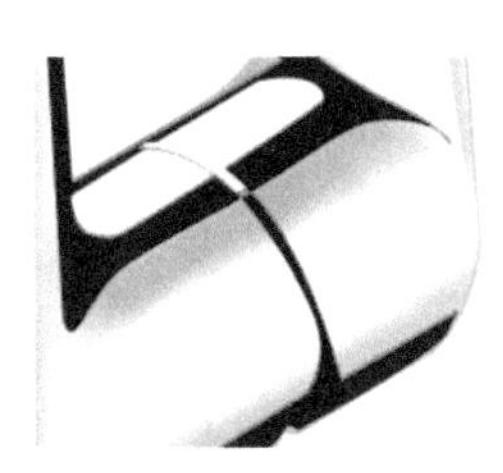
图3-222 画出黄色对象轮廓6

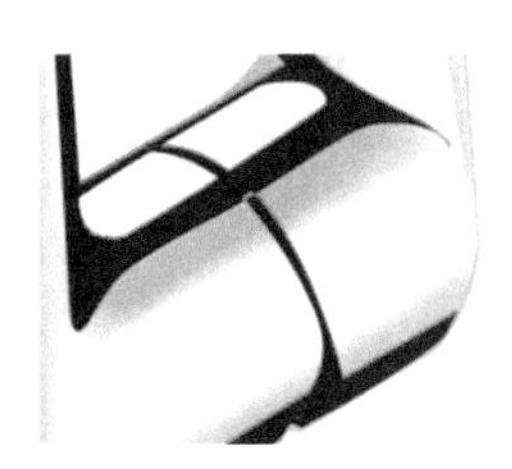
图3-223 亮面分割线效果

3 新建一个图层，并将其命名为“椭圆”。参考 1 画出图3-224中黄色区域的轮廓路径，并为其填充深灰色【#5f6870】，效果如图3-225所示。双击该图层的缩略图，为其添加【斜面和浮雕】的“图层样式”，最终效果如图3-226所示。

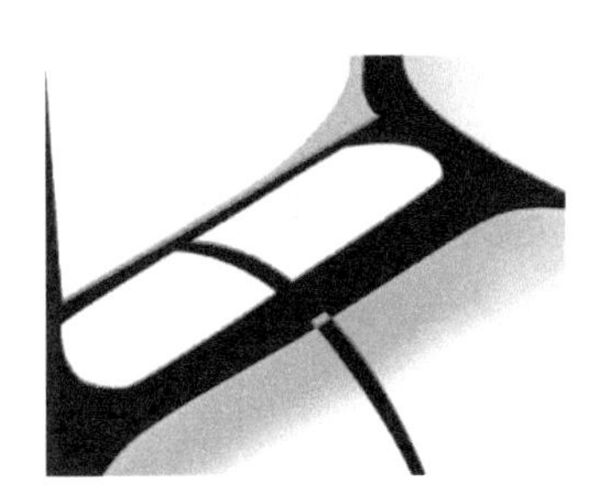
图3-224 画出黄色对象轮廓7

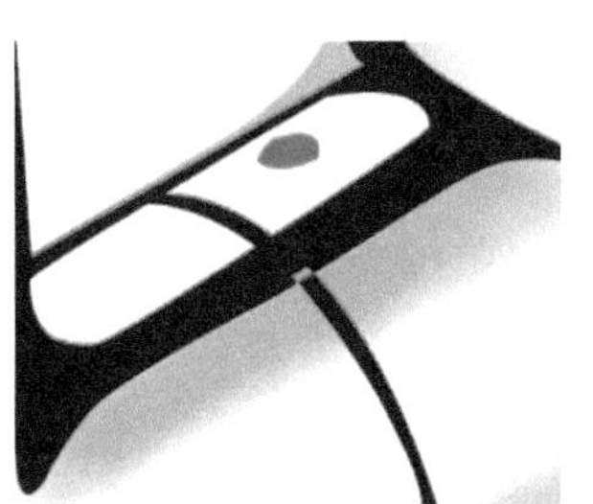
图3-225 填充后效果图

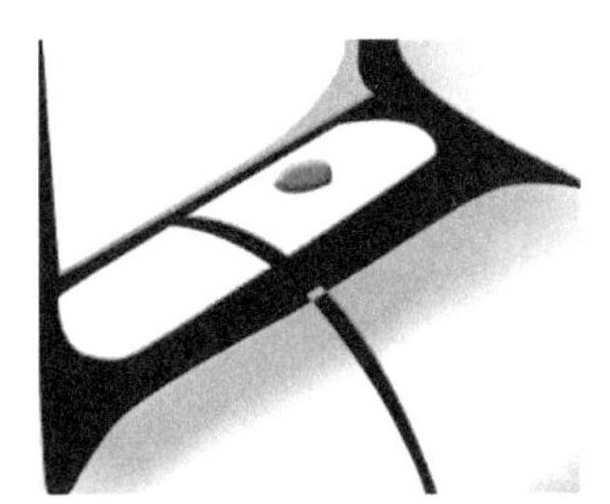
图3-226 椭圆最终效果

4 新建一个图层，并将其命名为“细节曲线”。参考 1 画出图3-227、图3-228中黄色区域的轮廓路径，选择【渐变填充工具】为其拉出一个从深灰色【#181516】到浅灰色【#a0a5ac】再到深灰色【#24292d】的【线性渐变】，最终效果如图3-229所示。

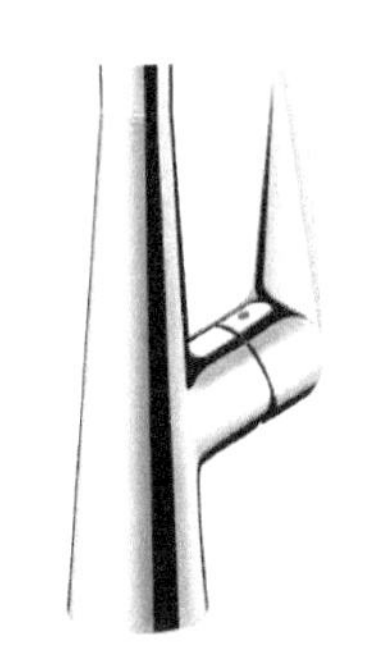
图3-227 画出黄色对象轮廓8

图3-228 细节曲线放大图

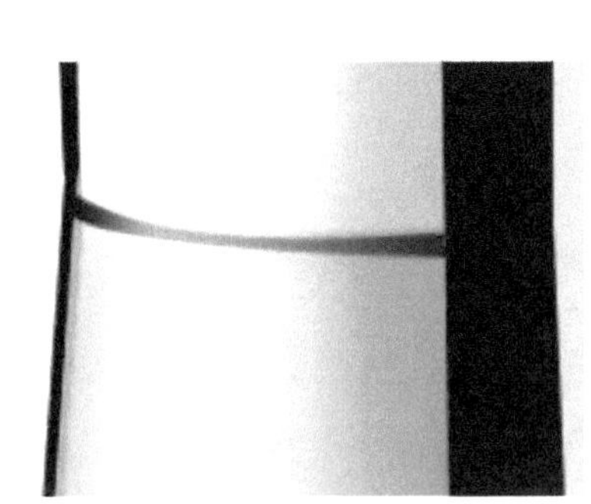
图3-229 细节曲线最终效果

5 新建一个图层，并将其命名为“细节曲线右”。参考 1 画出图3-230中的曲线，其中填充灰色【#838793】。

6 新建一个图层，并将其命名为“上方细节曲线”。参考 1 画出图3-231中黄色区域的轮廓路径，为其填充灰色【#838793】，最终效果如图3-232所示。

图3-230 细节曲线右

图3-231 画出黄色对象轮廓9

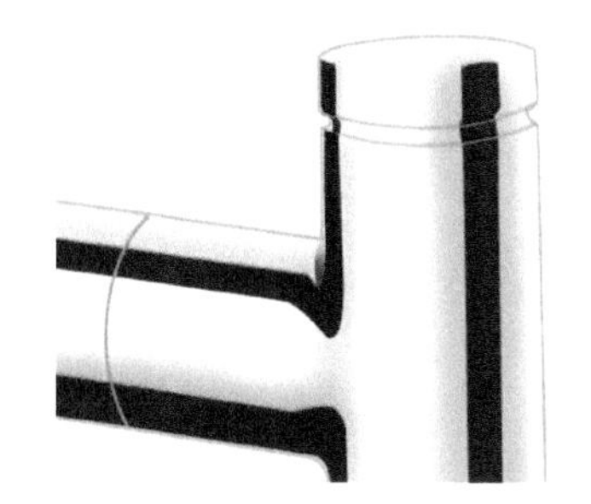

图3-232 上方细节曲线最终效果

7 新建一个图层，并将其命名为“开关黑色凹槽”。参考 1 画出图3-233中黄色区域的轮廓路径，选择菜单中【选择】/【修改】/【羽化】，将羽化值改为【2像素】，为其填充灰色【#575757】，最终效果如图3-234所示。

8 新建一个图层，并将其命名为“顶部椭圆”。选择【椭圆选框工具】画出一个如图3-235所示的椭圆，其中填充灰色【#8e959d】。在画椭圆的过程中，如果觉得很难一次就把椭圆画准确，可以先大概画出一个椭圆出来，然后按【Ctrl】+【T】对椭圆的形状进行调整。

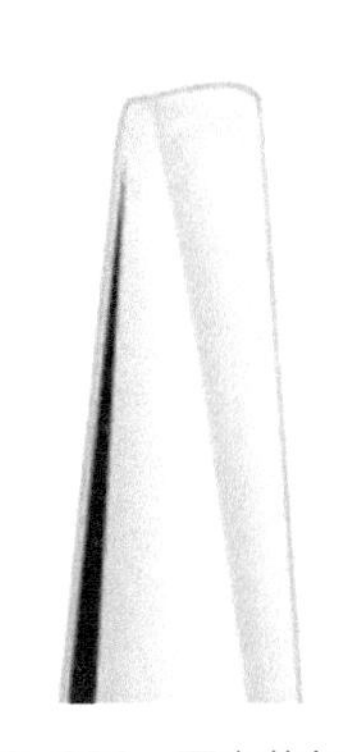

图3-233 画出黄色对象轮廓10

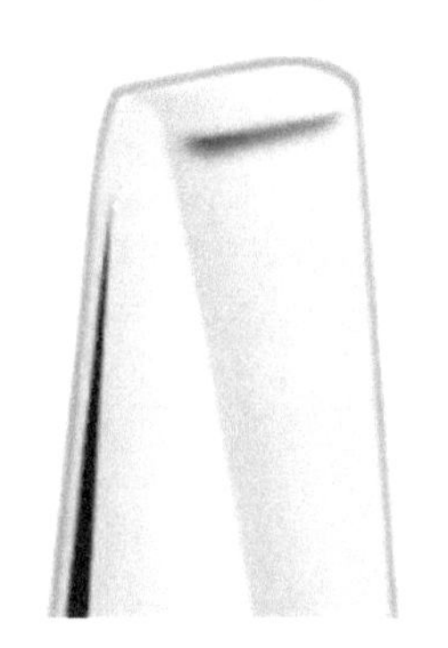

图3-234 开关黑色凹槽最终效果

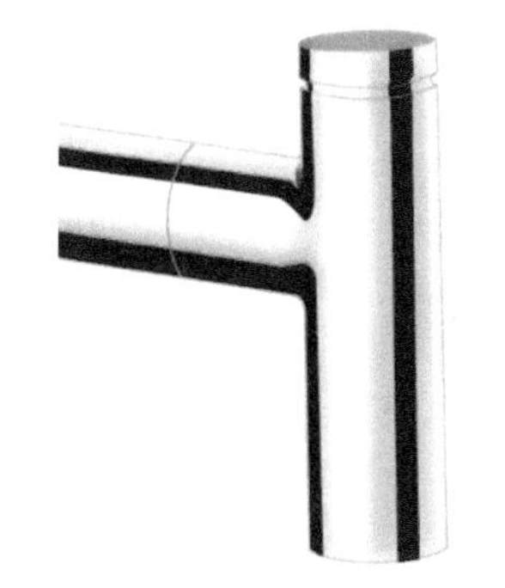

图3-235 顶部椭圆效果图

第3部分：阴影的制作

在“背景”图层上方新建一个图层，并将其命名为“阴影”。选择【钢笔工具】画出图3-236中的路径，将路径转换为选区，选择菜单中【选择】/【修改】/

【羽化】，将羽化值改为【15像素】，为其拉出一个从深灰色【#6f7071】到浅灰色【#e6e7e8】的【线性渐变】。取消选区，最终效果如图3-237所示。

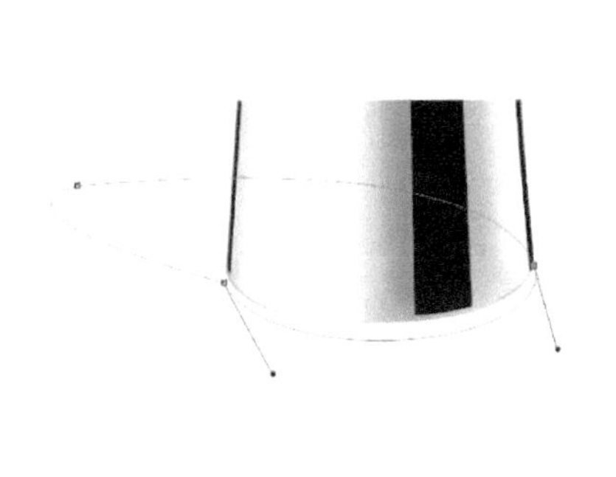

图3-236 阴影路径

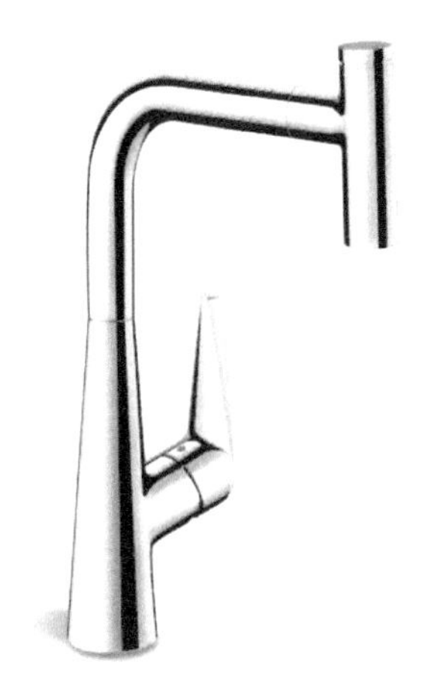

图3-237 光滑金属水龙头最终效果图

3.6.3 案例8 拉丝金属质感表现——热水器

本例将讲解拉丝金属质感的表现（见图3-238），拉丝金属质感的表现主要有以下几个步骤：

① 选择一种颜色填充图层（一般选择灰色）；

② 使用菜单【滤镜】/【杂色】/【添加杂色】；

③ 使用菜单【滤镜】/【模糊】/【动感模糊】；

④ 使用菜单【滤镜】/【锐化】/【智能锐化】。

图3-238 热水器效果图

具体制作如下。

1 新建一个文档，宽度为30cm、高度为30cm，并将其命名为“双模热水器”，分辨率设定为300像素/in，颜色模式为RGB（见图3-239）。

2 新建一个图层，双击该图层将其命名为“黑色底层”，选择【钢笔工具】画出图3-240中的轮廓路径，按【Ctrl】+【Enter】键将路径转换为选区，并为其填充【黑色】，按【Ctrl】+【D】键取消选区，最终效果如图3-241所示。

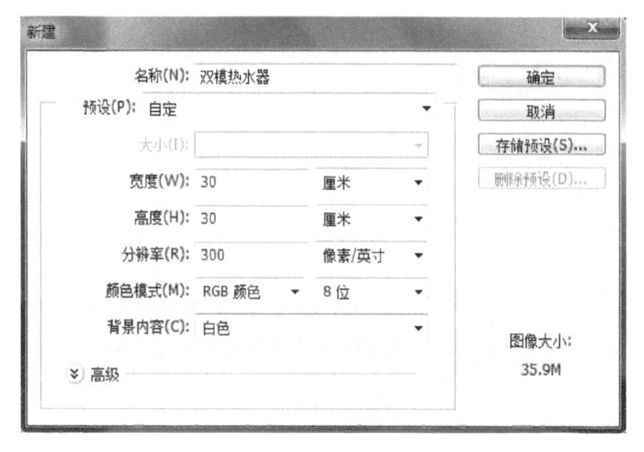

图3-239 新建文档

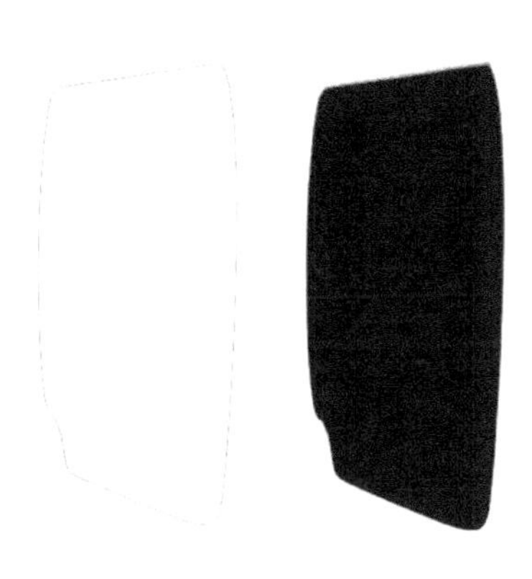

图3-240 “黑色底层”轮廓路径

图3-241 黑色底层

3 新建一个图层，并将其命名为“顶部”。选择【钢笔工具】画出图3-242中黄色区域的路径，将路径转换为选区，为其填充【黑色】。取消选区，最终效果如图3-243所示。

图3-242 画出黄色对象轮廓

图3-243 顶部最终效果

4 新建一个图层，并将其命名为“顶部高光”。选择【钢笔工具】画出图3-244中黄色区域的路径，将路径转换为选区，选择【渐变填充工具】从左往右为其拉出一个从【白色】到【浅灰】再到【黑色】的【线性渐变】，效果如

图3-245所示。取消选区，修改该图层的不透明度为【35%】，最终效果如图3-246所示。如果在制作的过程中觉得过渡不自然，可以选用【矩形框选工具】进行框选，调整其羽化值，然后【删除】选框内的内容（见图3-247，图3-248）。

图3-244　画出轮廓

图3-245　填充渐变色

图3-246　调整透明度后最终效果图

图3-247　选择需要调整的区域

图3-248　调整羽化值

5 新建一个图层，并将其命名为“金属边框”。选择【钢笔工具】画出图3-249中黄色区域的路径，将路径转换为选区，用【渐变填充工具】从上往下为其拉出一个灰色的【线性渐变】，渐变工具栏上的4个色标依次为#f5f5f5、#e0e0e0、#8f8f8f、#2c2c2c（见图3-250），取消选区，最终效果如图3-251所示。

6 新建一个图层，并将其命名为“金属拉丝”。参考 5 画出图3-252中黄色区域的路径，选择【渐变填充工具】从上往下为其拉出一个【灰黑】的【线性渐变】，渐变工具栏上的6个色标依次为#737373、#414141、#787878、#ababab、#a2a2a2、#535353（见图3-253）。使用菜单【滤镜】/【杂色】/【添加杂色】，数量为【30%】，分布为【平均分布】，接着使用菜单【滤镜】/【模糊】/【动感模糊】，动感模糊角度设置为【90°】，距离设置为【33像素】（见图3-254），调节好后按【Ctrl】+【D】键取消选区。

图3-249　画出路径1

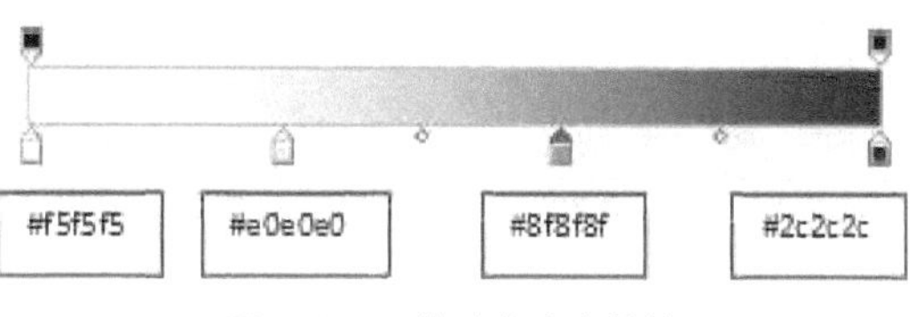

图3-250　渐变色参考数值

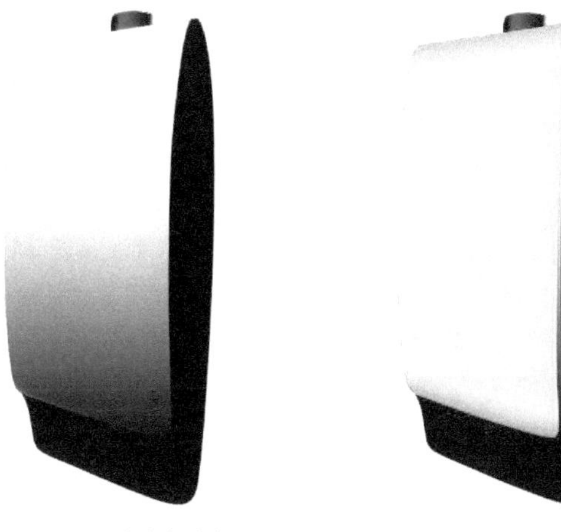

图3-251　填充渐变色　　图3-252　画出路径2

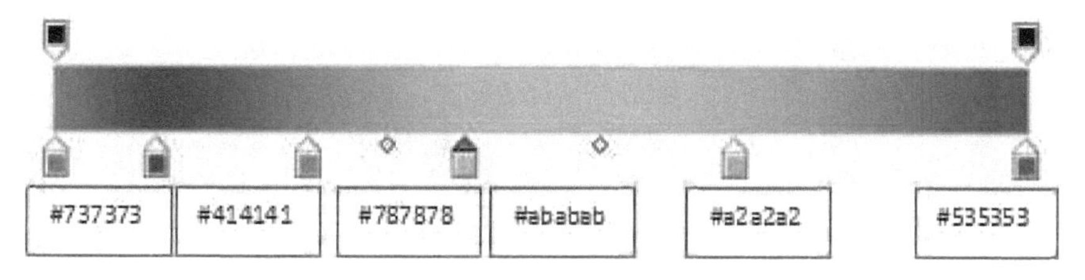

图3-253　渐变色参考数值

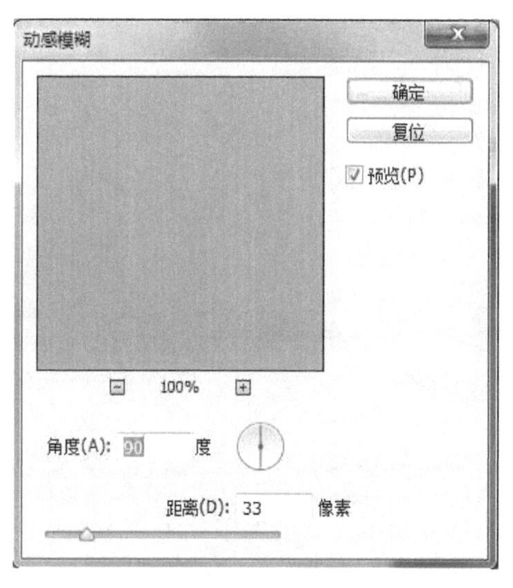

图3-254　动感模糊参数设置

由于这样制作出来的拉丝效果比较直，没有什么弧度，可以复制一个“金属拉丝 副本”图层，按【Ctrl】+【T】键，把图形放大一些，再按鼠标右键，将图形进行【变形】处理。调整到觉得弧度差不多就可以了。按住【Ctrl】键的同时用鼠标单击“金属拉丝”图层的缩略图（见图3-255），将其【载入选区】，按【Ctrl】+【Shift】+【I】键反选选区，按【Delete】键。取消选区，最终效果可参考图3-256。

图3-255　选择选区

图3-256　拉丝效果图

7 新建一个图层，并将其命名为“顶部黑色”。选择【钢笔工具】画出图3-257中黄色区域的路径，将路径转换为选区，为其填充【黑色】，取消选区。黑色下部为了过渡比较自然，可以用【钢笔工具】画出图中虚线框所示的路径，并将路径转化为选区（见图3-258），对该选区进行【羽化】处理，再删除框选部分，最终效果如图3-259所示。

图3-257　画出路径3

图3-258　将区域进行羽化

图3-259　“顶部黑色”的最终效果图

8 新建一个图层，并将其命名为“侧边黑色”。选择【钢笔工具】画出图3-260中黄色区域的路径，按【Ctrl】+【Enter】键将路径转换为选区，将其填充为【黑色】（见图3-261），按【Ctrl】+【D】键取消选区。

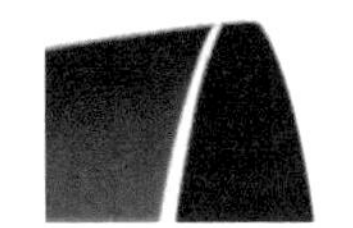
图3-260　画出路径4

图3-261　“侧边黑色”最终效果图

9 新建一个图层，并将其命名为“底部白色”。参考 8 画出图3-262中黄色区域的路径，用【渐变填充工具】为其拉出一个从【白色】到【黑色】的【线性渐变】（见图3-263）。取消选区，设置该图层的不透明度为【15%】。

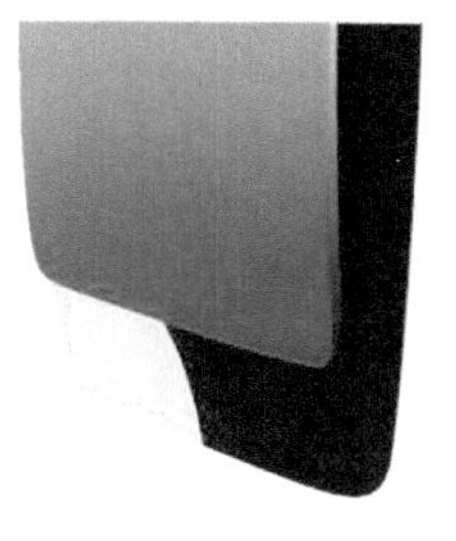
图3-262　画出路径5

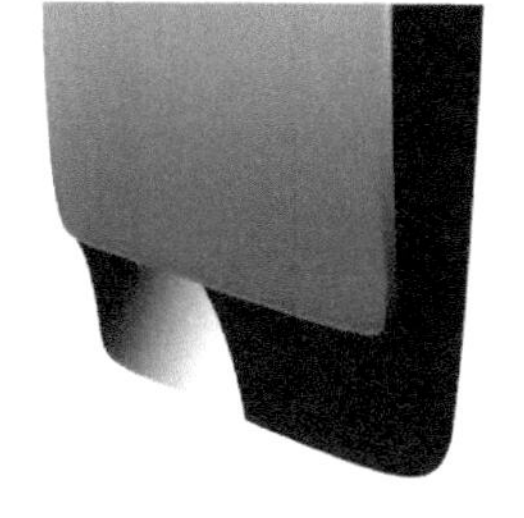
图3-263　填充渐变色

10 新建一个图层，并将其命名为“侧边”。选择【钢笔工具】画出图3-264中黄色区域的路径，将路径转换为选区，用【渐变填充工具】从左往右为其拉出一个从【黑色】到【白色】的【线性渐变】。使用菜单【滤镜】/【杂色】/【添加杂色】，设置数量为【30%】，分布为【平均分布】，接着使用菜单【滤镜】/【模糊】/【动感模糊】，效果如图3-265所示。取消选区，设置该图层的不透明度为【15%】，最终效果可参考图3-266。

图3-264　画出路径6

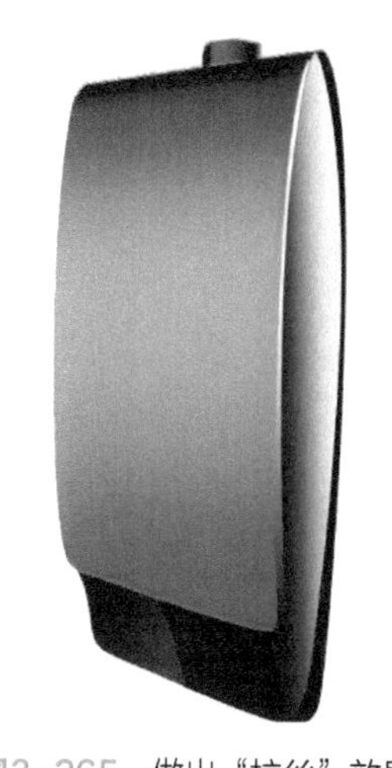
图3-265　做出“拉丝”效果

图3-266　“侧边”最终效果图

11 新建一个图层，并将其命名为“白色装饰”。参考 8 画出白色装饰部分（见图3-267）。

12 新建一个图层，并将其命名为“底部按键”。选择【矩形工具】和【椭圆工具】进行绘制，再将该图层【栅格化】，按【Ctrl】+【T】将其进行【透视】变形，最终效果如图3-268所示。

13 选择【文字工具】，输入阿拉伯数字“38”，该数字代表出水温度，设置文字颜色为【白色】。将该图层进行【透视】变形，最终效果可参考图3-269。

图3-267 白色装饰

图3-268 底部装饰

图3-269 输入表示出水温度的数字

14 在“黑色底层”图层下方新建一个图层，并将其命名为“阴影”。选择【钢笔工具】画出图3-270中黄色区域的路径，将路径转换为选区，用【渐变填充工具】从左往右为其拉出一个从【黑色】到灰色【#6e6e6e】的【线性渐变】(见图3-271)。取消选区，设置该图层不透明度为【65%】，最终效果如图3-272所示。

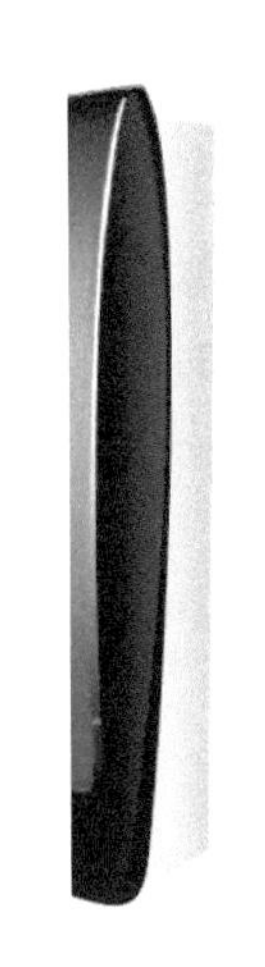
图3-270 画出路径7

图3-271 拉渐变

图3-272 “阴影”最终效果图

15 在“阴影”图层下方新建一个图层，并将其命名为“背景”。用【渐变填充工具】从左往右为其拉出一个灰色的【线性渐变】，渐变工具栏上的三个色标依次为#8d8d8d、#b8b8b8、#5e5e5e(见图3-273)，填充背景为“金属拉丝”效果，具体步骤可参考6，【动感模糊的角度】应为【0°】，最终效果如图3-274所示。

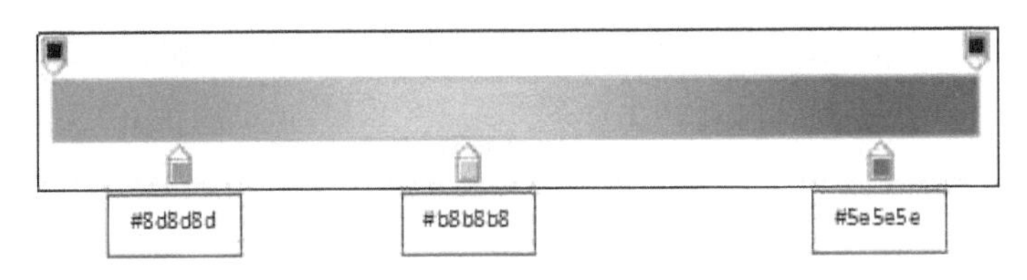

图3-273 设置渐变色

图3-274　热水器最终效果图

3.6.4　案例9　磨砂金属质感表现——手机壳

本例将讲解磨砂金属质感的表现（见图3-275，图3-276），磨砂金属质感的表现要点主要有：

① 选择一种颜色填充图层（一般选择灰色）；

② 使用菜单【滤镜】/【杂色】/【添加杂色】，模式为【高斯分布】。

图3-275　方案1效果图

图3-276　方案2效果图

方案1具体制作步骤如下。

1 新建一个横向A4文档（宽度为297mm，高度为210mm），并将其命名为"磨砂金属手机壳"，分辨率设定为300像素/in，颜色模式为RGB。

2 新建一个图层，并将其命名为"黑色背景"，为其填充【黑色】。

3 选择【圆角矩形工具】，画出一个【W：950像素】，【H：1750像素】，半径为【100像素】的圆角矩形。用鼠标在该图层上单击右键，【栅格化图层】，并将该图层命名为“手机壳主体1”。按住【Ctrl】键的同时，双击该图层的缩略图（见图3-277），将该图层【载入选区】。选择【渐变填充工具】从左往右为其拉出一个灰色的【线性渐变】，具体色值可参考图3-278。使用菜单【滤镜】/【杂色】/【添加杂色】，设置数量为【10%】，分布为【高斯分布】，勾选【单色】（见图3-279）。按【Ctrl】+【D】取消选区，最终效果如图3-280所示。

图3-277　双击图层缩略图

图3-278　渐变色参考色值

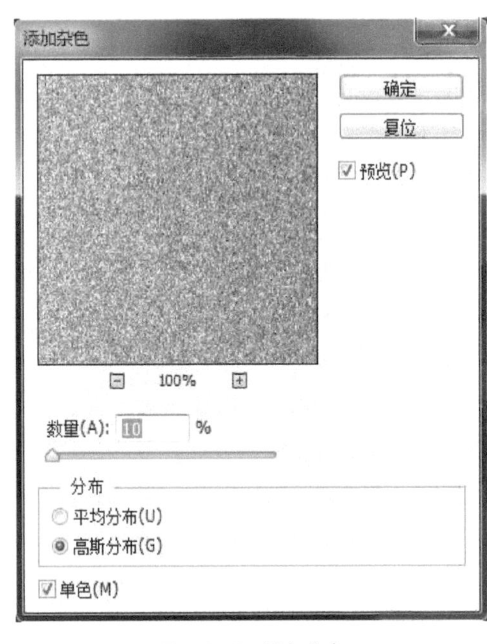

图3-279　添加杂色

图3-280　“手机壳主体1”最终效果图

4 选择【圆角矩形工具】，画出一个【W：250像素】，【H：130像素】，半径为【100像素】的圆角矩形，位置如图3-281所示，将该圆角矩形的区域【载入选区】，选择“手机壳主体1”图层，按【Delete】键删除选区内内容，取消选区，最终效果如图3-282所示。

图3-281　画小的圆角矩形

图3-282　加圆角矩形后最终效果图

5 双击“手机壳主体1”图层的缩略图，为其添加【斜面和浮雕】的“图层样式”，具体参数设置如图3-283所示，最终效果如图3-284所示。

斜面和浮雕
结构
样式(T)：内斜面
方法(Q)：雕刻清晰
深度(D)：42 %
方向：上 下
大小(Z)：9 像素
软化(F)：2 像素
阴影
角度(N)：170 度
使用全局光(G)
高度：32 度
光泽等高线： 消除锯齿(L)
高光模式(H)：滤色
不透明度(O)：75 %
阴影模式(A)：正片叠底
不透明度(C)：40 %
设置为默认值　复位为默认值

图3-283　斜面和浮雕具体参数设置

图3-284　加“斜面和浮雕”后最终效果图

6 复制一个“手机壳主体1 副本”图层，并命名为“手机壳主体2”，将其移动到如图3-285所示位置。将该图层【载入选区】，选用【矩形选框工具】，并选择【减选】（见图3-286），框选出图3-287中红色选框区域，按【Delete】键删除剩下的内容，最终效果如图3-288所示。

图3-285 复制一个手机壳

图3-286 选择减选

图3-287 框选出红色选框区域

图3-288 “手机壳主体2”最终效果图

方案2给出玫瑰金手机壳的案例制作，具体制作步骤如下。

1 在“黑色背景”图层上方新建一个图层，并将其命名为“灰色背景”。为其填充浅灰色【#959595】。选择菜单中【滤镜】/【滤镜库】/【纹理】/【拼缀图】，具体设置参数如图3-289所示，最终效果如图3-290所示。

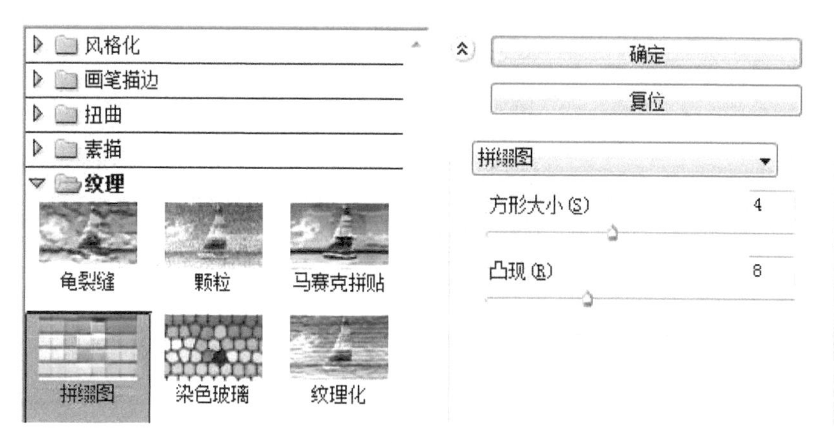

图3-289　拼缀图具体参数设置

图3-290　换成灰色背景后的效果图

2 选择“手机壳主体1”图层，在图层面板下方单击（见图3-291）的按钮，选择【色相/饱和度】，具体参数设置如图3-292所示。

图3-291　单击框选出的按钮

3 按住【Alt】键，把鼠标移至“手机壳主体1”与“色相/饱和度”图层之间，会出现一个向下的箭头，这时单击鼠标左键，即可得到如图3-293所示玫瑰金的效果。

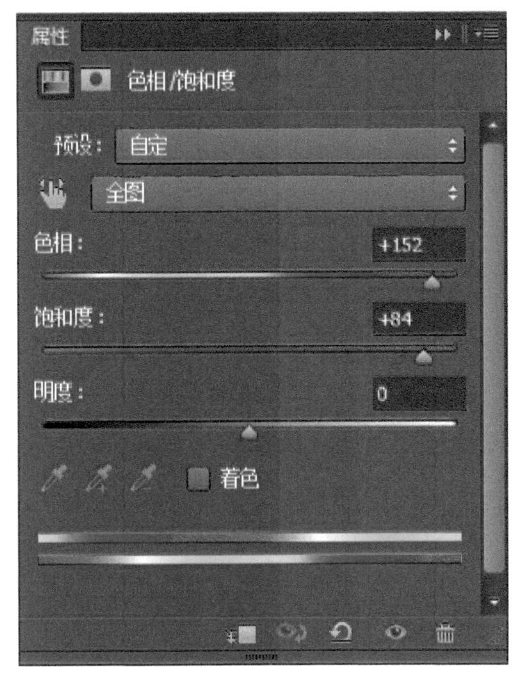

图3-292　色相/饱和度具体参数设置

图3-293　玫瑰金手机壳

4 参考2～3，把另一个手机壳也制作成“玫瑰金”的效果。磨砂质感的玫瑰金手机壳最终效果如图3-294所示。

图3-294　玫瑰金手机壳最终效果图

3.7 塑料质感的表现

3.7.1 塑料材质的视觉特征

塑料材质，一般分为亚光塑料、亮光塑料和透明塑料。其中亚光塑料给人的视觉感受更为实用，亮光塑料和透明塑料给人的视觉感受是圆滑且年轻，而透明塑料更可以给人一种多变的视觉感受。

3.7.2 案例10 绘制塑料小刀

如图3-295所示是一把仿生物形态——小鸟设计的一把小刀，小刀刀柄为塑料材质，刀刃为金属材质，本节通过这把小刀绘制的案例，讲解亚光塑料的质感表现方法和技巧。

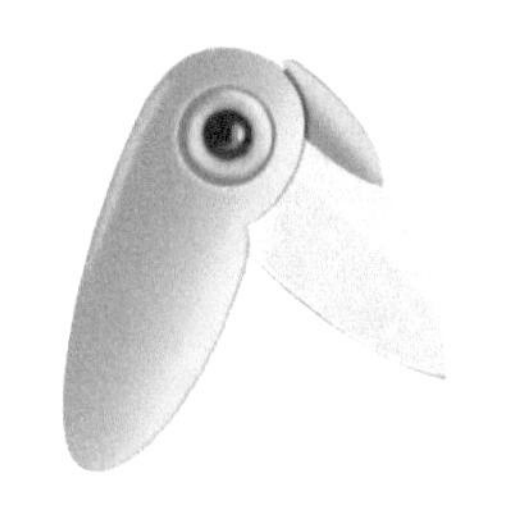

图3-295 塑料小刀效果图

第1部分：刀身的制作

1 新建一个宽度为15cm、高度为15cm的文档，并将其命名为“塑料小刀”，分辨率设定为300像素/in，颜色模式为RGB。

2 单击图层面板上的【创建新图层】按钮，新建一个图层，双击该图层将其命名为“刀身”。选择【钢笔工具】画出图3-296中黄色区域的轮廓路径，按【Ctrl】+【Enter】键将路径转换为选区，用【渐变填充工具】为其拉出一个如图3-297所示的【线性渐变】，具体

图3-296 画出路径1 图3-297 填充渐变色

色值为：#6d9620、#7faf25、#c4e965，供读者参考（见图3-298），按【Ctrl】+【D】键取消选区。双击该图层的缩略图（见图3-299），为其添加【投影】的“图层样式”，具体参数设置如图3-300所示，最终效果如图3-301所示。

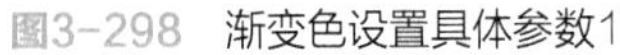
图3-298　渐变色设置具体参数1

图3-299　双击图层缩略图

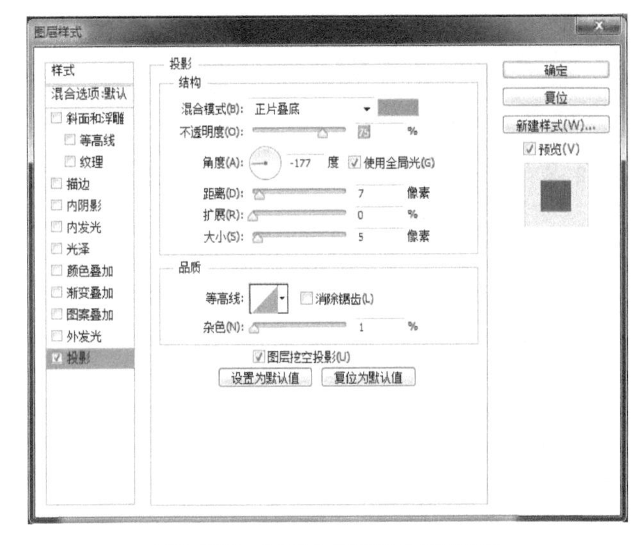

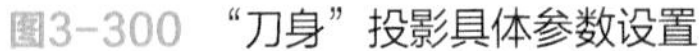
图3-300　“刀身”投影具体参数设置

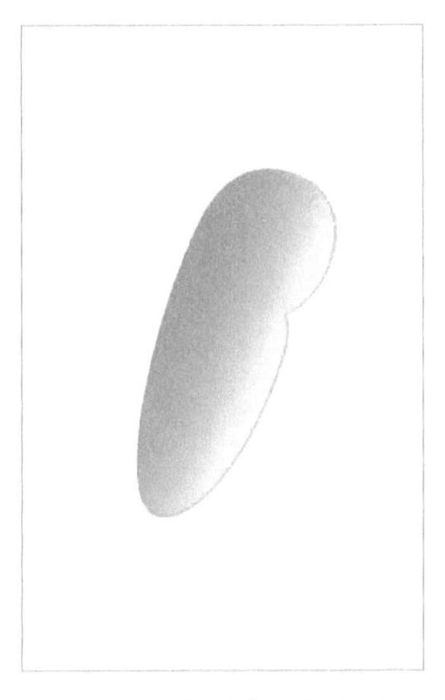
图3-301　“刀身”最终效果图

3 新建一个图层，并将其命名为“刀身高光”。选择【钢笔工具】画出图3-302中黄色区域的轮廓路径，将路径转换为选区。选择菜单中【选择】/【修改】/【羽化】，将羽化值改为【5像素】，为其填充【白色】。键取消选区，设置该图层的不透明度为【50%】，最终效果如图3-303所示。

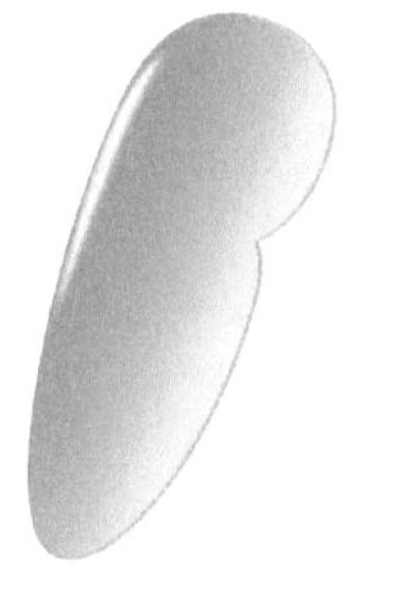
图3-302　“刀身高光”路径

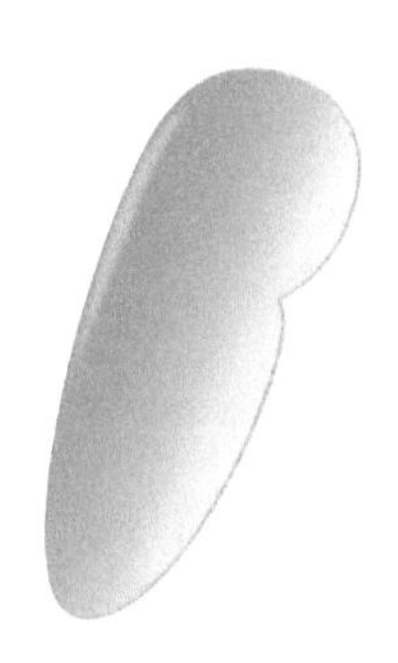
图3-303　“刀身高光”效果

第2部分：眼睛的制作

1 新建一个图层，并将其命名为“眼睛白色底层”。选择【椭圆选框工具】，在菜单栏上将其羽化值设置为【5像素】(见图3-304)。按住【Shift】键，画出如图3-305所示的圆。用【渐变填充工具】从左往右为其拉出一个从【白色】到【透明】的【线性渐变】。取消选区，最终效果如图3-306所示。

图3-304　设置选区羽化值

2 新建一个图层，并将其命名为“眼睛深绿”。参考1画出如图3-307所示的深绿圆形，其中圆形填充深绿色【#1b694e】。

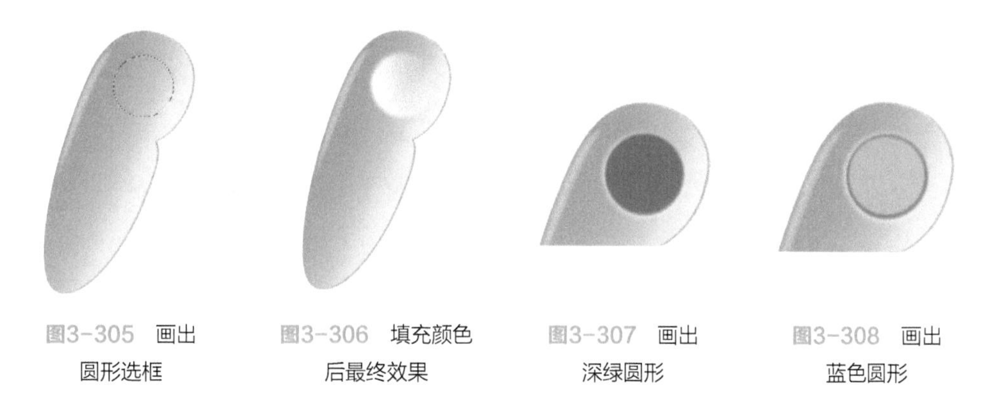

图3-305　画出圆形选框　图3-306　填充颜色后最终效果　图3-307　画出深绿圆形　图3-308　画出蓝色圆形

3 新建一个图层，并将其命名为“眼睛蓝色”。参考1画出如图3-308所示的蓝色圆形，其中圆形填充的蓝色为【#48b9e2】。在左边工具栏中选择【减淡工具】，在上方菜单栏中设置该工具的笔刷类型以及曝光度等（见图3-309），在蓝色圆形中画出如图3-310所示的效果。双击该图层缩略图，修改其【图层样式】，勾选【斜面和浮雕】、【等高线】、【内阴影】、【外发光】以及【投影】，具体设置参数如图3-311～图3-315所示，最终效果如图3-316所示。

图3-309　减淡工具参数设置

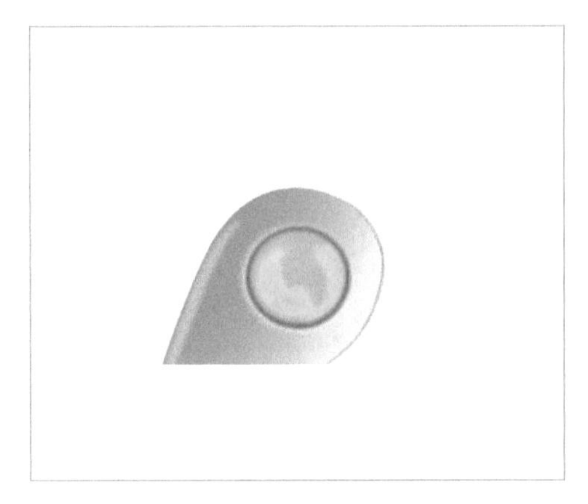

图3-310　用减淡工具绘画出高光

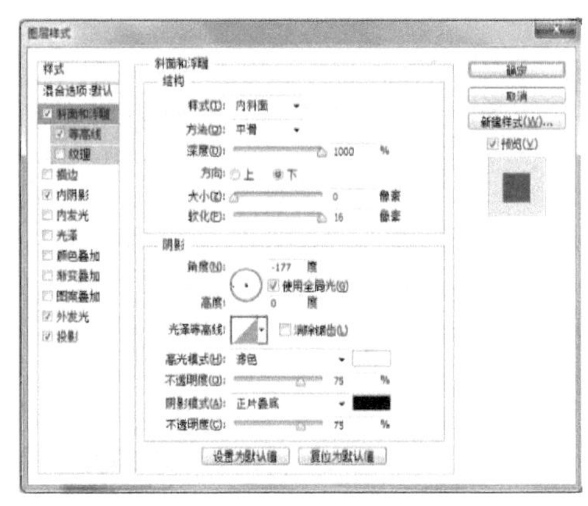

图3-311　斜面和浮雕具体参数设置

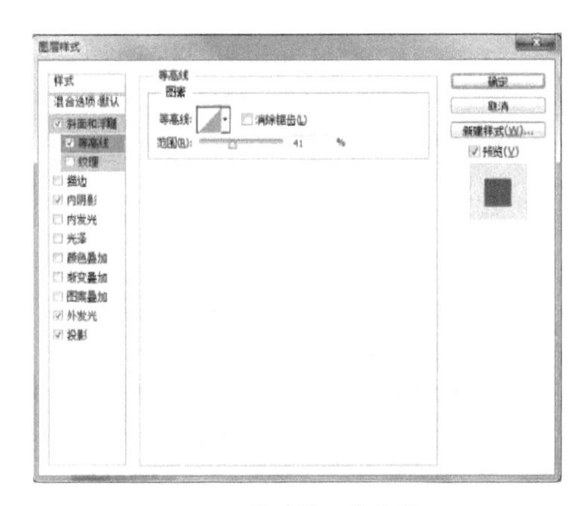

图3-312　等高线具体参数设置

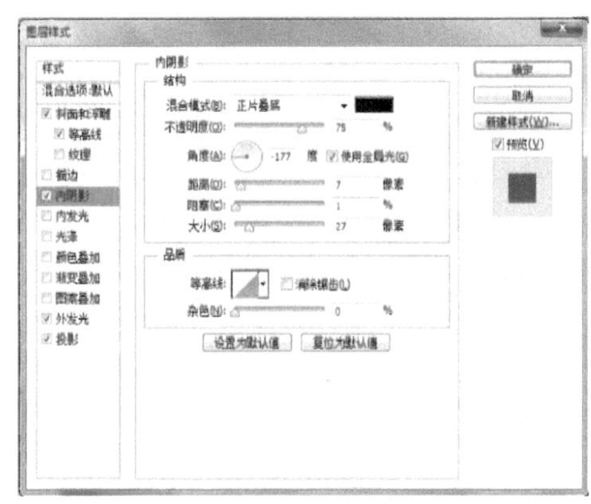

图3-313　内阴影具体参数设置

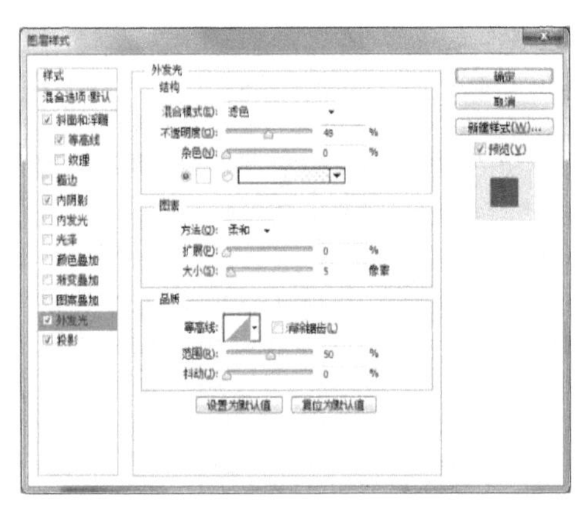

图3-314　外发光具体参数设置

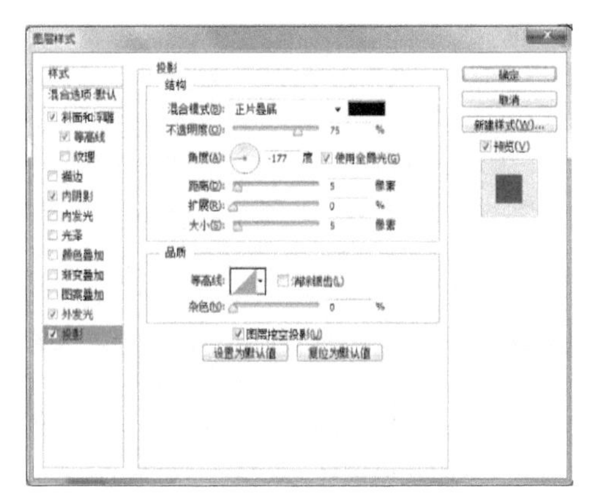

图3-315　投影具体参数设置

4 新建一个图层，并将其命名为“眼睛青色高光”。选择【钢笔工具】画出图3-317中黄色区域的轮廓路径，将路径转换为选区。选择菜单中【选择】/【修改】/【羽化】，将羽化值改为【5像素】，为其填充青色【#9df0ec】。取消选区，最终效果如图3-318所示。

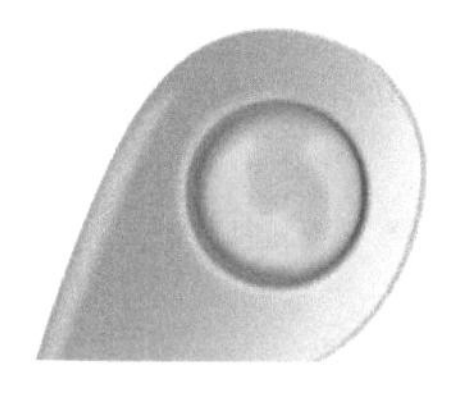
图3-316 “眼睛蓝色”最终效果图

5 新建一个图层，并将其命名为“黑色眼珠”。参考 1 画出如图3-319所示的深紫色圆形，其中圆形填充深紫色【#2a1a29】。双击该图层缩略图，修改其【图层样式】，勾选【斜面和浮雕】以及【投影】，得到黑色眼珠最终效果（见图3-320），【斜面和浮雕】与【投影】的具体设置参数如图3-321、图3-322所示，供读者参考。

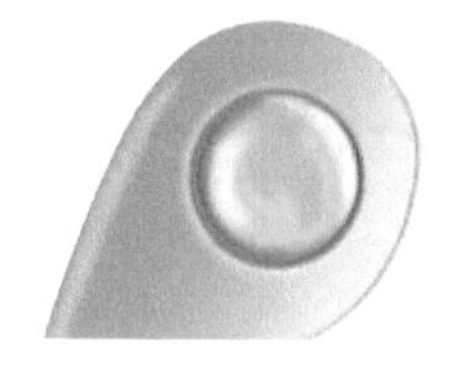
图3-317 画出路径2

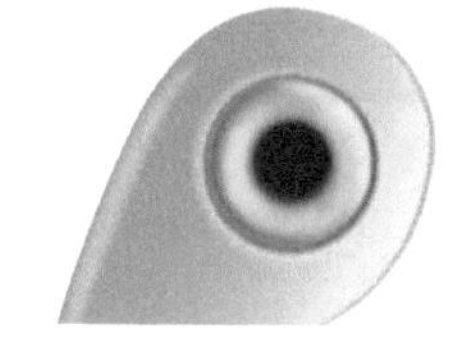
图3-318 “眼睛青色高光”最终效果图

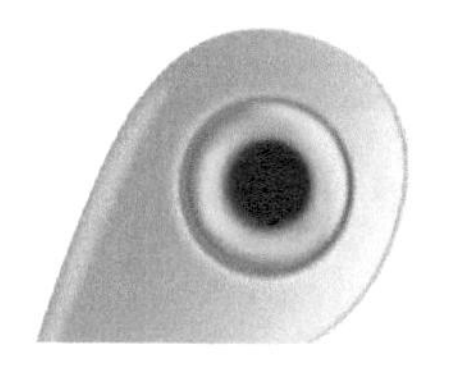
图3-319 画出深紫色圆形

图3-320 黑色眼珠效果

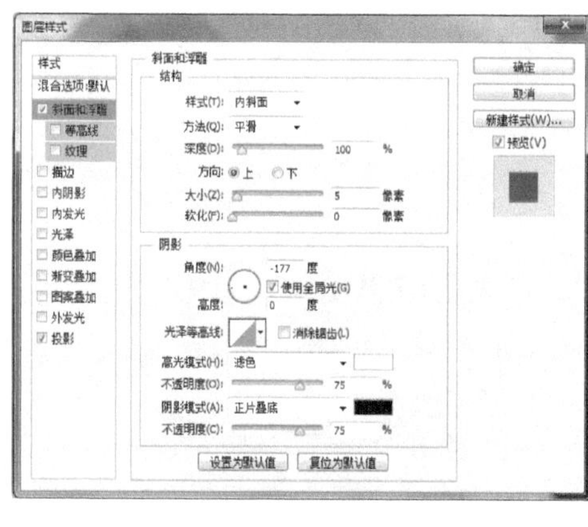

图3-321 斜面和浮雕具体参数

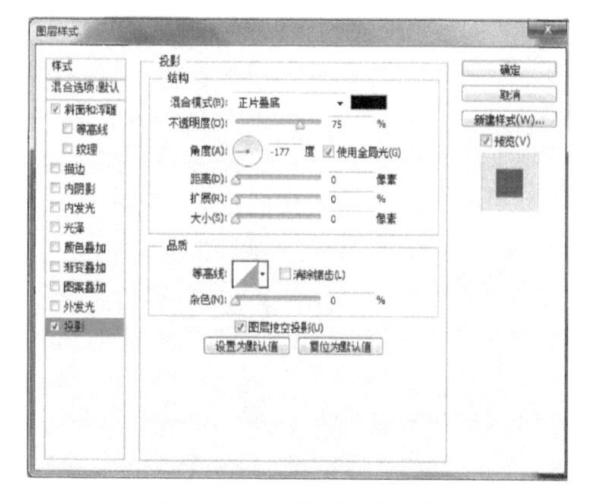

图3-322 投影具体参数

6 新建一个图层，并将其命名为“眼珠高光”。选择【画笔工具】，将笔刷大小设置为【20像素】，硬度设置为【0%】，不透明度以及流量都设置为【50%】（见图3-323）。用【白色】画出如图3-324所示的眼珠高光，如果想让眼珠生动点，可以参考图3-325画出具体一点的眼珠。

图3-323 设置笔刷参数

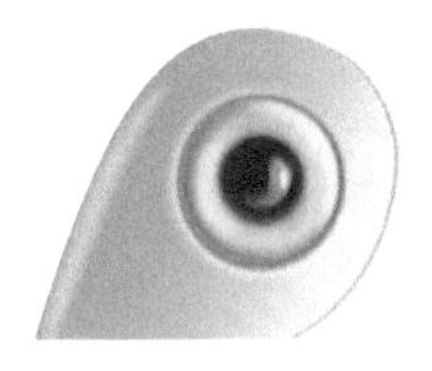

图3-324 眼珠高光

图3-325 详细眼珠绘画参考图

第3部分：金属刀片的制作

1 新建一个图层，并将其命名为“金属刀片”。选择【钢笔工具】画出图3-326中黄色区域的轮廓路径，将路径转换为选区，用【渐变填充工具】为其拉出一个灰色的【线性渐变】，并取消选区，渐变效果如图3-327所示，渐变工具具体色值依次设置为#878787、#878787、#c4c5cc、#9b98a4，供读者参考（见图3-328）。

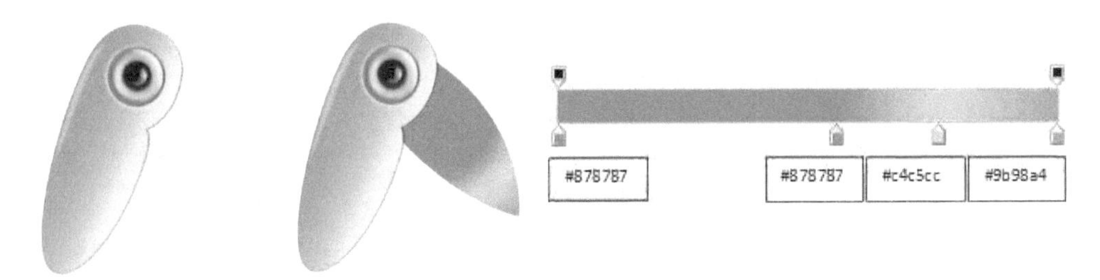

图3-326 画出路径3 图3-327 拉出灰色渐变 图3-328 渐变色设置具体参数2

2 新建一个图层，并将其命名为“刀片”。参考 1 画出图3-329中黄色区域的路径，用【渐变填充工具】为其拉出一个从【白色】到浅灰色【#d8daea】的【线性渐变】，注意左边的白色只需要露出一点点。如果觉得那样拉出渐变有点困难，也可以直接用浅灰色【#d8daea】填充刀片，再选用【画笔工具】画出白色部分，画笔的设置与上文绘制【眼珠高光】时一致（见图3-323）。刀片最终效果如图3-330所示。

3 新建一个图层，并将其命名为“刀片白色亮边”。参考 1 画出图3-331中黄色区域的路径，为其填充【白色】。设置该图层的不透明度为【70%】，最终效果如图3-332所示。

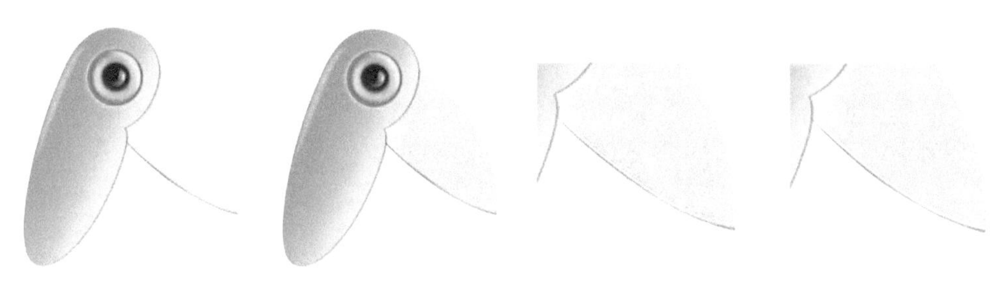

图3-329　画出路径4　图3-330　“刀片”最终效果图　图3-331　画出路径5　图3-332　最终效果图

4 新建一个图层，并将其命名为“刀片亮部”。参考 1 画出图3-333中黄色区域的路径，为其填充【白色】。设置该图层的不透明度为【25%】，最终效果如图3-334所示。

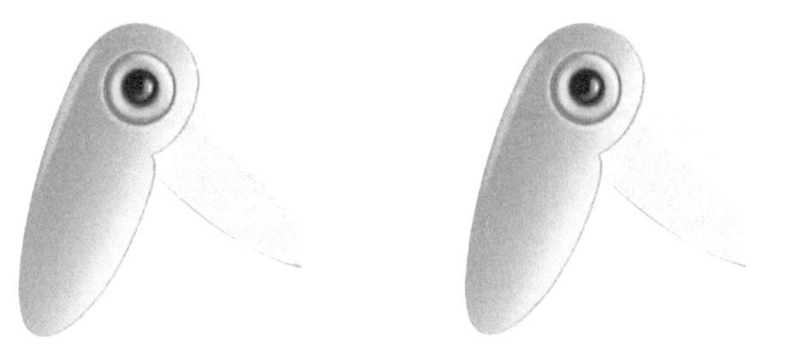

图3-333　画出路径6　　图3-334　“刀片亮部”最终效果图

第4部分：小刀折叠处制作

1 新建一个图层，并将其命名为“转折处厚度”。按上文的方法画出图3-335中的轮廓路径，用【渐变填充工具】为其拉出一个蓝色的【线性渐变】，具体色值依次为#4e8fa4、#58b8dc、#b0e8f7，供读者参考（见图3-336），最终效果如图3-337所示。

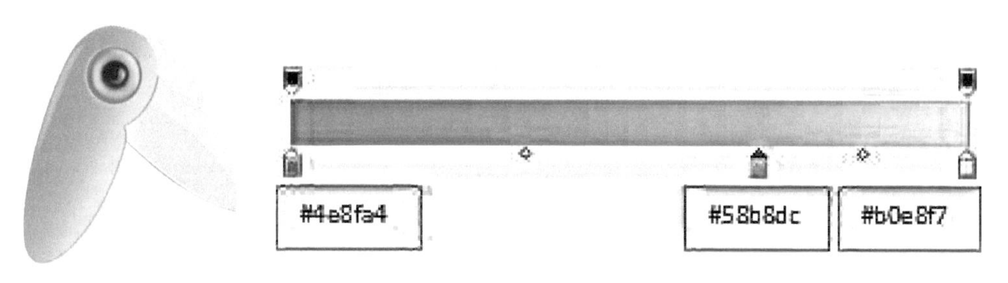

图3-335　画出路径7　　图3-336　渐变色设置具体参数3

2 复制一个“转折处厚度 副本”图层，按住【Ctrl】键的同时用鼠标左键单击该副本图层的缩略图，将该图层【载入选区】，用【渐变填充工具】为其拉出一个蓝色的【线性渐变】，具体色值依次为#5cd9ff、#4ba3c9、#4b96b6，供读者参考（见图3-338）。将该图层稍微往左下移动，最终效果如图3-339所示。

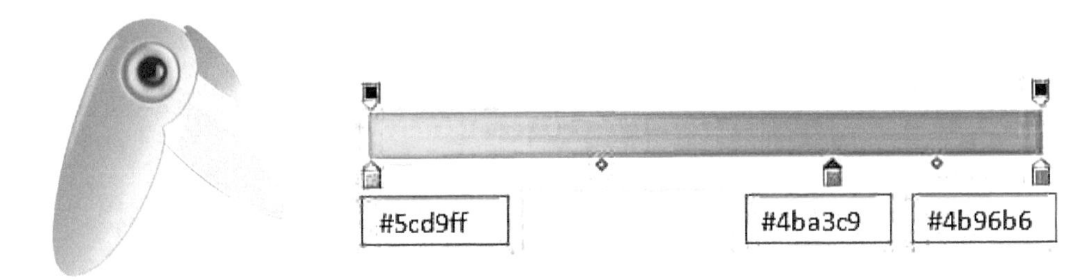

图3-337 填充渐变后的效果

图3-338 渐变色设置具体参数4

3 新建一个图层，并将其命名为“转折连接处”。按上文方法画出图3-340中黄色区域的轮廓路径，为其填充深绿色【#0a6350】。取消选区，设置该图层的不透明度为【75%】。双击该图层的缩略图，为其添加【内阴影】的“图层样式”，具体设置参数如图3-341所示，最终效果图如图3-342所示。

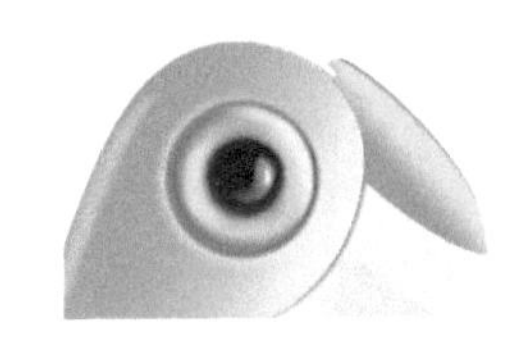

图3-339 “转折处厚度副本”最终效果图

图3-340 画出路径8

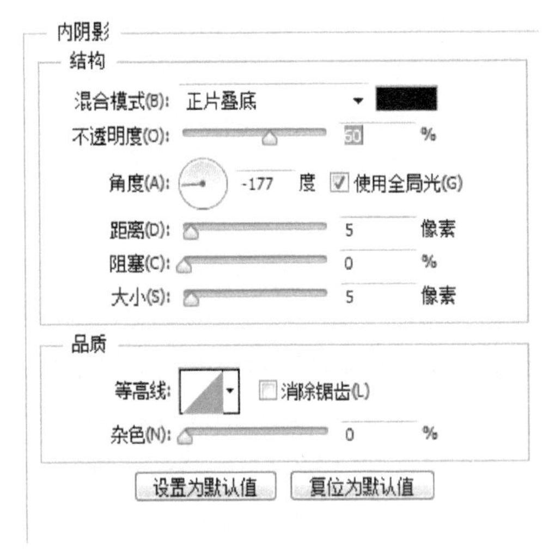

图3-341 内阴影参数设置

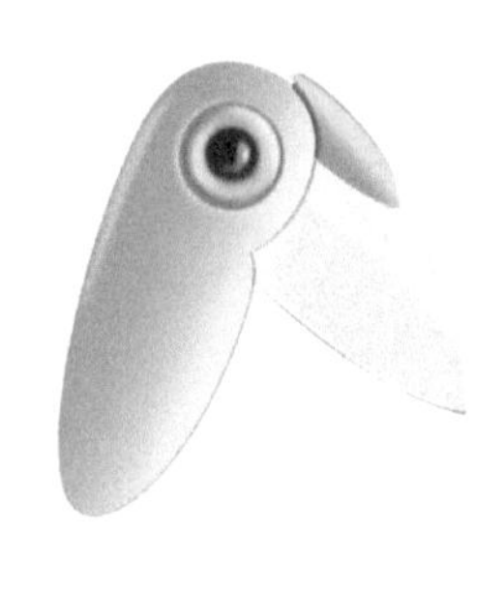

图3-342 塑料小刀最终效果图

【课后练习】

练习1　蓝牙音响的制作

绘制图3-343所示的蓝牙音响，主要分为两个阶段，第1阶段是主体的绘制（见图3-344），第2阶段是底座的绘制（见图3-347）。现将简要制作步骤以及难点分析列举如下。

图3-343　蓝牙音响效果图

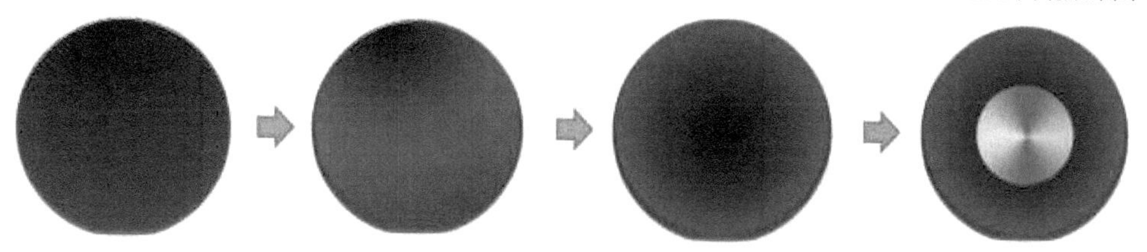

图3-344　第1阶段制作步骤

第1阶段制作难点分析：主要通过图层样式的使用来表现音响主体解构的立体感。为圆形金属添加【斜面和浮雕】与【描边】的“图层样式”，具体参数设置如图3-345、图3-346所示。

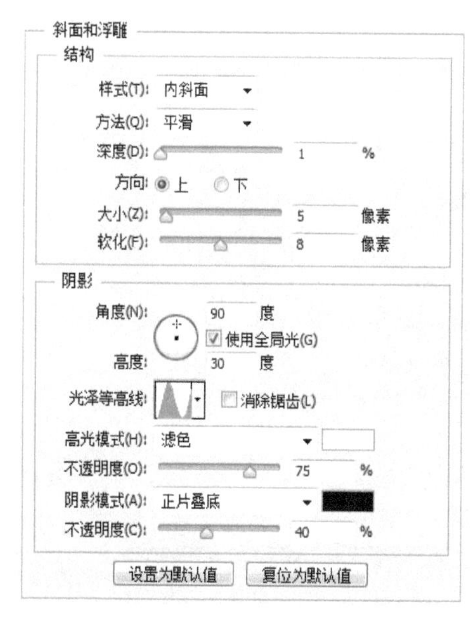

图3-345　斜面和浮雕具体参数设置

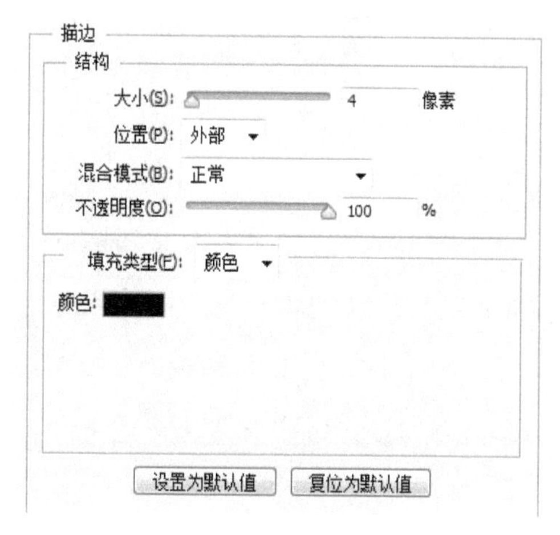

图3-346　描边具体参数设置

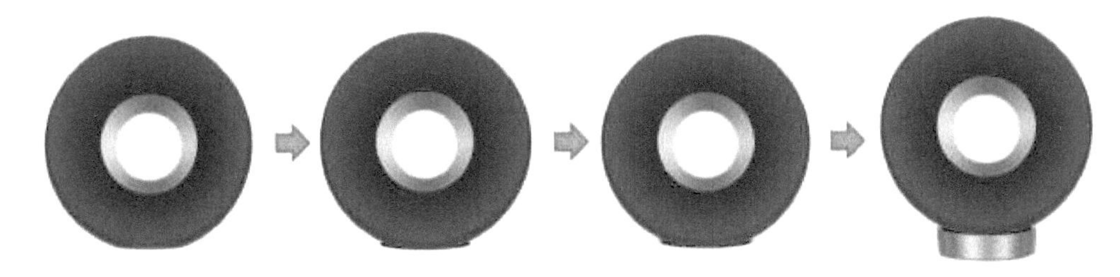

图3-347 第2阶段制作步骤

第2阶段制作难点分析如下。

1 “金属底座”的制作可以先用【钢笔工具】画出它的形状，并为其填充任意颜色（见图3-348）。

2 在图层的上方新建一个图层，并用【矩形选框工具】画出如图3-349所示的矩形选框。

图3-348 新建一个图层画出底座形状

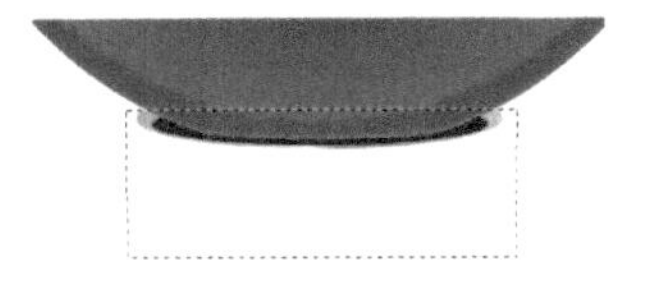

图3-349 画出矩形选框

3 选择【渐变填充工具】从左往右为其拉出一个【线性渐变】，具体色值可参考图3-350（颜色依次为#9f9f9f、#707070、#7f7f7f、#707070、#dedede、#99b9b9b、#d2d2d2、#6f6f6f、#7d7d7d、#727272、#b4b4b4），最终效果如图3-351所示。

图3-350 渐变参考值

4 按【Ctrl】+【T】键对图形进行【透视】变换，在变换的过程中要按住【Alt】键，最终变换效果如图3-352所示。

5 按住【Ctrl】键的同时用鼠标单击“底座形状”的图层缩略图，将其【载入选区】。把鼠标光标放在“灰色渐变矩形”和“底座形状”两个图层之间，按住【Alt】键，会出现一个往下的小箭头，这时单击鼠标左键进行【创建剪贴蒙版】的操作。【向下合并】两个图层，效果如图3-353所示。

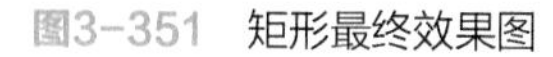

图3-351　矩形最终效果图

图3-352　变换后的矩形

图3-353　“金属底座”最终效果图

6 设置其【投影】的“图层样式”（见图3-354），最终效果如图3-355所示。

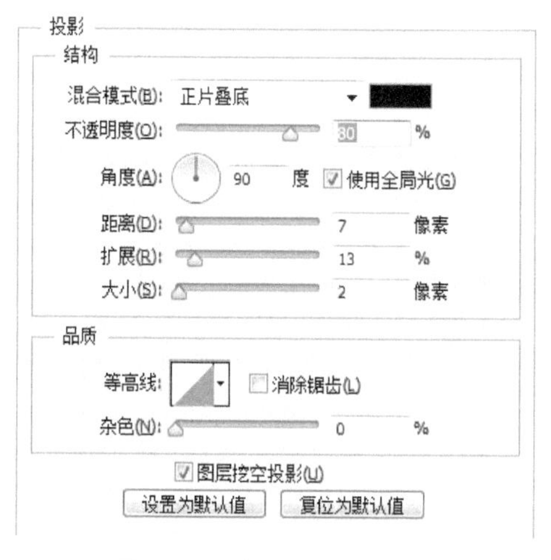

图3-354　投影具体参考数值

图3-355　蓝牙音箱最终效果图

练习2　陶瓷吊灯的制作

绘制图3-356所示的陶瓷吊灯，主要利用渐变填充和图层样式来表现陶瓷的质感和吊灯灯罩的立体效果。现将简要制作步骤以及难点分析列举如下。

1 画出背景。

2 分不同的图层画出“四个陶瓷灯罩”，渐变可参考图3-357～图3-360。白色陶瓷渐变的颜色值依次设置为#7f817e、#58635b、#8b8b8b、#c3c3c3、#eeeeee、#eaeaea（见图3-357）。绿色陶瓷渐变的颜色值依次设置为#244743、#123938、#14403f、#1a6463、

图3-356　陶瓷吊灯效果图

#499fa0、#98c7cf、#c9e3e4、#92cfd2（见图3-358）。灰色陶瓷渐变的颜色值依次设置为#5f5f5f、#404040、#4b4b4b、#6a6a6a、#bababa、#9f9f9f（见图3-359）。橙色陶瓷渐变的颜色值依次设置为#ad7552、#804922、#9b6034、#c98f69、#f7cbb0、#e8aa83（见图3-360）。

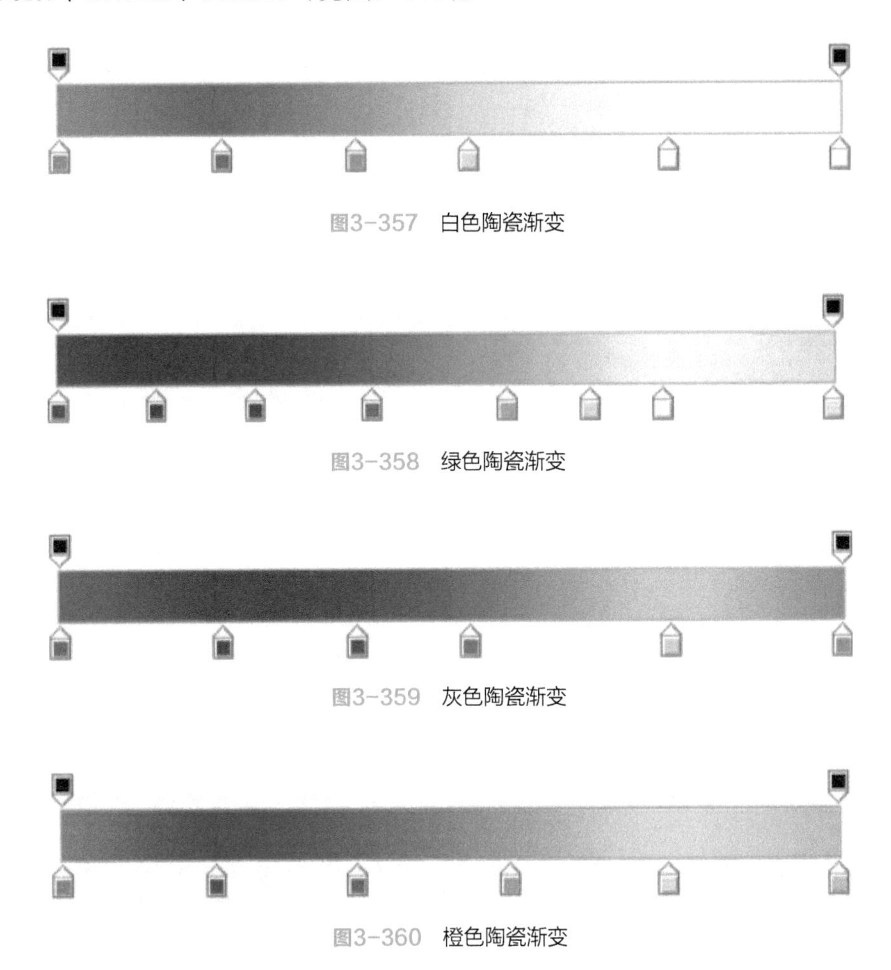

图3-357　白色陶瓷渐变

图3-358　绿色陶瓷渐变

图3-359　灰色陶瓷渐变

图3-360　橙色陶瓷渐变

3 把“四个灯罩”图层合并，为其添加【斜面和浮雕】的“图层样式”，具体参数设置可参考图3-361。

4 画出两根黑线。

练习3　剃须刀的制作

图3-362所示为剃须刀的效果参考图，制作时注意体现磨砂金属材质的视觉特点。具体制作过程参看视频教程。

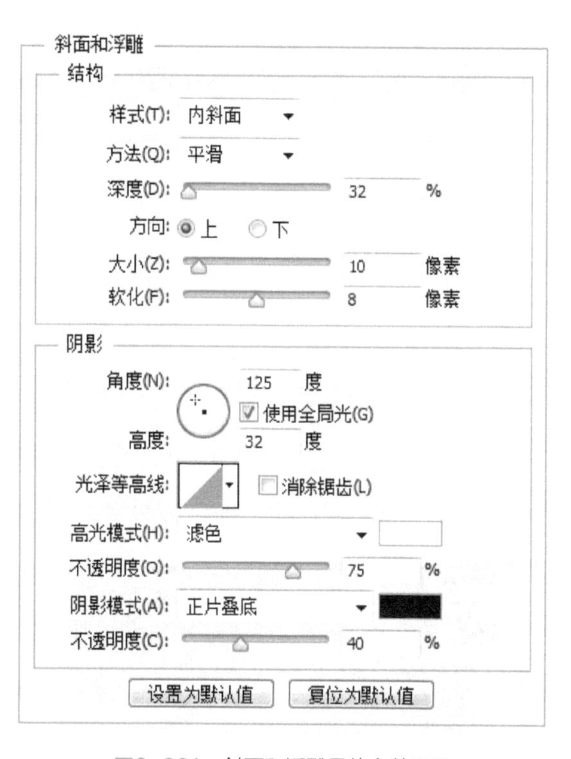

图3-361 斜面和浮雕具体参数设置

图3-362 剃须刀效果参考图

1 画出背景。

2 分不同的图层画出剃须刀主体以及细节。主体的金属是“磨砂金属”，该剃须刀立体的效果的体现主要是依靠【斜面和浮雕】以及【内阴影】的“图层样式”制作出来的。

3 为其添加投影。

练习4 音量调节按钮的制作

制作如图3-363所示的音量调节按钮，首先利用极坐标滤镜绘制音量大小显示刻度，然后绘制按钮的立体效果，最后利用图层样式制作按钮的立体效果，最终借助渐变填充工具表现按钮表面的金属材质的反光效果。现将简要制作步骤以及难点分析列举如下。

图3-363 音量调节按钮效果图

第1阶段制作难点分析：音量大小显示刻度的制作，主要借助于滤镜库中的【极坐标效果】，制作的大体步骤如图3-364所示。

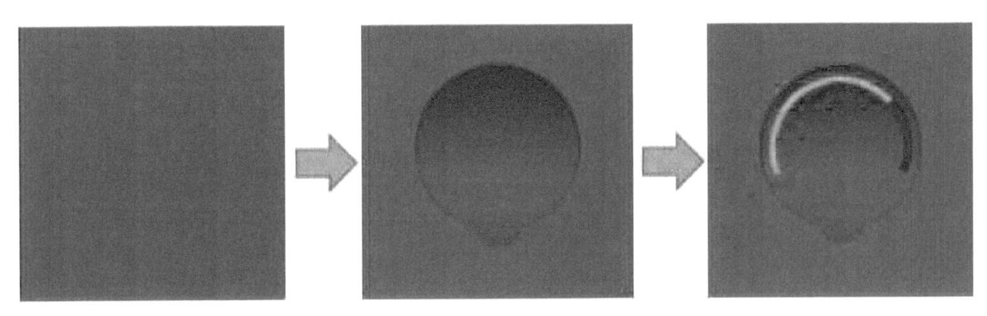

图3-364 第1阶段制作步骤图解

1 新建一个背景色为【透明】的文件。

2 选择【铅笔工具】，画笔大小设置为【2像素】，把两列像素格子画成深蓝色【#084f7d】，两列画成浅蓝色【#55efff】，最终效果如图3-365所示。

3 选择【矩形选框工具】,【框选】这两列像素格子，使用菜单【编辑】/【定义图案】。在“自定图案”中选到刚刚定义的“图案”，单击图3-366中的按钮，单击【存储图案】。

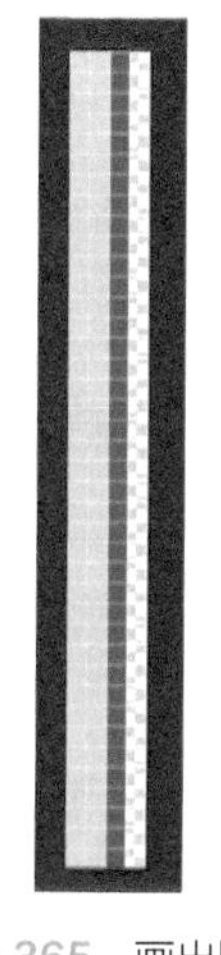

图3-365 画出图案

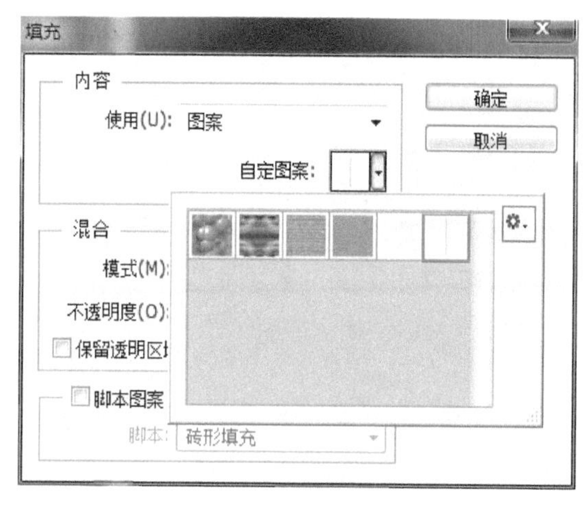

图3-366 存储图案

4 回到原文件中，画出如图3-367所示的蓝色圆形，其中填充蓝色【#51b6ff】。

5 新建一个图层，并将其命名为“素材”。用【填充工具】填充刚才定义的图案（见图3-368）。使用菜单【滤镜】/【扭曲】/【极坐标】，选择【平面坐标到极坐标】，确定后得到如图3-369所示的效果。

图3-367 画出蓝色圆形

图3-368 填充图案

图3-369 执行“极坐标”滤镜

6 在“素材”图层和“蓝色圆形”图层之间，按住【Alt】键，会出现一个小箭头，这时单击鼠标左键，完成【创建剪辑蒙板】的操作，调整“素材”大小以及位置，最终效果如图3-370所示。

7 选择【钢笔工具】画出如图3-371所示的深灰色区域，参考上文的方法做出如图3-372所示的效果图。

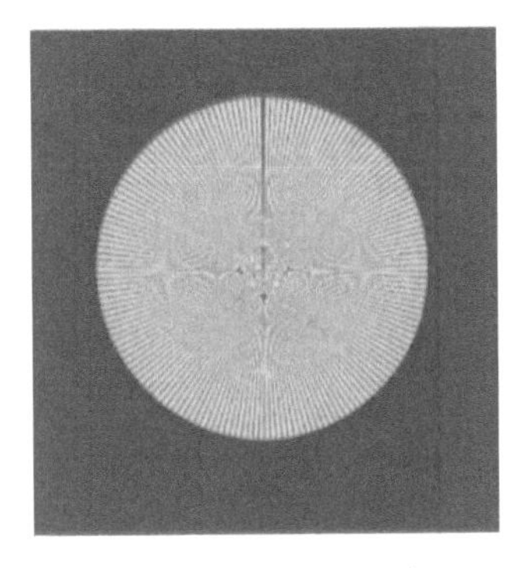

图3-370 “素材”最终效果图

图3-371 画出深灰色区域

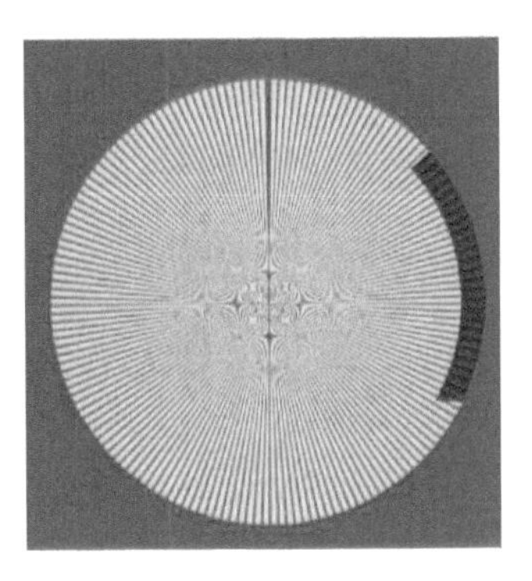

图3-372 7 最终效果图

8 选择【椭圆选框工具】，删除“蓝色圆形”中间的部分（见图3-373），留下一个圆环后再对其进行修剪，最终效果如图3-374所示。

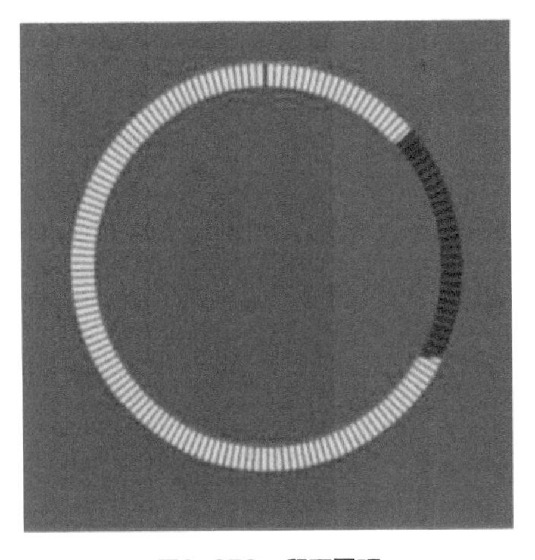

图3-373 留下圆环

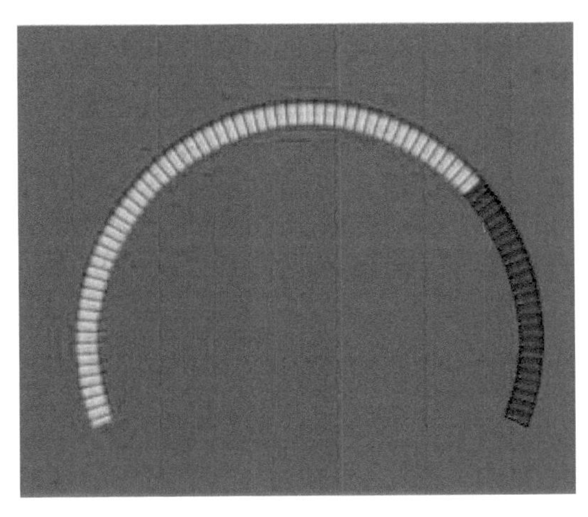

图3-374 第1阶段制作效果

第2阶段制作难点分析：制作旋钮的立体效果，主要借助于图层样式中的【斜面和浮雕】和【投影】做出旋钮的立体效果，制作的大体步骤如图3-375所示。

画出如图3-375（a）所示的灰色图形，为其添加【斜面和浮雕】以及【投影】的图层样式，具体参数设置如图3-376、图3-377所示，第2阶段制作效果如图3-375（b）所示。

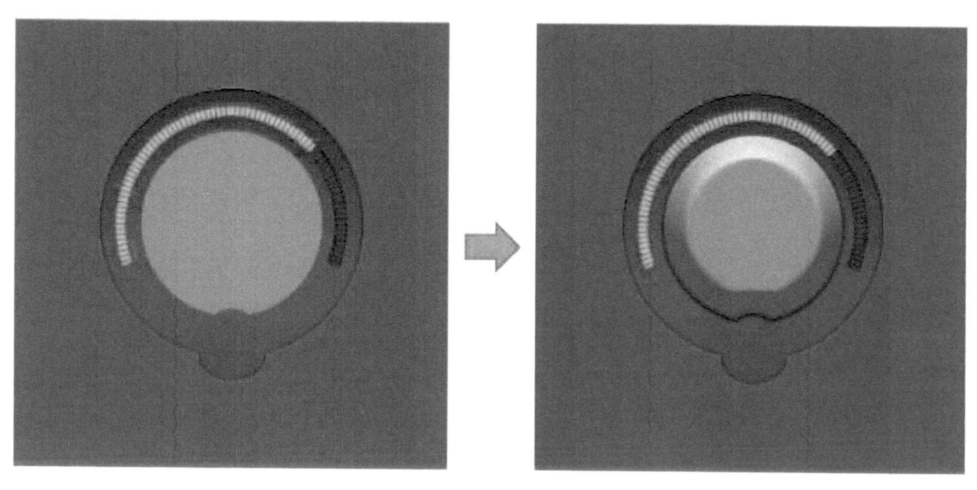

（a）画出灰色图形　　（b）第2阶段制作效果

图3-375　第2阶段制作步骤

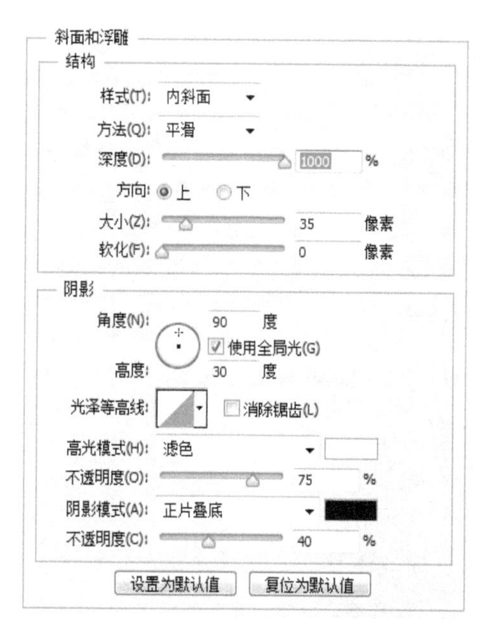

图3-376　斜面和浮雕具体参数设置

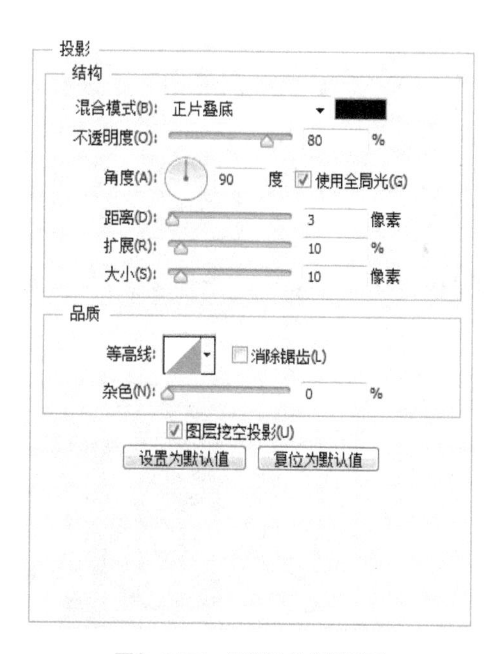

图3-377　投影具体参数设置

第3阶段制作难点分析：绘制旋钮表面金属反光的效果，主要借助渐变填充工具，制作的大体步骤如图3-378所示。

在渐变编辑器的预设效果中追加【金属】渐变预设，选择【银色】，或者自已设置渐变编辑器中的色标，具体渐变色值依次为#3e3e3e、#fefefe、#3e3e3e、#fefefe、#3e3e3e，供读者参考（见图3-379）。然后拉出【角度渐变】得到下方突起按钮的效果，写上文字（见图3-380），得到最终效果如图3-381所示。

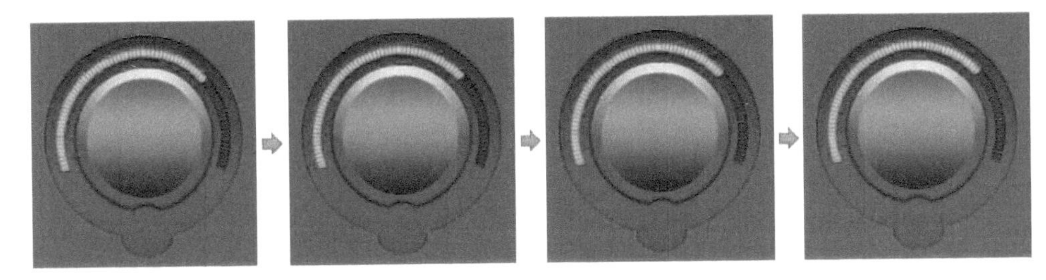

图3-378　第3阶段制作步骤

图3-379　渐变设置

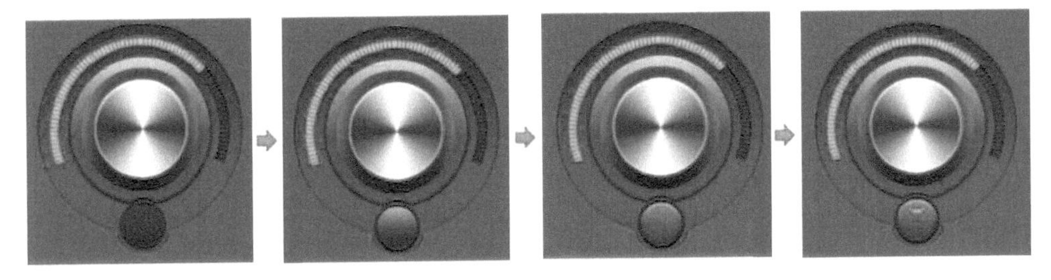

图3-380　制作按钮步骤

图3-381　音量调节按钮最终效果图

第4章

Photoshop 产品效果图综合案例

4.1 文具效果图表现

文具包括学生文具以及办公文具、礼品文具等。现代的释义应该指办公室内常用的一些现代文具。本节讲解包括铅笔、回形针、直尺、画笔在内的常用文具的绘制方法和技巧（见图4-1）。

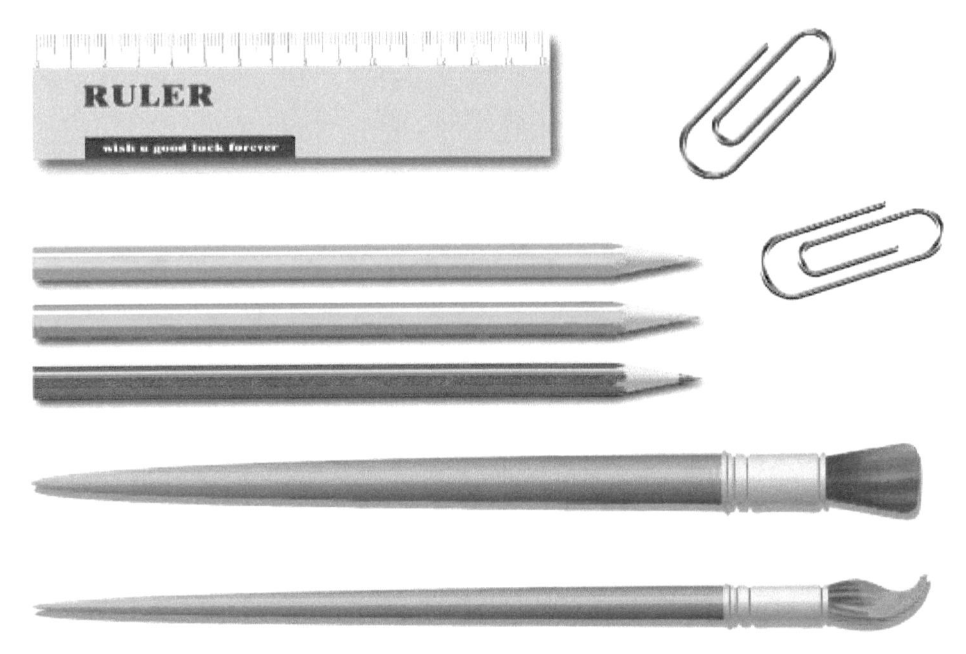

图4-1 常用文具效果图

第1部分：绘制铅笔

首先绘制如图4-2所示的铅笔效果图，包括笔杆外彩色涂层、原木色笔杆部分和彩色笔尖，绘制完成后，还可以利用调色工具变幻出多种多样的彩色铅笔。具体制作步骤如下。

图4-2 铅笔效果图

1 新建一个横向A4文档（宽度为297mm，高度为210mm），并将其命名为“铅笔”，分辨率设定为300像素/in，颜色模式为RGB。

2 新建一个图层，并将其命名为“笔杆”。选择【矩形选框工具】画出如图4-3所示的矩形选框，为其填充草绿色【#8fc41f】，取消选区，最终效果如图4-4所示。

图4-3　画出矩形选框

图4-4　为其填充草绿色

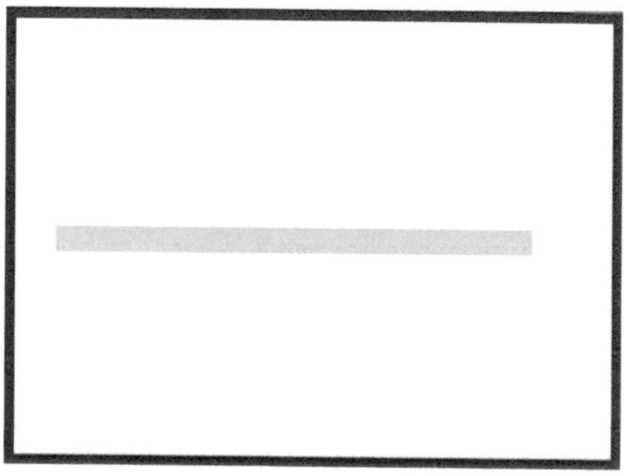

3 选择【矩形选框工具】，框选如图4-5所示的区域。选择【加深工具】，画出如图4-6所示的效果。“加深工具”具体参数设置如图4-7所示。

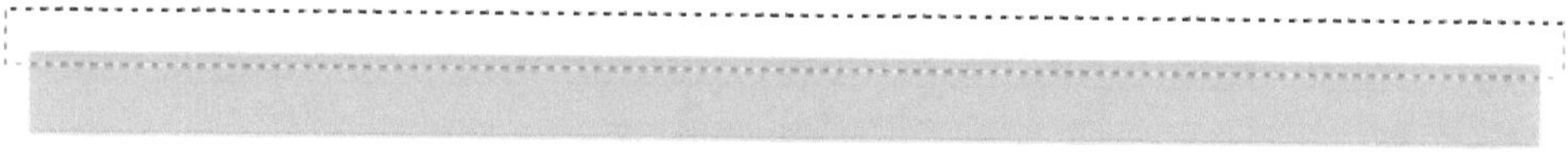

图4-5　框选区域1

图4-6　加深后效果1

图4-7　加深工具具体参数设置

4 参考3，画出如图4-8所示的选框，加深框选区域（见图4-9）。

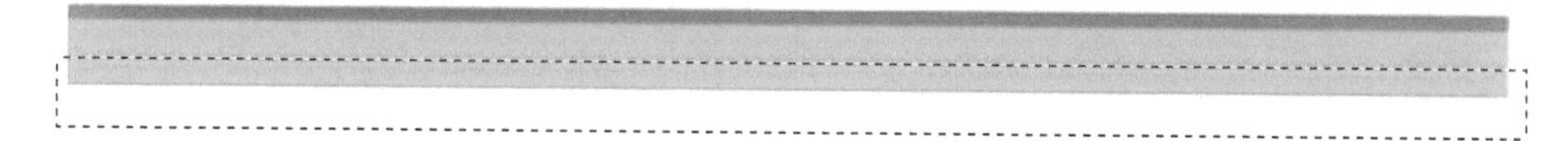
图4-8　框选区域2

图4-9　加深后效果2

5 选择【矩形选框工具】，画出图4-10中的“矩形选框”，并为其填充【白色】，取消选区，最终效果如图4-11所示。

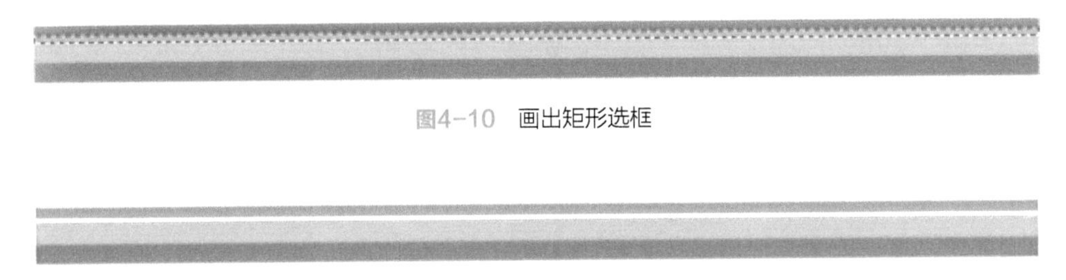

图4-10　画出矩形选框

图4-11　5最终效果图

6 选择【钢笔工具】画出图4-12中黄色区域的轮廓，按【Ctrl】+【Enter】键将路径转换为选区，按【Delete】键删除选区内容，接着按【Ctrl】+【D】键取消选区。双击该图层的缩略图，为其添加【内发光】的“图层样式”，具体参数设置如图4-13所示，最终效果如图4-14所示。

图4-12　画出路径1

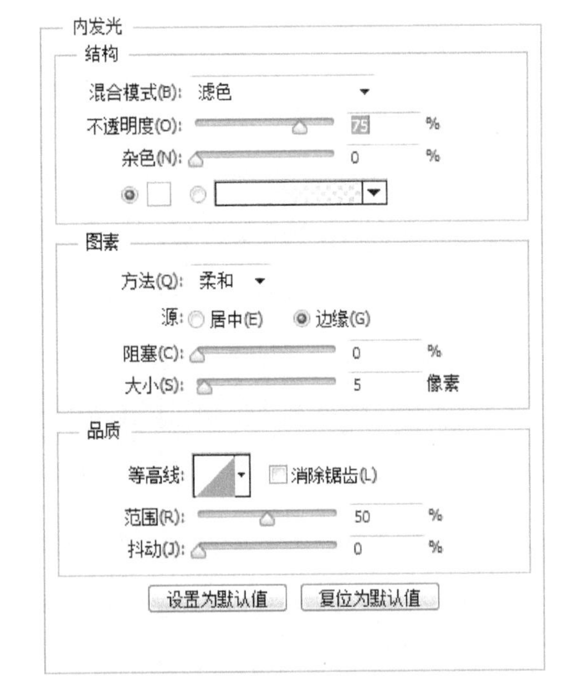

图4-13　内发光具体参数设置

图4-14　笔杆最终效果图

7 在“笔杆”图层下方新建一个图层，并将其命名为“木料”。选择【钢笔工具】画出一个梯形的路径，将路径转换为选区，效果如图4-15所示。选择【渐变填充工具】从上往下为其拉出一个【线性渐变】，具体色值设置依次为#f9e7c3、#f0e7d8、#efd7b3、#c4a47d、#e8d3a8，供读者参考（见图4-16），取消选区，最终效果如图4-17所示。

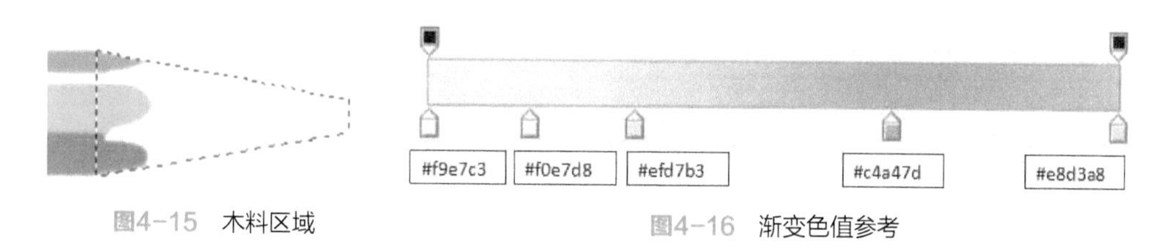

图4-15　木料区域　　图4-16　渐变色值参考

8 新建一个图层，并将其命名为“笔头”。选择【钢笔工具】画出图4-18中黄色区域的轮廓路径，将路径转换为选区，为其填充草绿色【#8fc41f】。取消选区，最终效果如图4-19所示。

图4-17　木料最终效果图　　图4-18　画出路径2 　　图4-19　8 最终效果图

9 利用【钢笔工具】画出笔头下方加深的区域，用【加深工具】对其进行【加深】处理。取消选区，最终效果如图4-20所示。

10 新建一个图层，并将其命名为“白色高光”。选择【钢笔工具】画出图4-21中黄色区域的轮廓路径，为其填充【白色】。取消选区，修改其不透明度为【50%】，最终效果如图4-22所示。

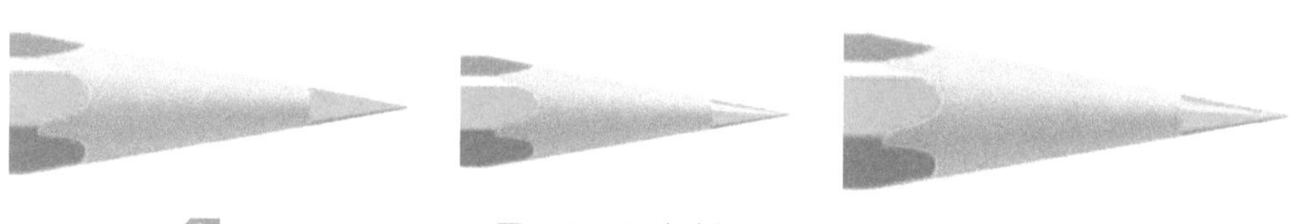
图4-20　9 最终效果图　　图4-21　画出路径3　　图4-22　“笔头”最终效果图

11【合并可见图层】，并将其命名为“铅笔”。双击图层缩略图，为其添加【内阴影】和【投影】的“图层样式”，具体参数设置如图4-23、图4-24所示，最终效果如图4-25所示。

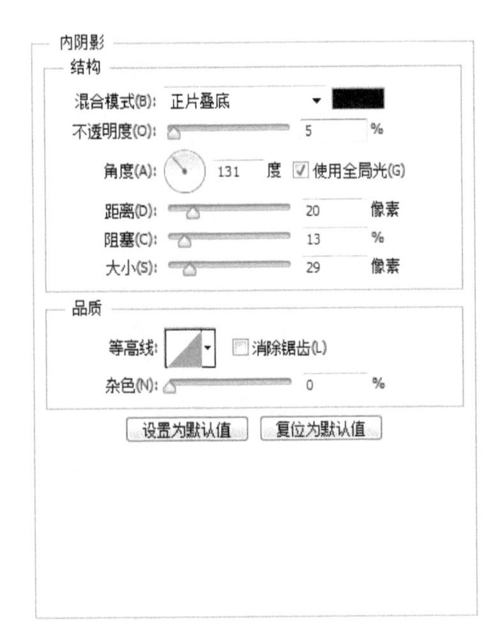

图4-23 内阴影具体参数设置

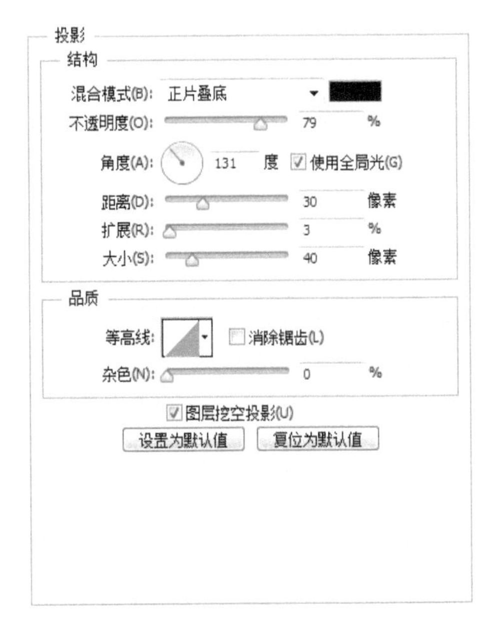

图4-24 投影具体参数设置

图4-25 铅笔最终效果图

12 为铅笔替换不同的颜色（见图4-26），常用方法有2种。

图4-26 不同颜色的铅笔效果图

一种方法是选择“铅笔”图层，用【图像】/【调整】/【替换颜色】，通过调整宽容度的值选中大部分的绿色笔杆和笔尖部分，然后滑动【色相】、【饱和度】和【明度】的滑块，边调整边观察左边铅笔的颜色变化，直至满意为止（见图4-27）。

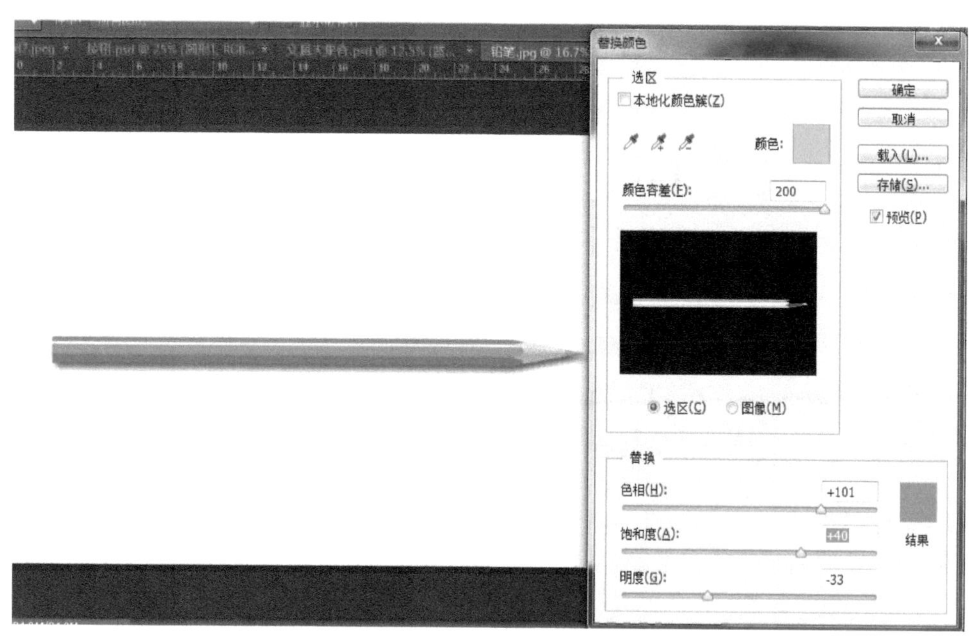

图4-27　替换颜色参数设置

另一种方法，也可以用【魔棒工具】选出“木料”部分（见图4-28），按【Ctrl】+【Shift】+【I】键选择反向。在图层面板下方单击如图4-29所示的按钮，选择【色相/饱和度】。拖动“色相”中的游标即可改变铅笔的颜色。

图4-28　选出木料选区

图4-29　单击框选出的按钮

第2部分：绘制回形针

图4-30所示的回形针是用金属材质制作的，在绘制回形针的效果图时，重在表现它的立体效果和金属材质的光泽质感，这主要是利用“图层样式”来表现的。

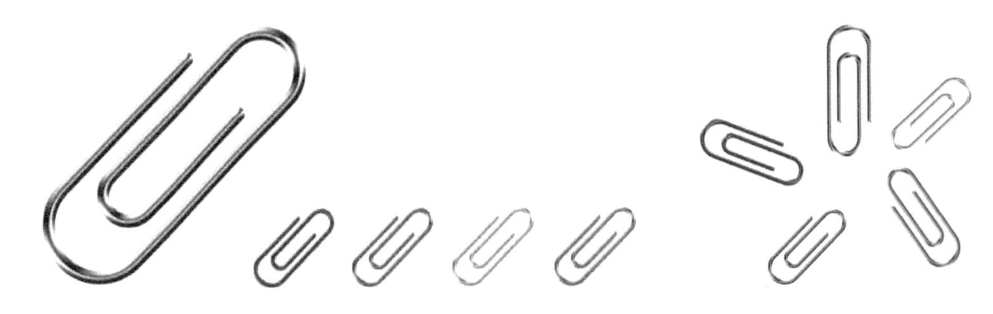

图4-30　回形针效果图

1 新建一个宽度为15cm、高度为15cm的文档，并将其命名为“回形针”，分辨率设定为300像素/in，颜色模式为RGB。

2 新建一个图层，并将其命名为“回形针”。选择【钢笔工具】画出如图4-31所示的轮廓路径，按【Ctrl】+【Enter】键将路径转换为选区，为其填充浅灰色【#b9b9bb】，按【Ctrl】+【D】键取消选区。双击该图层的缩略图，为其添加【图层样式】，勾选【斜面和浮雕】、【描边】、【光泽】以及【颜色叠加】，具体参数设置如图4-32～图4-35所示，最终效果如图4-36所示。另外，如果想为“回形针”更改一个颜色，可参照第1部分绘制铅笔之12，为回形针替换不同的颜色。

图4-31　画出路径4

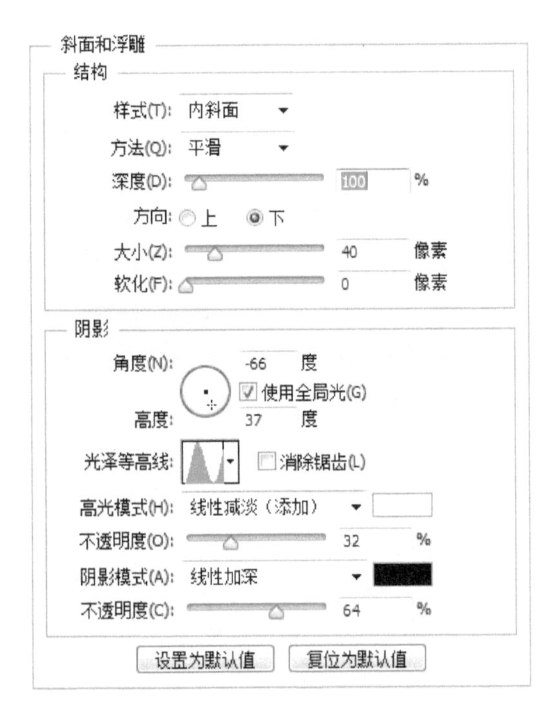

图4-32　斜面和浮雕具体参数设置

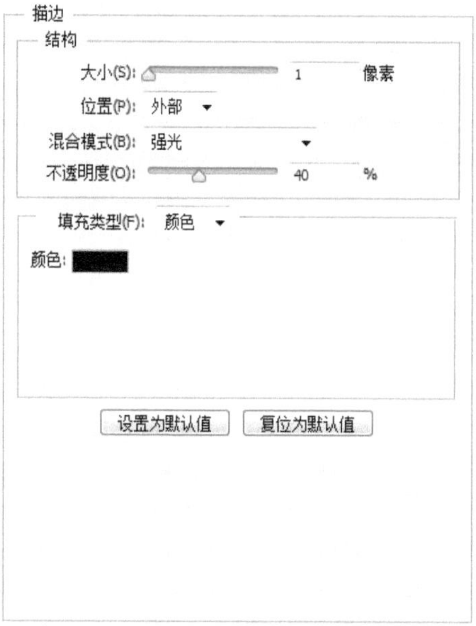

描边
结构
大小(S): 1 像素
位置(P): 外部
混合模式(B): 强光
不透明度(O): 40 %
填充类型(F): 颜色
颜色:
设置为默认值
复位为默认值

图4-33　描边具体参数设置

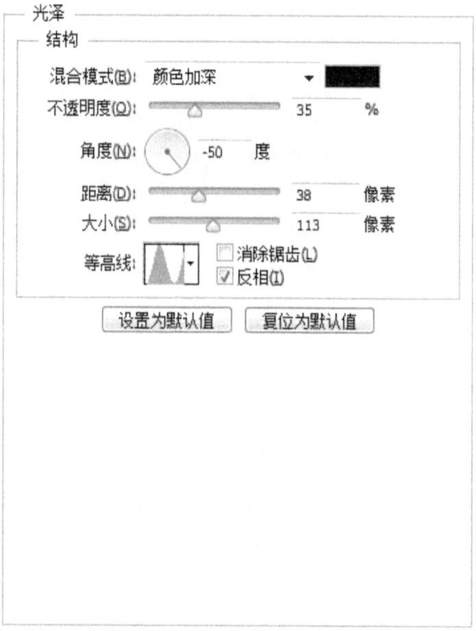

光泽
结构
混合模式(B): 颜色加深
不透明度(O): 35 %
角度(N): -50 度
距离(D): 38 像素
大小(S): 113 像素
等高线:
消除锯齿(L)
反相(I)
设置为默认值
复位为默认值

图4-34　光泽具体参数设置

颜色叠加
颜色
混合模式(B): 柔光
不透明度(O): 71 %
设置为默认值
复位为默认值

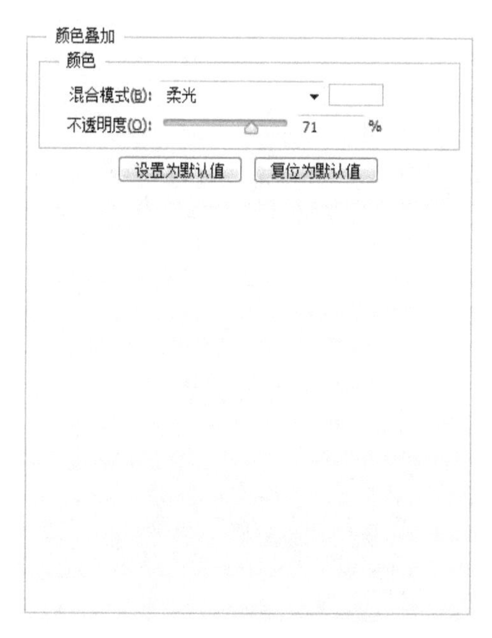

图4-35　颜色叠加具体参数设置

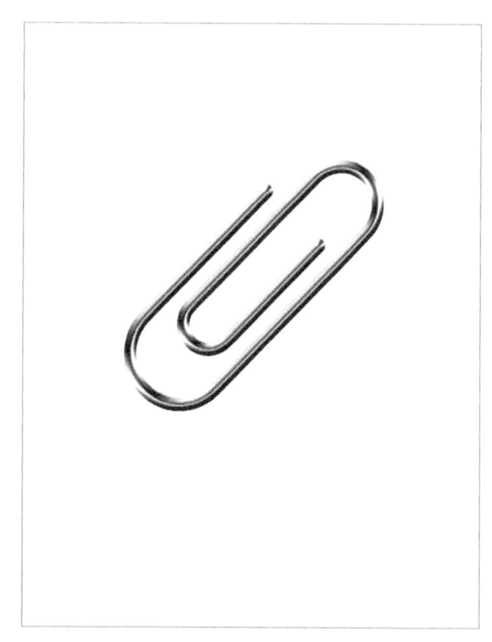

图4-36　“回形针”最终效果

第3部分：绘制直尺

直尺是常用的文具，主要用于测量长度。图4-37所示的直尺绘制的难点在于刻度的绘制，具体绘制步骤如下。

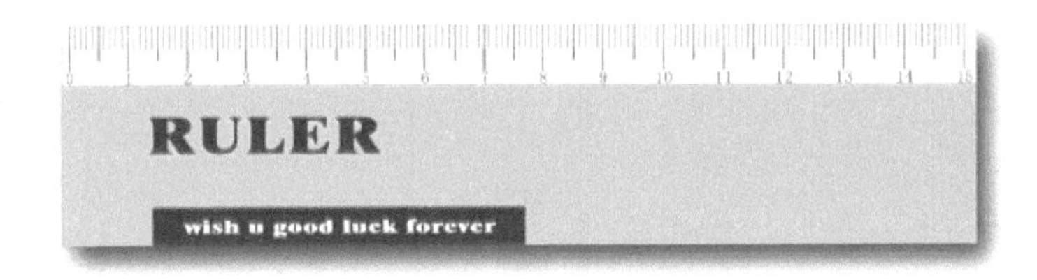

图4-37　直尺效果图

（1）尺子整体造型的制作

① 新建一个横向A4文档（宽度为297mm，高度为210mm），并将其命名为“尺子”，分辨率设定为300像素/in，颜色模式为RGB。

② 选择【圆角矩形工具】画出一个*W*为【3129像素】、*H*为【734像素】、半径为【3像素】的圆角矩形（见图4-38）。用右键单击该图层，【栅格化图层】。按【Ctrl】键的同时用鼠标左键单击该图层的缩略图，将图层【载入选区】，为其填充黄色【#ffd205】。按【Ctrl】+【D】键取消选区，最终效果如图4-39所示。

图4-38　画出圆角矩形

图4-39　为其填充黄色

③ 参考②画出一个*W*为【3129像素】、*H*为【204像素】、半径为【3像素】的圆角矩形，【栅格化图层】，为其填充【白色】，最终效果如图4-40所示。

图4-40　“透明塑料”最终效果图

④【向下合并】“圆角矩形1”和“圆角矩形2”两个图层，并将得到的新图层命名为“直尺整体造型”。双击

该图层的缩略图，为其添加【图层样式】。勾选【描边】以及【投影】，具体参数设置如图4-41、图4-42所示，最终效果图如图4-43所示。

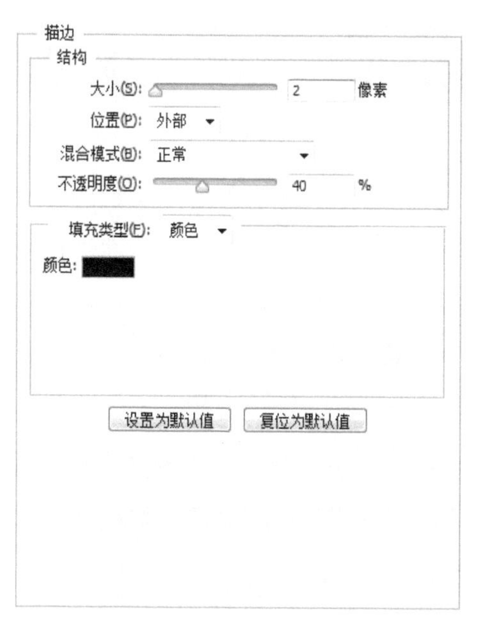

图4-41　描边具体参数设置

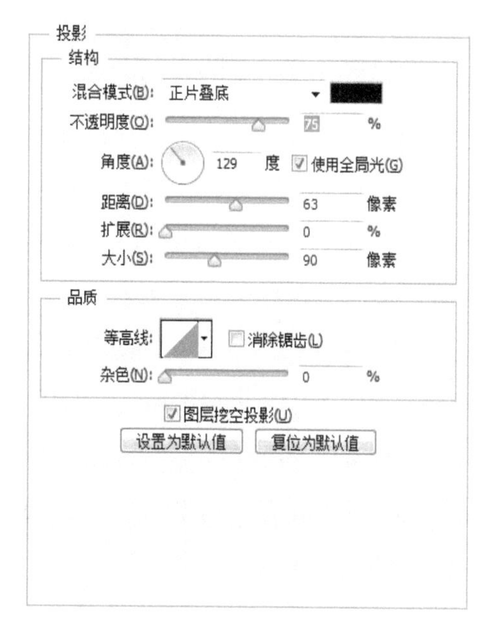

图4-42　投影具体参数设置

图4-43　无刻度直尺最终效果图

（2）尺子刻度的制作

① 新建一个图层，并将其命名为“大刻度”。选择【矩形选框工具】画出三个矩形选框，并为其填充灰色【#818181】。取消选区，最终效果图如图4-44、图4-45所示。

图4-44　“大刻度”最终效果图

图4-45　“大刻度”局部放大图

② 新建一个图层，并将其命名为“小刻度”。参考①画出图4–46中的小刻度，其中填充浅灰色【#989898】。【向下合并】“大刻度”和“小刻度”两个图层。

③ 选择【移动工具】，按住【Alt】键的同时按住鼠标左键向右拖动已经画好的刻度，得到如图4–47所示的效果。

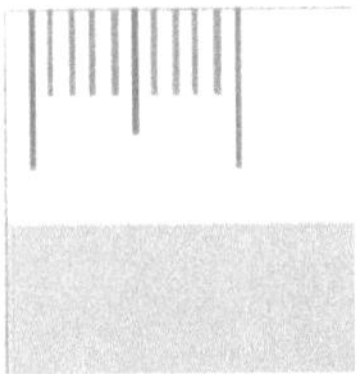

图4–46 画出“小刻度”

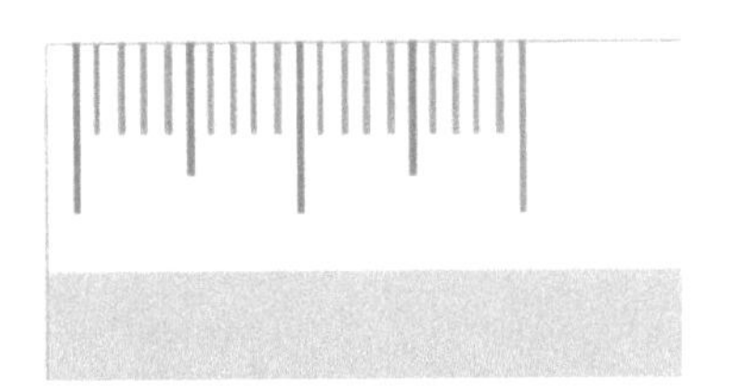

图4–47 复制一个刻度

④ 参考③的方法，画出全部刻度，最终效果如图4–48所示。在【图层】面板，按住【Shift】键选择“第一个刻度”图层和“最后一个刻度”图层，将它们【向上对齐】，并调整好刻度的位置（见图4–49）。

图4–48 画出所有刻度

图4–49 执行“向上对齐”操作

⑤ 选择【文字工具】，选择【宋体】，字体大小设置为【14点】。写出刻“0”，调节位置，最终效果如图4–50所示。

⑥ 参考⑤，写出完整的刻度值，最终效果如图4–51所示。

（补充：可以选择【移动工具】，在菜单栏上勾选【自动选择】，按住【Alt】键，用鼠标拖动第一个刻度值进行复制，复制15个，再选择【文字工具】，修改复制得到的数字。）

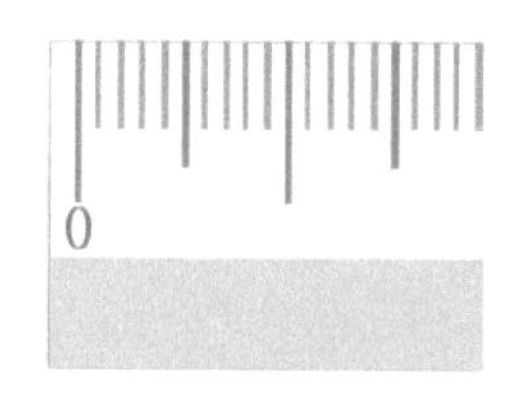

图4-50　写出具体刻度值

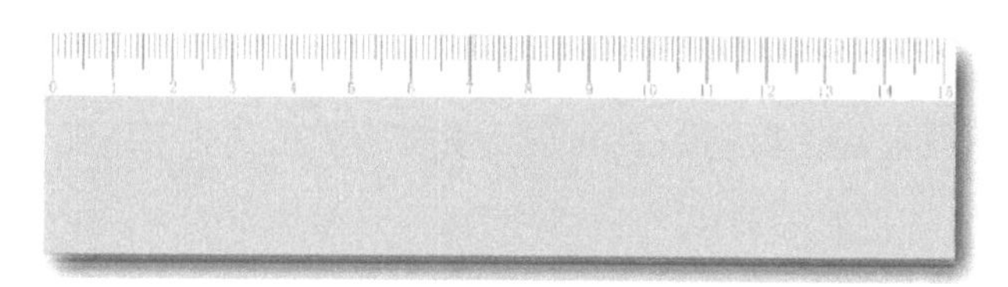

图4-51　写出完整的刻度值

7 选择【圆角矩形工具】画出一个W为【3129像素】，H为【83像素】，半径为【3像素】的圆角矩形（见图4-52）。用右键单击该图层，【栅格化图层】，接着将该图层【载入选区】，为其填充【白色】。按【Ctrl】+【D】键取消选区，设置该图层的不透明度为【20%】，刻度值最终效果如图4-53所示。

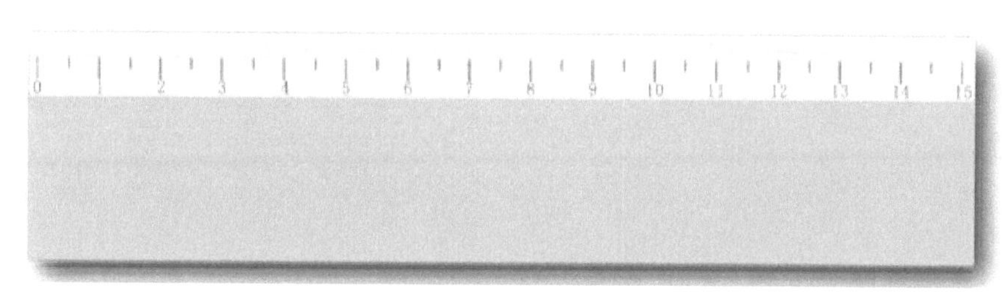

图4-52　画出圆角矩形

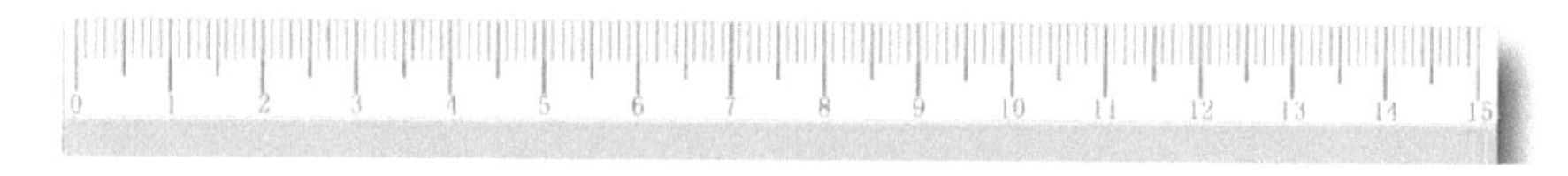

图4-53　刻度值绘制效果

（3）尺子装饰的制作

① 选择【文字工具】，写出“RULER”，效果如图4-54所示。【栅格化文字】，将该图层【载入选区】，为其填充深绿色【#224436】。双击该图层缩略图，为其添加【图层样式】，勾选【内反光】，具体参数设置如图4-55所示。调节图层位置，最终效果如图4-56所示。

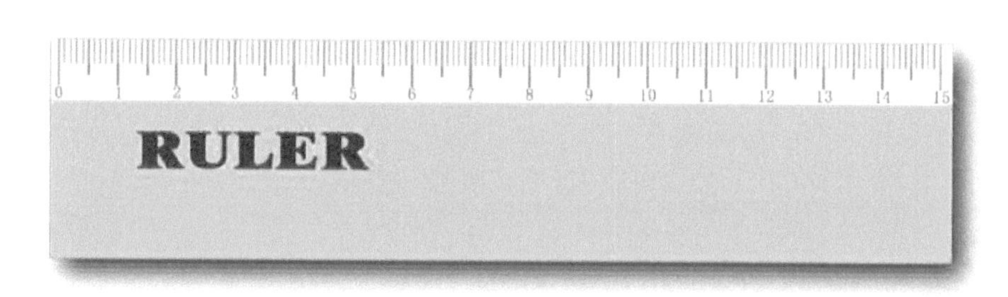

图4-54　输入文字

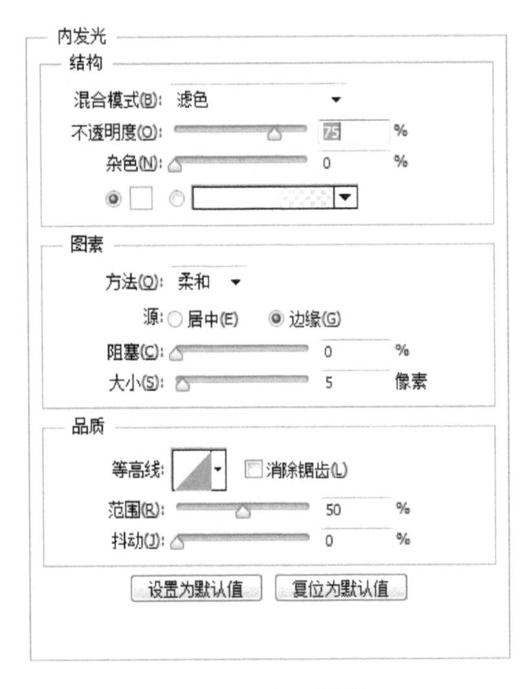

图4-55　内发光具体参数设置

图4-56　文字最终效果图

② 选择【圆角矩形工具】画出一个*W*为【1276像素】，*H*为【126像素】，半径为【3像素】的圆角矩形（见图4-57）。用右键单击该图层，【栅格化图层】，接着将该图层【载入选区】，为其填充深绿色【#224436】。取消选区，调节图层位置，最终效果如图4-58所示。

图4-57　画出圆角矩形

图4-58　圆角矩形最终效果图

③ 选择【文字工具】，写出"wish u good luck forever"，效果如图4-59所示。【栅格化文字】，将该图层【载入选区】，为其填充【白色】，取消选区。

图4-59　填入文字后最终效果图

④ 新建一个图层，并将其命名为“分割线”。选择【画笔工具】，设置其颜色为【#bdaf3e】，大小为【4像素】，硬度为【0%】，按住【Shift】键，在尺子黄白色块的交界处画一条直线，最终效果如图4-60所示。

图4-60 直尺最终效果图

第4部分：绘制画笔

图4-61所示的画笔主要组成部分包括木质笔杆、金属圈以及笔头毛料部分。绘制笔杆和金属圈部分主要通过渐变填充工具体现其体积感，绘制笔头的毛料部分利用加深简单工具结合滤镜的纤维效果做出其质感，是该案例的难点所在。

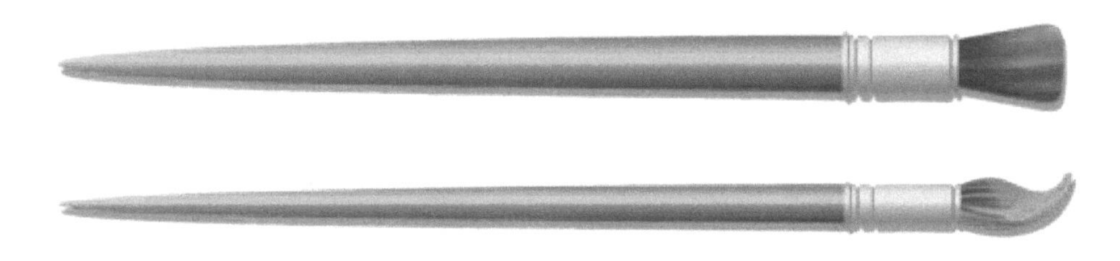

图4-61 画笔效果图

1 新建一个横向A4文档（宽度为297mm，高度为210mm），并将其命名为“画笔”，分辨率设定为300像素/in，颜色模式为RGB。

2 新建一个图层，并将其命名为“笔杆”。选择【钢笔工具】画出图4-62中黄色区域的轮廓路径，按【Ctrl】+【Enter】键将路径转换为选区。选择【渐变填充工具】从上往下为其拉出一个【线性渐变】，渐变色标位置如图4-63所示（颜色依次为#6d3f03、#854e00、#be7e00、#c59f58、#f1bb61、#f2c05d、#f39704、#cf890d、#ab6e00）。按【Ctrl】+【D】键取消选区，最终效果如图4-64所示。

图4-62 画出“笔杆”路径

图4-63 “笔杆”渐变色参考

图4-64 “笔杆”最终效果图

3 新建一个图层，并将其命名为“金属圈”。选择【钢笔工具】画出图4-65，图4-66中黄色区域的轮廓路径，将路径转换为选区。选择【渐变填充工具】从上往下为其拉出一个【线性渐变】，渐变色标颜色依次为#7e7e7e、#848484、#9e9e9e、#bebebe、#dddddd、#d6d6d6、#c1c1c1、#b2b2b2、#a4a4a4（见图4-67）。取消选区，最终效果如图4-68所示。

图4-65 画出“金属圈”路径

图4-66 “金属圈”局部放大图

图4-67 “金属圈”渐变色参考

图4-68 “金属圈”最终效果图

4 新建一个图层，并将其命名为“凹槽”。选择【矩形选框工具】画出图4-69中的选框，为其填充灰色【#7a7a7a】。取消选区，最终效果如图4-70所示。

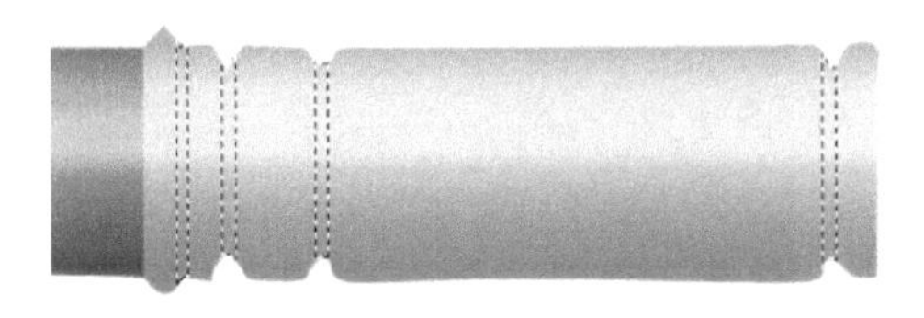

图4-69 画出“凹槽”选框

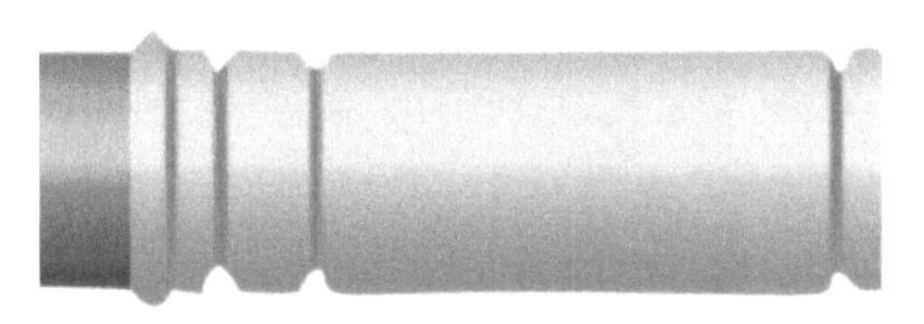

图4-70 “凹槽”最终效果图

5 新建一个图层，并将其命名为“笔头”。选择【钢笔工具】画出图4-71中黄色区域的轮廓路径，将路径转换为选区，为其填充橙黄色【#f28d0e】。取消选区，选择【加深工具】，画出如图4-72所示的效果。

图4-71 画出“笔头”路径

图4-72 “笔头”最终效果图

6 新建一个图层，并将其命名为“纹理1”。选择【钢笔工具】画出图4-73～图4-75中黄色区域的轮廓路径，将路径转换为选区。使用菜单【选择】/【修改】/【羽化】，羽化值设置为【3像素】，为其填充橙色【#fba734】。取消选区，最终效果如图4-76所示。

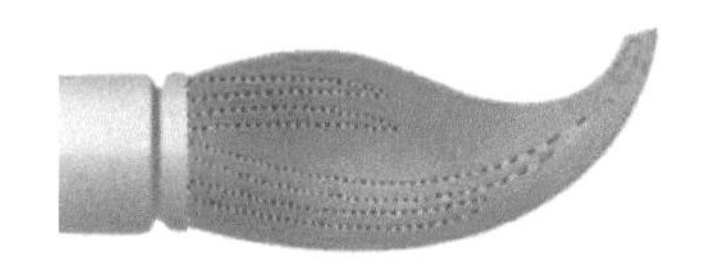

图4-73 画出“纹理1”路径

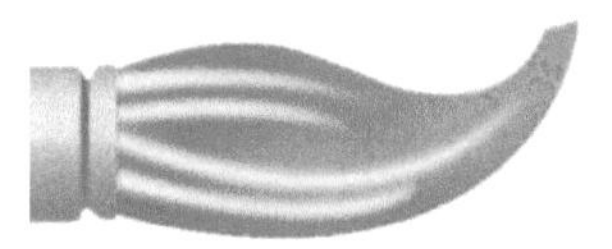

图4-74 路径示意图

图4-75 “纹理1”填充后效果

7 新建一个图层，并将其命名为“纹理2”。参考6的方法画出如图4-76所示的效果，其中填充褐色【#894d07】。

8 选择【加深工具】/【减淡工具】画出如图4-77所示的效果。

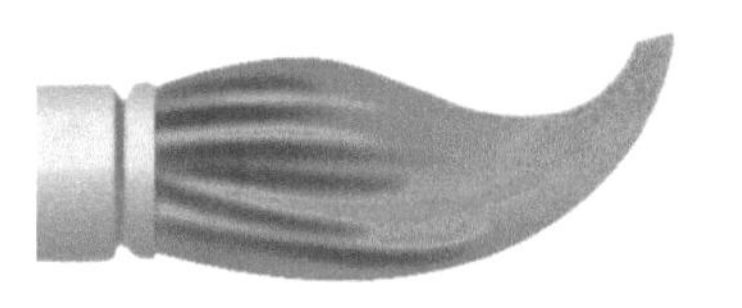

图4-76 “纹理2”填充后效果

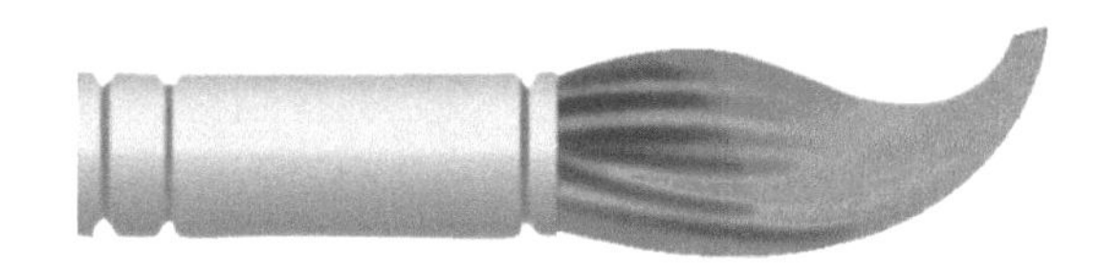

图4-77 加深减淡工具处理后的效果

9 【合并可视图层】，双击该图层的缩略图，为其添加【投影】的“图层样式”，具体参数设置如图4-78所示，最终效果如图4-79所示。

10 新建一个图层，并将其命名为“笔杆2”。参考2～4画出图4-80中的粗笔杆。

11 在“笔杆2”图层下方新建一个图层，并将其命名为“笔头2”。选择【矩形选框工具】画出图4-81中的矩形，并为其填充【任意颜色】。设置前景色【#d07b0f】，设背景色【#684e18】，使用菜单【滤镜】/【渲染】/【纤维】，具体参数设置如图4-82所示。取消选区，最终效果如图4-83所示。

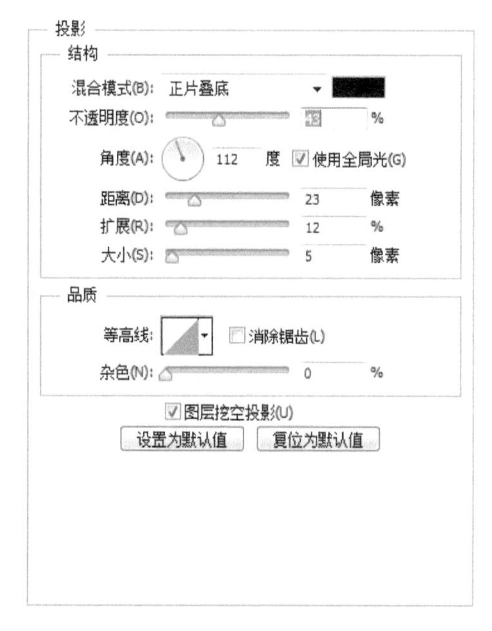

图4-78 投影具体参数设置

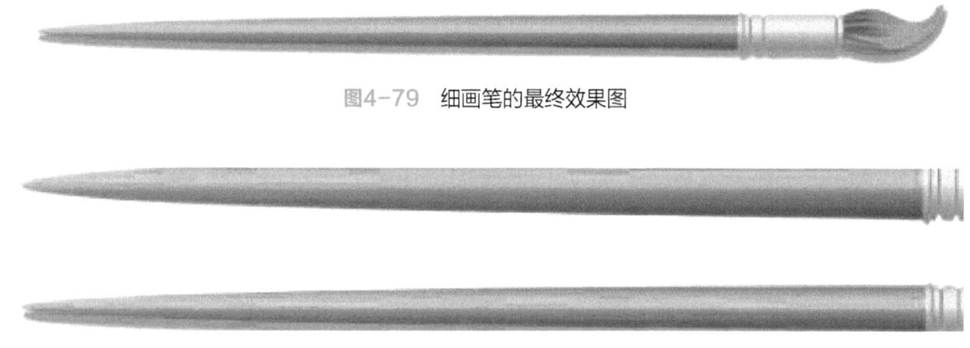

图4-79 细画笔的最终效果图

图4-80 画出粗笔杆

12 按【Ctrl】+【T】键对矩形进行【变换】，单击鼠标右键，选择【逆时针旋转90°】。再对它进行【变形】处理（见图4-84）。

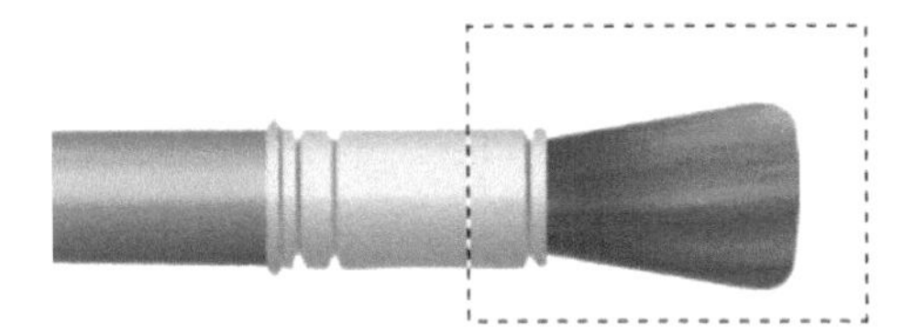

图4-81　画出矩形选框

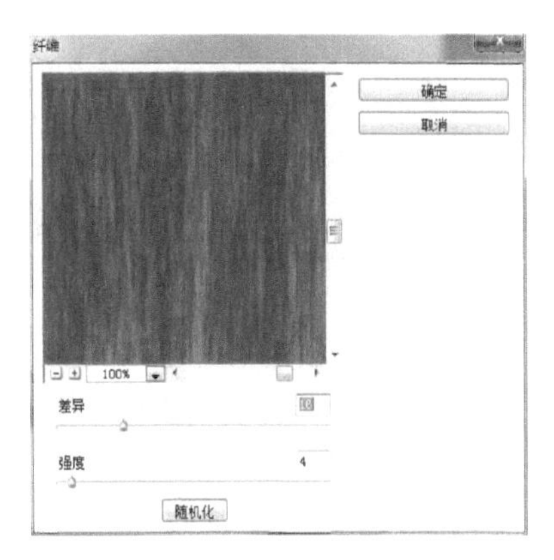

图4-82　纤维滤镜具体参数设置

图4-83　矩形最终效果图

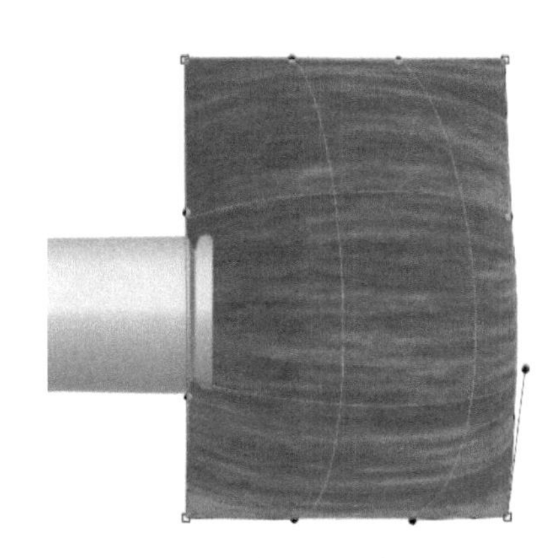

图4-84　对矩形进行变形处理

13 选择【钢笔工具】画出图4-85中黄色区域的轮廓路径，将路径转换为选区，按【Ctrl】+【Shift】+【I】键反选选区，按【Delete】键删除其余部分，最后取消选区。选择【加深工具】/【减淡工具】画出如图4-86所示的效果。

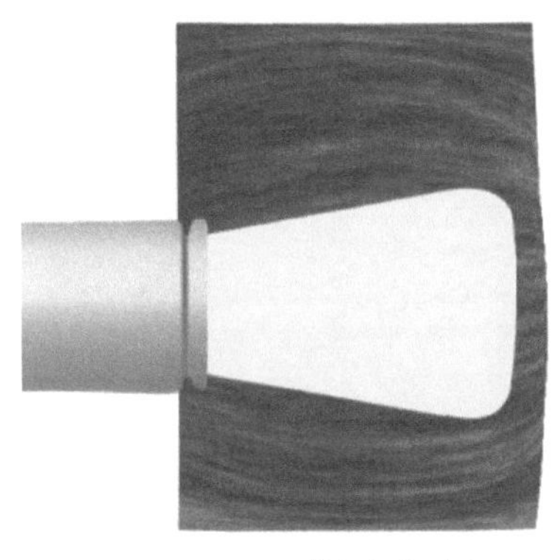

图4-85　画出“笔头2”路径

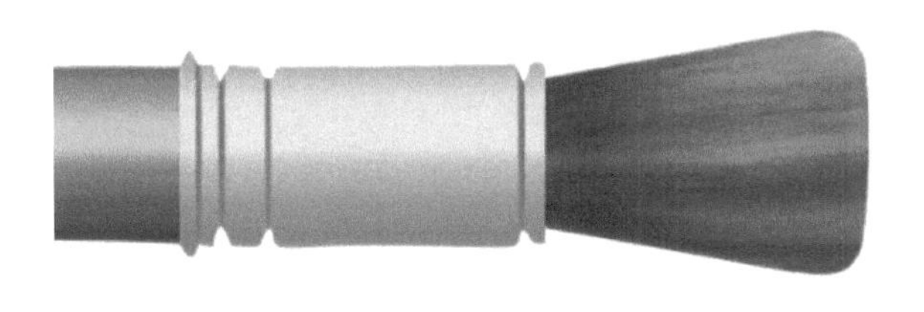

图4-86　“笔头2”最终效果图

14【合并】“笔杆2”和“笔头2”两个图层，参考9为其添加一个【投影】的“图层样式”，最终效果如图4-87所示。

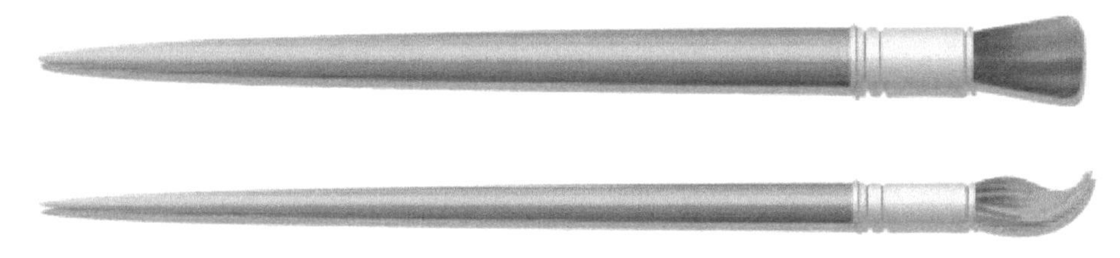

图4-87 “画笔”最终效果图

4.2 耳机效果图表现

索尼h.ear on高解析音质耳机是2016年iF设计大奖金奖获奖作品之一，五彩缤纷的索尼h.ear on耳机不仅颜值高而且音质好（见图4-88）。耳机可以折叠，便于携带（见图4-89）。本案例讲解这款耳机侧面效果图的绘制方法。

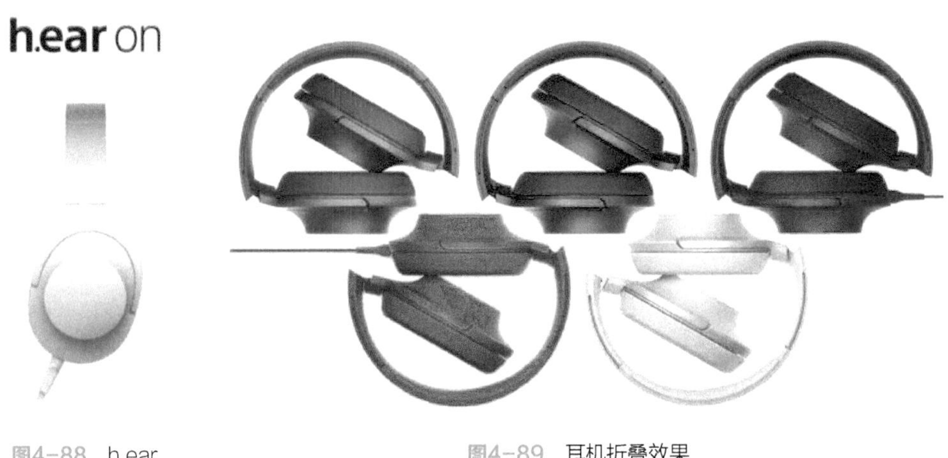

图4-88 h.ear on耳机侧面

图4-89 耳机折叠效果

第1部分：绘制一个绿色的耳机

1 新建一个横向A4文档（宽度为297mm，高度为210mm），命名为“耳机”，分辨率设定为300像素/in，颜色模式为RGB。

2 新建一个图层，双击该图层将其命名为“耳机整体造型”。选择【钢笔工具】画出图4-90中黄色区域的轮廓路径，按【Ctrl】+【Enter】键将路径转换为选区。为其填充蓝青色【#4d8889】，选择菜单【编辑】/【描边】/【1像素】，描边颜色为【黑色】。取消选区，最终效果如图4-91所示。

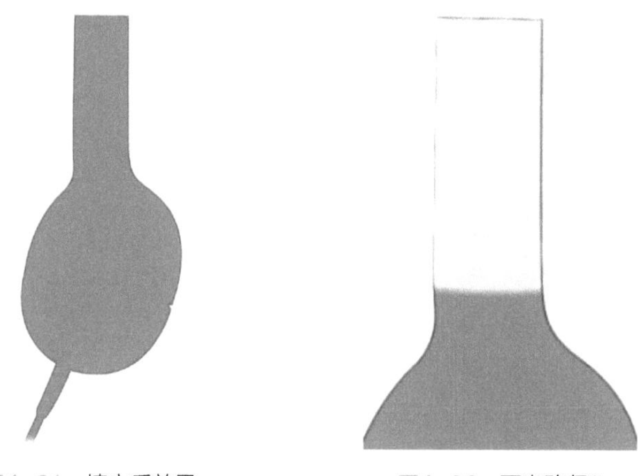

图4-90 画出路径1　　图4-91 填充后效果　　图4-92 画出路径2

3 新建一个图层，将其命名为“上方渐变”。选择【矩形选框工具】画出如图4-92所示的矩形，选择【渐变填充工具】从上往下为其拉出一个【线性渐变】，具体色值依次为#4d6d68、#547771、#2b554f、#103e38、#074b44、#11655e、#3f7f7c、#68acaa（见图4-93）。取消选区，双击该图层缩略图，为其添加【内发光】的“图层样式”，具体参数设置如图4-94所示，最终效果如图4-95所示。

图4-93 设置渐变色

4 新建一个图层，将其命名为“部件1”。选择【钢笔工具】画出图4-96中黄色区域的轮廓路径，将路径转换为选区。为其填充浅青色【#6caba6】。选择【加深工具】、【减淡工具】画出如图4-97所示的效果，取消选区。双击该图层缩略图，为其添加【图层样式】，勾选【斜面和浮雕】、【等高线】、【描边】、【内发光】以及【投影】，具体设置参数如图4-98～图4-102所示，耳机大体效果如图4-103所示。

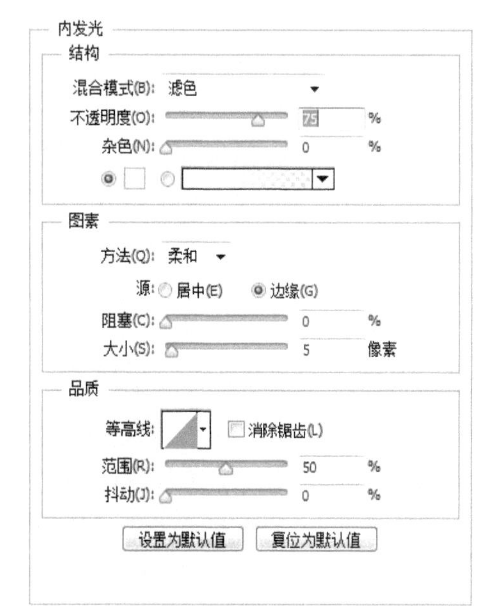

图4-94　内发光具体参数设置1

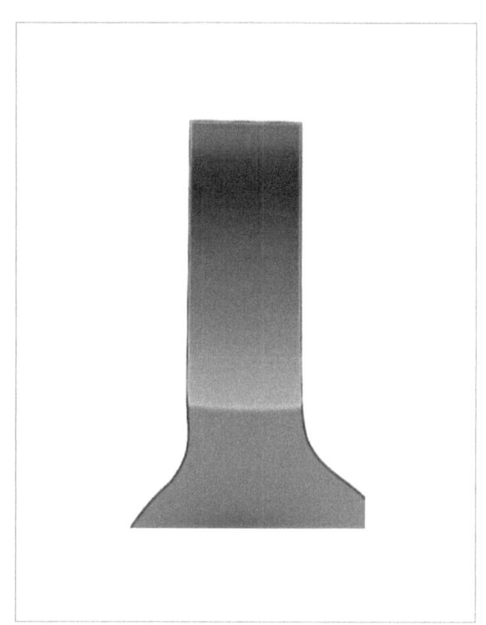

图4-95　“上方渐变”最终效果图

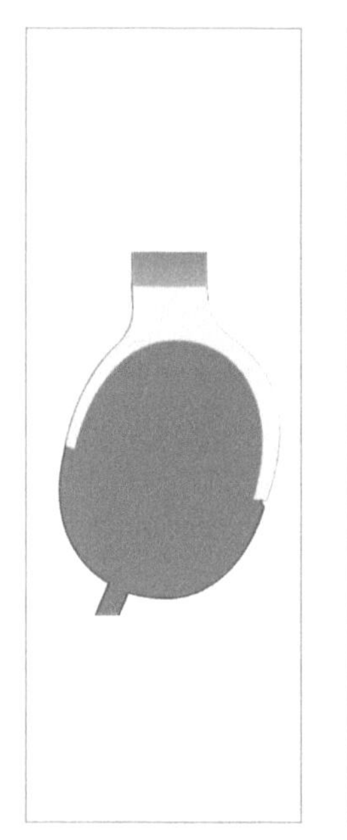

图4-96　画出路径3

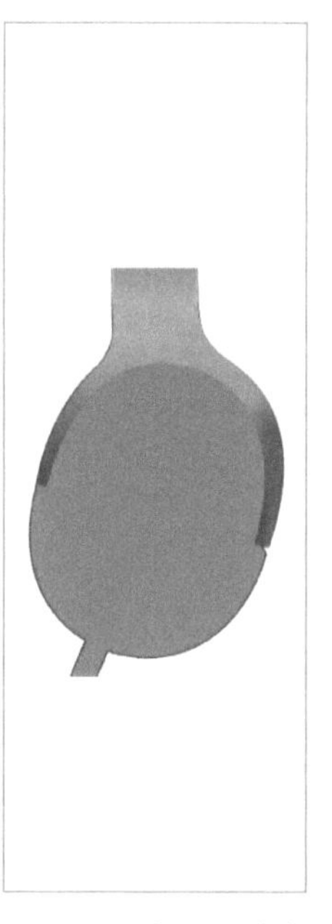

图4-97　加深、减淡部分区域

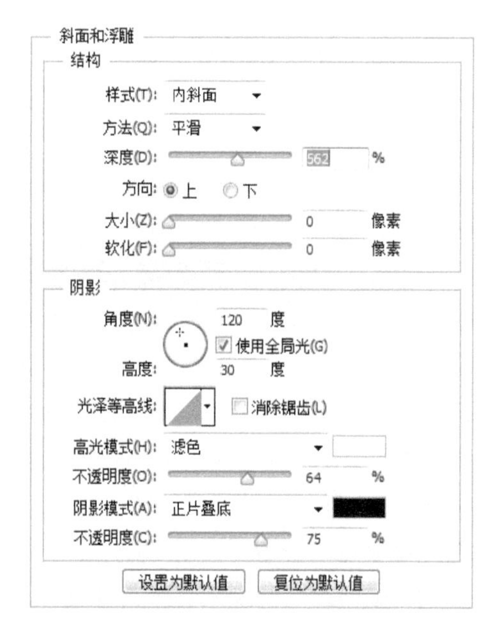

图4-98　斜面和浮雕具体参数设置1

图4-99　等高线具体参数设置

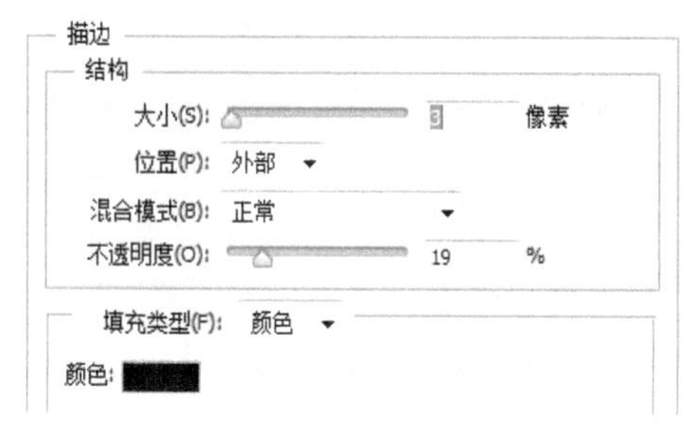

图4-100　描边具体参数设置

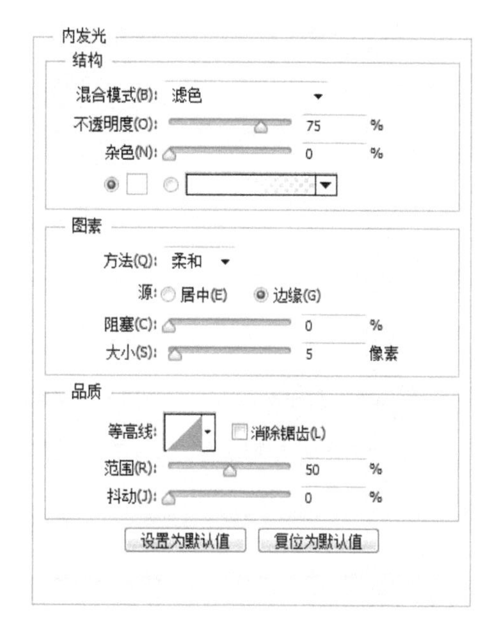

图4-101　内发光具体参数设置2

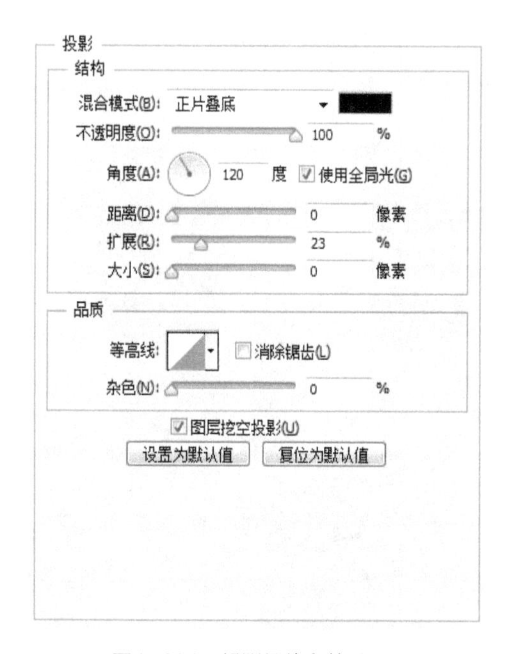

图4-102　投影具体参数设置1

图4-103　耳机大体效果

5 新建一个图层，将其命名为“凹槽”。选择【钢笔工具】画出图4-104中黄色区域的轮廓路径，将路径转换为选区。为其填充深绿色【#06423a】。取消选区，效果如图4-105所示，再按类似的方法画出两条浅青色【#8ababa】的线，最终效果如图4-106所示。

图4-104　画出路径4

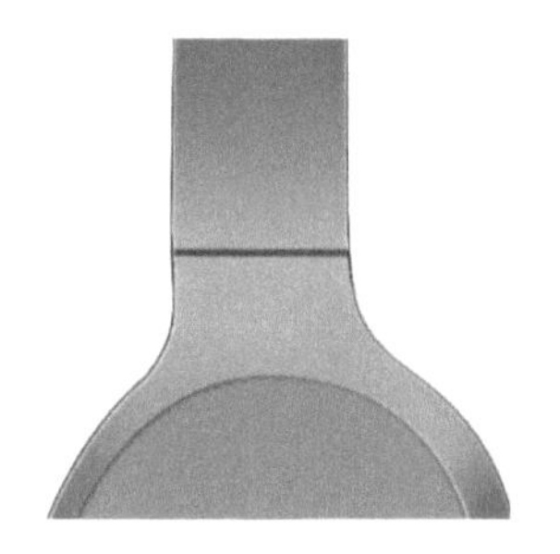

图4-105　凹槽效果图

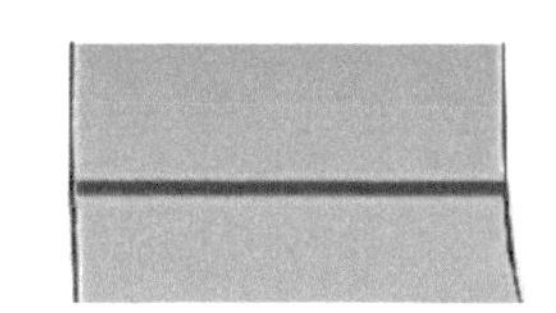
图4-106　“凹槽”最终效果图

6 新建一个图层，将其命名为“青色分割线”。按5的方法在“上方渐变”图层上画出图4-107中的分割线，其中填充青色【#1f5750】。

7 新建一个图层，将其命名为“金属阴影”。选择【钢笔工具】画出图4-108中的轮廓路径，将路径转换为选区。选择菜单中【选择】/【修改】/【羽化】，将羽化值改为【20像素】，为其填充深绿色【#034039】，效果如图4-109所示。选择【加深工具】画出如图4-110所示的效果，取消选区。

图4-107　青色分割线

图4-108　画出路径5

图4-109　填充深绿色

图4-110　加深后效果图

8 新建一个图层，将其命名为“圆形金属”。选择【椭圆选框工具】，设置其羽化值为【0像素】。按住【Shift】键，画出如图4-111所示的小圆，选择【渐变填充工具】从左上往右下为其拉出一个【线性渐变】，具体颜色值依次为：#30231b、#30231b、#30231b，供读者参考（见图4-112），取消选区，最终填充效果如图4-113所示。双击该图层的缩略图，为其添加【图层样式】，勾选【斜面和浮雕】以及【投影】，具体参数设置如图4-114、图4-115所示，最终效果图如图4-116所示。

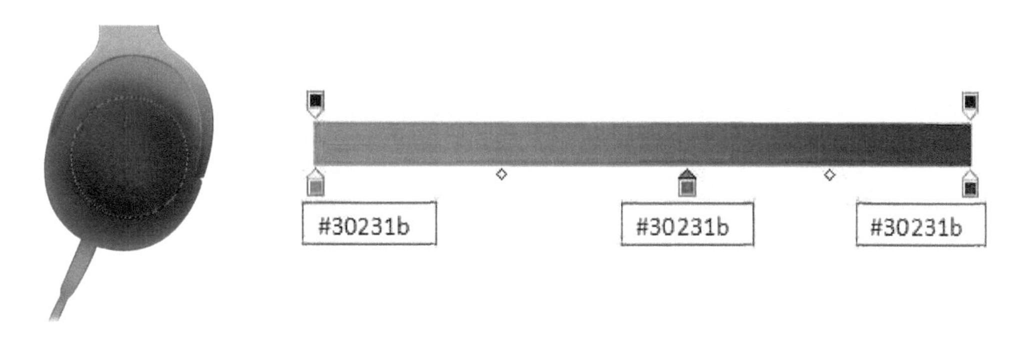

图4-111　画出圆圈

图4-112　设置渐变色

图4-113　填充渐变色

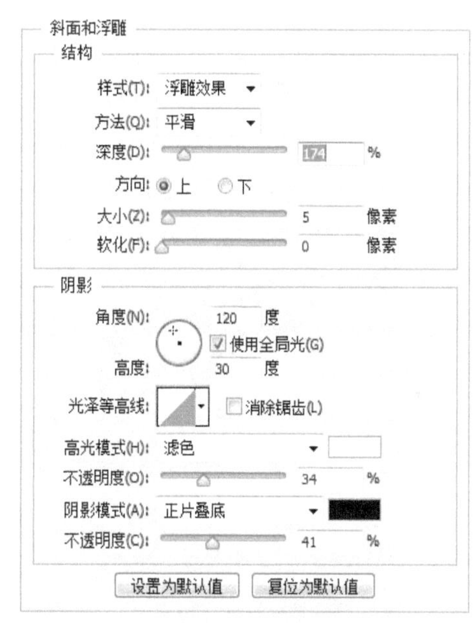

图4-114　斜面和浮雕具体参数设置2

9 新建一个图层，将其命名为“耳机线部件”。选择【钢笔工具】画出图4-117中黄色区域路径，将路径转换为选区，为其填充深绿色【#39625c】，取消选区。双击该图层缩略图，为其添加【图层样式】，勾选【斜面和浮雕】以及【投影】，具体参数设置如图4-118、图4-119所示，耳机线部件最终效果如图4-120所示。

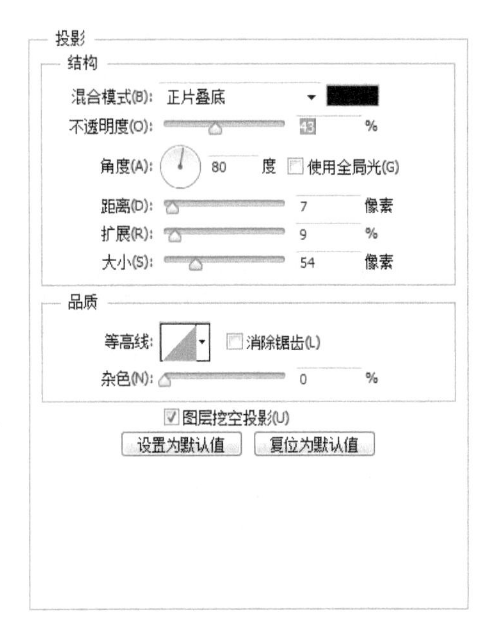

图4-115 投影具体参数设置2

图4-116 圆形金属填充后效果

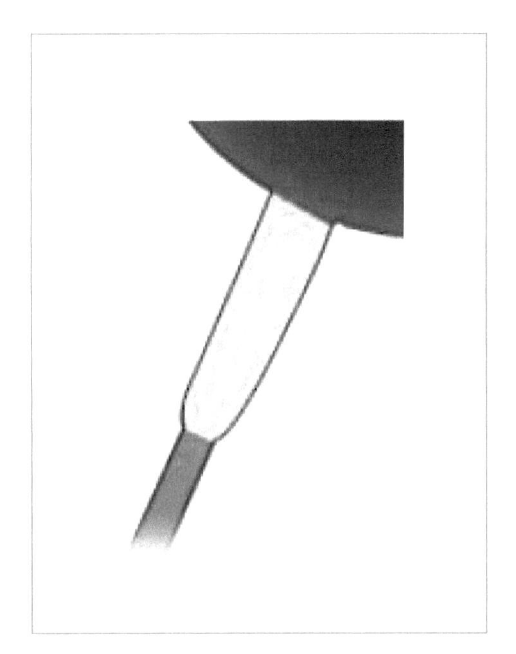

图4-117 画出路径6

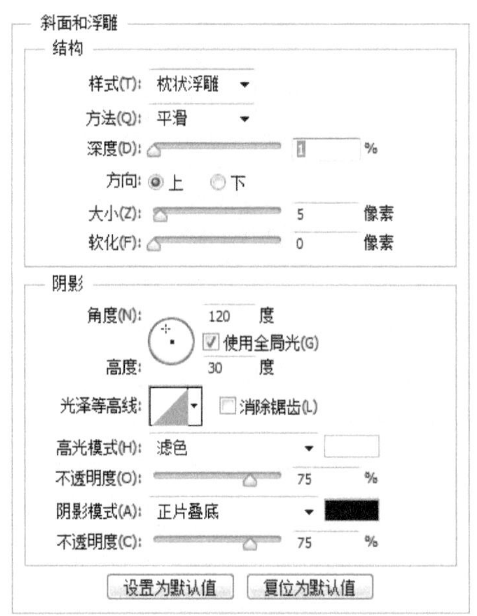

图4-118 斜面和浮雕具体参数设置3

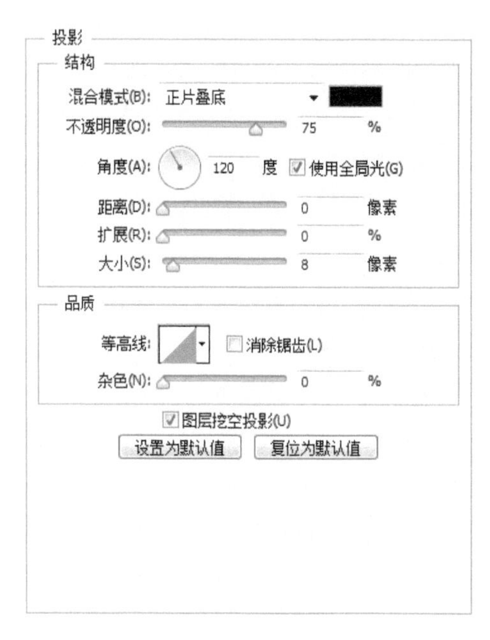

图4-119 投影具体参数设置3

图4-120 “耳机线部件”最终效果

10 新建一个图层，将其命名为“细节”。选择【钢笔工具】画出图4-121中黄色区域路径，将路径转换为选区，为其填充浅灰色【#bfbfbf】。取消选区，细节图最终效果如图4-122所示。

11 复制一个“细节 副本”图层，并将其移至图层最上方。按住【Ctrl】键的同时用鼠标左键单击该图层缩略图，将其【载入选区】，为其填充深绿色【#001410】。取消选区，调节图层位置，最终效果如图4-123所示。

12 在“耳机整体造型”图层上方新建一个图层，并将其命名为“阴影”。画出如图4-124所示的阴影。

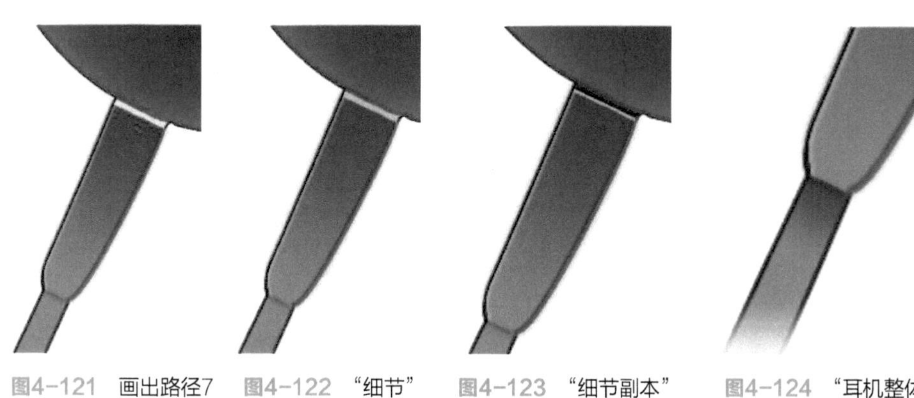

图4-121 画出路径7　图4-122 “细节”最终效果图　图4-123 “细节副本”最终效果图　图4-124 “耳机整体造型”最终效果图

第2部分：改变耳机颜色

该步骤主要通过【色相/饱和度】命令调节耳机的颜色，得到多色耳机效果图。

1 将该耳机储存为【JPEG】格式。

2 在Photoshop打开刚储存的jpg图片。

3 双击该图片解锁图层，单击图层面板上的【创建新的填充或调整图层】按键，选择【色相/饱和度】，修改数据（见图4-125），即能得到如图4-126所示的效果；修改数据（见图4-127），即能得到如图4-128所示的效果；修改数据（见图4-129），即能得到如图4-130所示的效果。

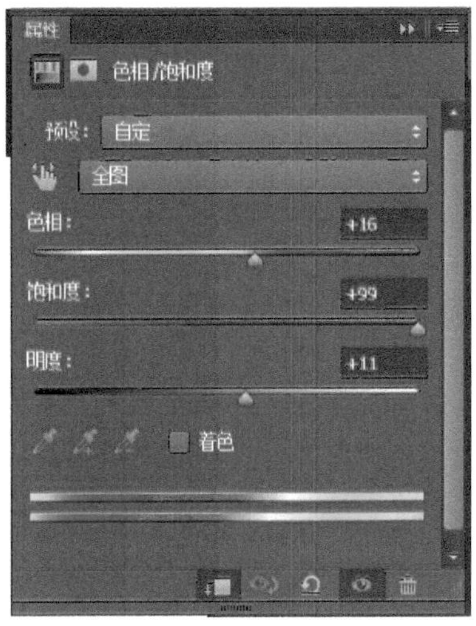

图4-125　调整色相/饱和度1

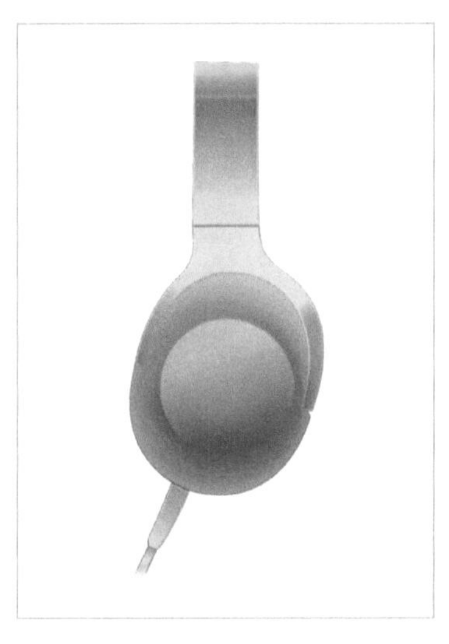

图4-126　蓝色耳机效果图

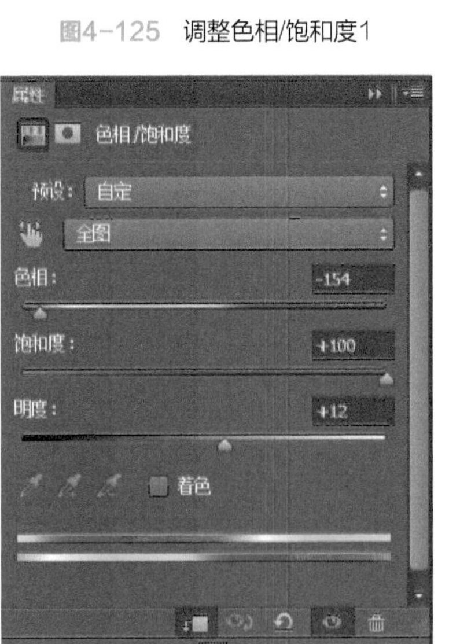

图4-127　调整色相/饱和度2

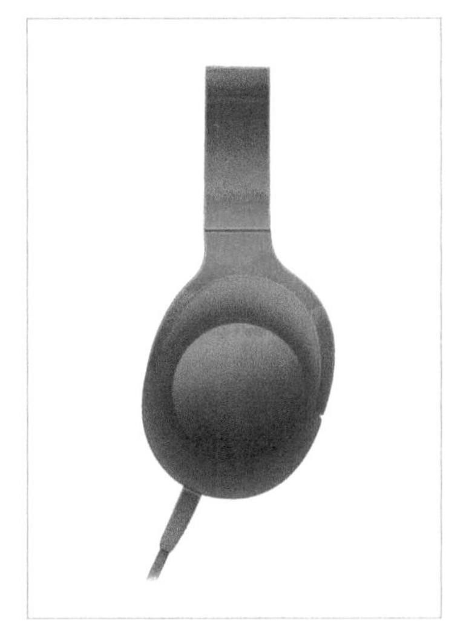

图4-128　橙色耳机效果图

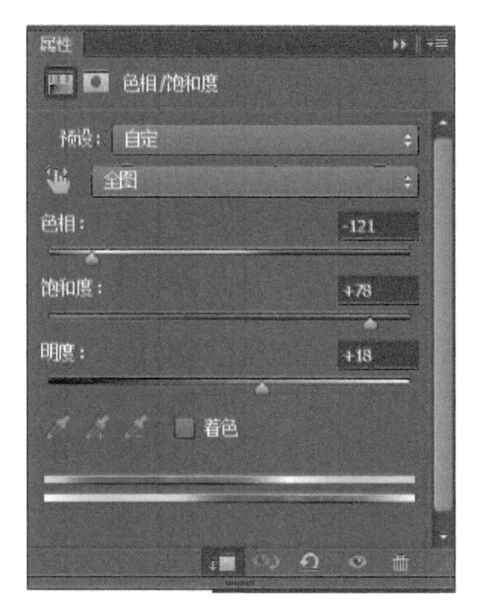

图4-129　调整色相/饱和度3

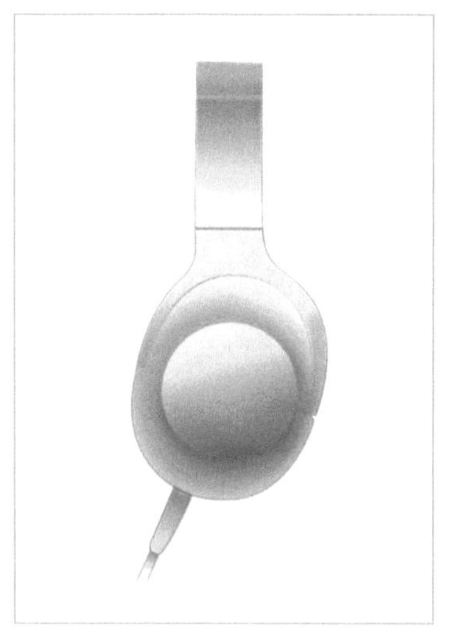

图4-130　黄色耳机效果图

4.3 液晶显示器效果图表现

液晶显示器的绘制包括显示屏幕和支撑底座的绘制，主要借助渐变填充、图层样式及相关滤镜制作显示屏幕的光影质感及支撑底座的立体光影效果（见图4-131）。

图4-131　液晶显示器效果图

第1部分：显示器的制作

1 新建一个横向A4文档（宽度为297mm，高度为210mm），并将其命名为“液晶显示器”，分辨率设定为300像素/in，颜色模式为RGB。

2 选择【圆角矩形工具】画出一个W为【2828像素】，H为【1713像素】，半径为【20像素】的圆角矩形（见图4-132）。用右键单击该图层，【栅格化图层】，并将其命名为“显示器外框”。按【Ctrl】键的同时用鼠标左键单击该图层的缩略图，将图层【载入选区】，为其填充为【黑色】。按【Ctrl】+【D】键取消选区。双击该图层的缩略图，为其添加【斜面和浮雕】和【内发光】的“图层样式”，具体参数设置如图4-133、图4-134所示，显示器外框效果如图4-135所示。

图4-132 设置圆角矩形参数

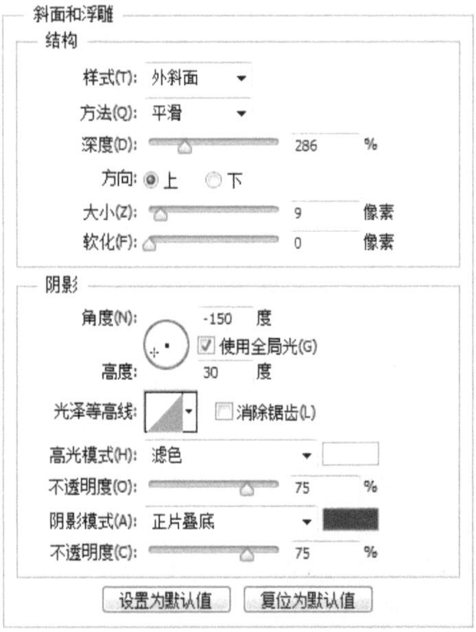

图4-133 斜面和浮雕具体参数设置1

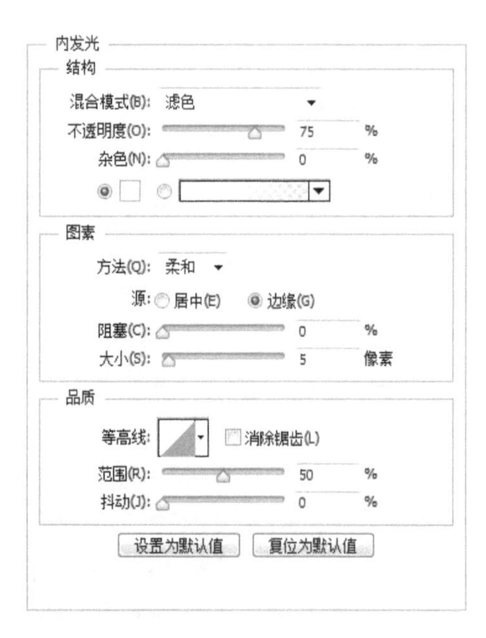

图4-134 内发光具体参数设置1

3 参考2画出一个W为【2648像素】，H为【1490像素】，半径为【15像素】的圆角矩形（见图4-136），并将该图层命名为“显示屏”。将其填充为【黑色】。双击该图层的缩略图，为其添加【图层样式】。

图4-135 显示器外框效果

勾选【斜面和浮雕】以及【外发光】，具体参数设置如图4-137、图4-138所示，显示屏的初步效果如图4-139所示。画完圆角矩形之后，可以选择【移动工具】，按住【Ctrl】键，选择画完的两个图层，将两个圆角矩形进行【对齐】。

图4-136　画出黄色部分的圆角矩形

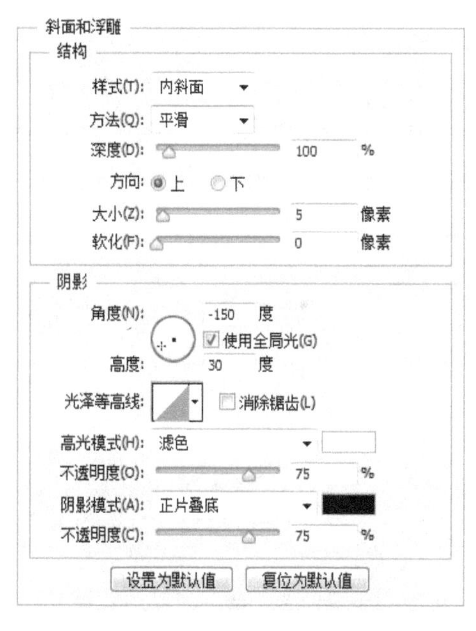

图4-137　斜面和浮雕具体参数设置2

图4-138　外发光具体参数设置

4 新建一个图层，并将其命名为“显示屏亮部1”。设置前景色为【白色】，按住【Ctrl】键的同时用鼠标左键单击“显示屏”图层的缩略图，将其【载入选区】。选择【渐变填充工具】从左往右为其拉出一个从【白色】到【透明色】的【线性渐变】(见图4-140)，按【Ctrl】+【D】键取消选区。设置该图层的不透明度为【67%】，最终效果如图4-141所示。

图4-139　显示屏初步效果

5 新建一个图层，并将其命名为“显示屏亮部2”。参考 4 ，选择【渐变填充工具】，从左上角为其拉出一个从【白色】到【透明色】的【径向渐变】(见图4-142、图4-143)。设置该图层的不透明度为【40%】，最终效果如图4-144所示。

图4-140 选择白色到透明的渐变

图4-141 “显示屏亮部1”最终效果图

图4-142 选择径向渐变

图4-143 拉出径向渐变

图4-144 修改图层透明度后的效果图

6 新建一个图层，并将其命名为“显示屏亮部3”。将“显示器外框”图层【载入选区】，选择【渐变填充工具】从左往右为其拉出一个从【白色】到【透明色】的【线性渐变】，取消选区。再选择【矩形选框工具】，框选出如图4-145所示红色框内的区域，按【Delete】删除选框内的内容，设置该图层的不透明度为【20%】，最终效果如图4-146所示。

图4-145　框选出红色框内区域

图4-146　“显示屏亮部3”最终效果图

7 新建一个图层，并将其命名为“显示屏亮部4”。选择【钢笔工具】画出图4-147中黄色对象的轮廓路径，将路径转换为选区，为其填充【白色】，取消选区。设置该图层的不透明度为【4%】，最终效果如图4-148所示。

图4-147　画出路径1

图4-148　“显示屏亮部4”最终效果图

8 新建一个图层，并将其命名为“按钮”。选择【椭圆选框工具】，按住【Shift】键，在显示器外框画出如图4-149所示的小圆，其填充深灰色【#3a424b】，取消选区。双击该图层的缩略图，为其添加【图层样式】。勾选【内阴影】以及【内发光】，具体参数设置如图4-150、图4-151所示，按钮的最终效果如图4-152所示。

图4-149　画出小圆

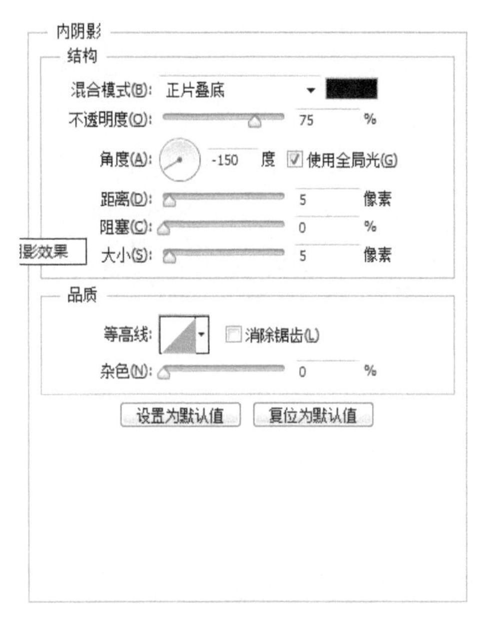

图4-150 内阴影具体参数设置

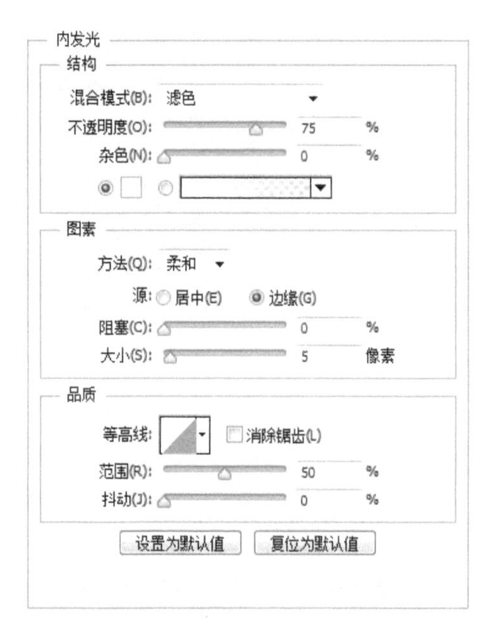

图4-151 内发光具体参数设置2

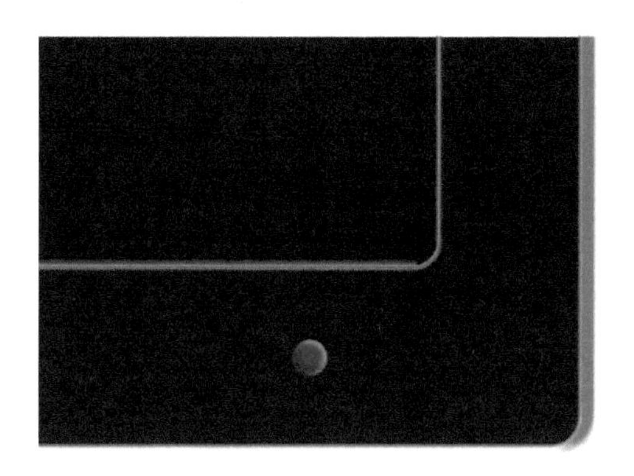

图4-152 按钮最终效果图

9 选择【圆角矩形工具】画出一个*W*为【2814像素】、*H*为【472像素】、半径为【20像素】的圆角矩形，位置如图4-153所示，【栅格化图层】，并将其命名为“下方透明边框”。将该图层【载入选区】，选择【渐变填充工具】从左往右为其拉出如图4-154所示的【线性渐变】，具体色值设置依次为#9d9d9d、#cccdd1、#48525b、#dddee0、#b0b5b8、#475057、#c8cccf、#9d9d9b（见图4-155）。双击该图层的缩略图，为其添加【图层样式】。勾选【斜面和浮雕】以及【投影】，具体参数设置如图4-156、图4-157所示。取消选区，将该图层移至“显示器外框”图层下方。最终效果如图4-158所示。

图4-153 画出圆角矩形

图4-154 拉出线性渐变

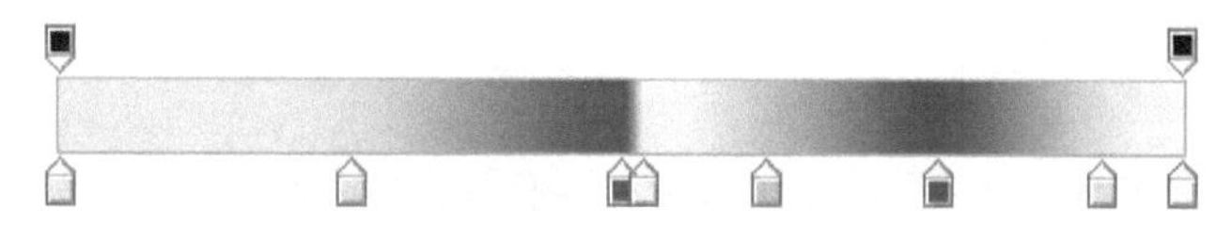

图4-155 设置渐变色

斜面和浮雕
结构
样式(T): 外斜面
方法(Q): 平滑
深度(D): 150 %
方向: 上 下
大小(Z): 6 像素
软化(F): 0 像素
阴影
角度(N): -150 度
使用全局光(G)
高度: 30 度
光泽等高线: 消除锯齿(L)
高光模式(H): 滤色
不透明度(O): 75 %
阴影模式(A): 正片叠底
不透明度(C): 75 %
设置为默认值
复位为默认值

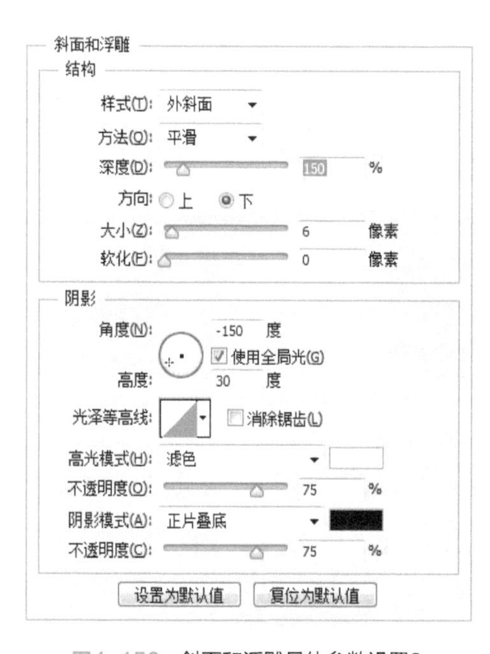

图4-156 斜面和浮雕具体参数设置3

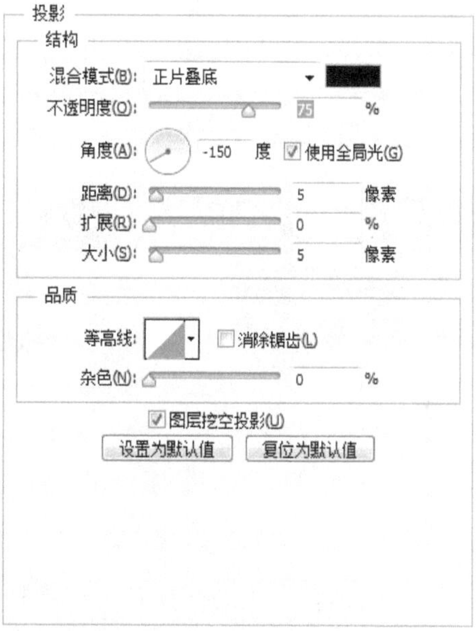

投影
结构
混合模式(B): 正片叠底
不透明度(O): 75 %
角度(A): -150 度 使用全局光(G)
距离(D): 5 像素
扩展(R): 0 %
大小(S): 5 像素
品质
等高线: 消除锯齿(L)
杂色(N): 0 %
图层挖空投影(U)
设置为默认值
复位为默认值

图4-157 投影具体参数设置

图4-158 显示屏最终效果

第2部分：底座的制作

1 新建一个图层，并将其命名为“连接处”。选择【钢笔工具】画出图4-159中黄色对象的轮廓路径，将路径转换为选区，为其填充深灰色【#141517】。取消选区，最终效果如图4-160所示。

图4-159 画出路径2

图4-160 “连接处”最终效果图

2 新建一个图层，并将其命名为“亮部1”。用【钢笔工具】画出图4-161中框选部分的路径。选择菜单中【选择】/【修改】/【羽化】，将羽化值改为【3像素】，为其填充灰色【#767f83】，取消选区。将“连接处”图层【载入选区】，对矩形选框部分进行修剪，最终效果如图4-162所示。

3 新建一个图层，并将其命名为“亮部2”。参考 1 画出如图4-163所示的矩形选框，其中填充的颜色为【#272c31】，支架亮部最终效果如图4-164所示。

图4-161 画出矩形选框1

图4-162 “亮部1”最终效果图

图4-163 画出矩形选框 2

4 将“连接处”“亮部1”以及“亮部2”三个图层【合并】，复制一个新的副本图层，并将其命名为“倒影”。按【Ctrl】+【T】键，用鼠标单击右键将图层【垂直翻转】。调节图层位置，选择【矩形选框工具】，设置其羽化值为【3像素】，删除如图4-165所示的选框内内容。调节该图层的不透明度为【70%】，倒影的最终效果如图4-166所示。

图4-164 支架亮部最终效果

图4-165 删除选框内内容

图4-166 倒影效果

5 新建一个图层，并将其命名为“底座”。选择【钢笔工具】画出如图4-167所示的轮廓路径，将路径转换为选区，为其填充深灰色【#656d73】，取消选区。双击该图层的缩略图，为其添加【斜面和浮雕】的“图层样式”，具体参数设置如图4-168所示，最终效果如图4-169所示。

6 复制一个“底座 副本”图层，按住【Ctrl】键的同时，鼠标单击该图层的缩略图，将该图层【载入选区】，为其填充【黑色】，调节位置（见图4-170）。

7 在“底座”图层上方新建一个图层，并将其命名为“玻璃”。选择【矩形选框工具】，调节其羽化值为【0像素】，框选出如图4-171所示的区域。选择【渐变填充工具】，为其拉出一个【线性渐变】，渐变色值依次为#2e413f、#51605d、#3f7671、#2d5755、#2c5654、#136561、#b3aeb5、#87858a（见图4-172），取消选区，最终效果如图4-173所示。

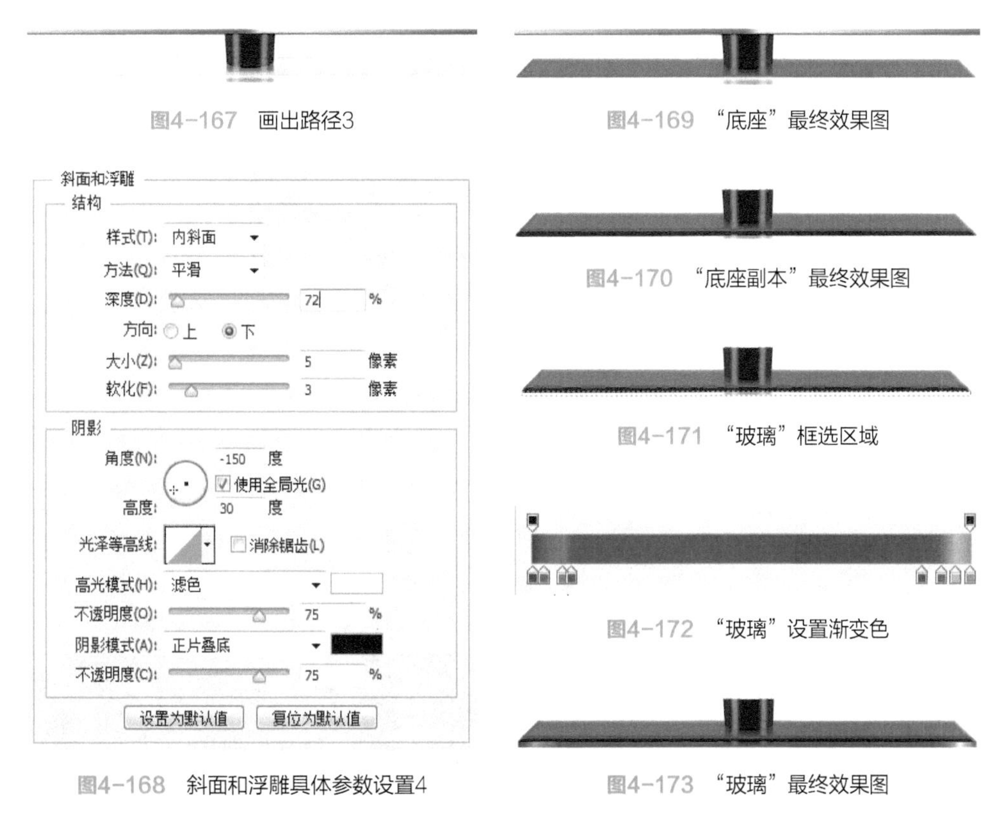

图4-167 画出路径3

图4-169 “底座”最终效果图

图4-168 斜面和浮雕具体参数设置4

图4-170 “底座副本”最终效果图

图4-171 “玻璃”框选区域

图4-172 “玻璃”设置渐变色

图4-173 “玻璃”最终效果图

8 在“背景”图层上方新建一个图层，并将其命名为“支撑点”。选择【矩形选框工具】，设置其羽化值为【5像素】，框选出如图4-174所示的区域，为其填充【黑色】。取消选区，底座支撑点的最终效果如图4-175所示。

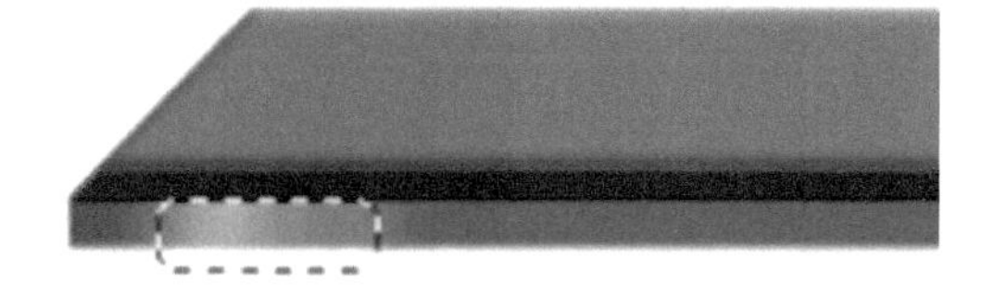

图4-174 框选区域

图4-175 底座支撑点最终效果

9 复制一个“支撑点 副本”图层，调节其位置（见图4-176），最终液晶显示器效果如图4-177所示。

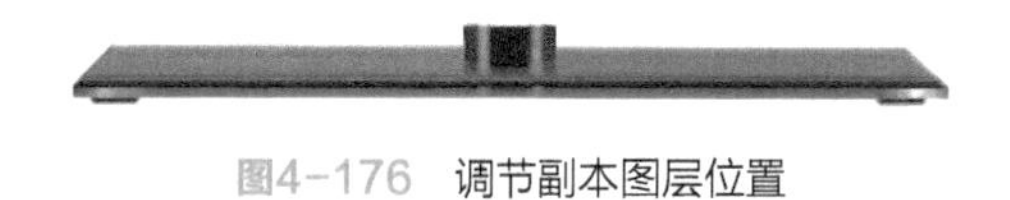

图4-176 调节副本图层位置

图4-177 液晶显示器最终效果图

第3部分：另外两种液晶显示屏表现方法

在“液晶显示器效果表现.psd”文件的基础上，还可以通过简单的操作步骤得到另外两种常见的液晶显示器的表现效果（见图4-178），在接下来的“补充表现方法1”和“补充表现方法2”的部分具体讲述制作方法。

图4-178 三种常见液晶显示器的表现效果

补充表现方法1：隐藏“显示屏亮部1”“显示屏亮部2”“显示屏亮部3”和“显示屏亮部4”四个图层［见图4-179（a）］，在此基础上经过以下三个步骤的处理，即可得到第二种显示屏的表现效果［见图4-179（b）］。

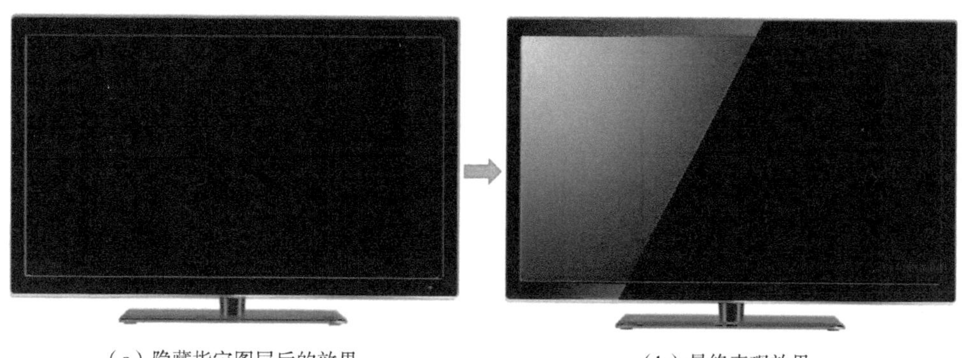

（a）隐藏指定图层后的效果　　（b）最终表现效果

图4-179　第二种常见的液晶显示器的表现效果

1 新建一个图层，命名为“补充1s”，并将其移至图层的最上方。选择【钢笔工具】画出图4-180中黄色对象的轮廓路径，按【Ctrl】+【Enter】键将路径转换为选区，选择【渐变填充工具】为其拉出一个从深灰色【#474747】到浅灰色【#918d8e】的【线性渐变】（见图4-181），取消选区。设置该图层的不透明度为【80%】，最终效果如图4-182所示。

图4-180　画出“补充1s”路径

图4-181　拉出线性渐变

2 新建一个图层，命名为“补充1x”。选择【钢笔工具】画出图4-183中黄色区域的轮廓路径，将路径转换为选区，选择【渐变填充工具】为其拉出一个从【黑色】到灰色【#818181】的【线性渐变】（见图4-184），取消选区。设置该图层的不透明度为【60%】，最终效果如图4-185所示。

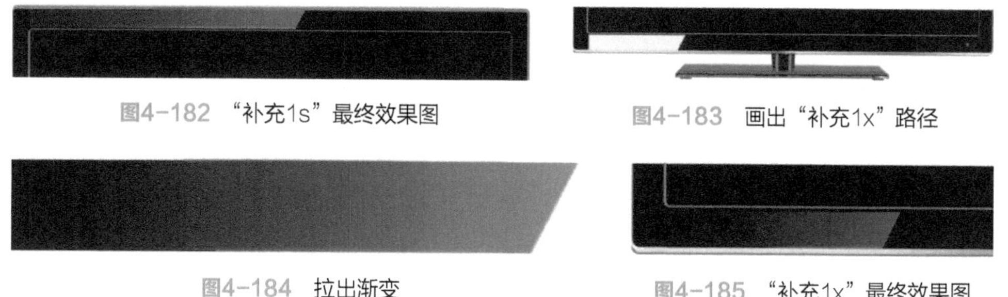

图4-182　“补充1s”最终效果图

图4-183　画出“补充1x”路径

图4-184　拉出渐变

图4-185　“补充1x”最终效果图

3 新建一个图层，命名为“补充1z”。选择【钢笔工具】画出图4-186中黄色区域的轮廓路径，将路径转换为选区，选择【渐变填充工具】为其拉出一个从【白色】到【透明色】的【径向渐变】(见图4-187)，取消选区。设置该图层的不透明度为【80%】，液晶显示器的最终效果如图4-188所示。

图4-186　画出“补充1z”路径

图4-187　拉出径向渐变

图4-188　液晶显示器最终效果图

补充表现方法2：隐藏“补充1s”“补充1x”以及“补充1z”三个图层[见图4-189(a)]，在此基础上经过以下两个步骤的处理，即可得到第三种显示屏的表现效果[如图4-189(b)]。

1 复制一个“显示屏亮部3 副本”图层，将其移至图层最上方并显示它，调节其不透明度为【35%】。

2 复制一个“显示屏亮部2 副本”图层，将其移至图层最上方并显示它，调节其不透明度为【100%】，最终效果图如图4-189(b)所示。

（a）隐藏指定图层后的效果　　（b）最终表现效果

图4-189　第三种常见的液晶显示器的表现效果

4.4 抽油烟机效果图表现

该案例涉及玻璃以及拉丝金属质感的表现（见图4-190）。

图4-190　抽油烟机效果图

1 新建一个横向A4文档（宽度为297mm，高度为210mm），并将其命名为“油烟机”，分辨率设定为300像素/in，颜色模式为RGB。

2 新建一个图层，双击该图层将其命名为“烟筒正面”。选择【钢笔工具】画出（见图4-191）中黄色区域的轮廓路径，按【Ctrl】+【Enter】键将路径转换为选区。选择【渐变填充工具】从左往右为其拉出一个从浅灰色【#dfdfdf】到深灰色【#959798】的【线性渐变】，渐变色标位置如图4-192所示，最终渐变效果如图4-193所示。使用菜单【滤镜】/【杂色】/【添加杂色】，数量设置为【10%】，分布设置为【高斯分布】，接着使用菜单【滤镜】/【模糊】/【动感模糊】，调节出如图4-194所示的拉丝效果。按【Ctrl】+【D】键取消选区，双击该图层缩略图为其添加【图层样式】，勾选【斜面和浮雕】，具体参数设置如图4-195所示，最终效果如图4-196所示。

图4-191　画出黄色部分的路径

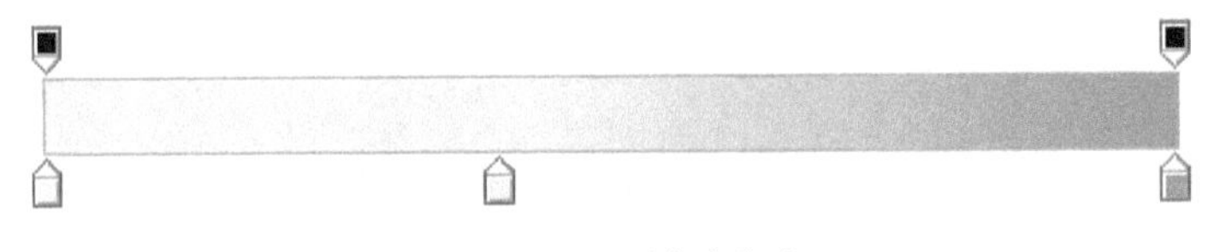

图4-192　调节灰色渐变

图4-193　拉出灰色渐变　　图4-194　拉丝效果

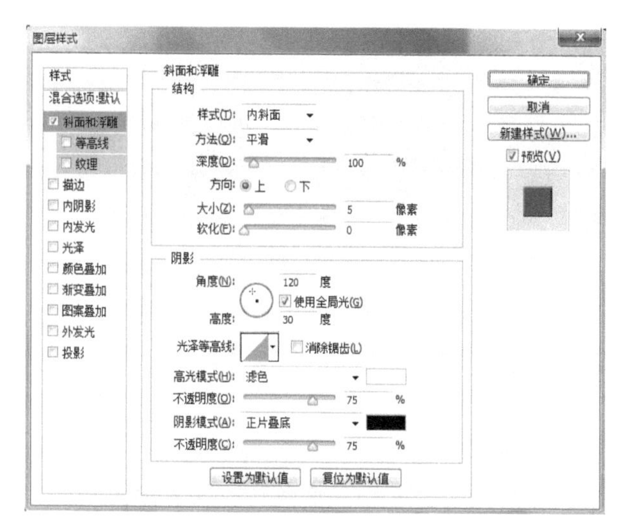

图4-195 斜面和浮雕具体参数设置1

图4-196 烟筒正面金属拉丝效果

3 新建一个图层，并将其命名为“烟筒侧面”。按 1 的方法画出如图4-197所示的效果，其中灰色的渐变为深灰色【#6c6d71】到浅灰色【#b4b4b4】，其【图层样式】的具体参数设置如图4-198所示。

图4-197 烟筒侧面效果

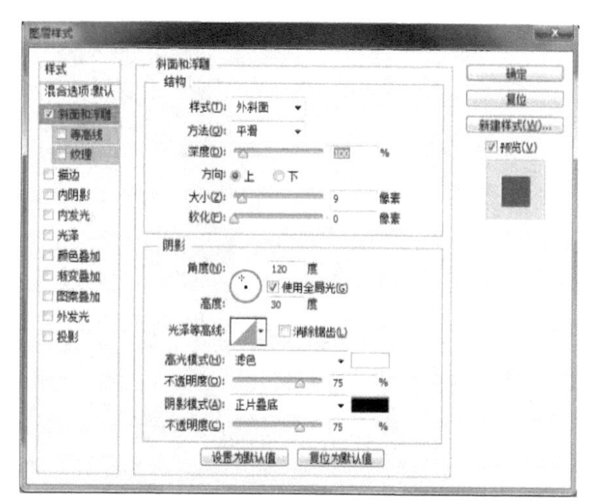

图4-198 斜面和浮雕具体参数设置2

4 复制一个“烟筒侧面 副本”图层，并将其移至原图层下方。调节其位置（见图4-199）。

5 复制一个“烟筒正面 副本”图层，并将其移至原图层下方。按住【Ctrl】键的同时用鼠标左键单击该图层的缩略图，将其【载入选区】，填充【黑色】，并调节其位置（见图4-200）。

图4-199 烟筒侧面与正面接缝修饰

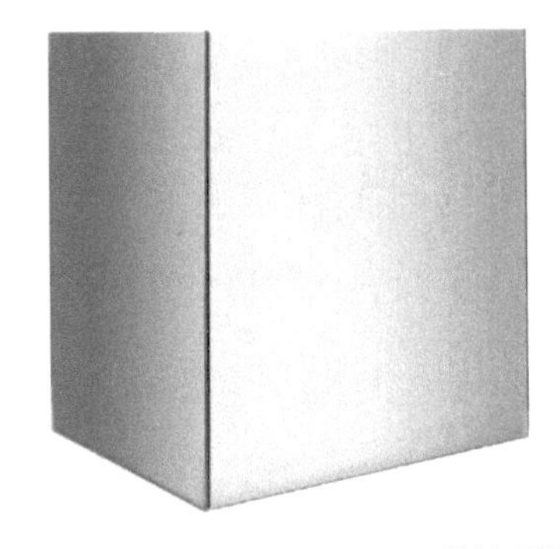

图4-200 烟筒侧面与正面最终效果图

6 在“烟筒正面 副本”图层下方新建一个图层，并将其命名为“上方黑色玻璃”。选择【钢笔工具】画出图4-201中黄色区域的路径，将路径转换为选区，选择【渐变工具】从左上方到右下方为其拉出一个从浅灰【#545454】到深灰【#242424】再到浅灰【#818284】的【线性渐变】。取消选区，双击该图层缩略图，为其添加【图层样式】，勾选【斜面和浮雕】，最终效果如图4-202所示。

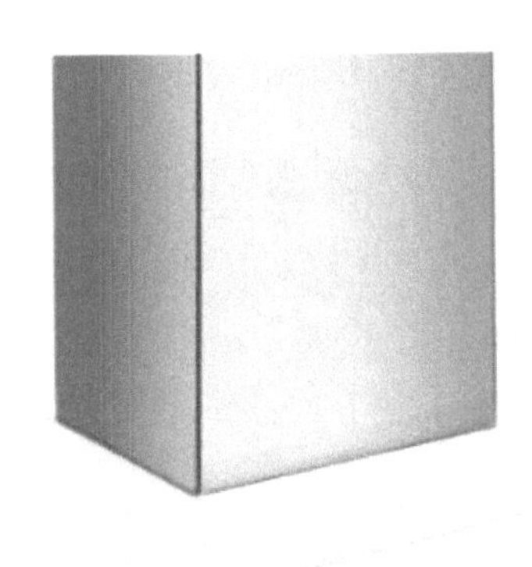

图4-201 画出上方黑色玻璃路径

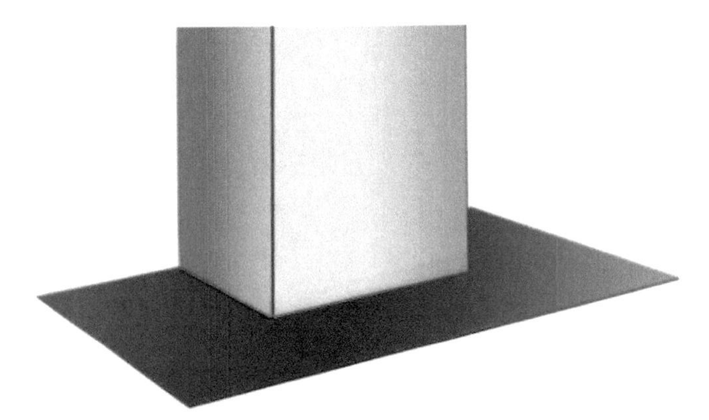

图4-202 上方黑色玻璃填充后效果

7 新建一个图层，并将其命名为“侧面黑色玻璃”。选择【钢笔工具】画出图4-203中黄色区域路径，将路径转换为选区，为其填充浅灰色【#b5b5b5】。取消选区，最终效果如图4-204所示。

图4-203 画出侧面玻璃路径

图4-204 侧面玻璃填充灰色效果

8 复制一个“侧面黑色玻璃 副本”图层，并将其移至原图层上方。将其载入选区，为其填充深灰色【#232323】，取消选区。双击该图层的缩略图，为其添加【图层样式】，勾选【斜面和浮雕】，具体参数设置如图4-205所示，最终效果如图4-206所示。

9 新建一个图层，并将其命名为“前方黑色玻璃厚度”。参考5画出如图4-207所示的效果，其中填充的浅灰色为【#b5b5b5】。

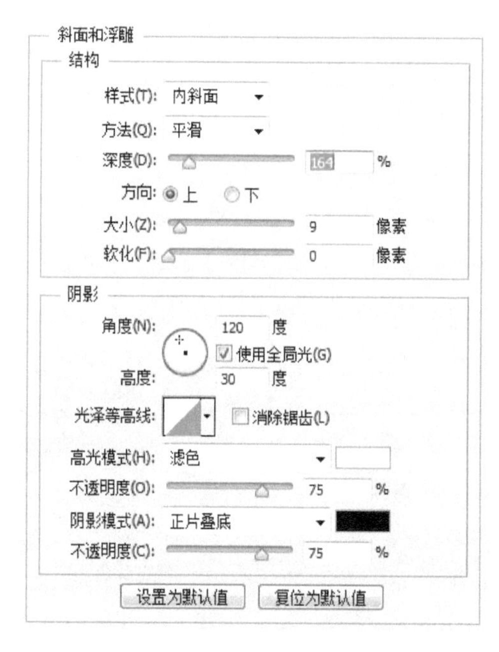

图4-205 斜面和浮雕具体参数设置3

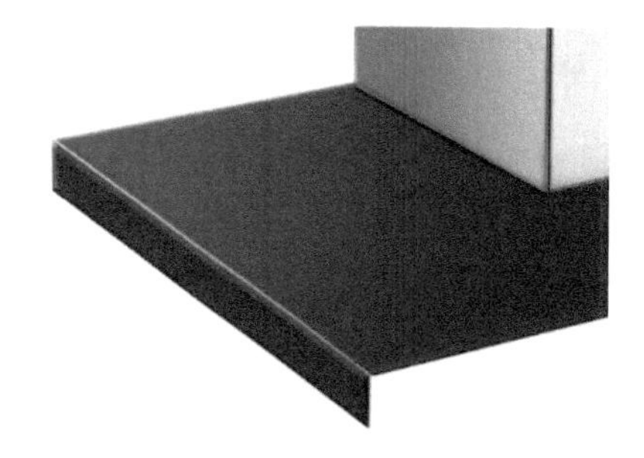

图4-206 侧面黑色玻璃最终效果

图4-207 前方黑色玻璃厚度效果

10 复制一个“前方黑色玻璃厚度 副本”图层，并将其移至原图层上方，为其填充【黑色】。双击该图层的缩略图，为其添加【斜面和浮雕】的“图层样式”调节位置（见图4-208）。

11 新建一个图层，并将其命名为“玻璃反光”。选择【钢笔工具】画出图4-209中黄色区域的路径，将路径转换为选区。选择【渐变填充工具】从左往右为其拉出一个从浅灰色【#c0c0c0】到深灰色【#242424】的【线性渐变】（见图4-210），设置其不透明度为【60%】，最终效果如图4-211所示。

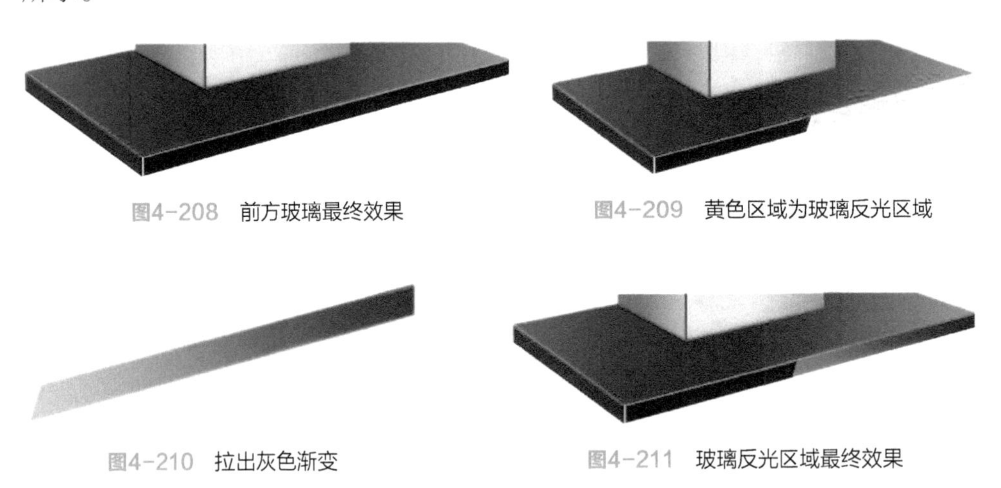

图4-208　前方玻璃最终效果

图4-209　黄色区域为玻璃反光区域

图4-210　拉出灰色渐变

图4-211　玻璃反光区域最终效果

12 新建一个图层，并将其命名为“侧面拉丝金属”。选择【钢笔工具】画出图4-212中黄色区域的路径，将路径转换为选区，选择【渐变填充工具】为其拉出一个【灰色】的【线性渐变】，具体色值依次为#a5a4aa、#d8d8d8、#c2c2c4（见图4-213）。使用菜单【滤镜】/【杂色】/【添加杂色】，数量设置为【10%】，分布设置为【高斯分布】，接着使用菜单【滤镜】/【模糊】/【动感模糊】，调节出如图4-214所示的拉丝效果，取消选区。

图4-212　画出侧面拉丝金属路径

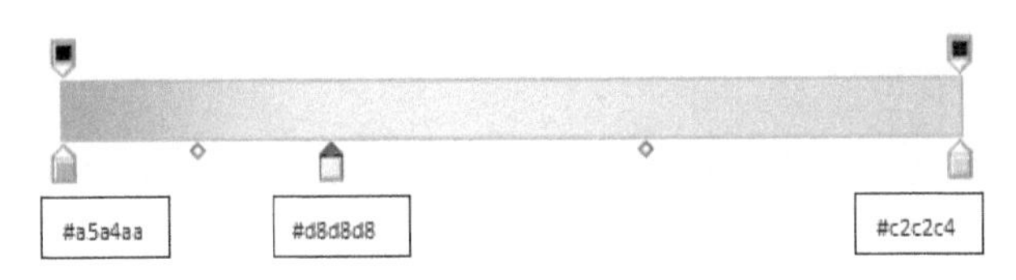

图4-213　侧面拉丝金属灰色渐变色值参考

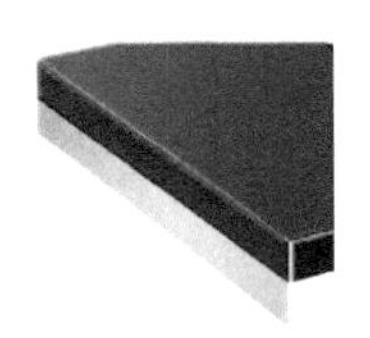

图4-214　侧面拉丝金属效果

13 新建一个图层，并将其命名为“正面拉丝金属”。参考 9 画出如图4-215所示的效果，其中的【灰色】渐变颜色值依次为#47484c、#cfcfd1、#b8b7bc（见图4-216）。

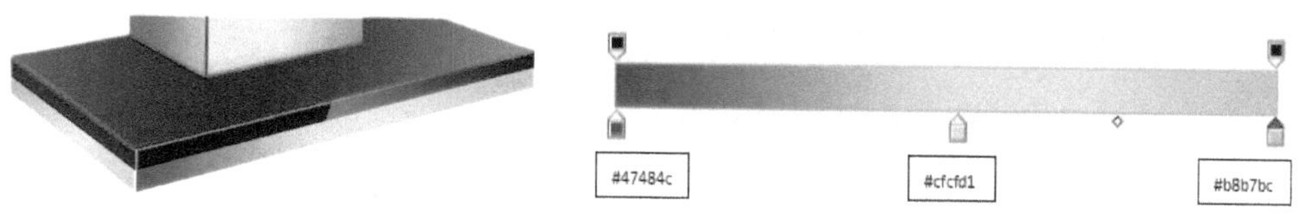

图4-215 正面拉丝金属最终效果　　图4-216 正面拉丝金属灰色渐变色值参考

14 在“背景”图层上方新建一个图层，并将其命名为“黑色拐角”。选择钢笔工具画出图4-217中【黑色】的拐角。

15 在“背景”图层上方新建一个图层，并将其命名为“阴影1”。选择钢笔工具画出图4-218中黄色区域的路径。将路径转换为选区，选择【渐变填充工具】为其拉出一个从浅灰色【#cacaca】到【透明色】的【线性渐变】，取消选区，最终效果如图4-219所示。

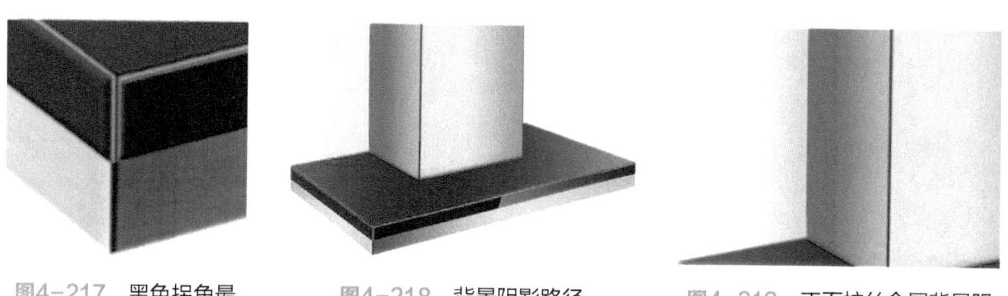

图4-217 黑色拐角最终效果　　图4-218 背景阴影路径　　图4-219 正面拉丝金属背景阴影效果

16 新建一个图层，并将其命名为“阴影2”。参考 11 画出图4-220中黄色区域的路径，最终效果如图4-221所示。

图4-220 画出阴影2的路径　　图4-221 侧面阴影效果

17【合并】“烟筒侧面”“烟筒侧面 副本”“烟筒正面”以及“烟筒正面 副本”四个图层，将该图层命名为“烟筒”。复制一个“烟筒 副本”图层，并将其移至原图层下方。按【Ctrl】+【T】，在选框内单击鼠标右键，将该图层【垂直翻转】。设置其不透明度为【30%】，调节其位置（见图4-222）。按住【Ctrl】键的同时，用鼠标左键单击“上方黑色玻璃”的缩略图，将其【载入选区】。按【Ctrl】+【Shift】+【I】，选择反向，按【Delete】键删除多余区域。最终效果如图4-223所示。

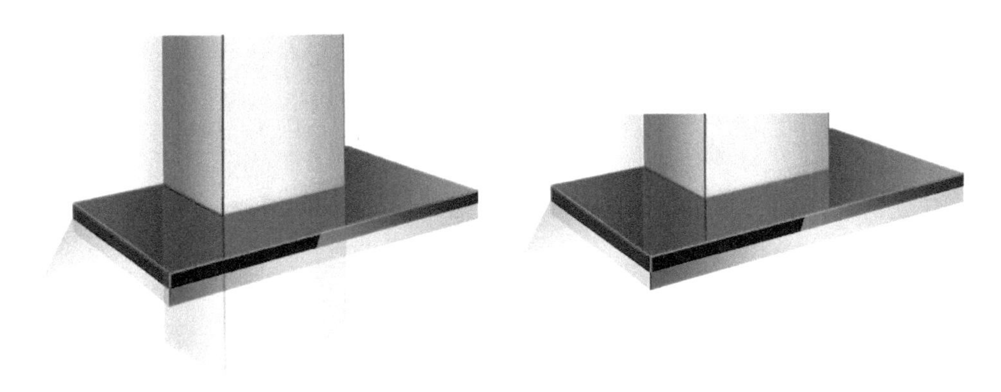

图4-222　调节倒影位置　　图4-223　烟筒的最终效果图

18 新建一个图层，并将其命名为“按钮”。选择【钢笔工具】、【矩形选框工具】以及【椭圆选框工具】画出如图4-224所示的几何图形。按【Ctrl】+【T】，在选框内单击鼠标右键，选择【透视】变形，调整位置（见图4-225），双击该图层缩略图，为其添加【图层样式】，勾选【斜面和浮雕】，具体参数设置如图4-226所示，最终效果如图4-227所示。

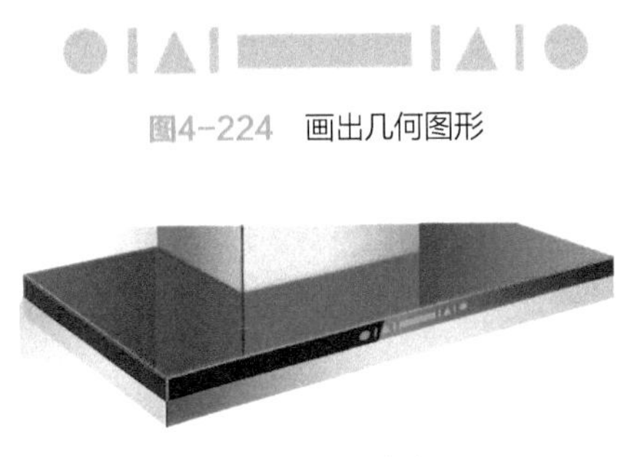

图4-224　画出几何图形

图4-225　调整位置

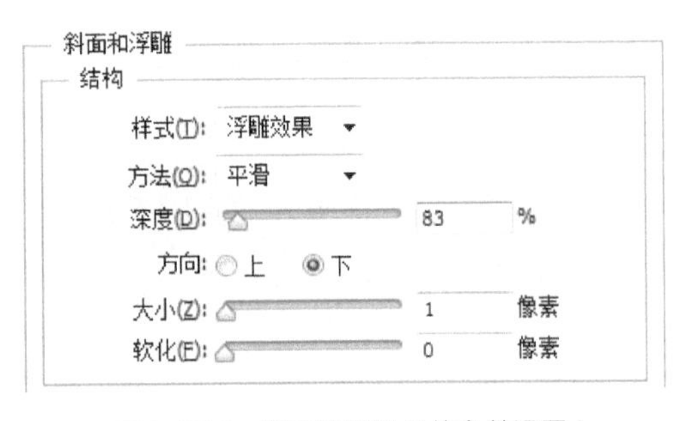

图4-226　斜面和浮雕具体参数设置4

19 选择【文字工具】，选择适合的字体，输入“sumsung”，在该图层单击鼠标右键，选【栅格化图层】。按【Ctrl】+【T】，对该图层进行【透视】变形，最终效果如图4-228所示。

图4-227　按钮最终效果

图4-228　抽油烟机最终效果图

4.5 智能扫地机效果图表现

信息时代，产品设计将向高度信息化、智能化和网络化的方向发展。智能手机、智能电视、智能游戏机……众多的智能产品充斥着我们的生活，成为了我们娱乐的数字化伙伴。而作为传统行业的家居设备，也在一步步向智能方向靠近，智能家居生活应运而生。智能扫地机作为科技发展前沿产品得到了极大的普及，成为人们轻松生活的有力帮手。

智能扫地机又称扫地机器人、自动打扫机、机器人吸尘器等，是智能家用电器的一种，能凭借一定的人工智能，自动在房间内完成地板清理工作。一般采用刷扫和真空方式，将地面杂物先吸纳进入自身的垃圾收纳盒，从而完成地面清理的功能。

本例就讲解智能扫地机效果图的绘制，这是一个综合性较强的案例，分为三个部分来制作完成。

第1部分：智能扫地机机身大体制作［见图4-229（a）］。

第2部分：智能扫地机细节刻画［见图4-229（b）］。

第3部分：效果图背景制作［见图4-229（c）］。

每个部分达到的效果如图4-229所示。

现在就让我们来一步一步地完成扫地机的效果图制作吧！

（a）机身大体制作完成效果

（b）细节刻画完成效果

（c）案例最终完成效果

图4-229 智能扫地机效果图的绘制步骤

第1部分：智能扫地机机身大体制作

1 新建一个横向A4文档（宽度为297mm，高度为210mm），命名为“智能扫地机”，分辨率设定为300像素/in，颜色模式为RGB（见图4-230）。

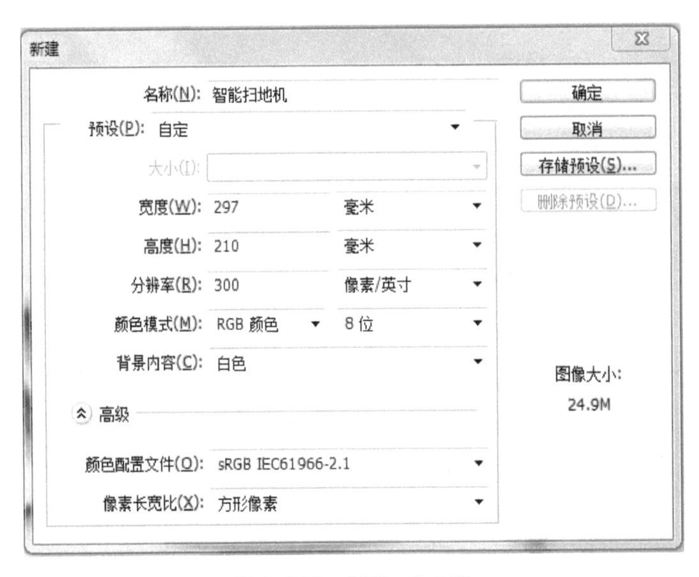

图4-230 新建一个文档

2 单击图层面板上的【创建新图层】按钮，新建一个图层（见图4-231），双击该图层将其重命名为“椭圆1”，选择工具栏中的【椭圆工具】画一个椭圆（见图4-232），并在属性栏上修改其属性为*W*为【1904像素】；*H*为【1184像素】（见图4-233）。画出的椭圆效果图如图4-234所示。

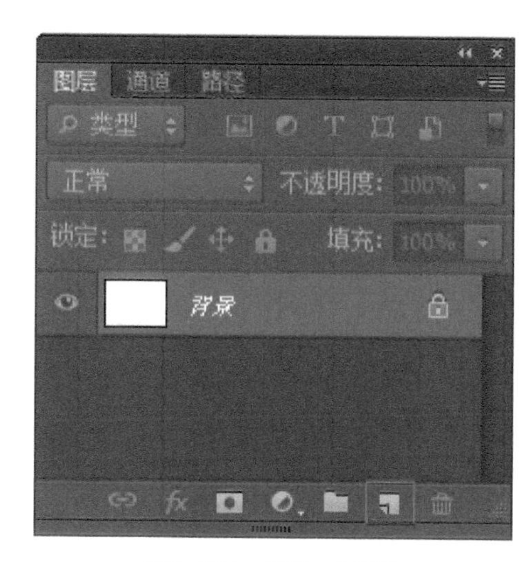

图4-231　新建一个图层

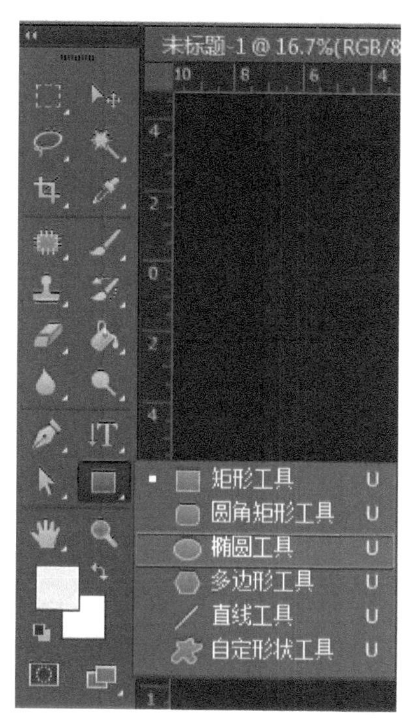

图4-232　选用椭圆工具

图4-233　修改椭圆属性

图4-234　画出的椭圆效果

3 在“椭圆1”图层上单击右键，选择【栅栏化图层】命令，将形状图层栅格化（见图4-235，图4-236）。

4 按住【Ctrl】键的同时，用鼠标左键单击“椭圆1”图层的缩略图，将椭圆载入选区。按【Delete】键删除选区的内容，然后在按住【Shift】键的同时，用渐变工具从上往下拉出一个由深灰到浅灰的线性渐变，具体设置及填充后的效果如图4-237～图4-241所示。

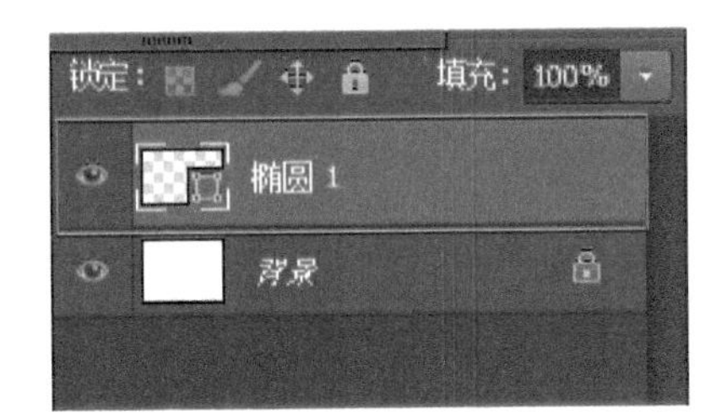

图4-235　在该图层上单击右键

图4-236　选择【栅栏化图层】命令

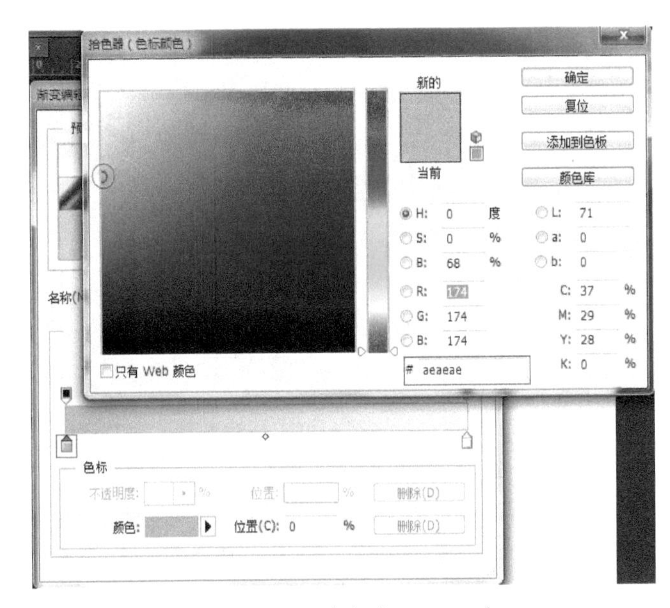

图4-237　深灰色【#aeaeae】

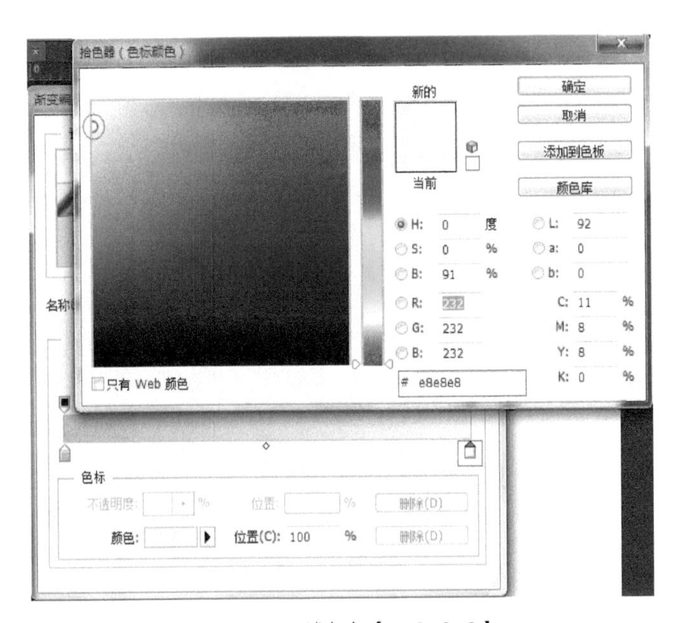

图4-238　浅灰色【#e8e8e8】

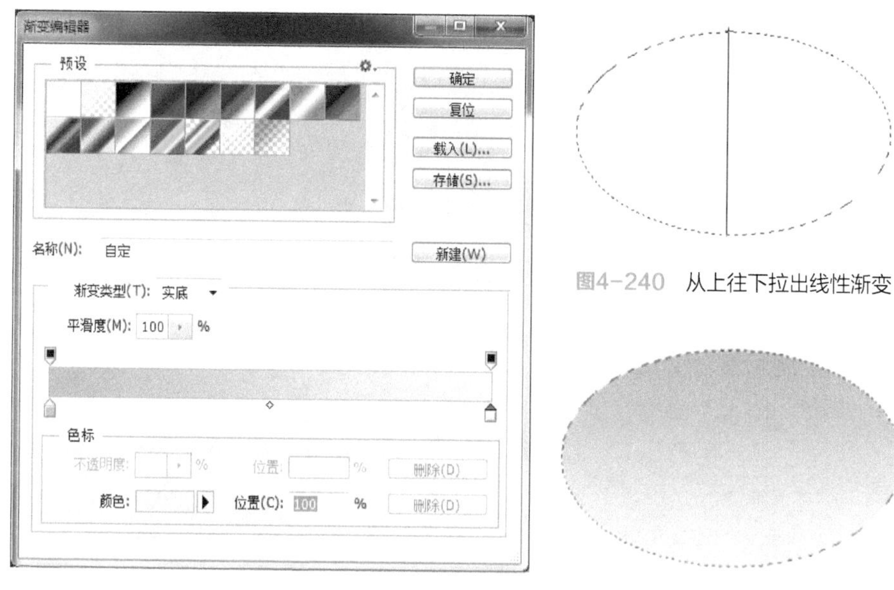

图4-240 从上往下拉出线性渐变

图4-239 渐变编辑器设置

图4-241 填充渐变后的效果

5 在“椭圆1”图层上按住鼠标左键，将其拖拽到图层面板底部的【创建新图层】按钮上，并松开鼠标左键，这时创建了一个“椭圆1副本”图层。在该图层上双击鼠标左键，将其重命名为“椭圆2”（见图4-242）。

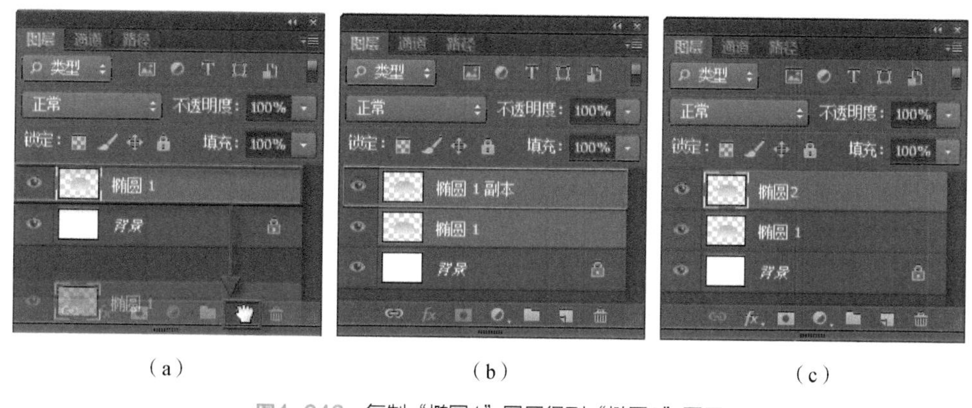

（a） （b） （c）

图4-242 复制“椭圆1”图层得到“椭圆2”图层

按住【Ctrl】键的同时，用鼠标左键单击“椭圆2”图层的缩略图，将其载入选区。按【Delete】键删除选区内容，然后用【渐变工具】从上往下为其拉出一个从白色到黑色的线性渐变（见图4-243，图4-244）。按【Ctrl】+【D】键取选择。然后用工具栏中的移动工具（快捷方式为【V】键）把“椭圆2”图层往上移动一点点，或按向上的方向键5次，将“椭圆2”图层向上移动5个像素（见图4-245）。

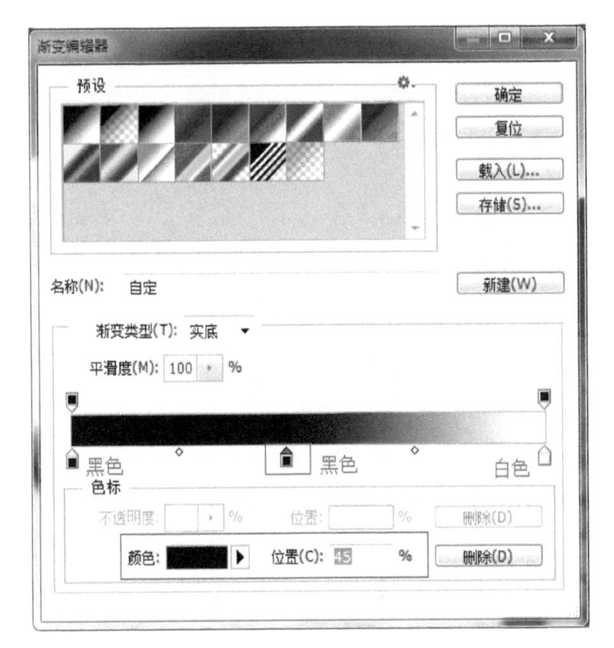

图4-243 线性渐变填充工具设置

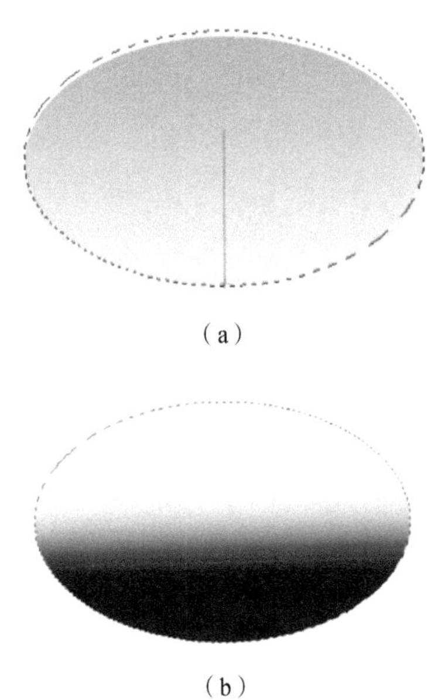

（a）

（b）

图4-244 将“椭圆2”图层填充为由白到黑的渐变

6 复制“椭圆1”图层，重命名为“椭圆3”图层，并将“椭圆3”图层移至最顶层。将该图层往上移15个像素左右（见图4-246）。

图4-245 调整“椭圆2”图层的位置

图4-246 调整“椭圆3”图层位置后的效果

7 复制“椭圆2”图层，重命名为“椭圆4”图层，并将“椭圆4”图层移至最顶层。将该图层往上移13个像素左右（见图4-247）。

8 选用【椭圆工具】画一个椭圆，命名为“椭圆5”，修改其属性为*W*为【1895像素】；*H*为【1099像素】，然后栅栏化图层，按住【Ctrl】键的同时，用鼠标左键单击该图层的缩略图，将椭圆载入选区。按【Delete】键，删除选区内容。选择【渐变工具】，从预设中选择【金属】，名称为“银色”（见图4-248），然后调整渐变工具中色标的颜色和位置（见图4-249），从左往右为“椭圆5”图层拉出一个灰色金属的线性渐变（见图4-250），按【Ctrl】+【D】取消选择。用移动工具调节“椭圆5”图层的位置。

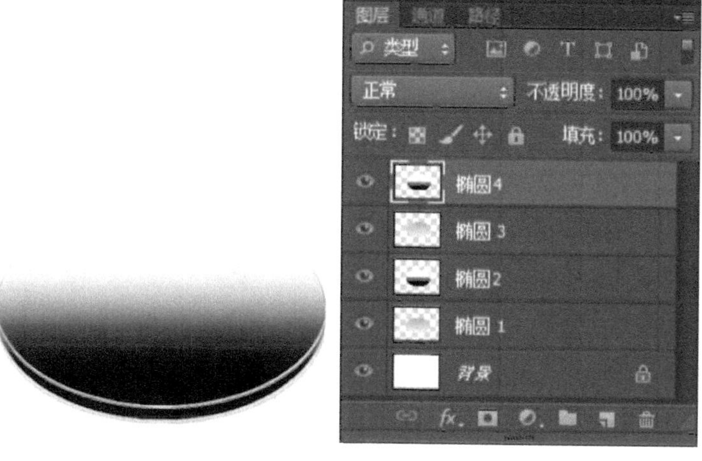

图4-247　调整“椭圆4”图层位置后的效果

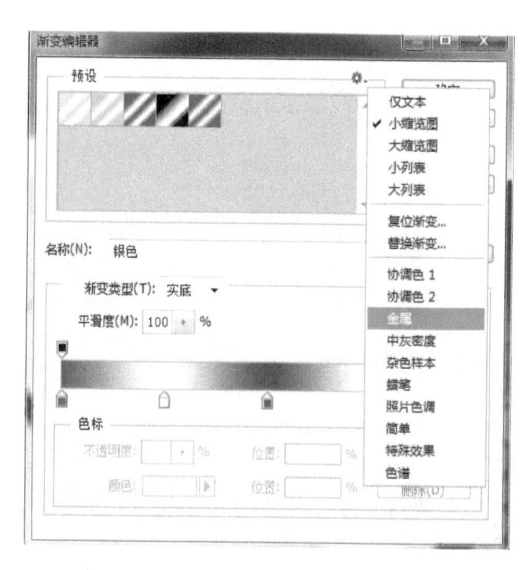

图4-248　线性渐变工具银色金属预设

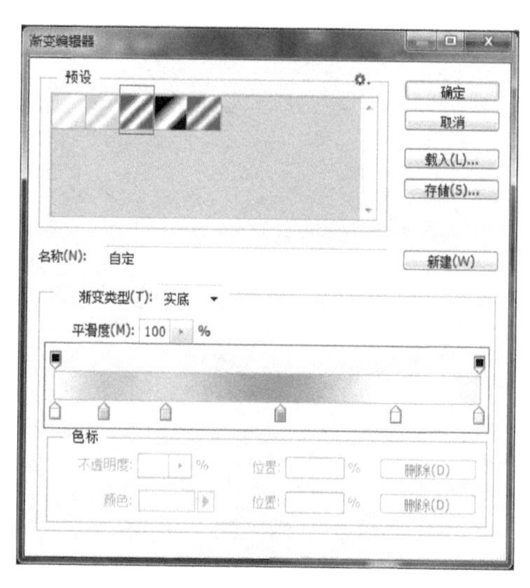

图4-249　线性渐变工具调整后

图4-250　填充线性渐变后的效果

9 新建“图层1”，将其置于图层面板的最顶层。用【钢笔工具】画出阴影轮廓的路径，重命名为“路径1”（见图4-251），另外，素材“轮廓1.psd”中有提供“路径1”，供读者参考使用（见图4-252），可将此路径复制并粘贴到智能机器人文件中，并按【Ctrl】+【T】键调整位置，最后按【Enter】键提交修改，画好路径后，选择“路径1”，按【Ctrl】+【Enter】键（或者按住【Ctrl】鼠标左键的同时，单击“路径1”的缩略图），将路径转换为选区，填充白色（见图4-253）。按【Ctrl】+【D】键取消选择（见图4-254）。

图4-251 图层1中的路径1

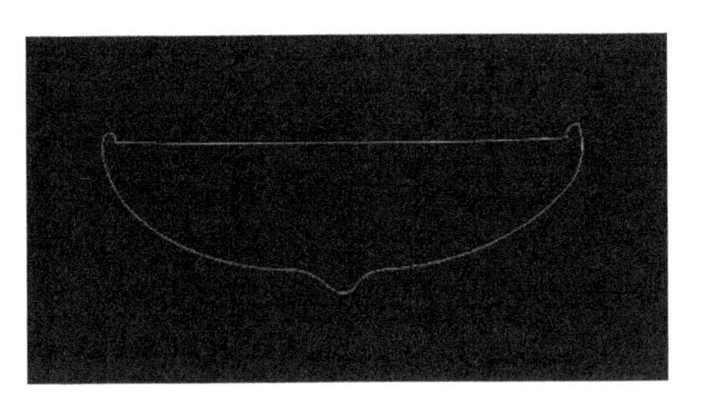
图4-252 素材“轮廓1.psd”中路径面板中的“路径1”

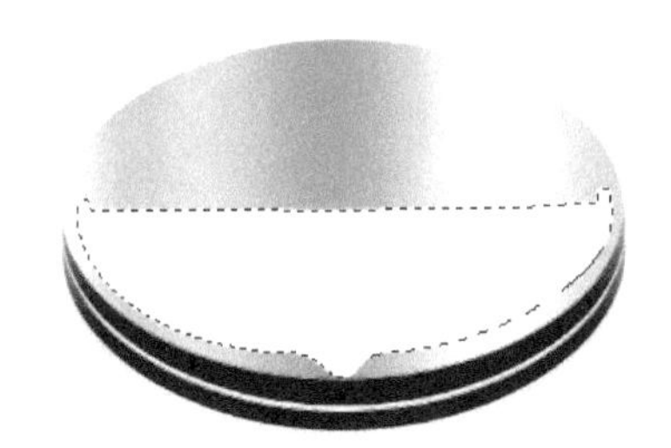
图4-253 将路径转换为选区，填充白色

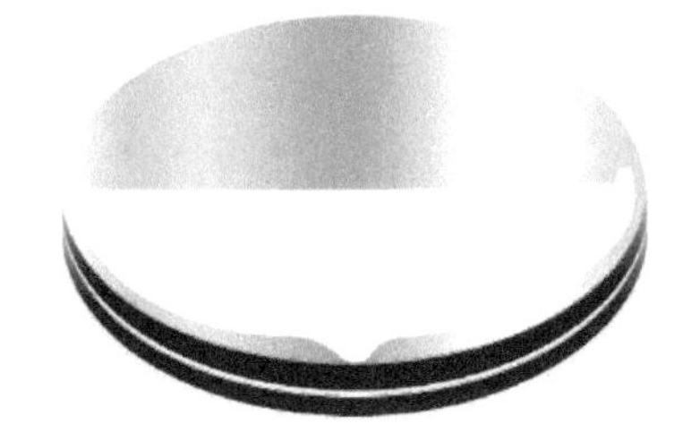
图4-254 “图层1”的效果

10 新建“图层2”，将其置于图层面板的最顶层。用与 9 同样的方法绘制“轮廓2”，将轮廓转换为选区，填充灰色【#cdcdcd】，得到“图层2”，如图4-255～图4-259所示。

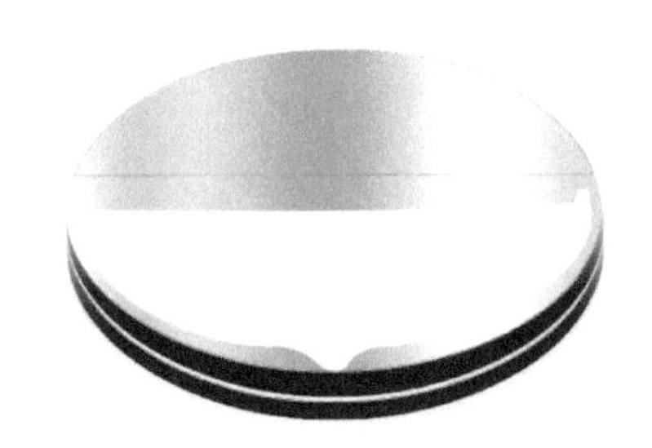
图4-255 图层2中的路径2

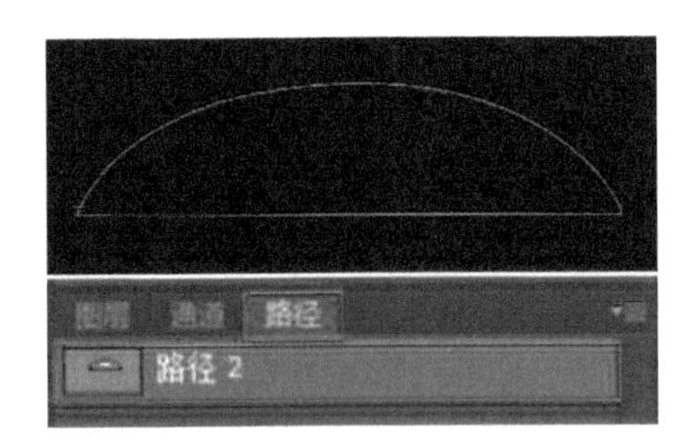

图4-256 素材“轮廓2.psd”中路径面板中的“路径2”

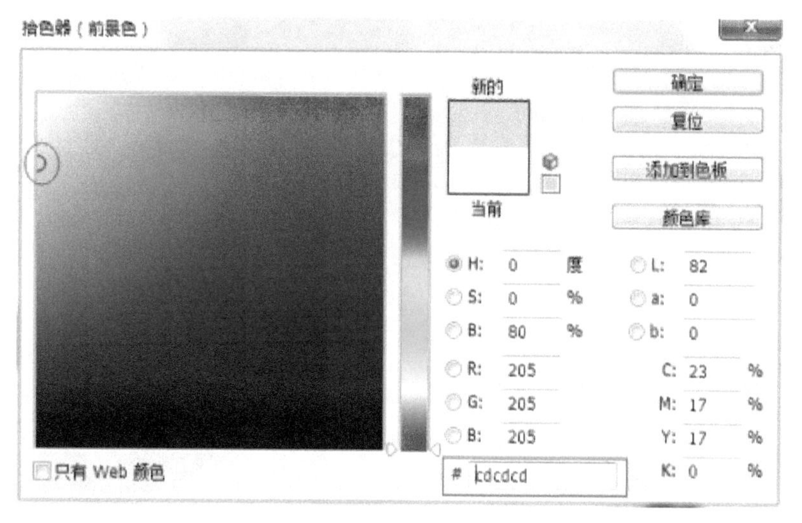

图4-257 填充色设置

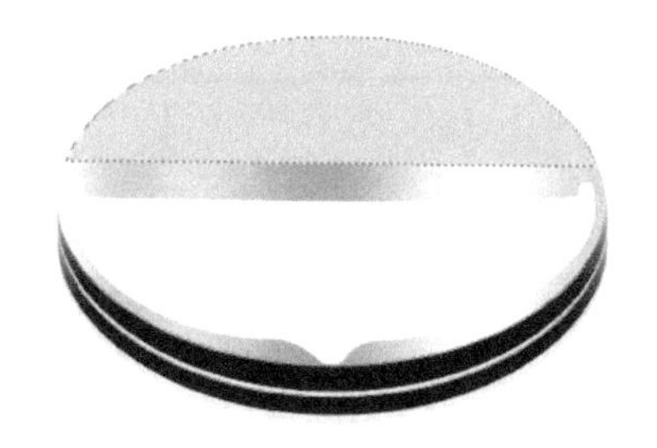

图4-258 将路径转换为选区，填充灰色

图4-259 “图层2”的效果

11 新建“图层3”，将其置于图层面板的最顶层。用与 9 同样的方法绘制“轮廓3”，将轮廓转换为选区，用【渐变工具】从左往右为其拉出一个灰色的【线性渐变】，得到“图层3”（如图4-260～图4-264所示）。

图4-260 图层3中的路径3

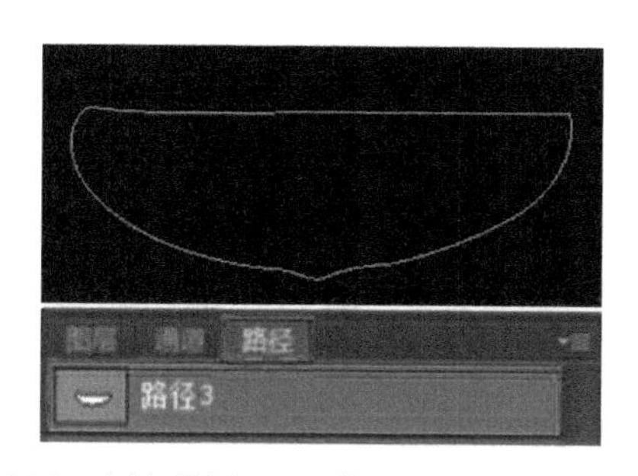

图4-261 素材“轮廓3.psd”中路径面板中的“路径3”

图4-262　线性渐变五个色标颜色值设置

图4-263　将路径转换为选区，填充线性渐变

图4-264　“图层3”的效果

12 新建“图层4”，将其置于图层面板的最顶层。用与 9 同样的方法绘制“轮廓4”，将轮廓转换为选区，设置前景色【#302f30】、背景色【#757575】，用【渐变工具】在选取中间从下往上拉出一个由前景色到背景色的【线性渐变】，得到“图层4”如图4-265～图4-269所示。

图4-265　图层4中的路径4

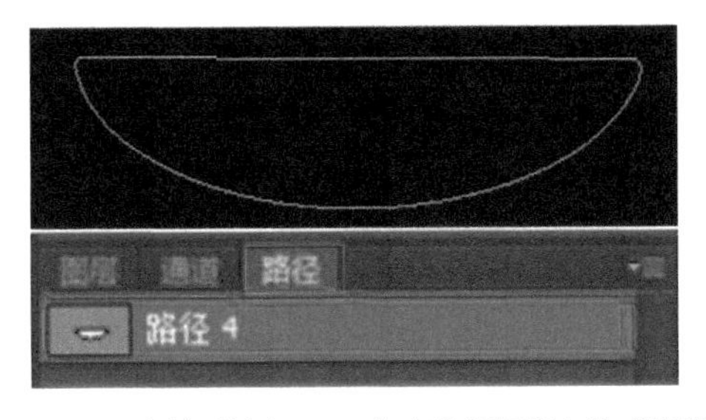

图4-266　素材“轮廓4.psd”中路径面板中的“路径4”

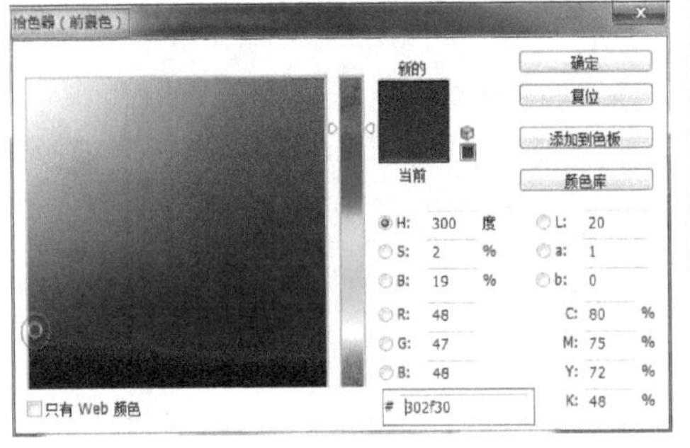

（a）前景色

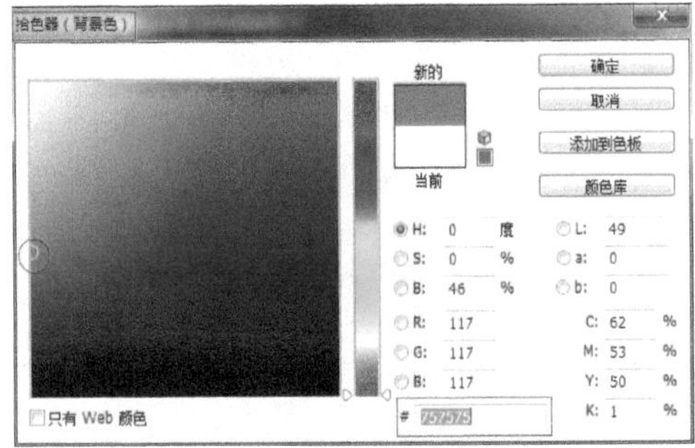

（b）背景色

图4-267　前景色和背景色的设置

图4-268　将路径转换为选区，填充线性渐变

图4-269　“图层4”的效果

13 新建图层，将其置于图层面板的最顶层。用【椭圆工具】画一个椭圆，重命名该图层为“椭圆6”，修改其属性为*W*为【1678像素】；*H*为【906像素】，栅栏化图层。按住【Ctrl】键的同时，用鼠标左键单击该图层的缩略图，将椭圆载入选区。按【Delete】删除选区的内容，之后用【渐变工具】从上往下为其拉出一个深灰【#373737】到浅灰【#525252】的【线性渐变】。按【Ctrl】+【D】键取消选择，调节该图层的位置（见图4-270）。

14 复制“椭圆6”，重命名该图层为“椭圆7”，将其置于图层面板的最顶层。按住【Ctrl】键，同时用鼠标左键单击该图层的缩略图，将椭圆载入选区，用油漆桶工具为其填充土金色【#bfa47d】，然后使用菜单【滤镜】/【杂色】/【添加杂色】，数量设为5，高斯分布，勾选“单色”，为“椭圆7”添加杂色，制作出不光滑的漫反射塑料材质效果。然后用移动工具将“椭圆7”上移1～2个像素（见图4-271～图4-273）。

图4-270　填充线性渐变后的“椭圆6”效果

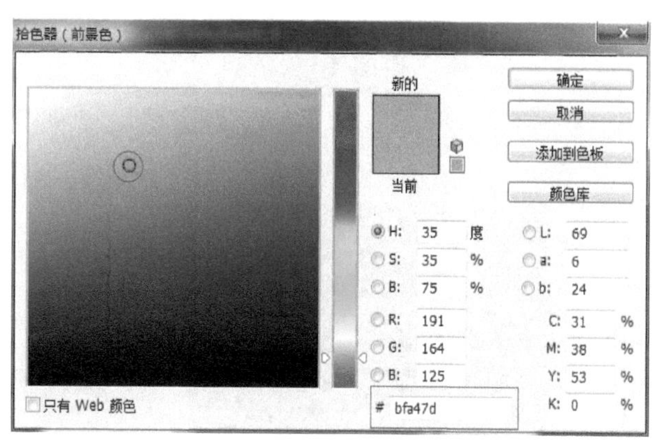

图4-271　填充色设置

15 新建“图层5”，将其置于图层面板的最顶层。用与 **9** 同样的方法绘制

"轮廓5"，将轮廓转换为选区，并为其填充深灰色【#313131】，调节该图层位置，得到"图层5"（如图4-274～图4-277所示）。

图4-272　添加杂色设置

图4-273　"椭圆7"图层的最终效果

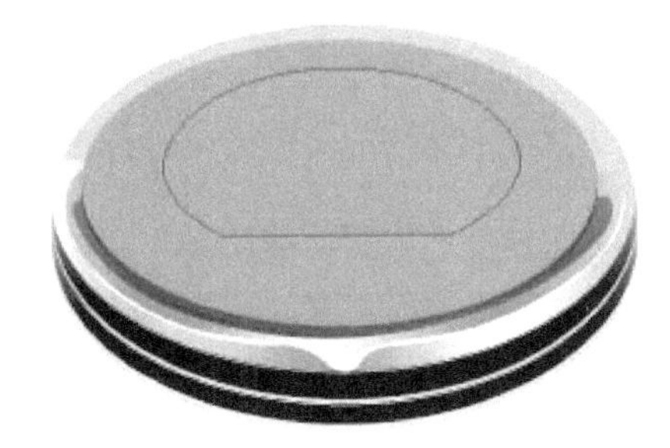

图4-274　图层5中的路径5

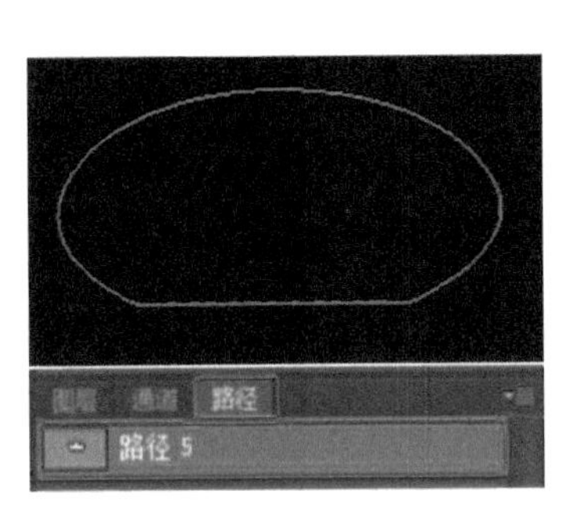

图4-275　素材"轮廓5.psd"中路径面板中的"路径5"

图4-276　为路径5选区填充深灰色

图4-277 “图层5”图层的最终效果

16 复制“图层5”，重命名该图层为“图层6”，将其置于图层面板的最顶层。按住【Ctrl】键的同时，用鼠标左键单击“图层6”的缩略图，载入选区。用【渐变工具】从上往下为其拉出一个灰色的【线性渐变】(具体色标参考数值为#e8e6e8、cbc8cb、fcfbfb)。按【Ctrl】+【D】键取消选择，按【Ctrl】+【T】键把图像宽度缩小为原宽度的99%，高度不变，调节该图层位置(见图4-278，图4-279)。

17 复制“图层6”，重命名该图层为“图层7”，将其置于图层面板的最顶层。按住【Ctrl】键的同时，用鼠标左键单击该图层的缩略图，载入选区。为“图层7”填充土金色【#ad9674】，选择菜单【滤镜】/【杂色】/【添加杂色】，数量设为5(设置同 14)。按【Ctrl】+【D】键取消选择。按【Ctrl】+【T】键，把图像宽度缩小为原宽度的95%，高度缩小为原高度的94%，调节图层位置(见图4-280～图4-282)。

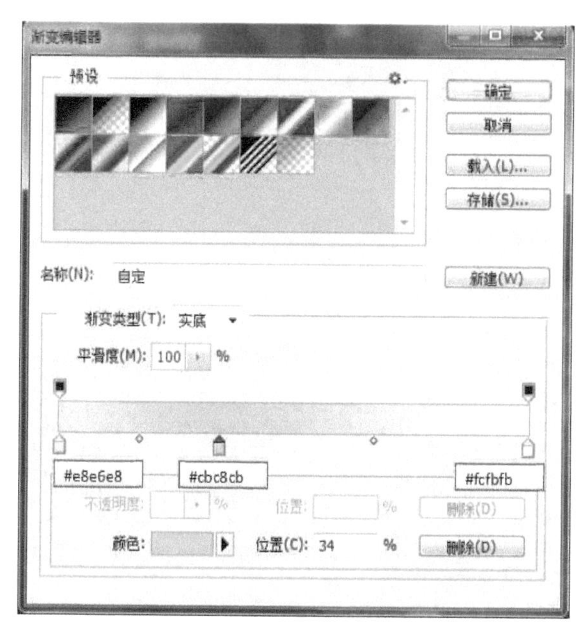

图4-278 线性渐变的颜色设置

图4-279 “图层6”的最终效果

图4-280 “图层7”的最终效果

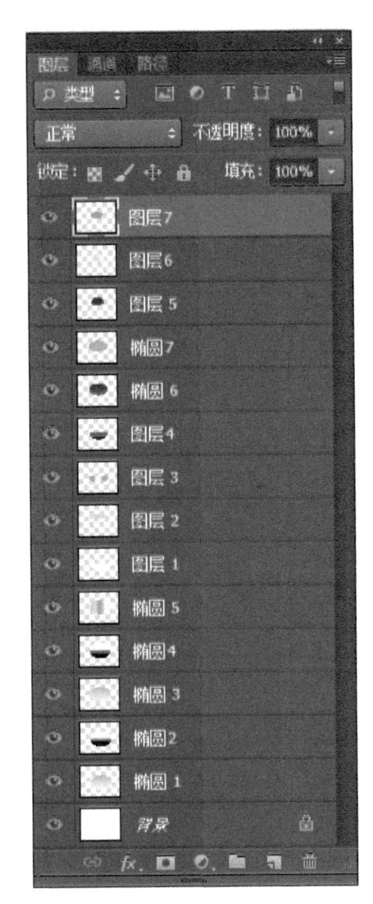

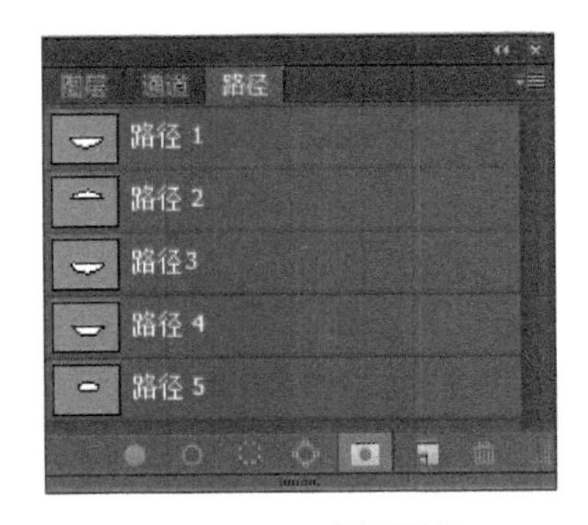

图4-281　图层面板　　　图4-282　路径面板

第2部分：智能扫地机细节刻画

1 选择工具栏中的【圆角矩形工具】，在属性栏上将其半径设置为600像素。画出一个圆角矩形，软件将自动新建一个“圆角矩形1”的图层。将圆角矩形的属性改为*W*【162像素】，*H*【90像素】。栅栏化图层，用【渐变工具】从左往右拉出一个灰色的【线性渐变】(色标参考值为#ebebeb、#999999、#ebebeb)，调节该图层位置（见图4-283～图4-286）。

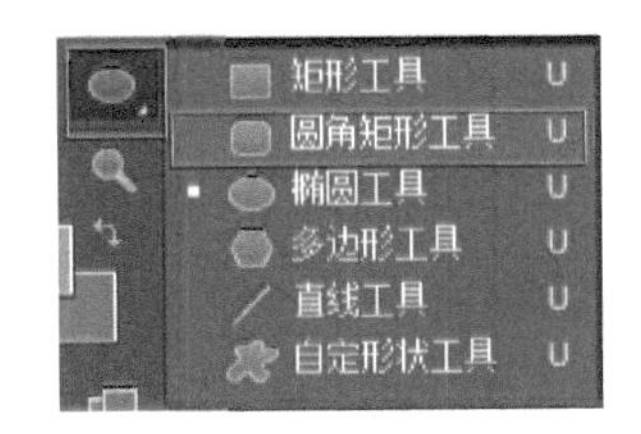

图4-283　选择圆角矩形工具

图4-284　修改圆角矩形的属性

图4-285　线性渐变的属性设置

图4-286　绘制好的圆角矩形1

2 复制图层“圆角矩形1”，重命名为“圆角矩形2”，将其置于图层面板的最顶层。按住【Ctrl】键的同时，用鼠标左键单击“圆角矩形2”的缩略图，将圆角矩形2载入选区。填充土金色【#ccab78】，然后选择菜单【滤镜】/【杂色】/【添加杂色】，数量设为5。按【Ctrl】+【D】键取消选择，调节该图层位置，按【Ctrl】+【T】键，在属性栏上把图像等比例缩小为原图的90%（见图4-287，图4-288）。

图4-287　自由变换时在属性栏上输入数值精准缩放

3 新建一个图层，重命名为“圆点1”，选择工具栏中的【椭圆选框】工具，按住【Shift】键的同时画出一个正圆形选区。用【渐变工具】从上往下为其拉出一个从浅灰色【#f5f6f6】到中灰色【#888888】的线性渐变。按【Ctrl】+【D】键取消选择。选择图层“圆点1”，按【Ctrl】+【J】键复制一层，重命名为

图4-288　绘制好的圆角矩形2

"圆点2"，选择新复制的层，按【Ctrl】+【T】，按住【Shift】水平移动位置，回车键取消变换框。连续按【Shift】+【Ctrl】+【Alt】+【T】3次，得到3个圆点，分别重命名为"圆点3""圆点4""圆点5"（重复移动复制的操作可以在前面基础部分讲解一下），选择

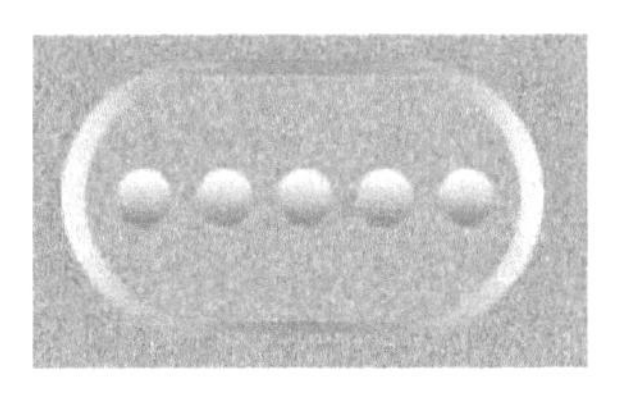
图4-289　绘制好的5个圆点

"圆点1"～"圆点5"这5个图层，合并图层，重命名为"5个圆点"，按【Ctrl】+【T】，调整它们的大小以及位置（见图4-289）。

4 选择工具栏中的文字工具 ，输入"ecovacas"，设置其颜色为白色，打开下划线（可以同 5 用画笔工具画文字下方的直线）。选择 ，按【Ctrl】+【T】，按右键将文字进行【水平翻转】和【垂直翻转】，并调节大小（见图4-290，图4-291）。

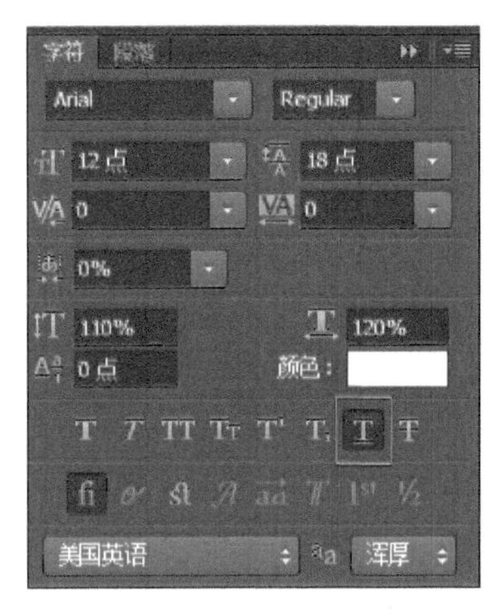

图4-290　文字属性栏设置

图4-291　对文字进行水平及垂直翻转

5 新建图层，重命名为"直线"，用画笔工具在文字上方画1条白色的直线（见图4-292，图4-293）。

6 新建一个图层，重命名为"图层8"，用 椭圆选框工具画出一个小椭圆，仍在选框工具状态下，按上下左右方向键调整好椭圆选区的位置，然后为椭圆填充白色。按【Ctrl】+【D】键取消选择。也可以选择多个参考图层，用属性栏上的对齐工具将它们水平居中对齐（见图4-294～图4-296）。

图4-292　文字局部效果

图4-293　写好文字后的产品总体效果

图4-294　图层8椭圆选区填充白色

图4-295　选择多个图层

图4-296　借助水平居中对齐工具调整位置

7 绘制按钮。新建图层，重命名为“图层9”，将其置于图层面板的最顶层。用【钢笔工具】画出路径6（见图4-297）。素材“轮廓6.psd”中有提供“路径6”（见图4-298），可将此路径复制并粘贴到智能机器人文件中，并按【Ctrl】+【T】键调整位置，最后按【Enter】键提交修改。画好路径后，选择“路径6”，按【Ctrl】+【Enter】键（或者按住【Ctrl】鼠标左键的同时，单击“路径6”的缩略图），将路径转换为选区，用【渐变工具】从左上角到右下角为其拉出一个【黑白黑】的【线性渐变】，按【Ctrl】+【D】键取消选择，调节“图层9”位置（见图4-299）。

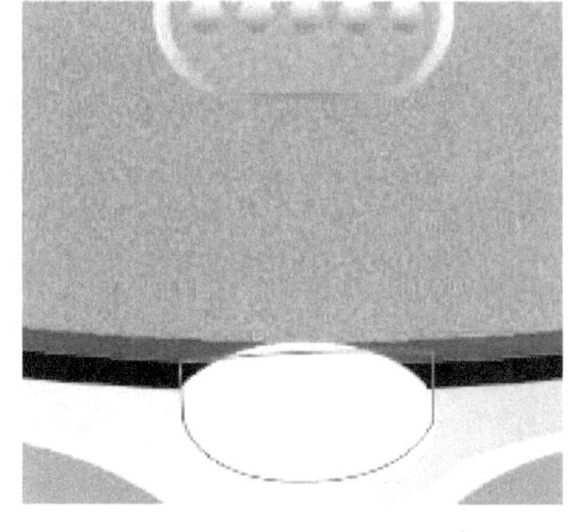

图4-297　图层9中的路径6

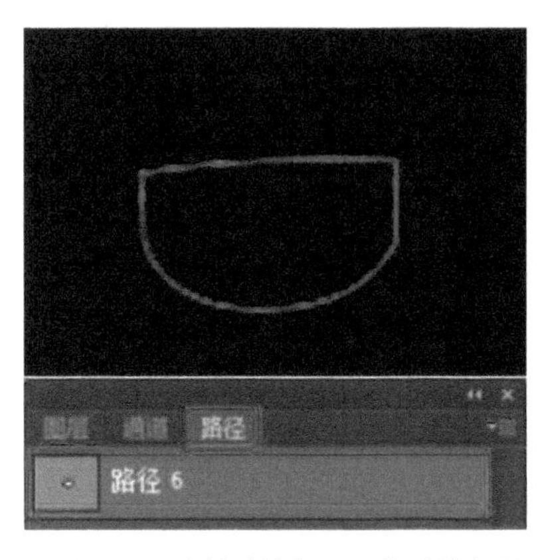

图4-298　素材“轮廓6.psd”中路径面板中的“路径6”

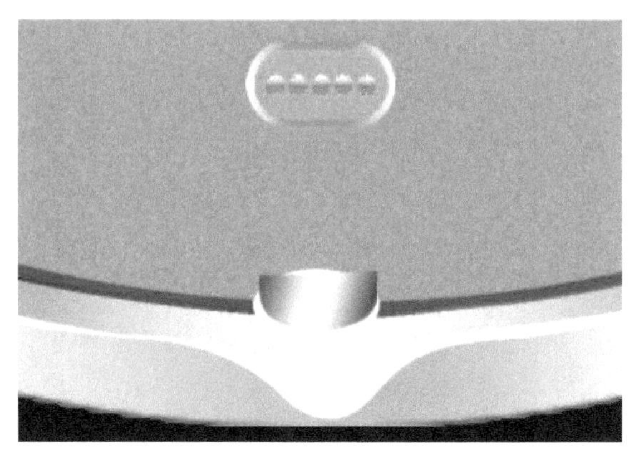

图4-299　将路径转换为选区，填充渐变色

8 新建一个图层，重命名为“图层10”，将其置于图层面板的最顶层。用椭圆选框工具 画出一个小椭圆，用【渐变工具】从左上角到右下角为其拉出一个深灰色【#252222】到白色的线性渐变，按【Ctrl】+【D】取消选择，调节该图层位置（见图4-300）。

9 复制“图层10”，重命名为“图层11”，将其置于图层面板的最顶层。按住【Ctrl】键，同时用鼠标左键单击该图层的缩略图，载入选区，按【Delete】键删除选区内容后，用【渐变工具】从左往右为其拉出一个浅灰色【#d5d6db】到深灰色【#b2b1b3】的【线性渐变】，按【Ctrl】+【D】取消选择，按【Ctrl】+【T】键适当缩小图层11，调整图层位置（见图4-301）。

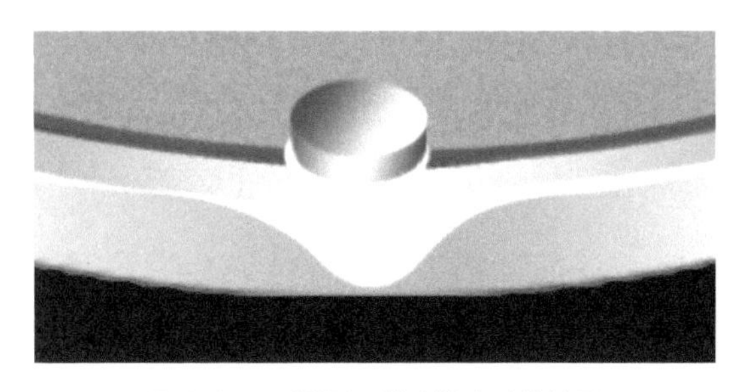

图4-300　图层10填充渐变后的效果

图4-301　图层11完成后的效果

10 新建图层，重命名为“图层12”，将其置于图层面板的最顶层。按【Ctrl】+【R】显示标尺，从左边拉出两条垂直参考线，用【钢笔工具】画一个闭合路径（路径面板中的“路径7”）。按【Ctrl】+【Enter】选择【钢笔工具】画出来的区域，为其填充白色，复制图层12，自动命名为“图层12副本”，将“图

层12副本”移动到扫地机右边对称的位置，选择菜单【编辑】/【变换】/【水平翻转】，适当调节位置（见图4-302）。

图4-302 图层12及图层12副本局部放大图

11 新建图层，重命名为“图层13”，将其置于图层面板的最顶层。用【钢笔工具】画出图中红色边框所示的闭合路径（见图4-303），对应为路径面板中的“路径8”。按【Ctrl】+【Enter】将“路径8”转换为选区，选择菜单【选择】/【修改】/【羽化】，将羽化值改为6，然后为其填充灰色【#bcbcbc】（见图4-304），按【Ctrl】+【D】取消选择。

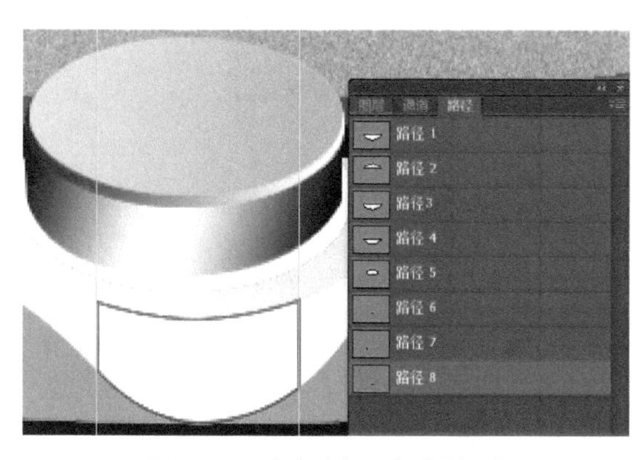

图4-303 红色边框示意“路径8”

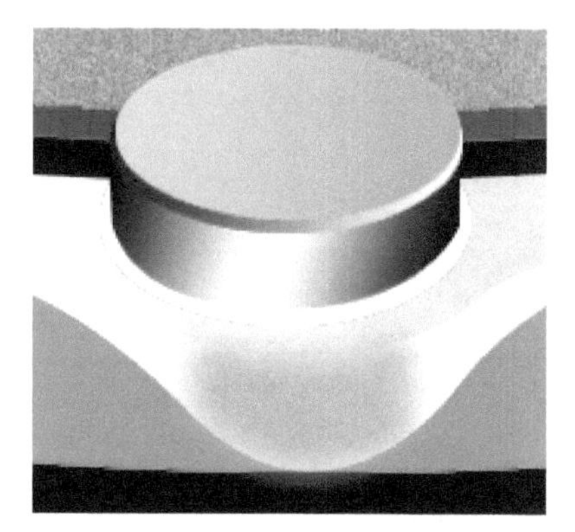

图4-304 选区羽化后的填充效果

12 绘制扫刷。新建图层，重命名为“图层14”，将其置于图层面板的最顶层。用【钢笔工具】绘制闭合路径“路径9”（见图4-305），按【Ctrl】+【Enter】将“路径9”转换为选区，在图层14中填充黑色（见图4-306），然后把图层14移至“背景”之上、“椭圆1”之下（见图4-307）。同法，在扫地机右边对称的位置画另一侧的扫刷结构，命名为图层15（见图4-308，图4-309）。

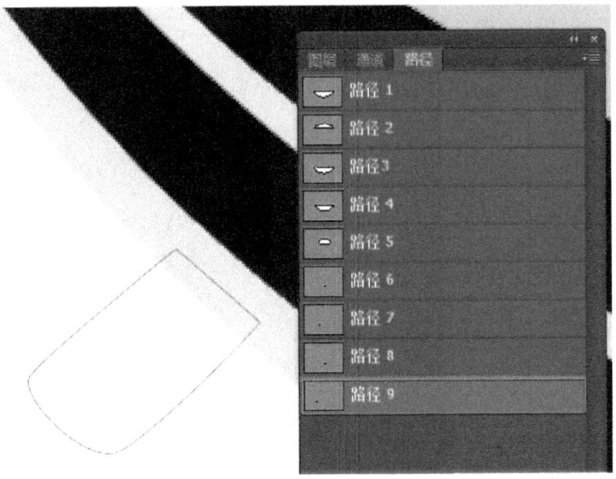

图4-305　绘制“路径9”

图4-306　填充黑色

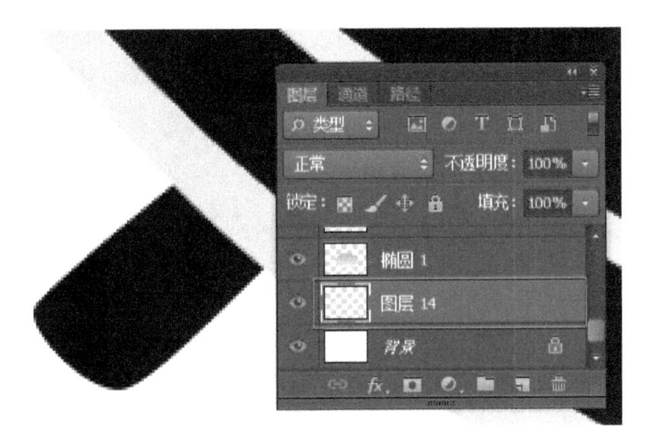

图4-307　移动“图层14”的位置

图4-308　另一侧的扫刷结构局部

图4-309　左右扫刷局部结构部分绘制完成效果

13 新建图层，重命名为“图层16”，将其置于“背景”层之上、“图层14”之下。用【钢笔工具】画出左边扫刷轮廓（见图4-310），按【Ctrl】+【Enter】将“路径10”转换为选区，选择菜单中【选择】/【修改】/【羽化】，将羽化值改为4，为羽化后的扫刷区域填充深灰色【#0d1517】(见图4-311)。同法绘制右边扫刷(见图4-312，图4-313)，左右扫刷绘制完成局部效果如图4-314所示。

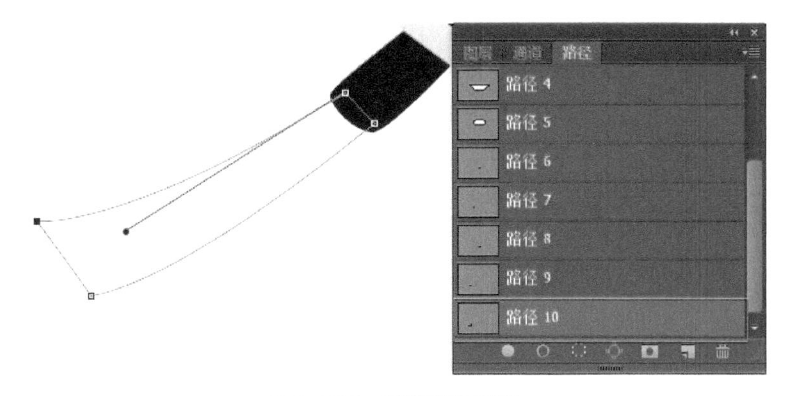

图4-310 扫刷轮廓(左)

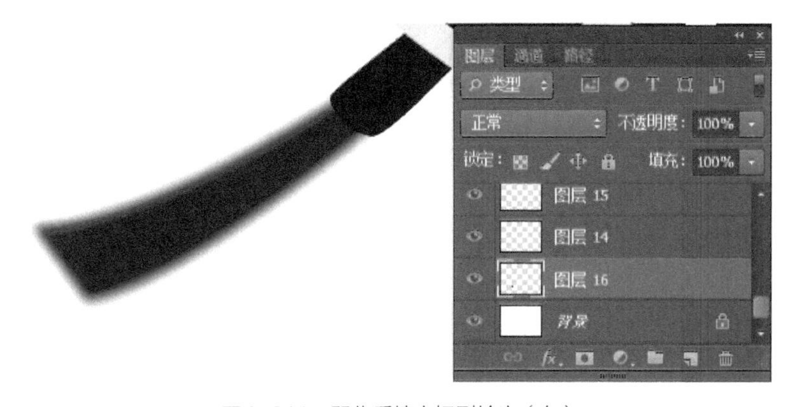

图4-311 羽化后填充扫刷轮廓(左)

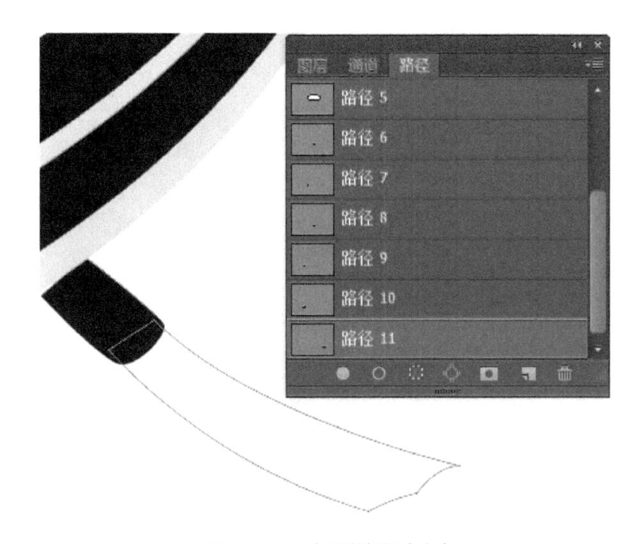

图4-312 扫刷轮廓(右)

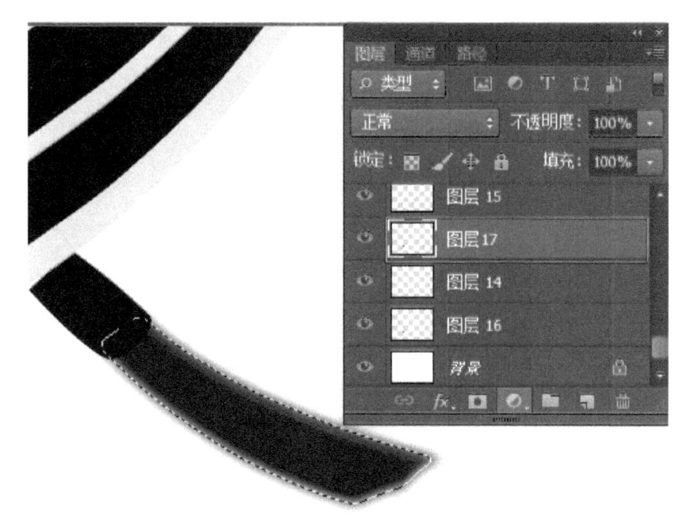

图4-313　羽化后填充扫刷轮廓（右）

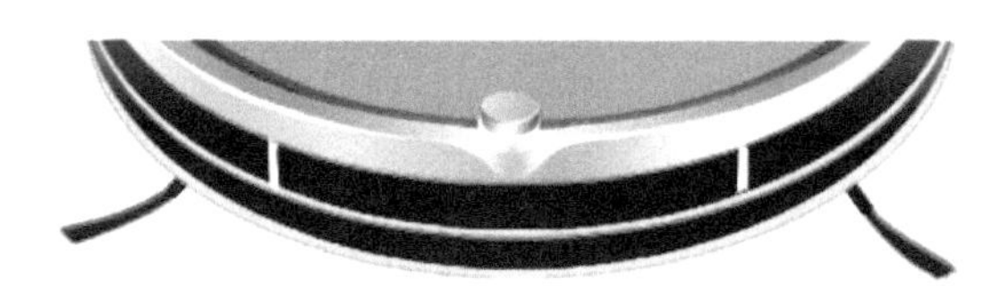

图4-314　左右扫刷绘制完成局部效果

第3部分：效果图背景制作

1 把除产品图之外的其他图层隐藏，产品完整可见，按【Ctrl】+【Shift】+【Alt】+【E】盖印图层，重命名为“产品”，单击图层面板底部【创建新组】图标，新建“组1”，重命名为“产品制作过程”（见图4-315），将除“产品”“背

图4-315　创建文件夹

景”在内的所有产品制作过程的图层拖到文件夹中，作为制作过程的备份，以便随时修改其中每个细节（见图4-316）。

2 双击“产品”图层的缩略图，打开【图层样式】对话框，为其添加一个投影，具体设置参数及效果如图4-317、图4-318所示。

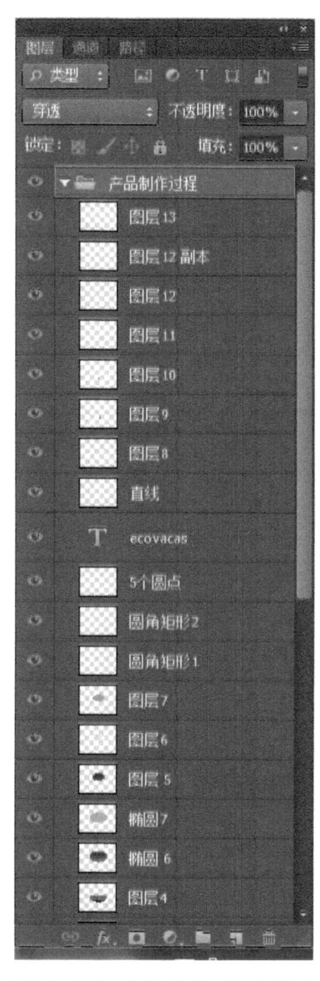

图4-316　文件夹中存放产品制作过程

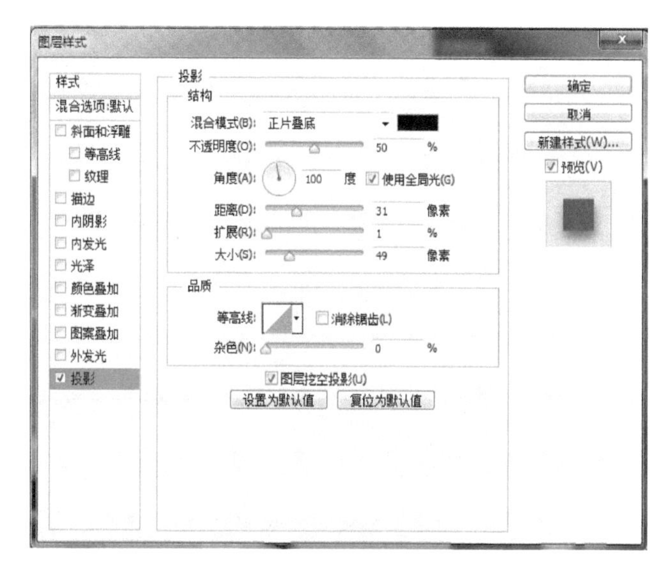

图4-317　投影参数设置

图4-318　添加投影后的效果

3 新建图层“渐变背景”，将其移动到产品图层下方，用【渐变工具】为其添加一个白色到浅灰色的【径向渐变】（见图4-319，图4-320）。

图4-319　在背景拉出由白色到浅灰色的径向渐变

图4-320　图层面板

智能扫地机最终效果图如图4-321所示。

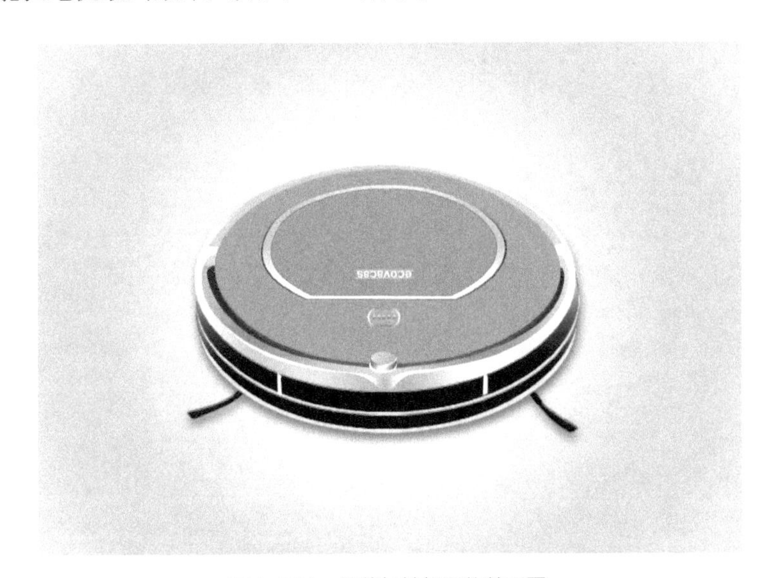

图4-321　智能扫地机最终效果图

【课后练习】

练习1　手机效果图表现

绘制如图4-322所示的手机效果图。具体步骤参见视频教程。

图4-322　手机效果图参考图

练习2　iPad效果图表现

绘制如图4-323所示的iPad的效果图。具体步骤参见视频教程。

图4-323　iPad效果图参考图

练习3　冰箱效果图表现

这是LG推出的一款可自动开门的智能冰箱LG Signature Refrigerator（见图4-324）。绘制冰箱效果图的具体步骤参见视频教程。

图4-324　LG智能冰箱效果图参考图

第5章

初识 CorelDRAW

5.1 CorelDRAW软件概述

CorelDRAW是加拿大Corel公司出品的一款通用且强大的图形设计软件，强大的功能使其广泛运用于商标设计、图标制作、模型绘制、插图绘制、排版、网页及分色输出等诸多领域，是当今设计、创意过程中不可或缺的有力助手。图形设计软件是按照自己的构思创意使用矢量图形来进行设计的，这类软件还有Adobe公司的Illustrator和Macromedia公司的Freehand（见图5-1～图5-3）。

图5-1　CorelDRAW图标

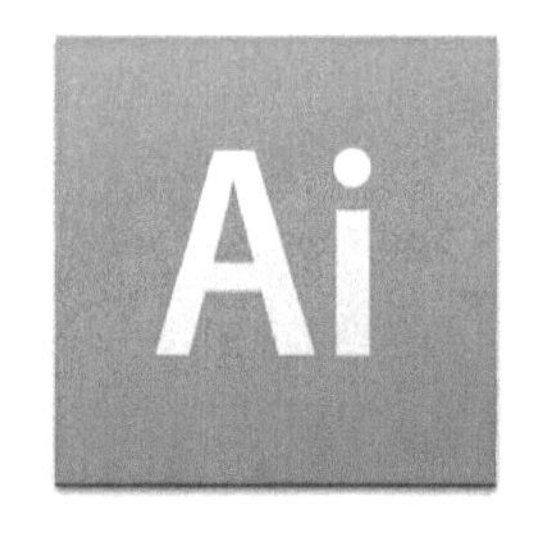

图5-2　Illustrator图标

图5-3　Freehand图标

CorelDRAW软件主要以矢量图形为基础进行创作，矢量图也称为“矢量形状”或“矢量对象”，在数学上定义为一系列由线连接的点。矢量文件中每个对象都是一个自成一体的实体，它具有颜色、形状、轮廓、大小和屏幕位置等属性，可以直接进行轮廓修饰、颜色填充和效果添加等操作。

矢量图与分辨率无关，因此在进行任意移动或修改时都不会丢失细节或影响其清晰度。当调整矢量图形的大小、将矢量图形打印到任何尺寸的介质上、在PDF文件中保存矢量图形或将矢量图形导入到基于矢量的图形应用程序中时，矢量图形都将保持清晰的边缘。

5.2 CorelDRAW软件界面

5.2.1 CorelDRAW的工作界面

启动CorelDRAW后可以观察到其工作界面。在默认情况下，CorelDRAW的界面组成元素包含标题栏、菜单栏、常用工具栏、工具属性栏、工具箱、页面、工作区、标尺、导航器、状态栏、调色板、泊坞窗、视图导航器、滚动条和用户登录（如图5-4所示）。

图5-4 CorelDRAW的工作界面

5.2.2 工具箱

工具箱包含文档编辑的常用基本工具，以工具的用途进行分类（见图5-5）。按住左键拖动工具右下角的下拉箭头可以打开隐藏的工具组，可以单击更换需要的工具。

5.2.3 调色板

调色板方便用户进行快速便捷的颜色填充，在色样上单击鼠标左键可以填充对象颜色，单击鼠标右键可以填充轮廓线颜色。用户可以根据相应的菜单栏操作进行调色板颜色的重置和调色板的载入（见图5-6）。

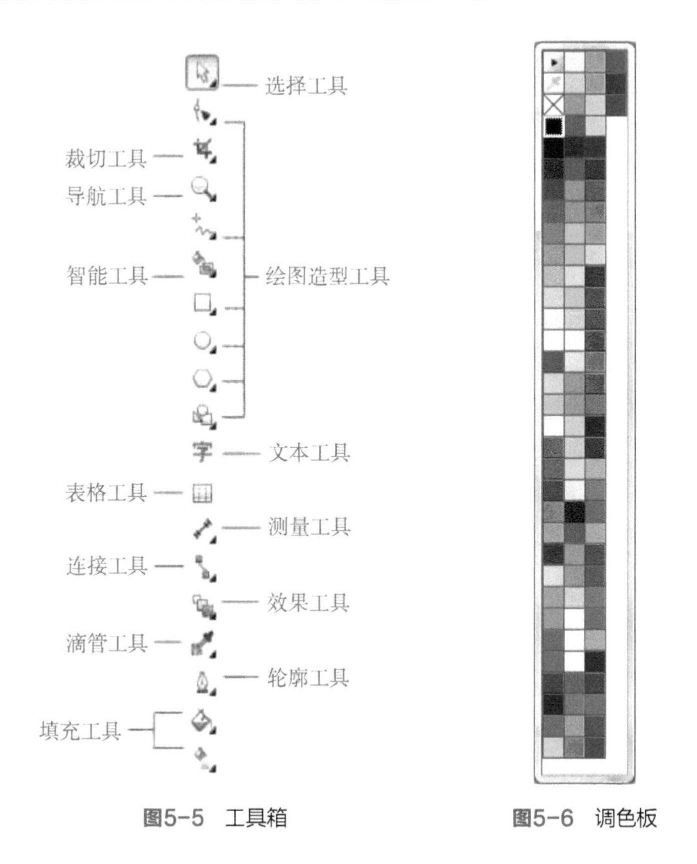

图5-5 工具箱

图5-6 调色板

5.2.4 泊坞窗

泊坞窗主要是用来放置管理器和选项面板的，使用切换可以单击图标激活展开相应选项面板，执行【窗口】/【泊坞窗】菜单命令可以添加相应的泊坞窗。CorelDRAW的泊坞窗功能很强大，例如可以使用对象管理器查看每一个图形对象，组织对象关系（见图5-7）；可以使用“变换”泊坞窗精确控制对象，包括移动、缩放、选装等，还可以按照一定的变换规律轻松复制多个副本（见图5-8）。

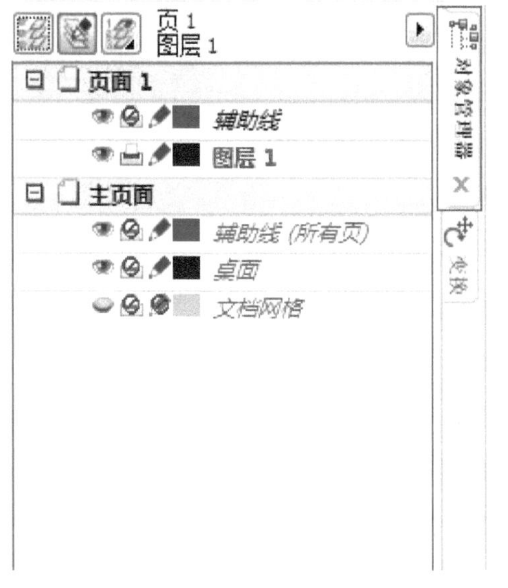

图5-7　泊坞窗/对象管理器

图5-8　泊坞窗/变换

5.2.5　案例1　用变换泊坞窗绘制笑脸图标

图5-16所示为一款创意太阳标志矢量图，我们通过绘制这个简单的矢量图，来学习变换工具的使用方法。

1 使用【椭圆形工具】绘制一个圆形（选择此工具后，在适当位置单击左键不松开，同时按住【Crtl】便能画圆形），选中所画圆形，使用【填充工具】里面的均匀填充，为其填充黄色（见图5-9）。随后选中圆形，右击软件界面右边工具栏 ⊠ 去除轮廓线。

2 使用【钢笔工具】绘制如图5-10所示路径，并使用【填充工具】为其填充黑色。

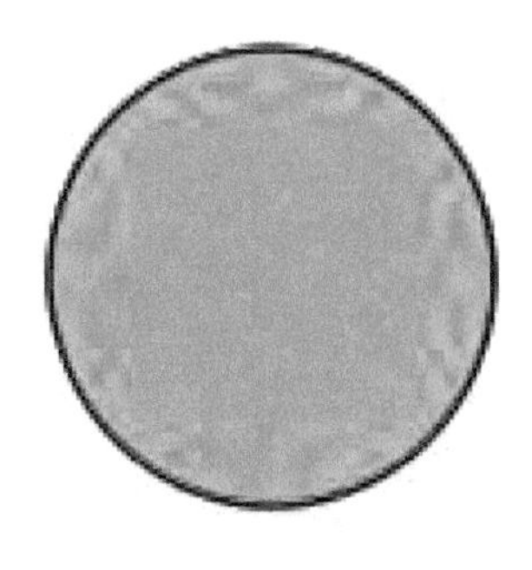
图5-9　填充黄色效果

图5-10　路径效果及位置

3 使用钢笔工具绘制3条线段，长度为2短1长，且每两条线段之间呈10°左右的夹角，3条线段呈30°左右的夹角。并双击软件右下角的 R: 0 G: 0 B: 0 (#000000) 进入轮廓笔设置框，将宽度改为0.5mm。同时选中3条线段，按【Ctrl】+【G】将其群组（见图5-11）。

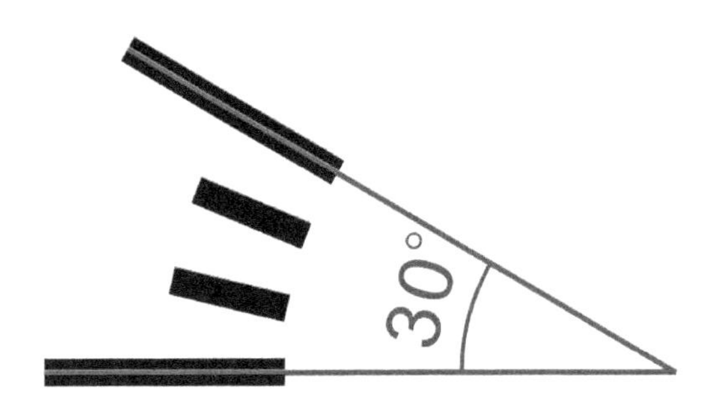

图5-11　每个线段单元的角度关系

4 用鼠标双击该群组（见图5-12），中间的小圆圈是旋转中心点，单击旋转中心点按住拖动至 1 所绘制的圆的几何中心处，即圆心（拖动至圆中心时会自动吸住，见图5-13）。

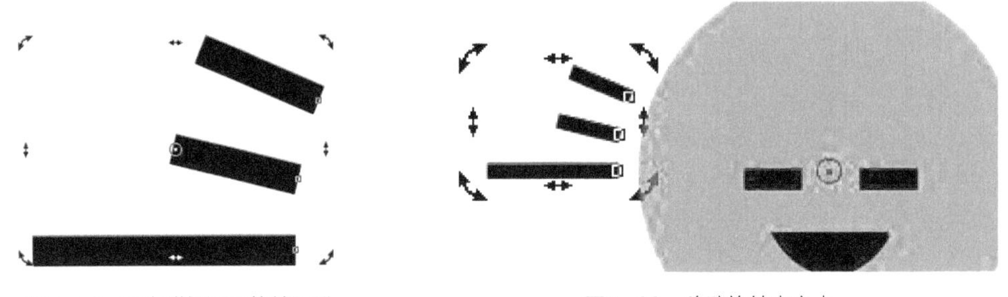

图5-12　双击群组调用旋转工具

图5-13　移动旋转中心点

5 选择菜单上的【窗口】/【泊坞窗】/【变换】/【旋转】打开变换泊坞窗（见图5-14）。

6 选中该群组，设置旋转角度为30°，旋转中心已经调好，*x*与*y*不需要输入数值，副本为11（见图5-15）。设置完成后单击应用，之前的3条线的群组以黄色图形的圆心为锚点，旋转并复制，最终整齐地铺满了黄色圆形外边框，由于之前绘制直线时已经有意识地控制3条基本单元夹角约为30°，因此现在12个单元，正好布满360°的圆周，最终绘制结果如图5-16所示。

同系列的创意太阳标志矢量图参见本章课后练习题，供读者学习本节后练习。

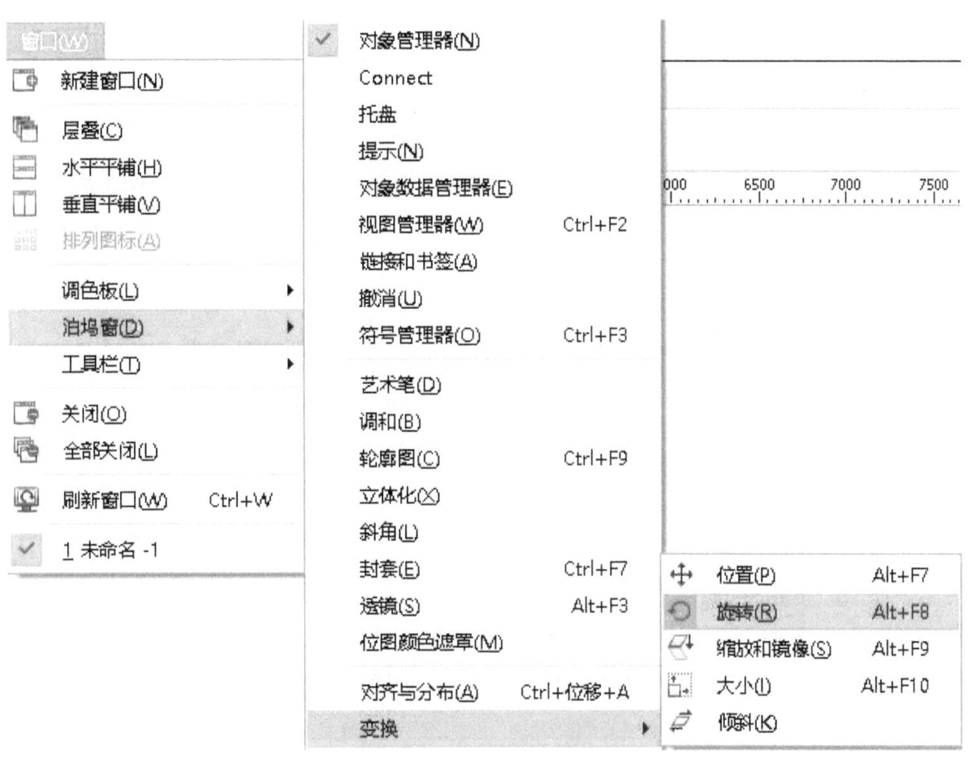

图5-14　打开变换泊坞窗

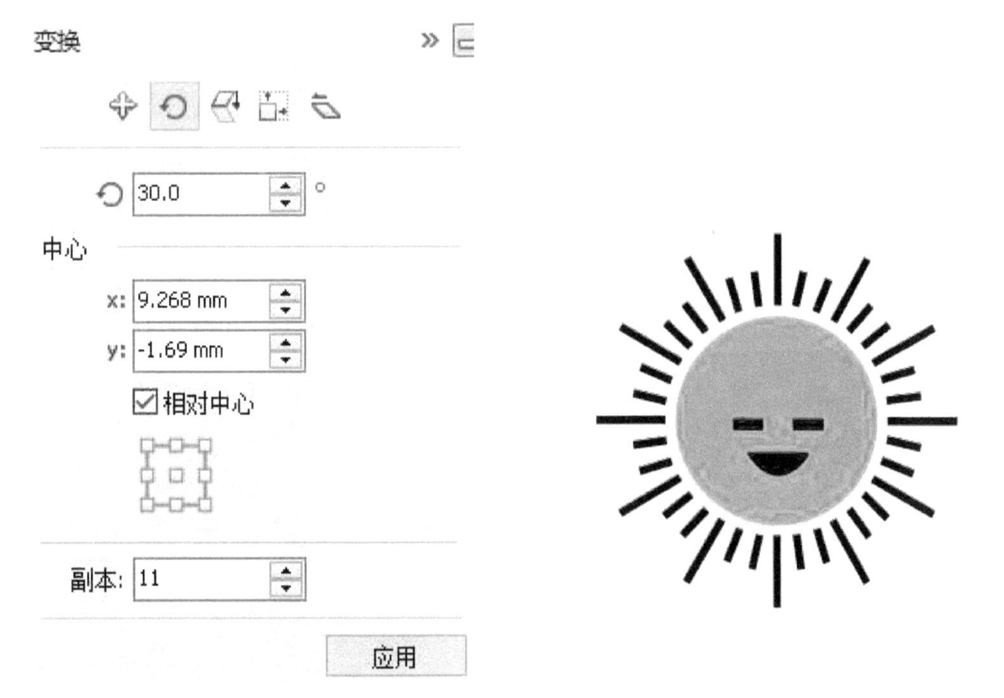

图5-15　变换设置

图5-16　创意太阳标志最终效果

5.3 CorelDRAW线条及填充工具

线条是两个点之间的路径，线条由多条曲线或直线线段组成，线段间通过节点连接，以小方块节点表示，我们可以用线条进行各种形状的绘制和修饰。CorelDRAW为我们提供了各种线条工具。

填充工具主要服务于产品效果图表现中产品体积感的表现。

本节主要围绕绘图工具和填充工具的使用展开，讲解绘图工具中最常使用的贝塞尔曲线与钢笔工具，填充工具中的交互式填充工具和透明度工具，讲解工具的使用方法并举例说明。

5.3.1 贝塞尔工具

【贝塞尔工具】是所有绘图类软件中最为重要的工具之一，可以创建更为精确的直线和对称流畅的曲线，我们可以通过改变节点和控制其位置来变化曲线弯度。在绘制完成后，可以通过节点进行曲线和直线的修改。

“贝塞尔曲线”是由可编辑节点连接而成的直线或曲线，每个节点都有两个控制点，允许修改线条的形状。在曲线段上每选中一个节点都会显示其相邻节点一条或两条方向线（见图5-17），方向线以方向点结束，方向线与方向点的长短和位置决定曲线线段的大小和弧度形状，移动方向线则改变曲线的形状（见图5-18）。方向线也可以叫“控制线”，方向点叫“控制点”。

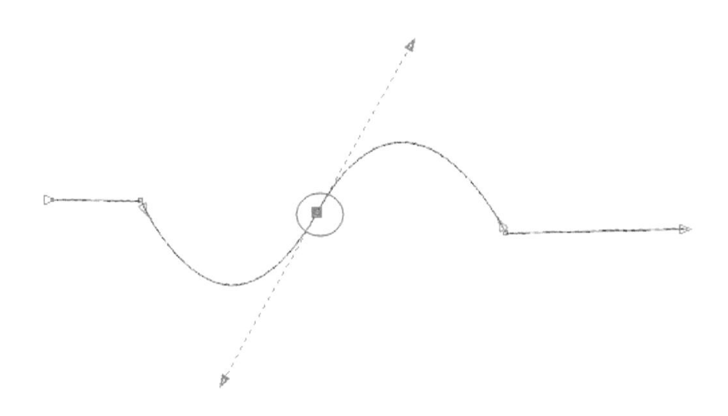

图5-17　贝塞尔曲线上的节点

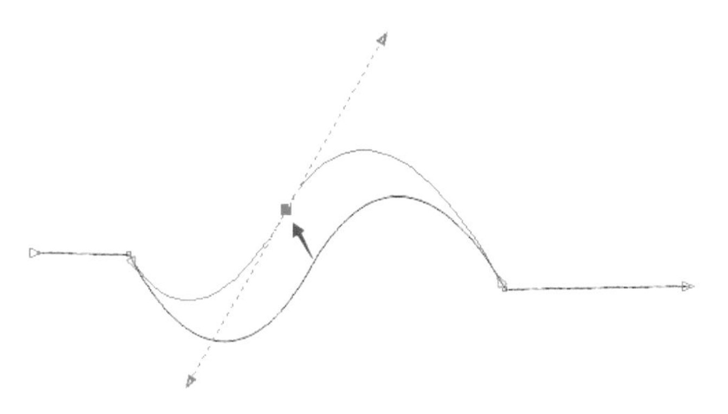

图5-18　贝塞尔曲线的控制线和控制点

在使用贝塞尔工具进行绘制时无法一次性得到需要的图案，所以需要在绘制后进行线条修饰，我们配合“形状工具”和属性栏，可以对绘制的贝塞尔线条进行修改（见图5-19）。

图5-19　贝塞尔曲线工具属性栏

5.3.2　钢笔工具

【钢笔工具】和【贝塞尔工具】很相似，也是通过节点的连接绘制直线和曲线，在绘制之后通过【形状工具】进行修饰。

在绘制过程中，【钢笔工具】可以使我们预览到绘制拉伸的状态，方便进行移动修改。图5-20和图5-21所示分别为用【钢笔工具】绘制的直线和折线，当起始节点和结束节点重合时形成闭合路径（见图5-22）可以进行填充操作（见图5-23）。

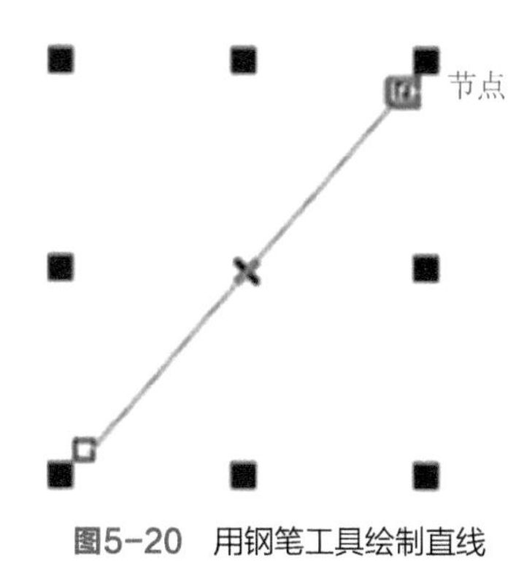

图5-20　用钢笔工具绘制直线

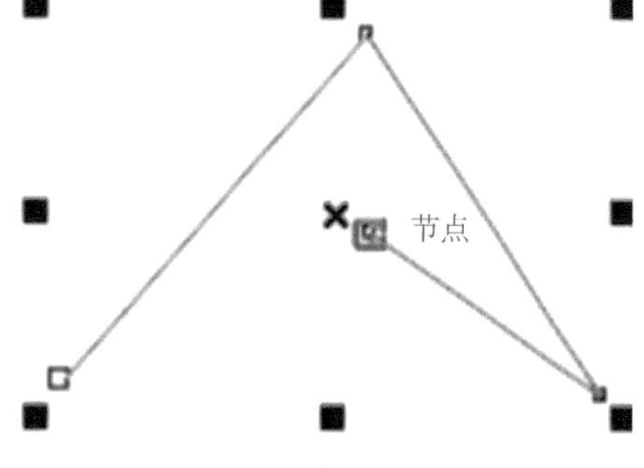

图5-21　用钢笔工具绘制折线

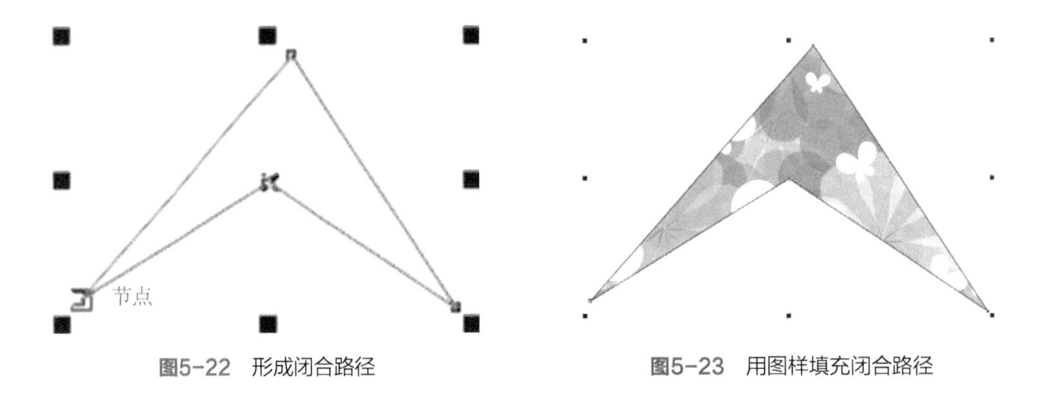

图5-22　形成闭合路径　　图5-23　用图样填充闭合路径

【钢笔工具】也可以很方便地绘制曲线，通过调节节点的位置及类型、控制柄的长度与方向可以准确勾画图形轮廓（见图5-24），当上一个控制点手柄影响了下一个控制点绘制的形状时，可以按住【Alt】键单击上一个控制点，取消一边的手柄，便于自由绘制曲线（见图5-25）。

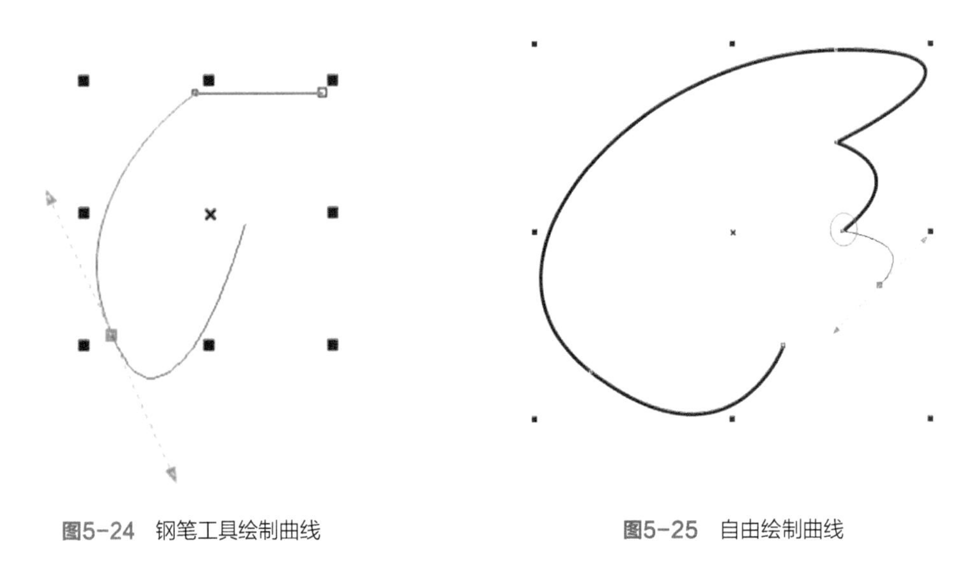

图5-24　钢笔工具绘制曲线　　图5-25　自由绘制曲线

5.3.3　交互式填充工具

【交互式填充工具】包含填充工具组中所有填充工具的功能，利用该工具可以为图形设置各种填充效果，其属性栏选项会根据设置的填充类型的不同而有所变化，该填充工具提供11种填充类型（见图5-26），我们着重讲一下线性填充、辐射填充、圆锥填充和正方形填充。

图5-26 【交互式填充工具】属性栏及填充类型

（1）线性填充

选中要填充的对象，然后单击【交互式填充工具】，接着在属性栏上设置【填充类型】为【线性】、【角度】为60.721、【边界】14%、两端节点的填充颜色均为（C：80，M：0，Y：0，K：0），再使用鼠标左键双击对象上的虚线添加一个节点，最后设置该节点颜色为白色、【节点位置】为50%，如图5-27所示，填充效果如图5-28所示。

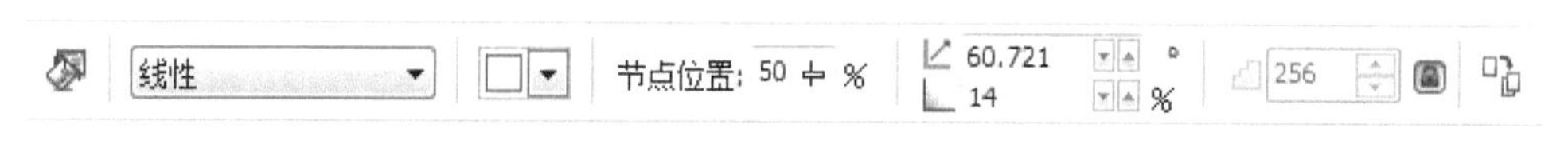

图5-27 线性填充属性设置

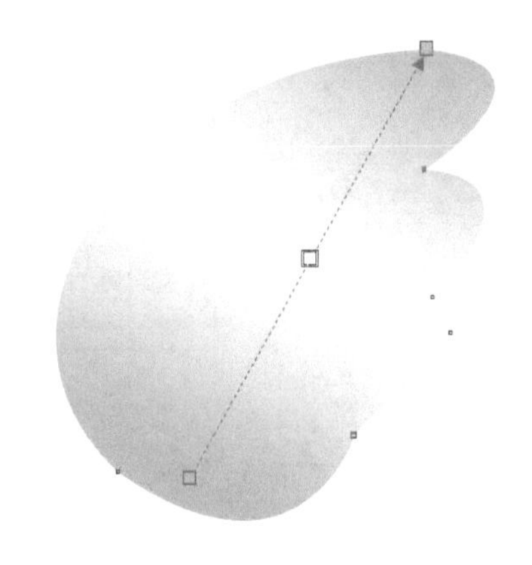

图5-28 线性填充效果

（2）辐射填充

选中要填充的对象，然后单击【交互式填充工具】，接着在属性栏上设置【填充类型】为【辐射】、两个节点颜色为（C：62，M：36，Y：0，K：0）和白色、【填充中心点】为47%、【边界】为4%，如图5-29所示。填充效果如图5-30所示。

图5-29 辐射填充属性设置

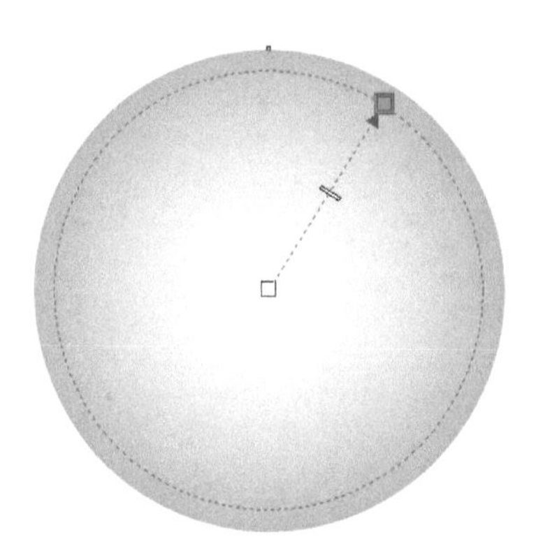

图5-30 辐射填充效果

（3）圆锥填充

选中要填充的对象，然后单击【交互式填充工具】，接着在属性栏上设置【填充类型】为【圆锥】，双击对象上的虚线添加3个节点，设置首尾两端节点及【节点位置】为50%的节点填充颜色为深灰色（C：58，M：50，Y：47，K：0），【节点位置】为25%和75%的节点填充颜色为白色（C：0，M：0，Y：0，K：0）（见图5-31，图5-32）。

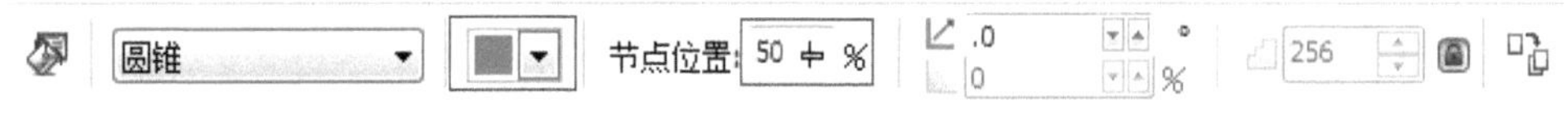

图5-31 圆锥填充属性设置

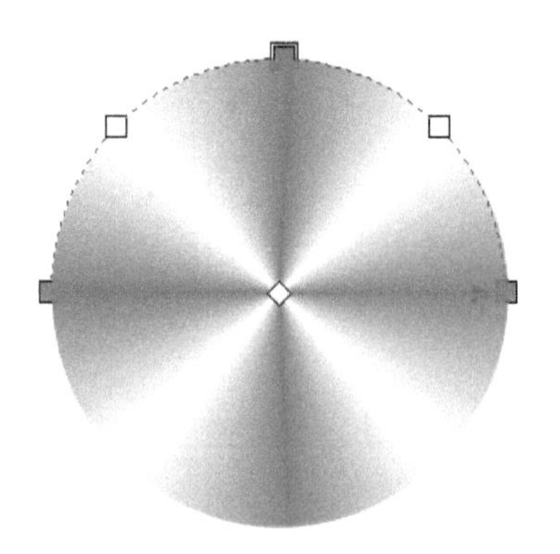

图5-32 圆锥填充效果

（4）正方形填充

选中要填充的对象，然后单击【交互式填充工具】，接着在属性栏上设置【填充类型】为【正方形】，中心端节点的颜色为（C：65，M：0，Y：0，K：0），末端节点颜色均为（C：87，M：61，Y：20，K：0）、【角度】为45.0、【边界】为14%、单击【渐变步长】右边的锁为其解锁，设定【渐变步长】为19（见图5-33），再双击对象上的虚线添加一个节点，最后设置该节点【节点位置】为50%、颜色为白色（见图5-34）。

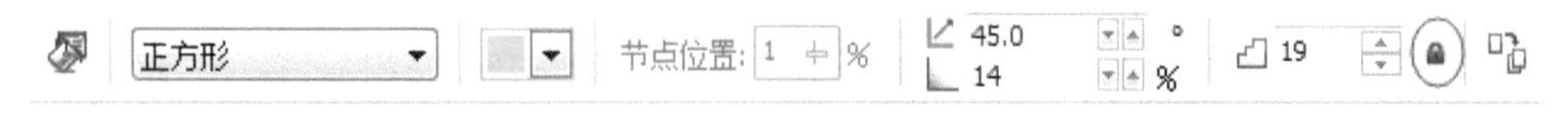

图5-33　正方形填充属性设置

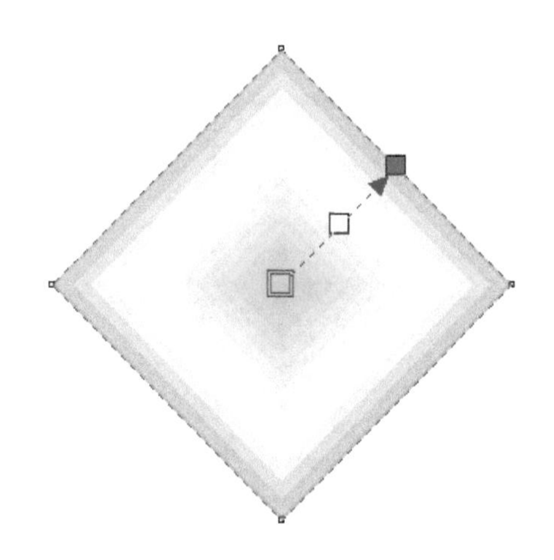

图5-34　正方形填充效果

5.3.4　透明度工具

在工具箱的【调和】工具组的最后一个是【透明度工具】。【透明度工具】用于改变对象填充色的透明程度来添加效果。其中【标准】用于调整整个图像达到一种均匀的透明效果，可以丰富图片效果和添加创意。而【线性】、【辐射】、【圆锥】、【正方形】这4种属于渐变透明度效果，在表现产品体积和光影效果时经常用到。填充方式在属性栏【透明度类型】的下拉选项中进行切换，绘制方式与【交互式填充工具】相似（图5-35和图5-36），在此不再赘述。具体使用参见5.3.5及5.3.6的案例。

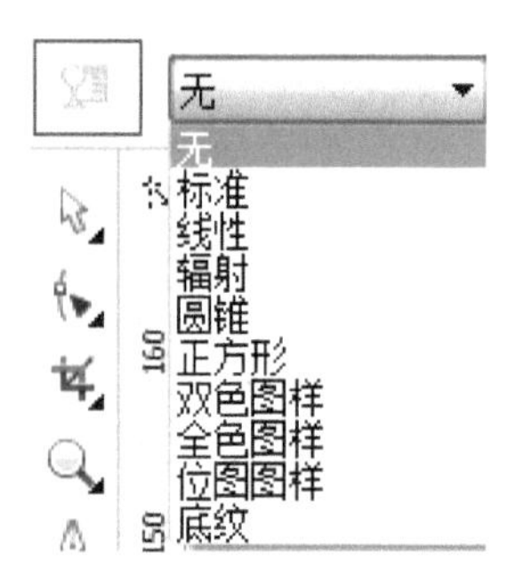

图5-35 【交互式填充工具】属性栏

图5-36 【交互式填充工具】的填充类型

5.3.5 案例2 绘制一幅卡通插画

本节通过一幅卡通插画的绘制，讲解贝塞尔工具与钢笔工具的使用技巧（见图5-37），具体制作步骤解析如下。

图5-37 一幅插画作品

1 绘制伞柄轮廓。将这张插画导入CorelDRAW，适当放大，作为参考图使用。在参考图上单击右键选择【锁定对象】按钮，将其锁定。从伞柄顶端的左端点开始，单击钢笔工具得到第1个节点，顺着伞柄的垂直方向，在伞柄垂直部分的末端点下第2点，得到一条垂直线和两个节点（见图5-38），然后在伞柄弯折处的最低点点一下钢笔工具，这时点下去的钢笔工具不要松开，而要通过拉动鼠标来调整控制线的方向至水平，得到第3个控制点（见图5-39），接着沿着伞柄外轮廓的走向，在与第2个控制点差不多的水平高度的地方单击钢笔工具得到第4个控制点（见图5-40），然后按照同样的方法，沿着伞柄外轮廓的形状，得到多个控制点，直至最后一个控制点与第1个控制点重合，得到闭合路径（见图5-41）。

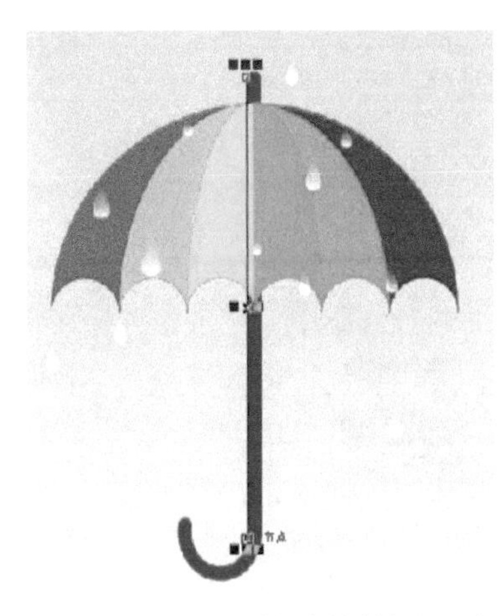

图5-38　第1个和第2个控制点以及中间的垂直线

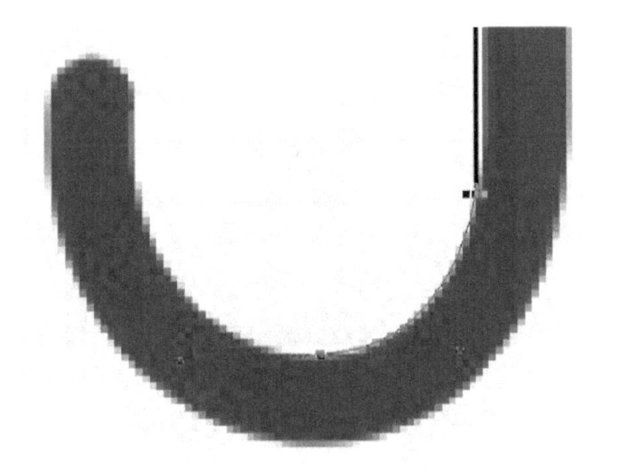

图5-39　第3个控制点

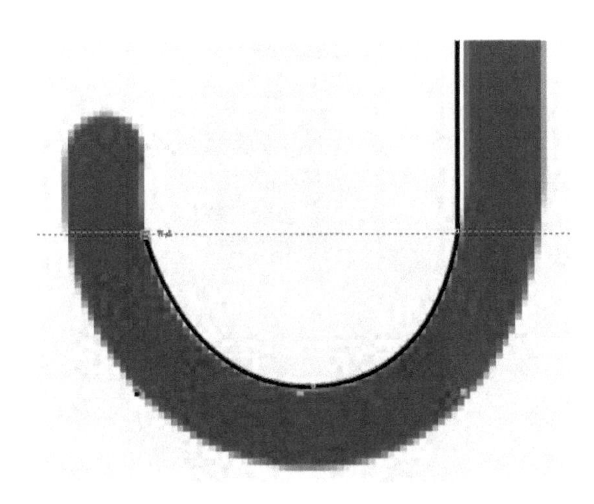

图5-40　第4个控制点

图5-41　画出闭合的伞柄轮廓

2 调整伞柄轮廓。选择工具箱中的【形状工具】，选中伞柄轮廓上的每个单独的控制点，调节其位置、控制柄方向及长度，使伞柄轮廓更加准确贴合参考图。对于有弧度的弯折处不够圆滑的点，需要使用属性栏上的【转化为曲线】工具，将线条转化为曲线，调整控制柄的长度和方向，使弯折处的曲线尽量光滑。或选择属性栏上的【平滑节点】工具，适当拉长控制点的控制手柄，使伞柄轮廓在弯折处轮廓变得圆滑（见图5-42）。伞柄轮廓绘制完成后，选择工具箱中的颜色滴管工具吸取参考图上伞柄的颜色，在工具属性栏上选择【添加到调色板】/【文档调色板】按钮，将吸取到的颜色放到文档调色板中，然后用改颜色填充伞柄轮廓（见图5-43）取消轮廓色。

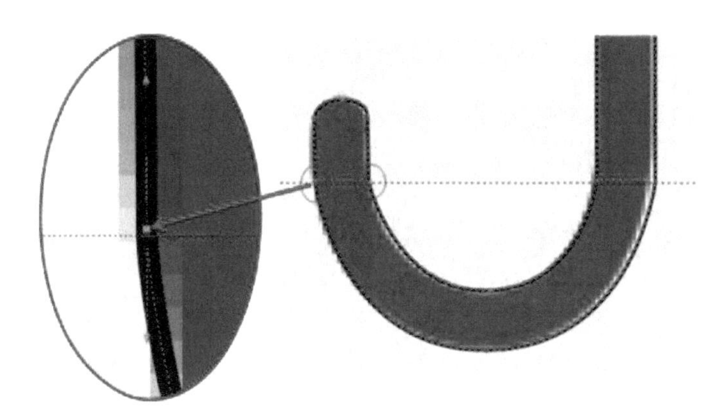

图5-42　调整伞柄轮廓上不够光滑的点

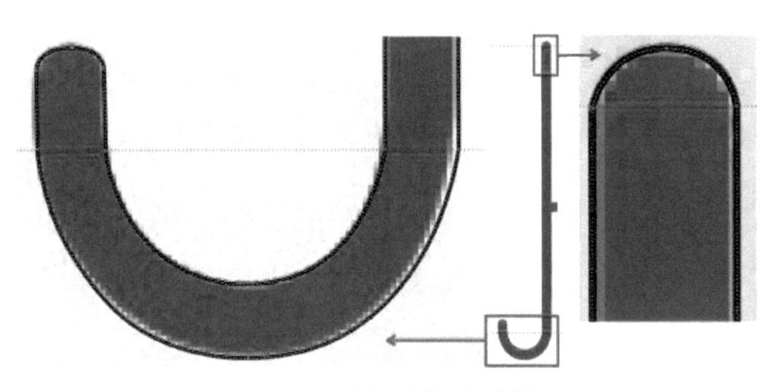

图5-43　伞柄轮廓及细节图

3 绘制伞面。伞面上每一个颜色块就是一个闭合路径，在每一个闭合路径中都通过5个控制点来控制形状，其中第5点与第1点重合，可以用钢笔工具也可以用贝塞尔曲线绘制，然后对闭合路径进行颜色填充，同法绘制整个彩色伞面（见图5-44）。

（a）绘制伞面过程——第1、第2控制点

（b）绘制伞面过程——第3控制点

（c）绘制伞面过程——第4、第5控制点

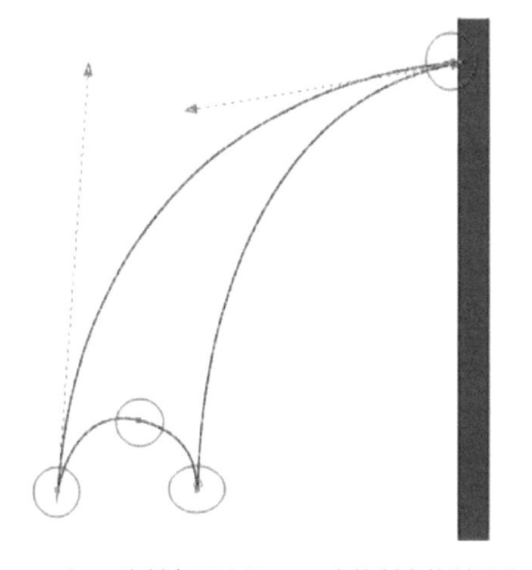

（d）绘制伞面过程——5个控制点控制形状

（e）绘制伞面第1块色彩部分

（f）彩色伞面绘制完成

图5-44　绘制伞面过程图解

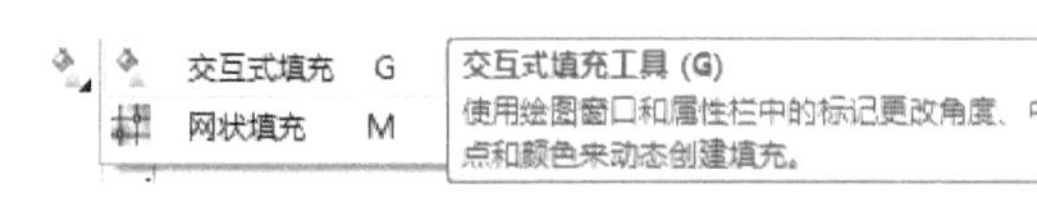

（a）工具箱中的【交互式填充工具】

（b）交互式填充效果

图5-45 填充渐变背景色

4 绘制渐变背景。绘制一个矩形框作为背景，调整图层顺序【到图层后面】，在工具箱中选择【交互式填充工具】，由上到下拉出一个由深灰到浅灰的线性渐变（见图5-45），去掉背景的轮廓色。

5 绘制雨滴。绘制一个椭圆，设置轮廓色为绿色，无填充，并旋转30°，在【变换】泊坞窗里选择【缩放和镜像】命令，在水平方向上镜像一个椭圆，调整轮廓色为橘红色，无填充，向右移动镜像的椭圆至合适的位置。选中两个椭圆，在【造型】泊坞窗里选择【相交】命令，在这两个椭圆重叠区域上创建新的独立对象，即得到水滴图形（见图5-46）。为雨滴填充白色。然后从工具箱的调和工具组中选择【透明度工具】，由上到下拉出线性不透明度渐变效果（见图5-47）。将得到的水滴图形，用变换工具复制多个，随意摆放（见图5-48）。

至此，这幅卡通插画绘制完毕。选择【文件】/【导出】，选择.jpg格式输出最终文件，同时还保留一份.cdr工程文件留存，以备需要修改时再做修改。

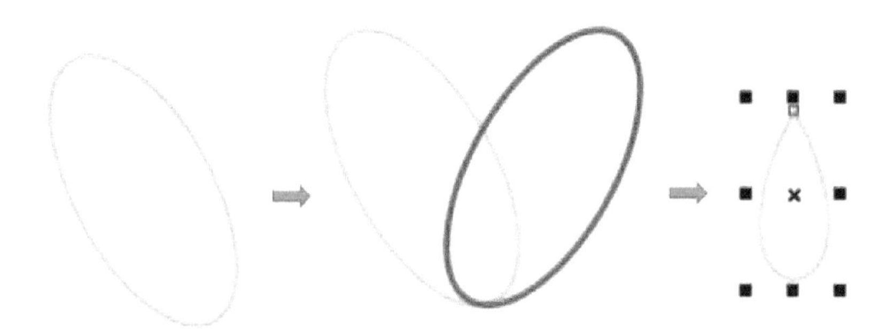

图5-46 利用泊坞窗绘制水滴图形

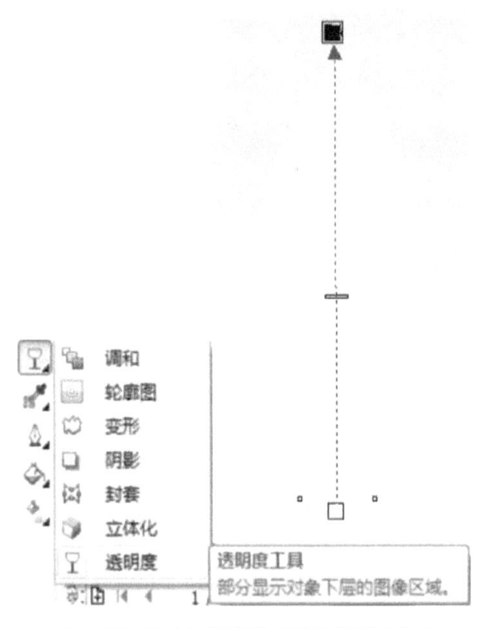

图5-47　为水滴填充线性透明度变化效果

图5-48　复制得到多个水滴图形

5.3.6　案例3　绘制一个透明小球

透明效果可以达到添加光感的作用，本案例通过绘制一个具有透明光感的小球，学习交互式填充工具、透明度工具的使用技巧（见图5-49）。

图5-49　透明小球效果图

1 使用【椭圆形工具】绘制一个圆。使用【填充工具】中的【渐变填充】，修改类型为【辐射】，渐变填充的颜色设置参考图5-50。

2 单击【交互式填充工具】（见图5-51），通过控制杆调节填充效果，填充效果如图5-52所示。

3 使用【钢笔工具】绘制一个路径并填充白色（见图5-53）。

4 选择调和工具组 中的【透明度工具】，为该椭圆图形添加线性透明度效果，并去掉黑色轮廓，具体操作如图5-54所示。

5 使用【钢笔工具】绘制一个半圆形路径（见图5-55），并均匀填充为白色。使用【透明度工具】为其添加透明度效果（见图5-56），最终制作完成的效果如图5-57所示。

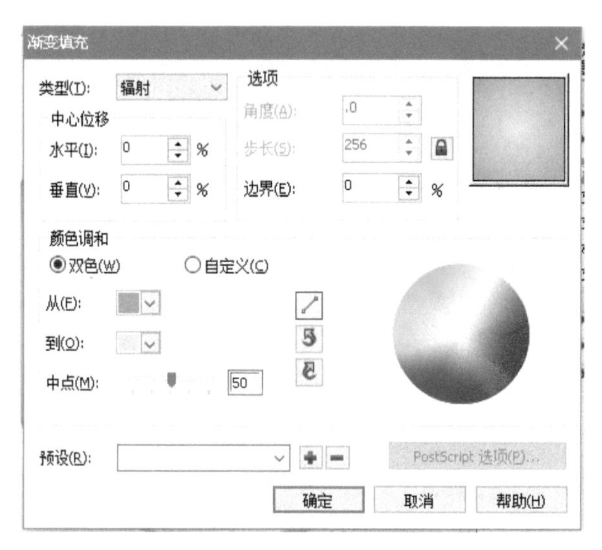

图5-50　填充设置

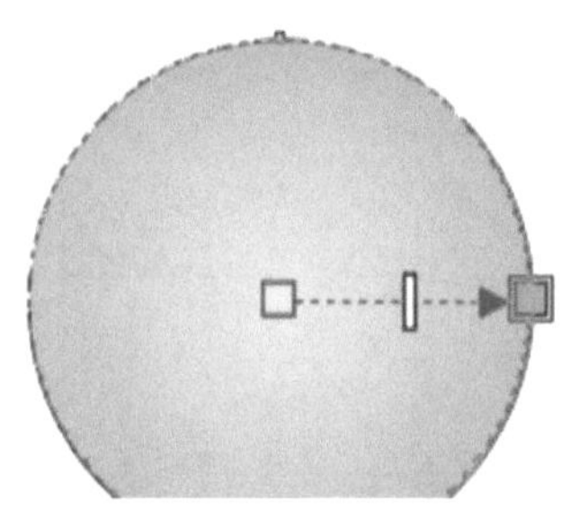

图5-51　交互式填充

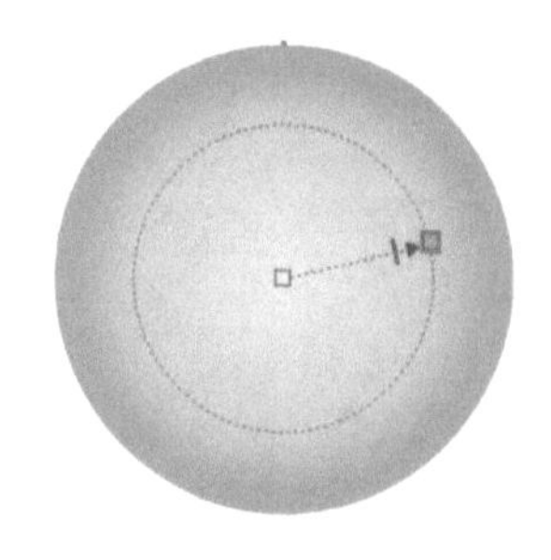

图5-52　交互时填充调节结果

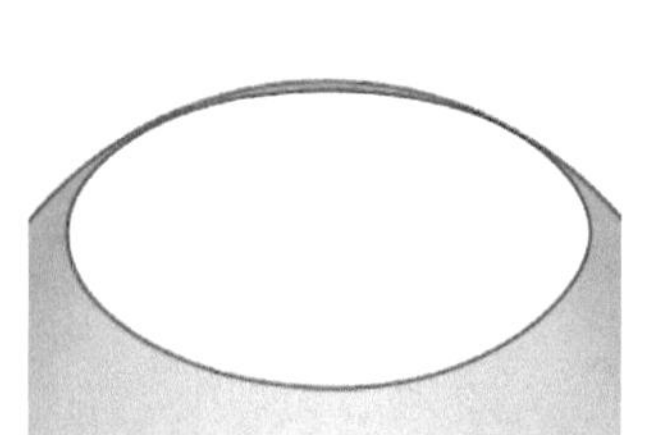

图5-53　绘制路径

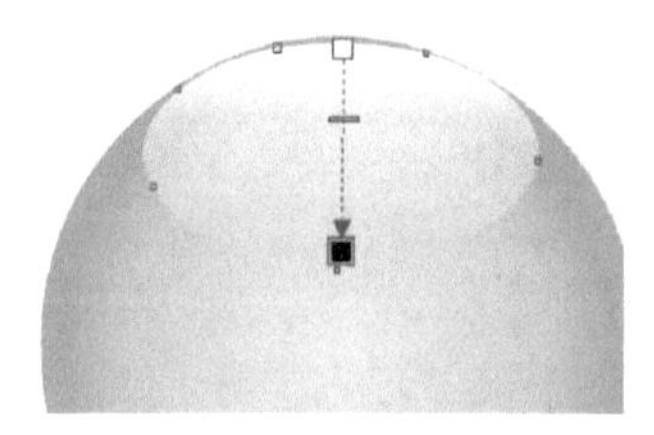

图5-54　透明度工具填充线性透明度效果

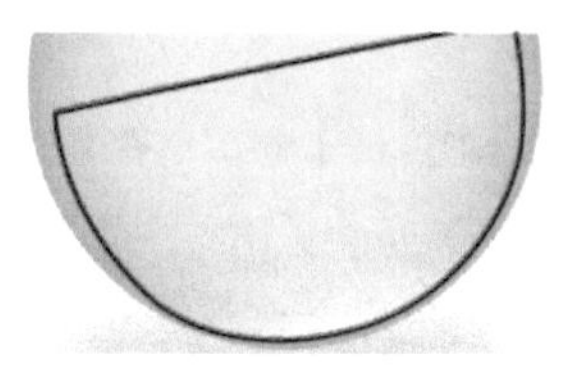

图5-55　绘制路径

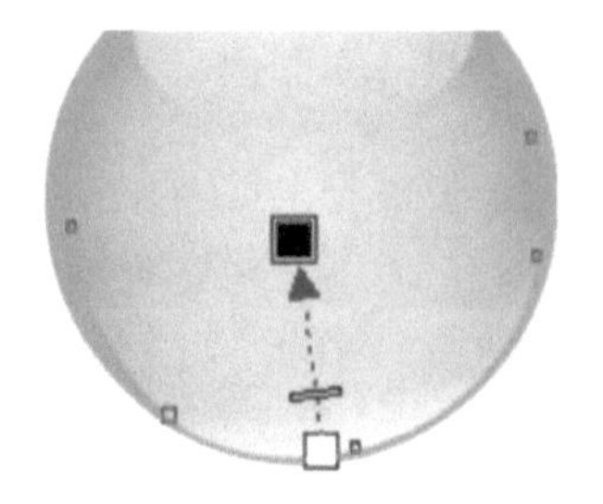

图5-56　透明度调节

图5-57　光感小球最终效果图

#【课后练习】

练习1　绘制创意太阳标志系列图案

根据5.2.5课堂案例中所讲的一个创意太阳标志矢量图的绘制方法，完成同系列另外5个创意太阳标志矢量图的绘制（见图5-58）。

图5-58　创意太阳标志

练习2　绘制微信图标

微信“We Chat”图标形如两个气泡框，简约可爱。请用【钢笔工具】、【椭圆工具】等绘制下面两个版本的微信图标（见图5-59，图5-60）。具体制作方法参见视频教程。

图5-59　白底微信图标　　图5-60　有透明效果微信图标

第6章

CorelDRAW 基础操作案例

6.1 形状工具组介绍

CorelDRAW软件为了方便用户，将一些常用的形状工具进行编组放置于工具箱中，方便点击直接绘制，长按左键展开工具箱中的形状工具组（见图6-1），包括“基本形状工具”“箭头形状工具”“流程图形状工具”“标题形状工具”“标注形状工具”五种形状样式。

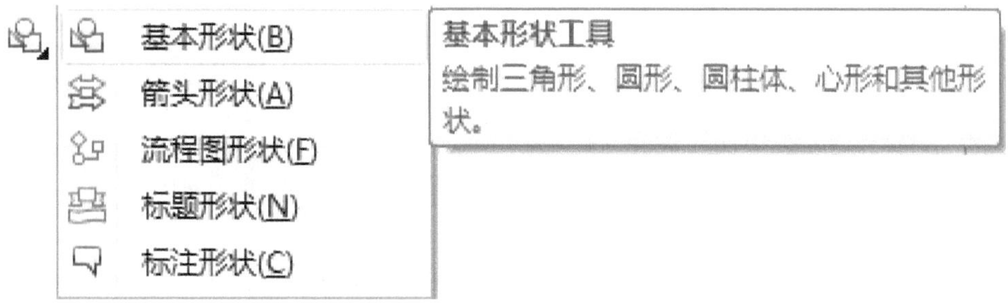

基本形状(B)
箭头形状(A)
流程图形状(F)
标题形状(N)
标注形状(C)

基本形状工具
绘制三角形、圆形、圆柱体、心形和其他形状。

图6-1 CorelDRAW形状工具组

“基本形状工具”可以快速绘制梯形、心形、圆柱体、水滴等基本形状（见图6-2）。绘制方法和多边形绘制方法一样，个别形状在绘制时会出现有红色轮廓沟槽，通过轮廓沟槽进行修改造型的形状。

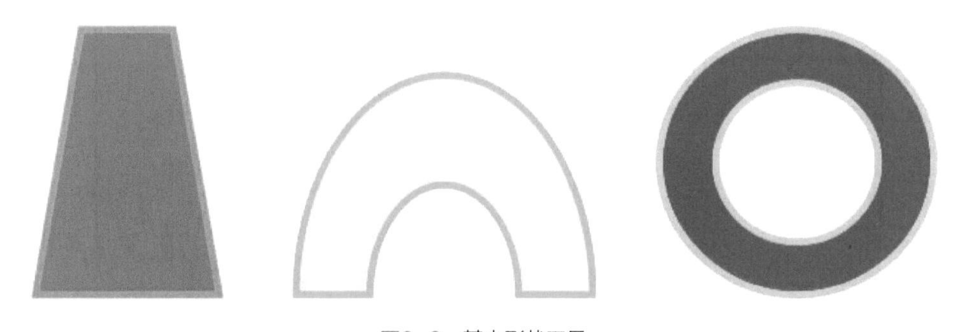

图6-2 基本形状工具

“箭头形状工具”可以快速绘制路标、指示牌和方向引导标示（见图6-3），移动轮廓沟槽可以修改形状。

图6-3　箭头形状工具

“流程图形状工具”可以快速绘制数据流程图和信息流程图（见图6-4），不能通过轮廓沟槽修改形状。

图6-4　流程图形状工具

“标题形状工具”可以快速绘制标题栏、旗帜标语、爆炸效果（见图6-5），可以通过轮廓沟槽修改形状。

图6-5　标题形状工具

“标注形状工具”可以快速绘制标题栏、旗帜标语、爆炸效果（见图6-6），可以通过轮廓沟槽修改形状。

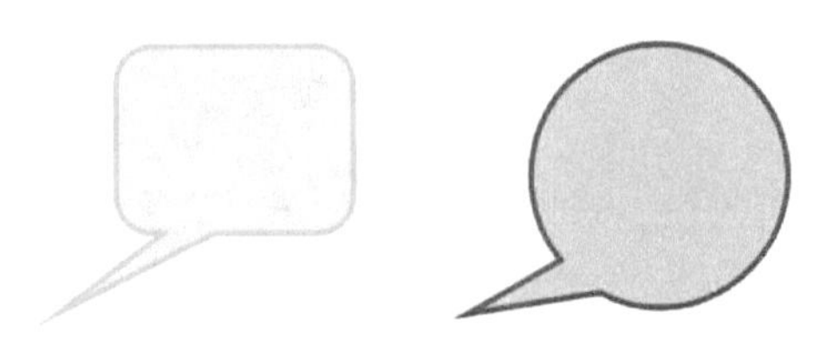

图6-6　标注形状工具

6.2 CorelDRAW基础案例

6.2.1 绘制饼图

使用【椭圆形工具】，拉出椭圆的同时按下【Ctrl】键，绘制一个正圆形，使用【填充工具】中【均匀填充】为其填充草绿色。绘制另一个比草绿色圆大的正圆（见图6-7），为其均匀填充红色。

选中红色圆，单击软件界面上边【饼图工具】，在其右边设置起始和结束角度分别为0°和270°（见图6-8，图6-9）。

选中红色圆，在排列中选择将轮廓转换为对象（见图6-10）。将转换出来的曲线放置红色圆下面。在位图中将其转换为位图（见图6-11，图6-12），为其添加高斯模糊（见图6-13），像素约为12，模糊后的效果如图6-14所示。

图6-7　绘制正圆形

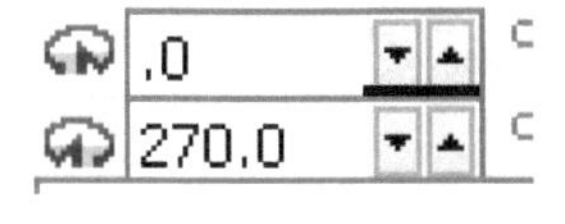

图6-8　设置圆饼图的角度

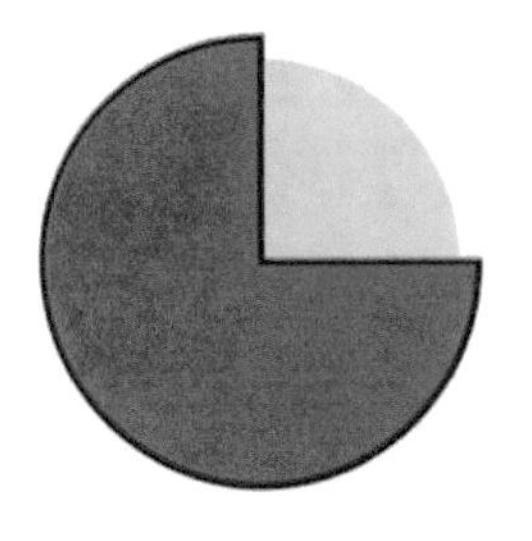

图6-9　两个圆饼图的效果

图6-10　将轮廓线转换为对象工具

绘制一个小正圆，填充为黑色（见图6-15）。

选择【平行度量工具】中3点标注工具，拉出标注线并标注为75%（见图6-16）。

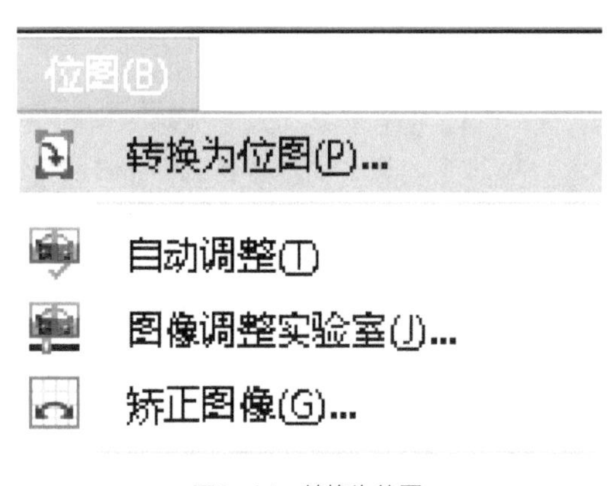

图6-11　转换为位图

图6-12　转换为位图设置

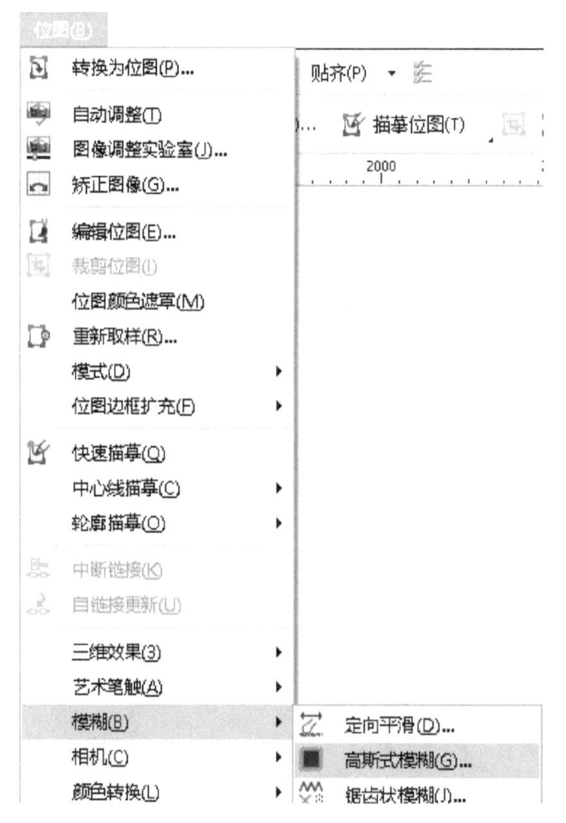

图6-13　高斯模糊工具

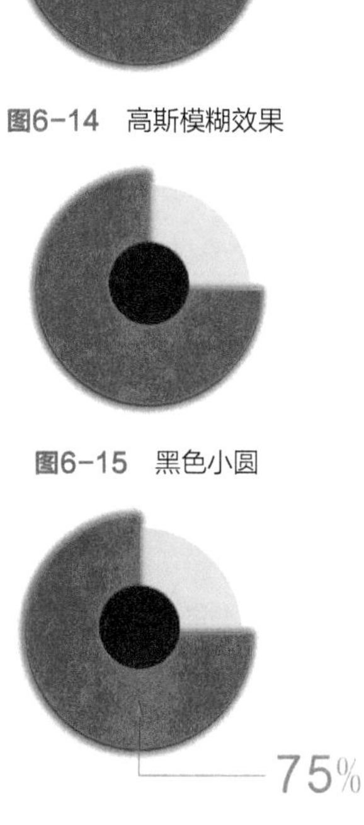

图6-14　高斯模糊效果

图6-15　黑色小圆

图6-16　饼图最终效果

6.2.2 绘制流程图

1 新建一个A4尺寸的文件，分辨率为300像素/in，设置为横版。

2 绘制三色背景。将网上购物的流程分为“选购”“付款”和“成交”三个大的环节，先绘制一个矩形框宽为99mm，高为210mm，选中这个矩形，从菜单栏中选到【窗口】/【泊坞窗】/【变换】/【位置】，设置x参数为99mm，【副本】设为2，按【应用】按钮（见图6-17），则得到3个顺序排开的矩形框，从左到右依次填充（R：52，G：64，B：80），（R：61，G：96，B：102），（R：119，G：153，B：76），去掉三个矩形框的轮廓色。选择这三个矩形框，单击鼠标右键，选择“锁定对象”（见图6-18）。选择文字工具，在最左边的矩形框左上角点击，输入数字“1”，在文字属性栏选择字体为“Arial”，文字大小为：200pt，再次选择文字工具，重新输入“选购”，调整为“黑体”，字号：48pt，字体颜色为白色。同样的方法输入“2”“付款”“3”“成交”，用选择工具结合上下方向键以及对齐工具来调整文字的具体位置（见图6-19）。

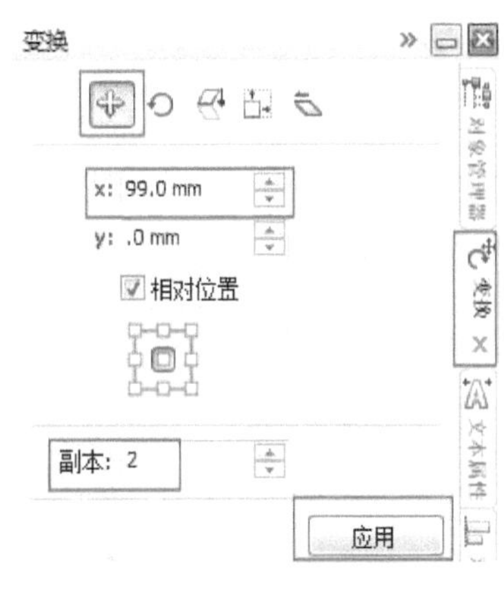

图6-17　变换泊坞窗复制背景框

图6-18　填充背景色得到三色背景

1 选购 2 付款 3 成交

图6-19　背景上的文字

3 绘制流程框。在工具箱中选择【矩形工具】，在属性栏中设置为【圆角】，数量为35.3mm，在页面上绘制一个圆角矩形，填充绿色（R：178，G：210，B：75），轮廓色为白色，选择工具箱中的【轮廓笔工具】，调整轮廓为16px。用文字工具键入文字“查找商品”，文字为“黑体”、24pt，然后选择圆角矩形和文字，使用对齐工具将两者“垂直居中对齐”“水平居中对齐”，右键选择【群组】（快捷方式为【Ctrl】+【G】）。在工具箱中选择【流程图形状工具】/【流程图形状】，在属性栏中选择合适的形状，分别绘制流程框中的具体形状，填充颜色，输入文字，调整文字属性，使用对齐工具对齐，最后将每一列的图标垂直居中对齐。绘制效果如图6-20所示。

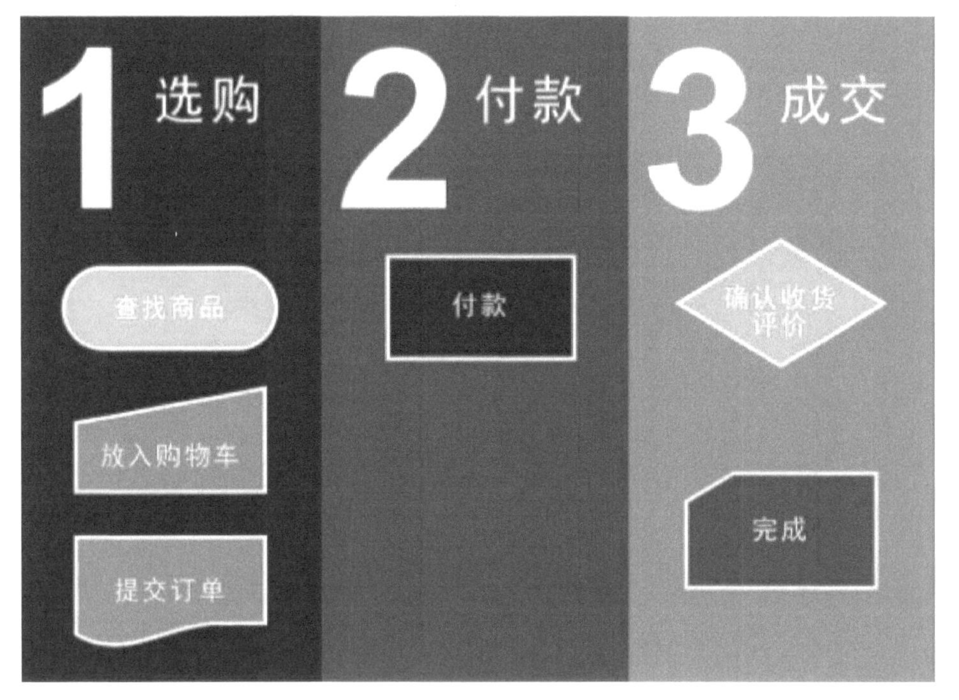

图6-20　绘制流程框

4 画上箭头。选择工具箱中的【点线工具】，在属性栏中选择线段两端的形状，并设置线条粗细为16px（见图6-21），添加完所有的箭头，流程图绘制完毕（见图6-22）。

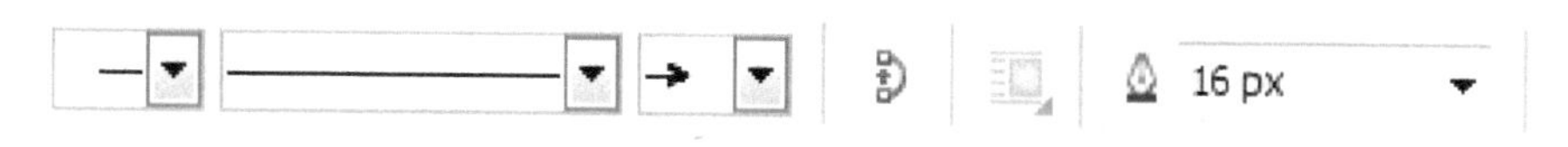

图6-21 绘制箭头的属性

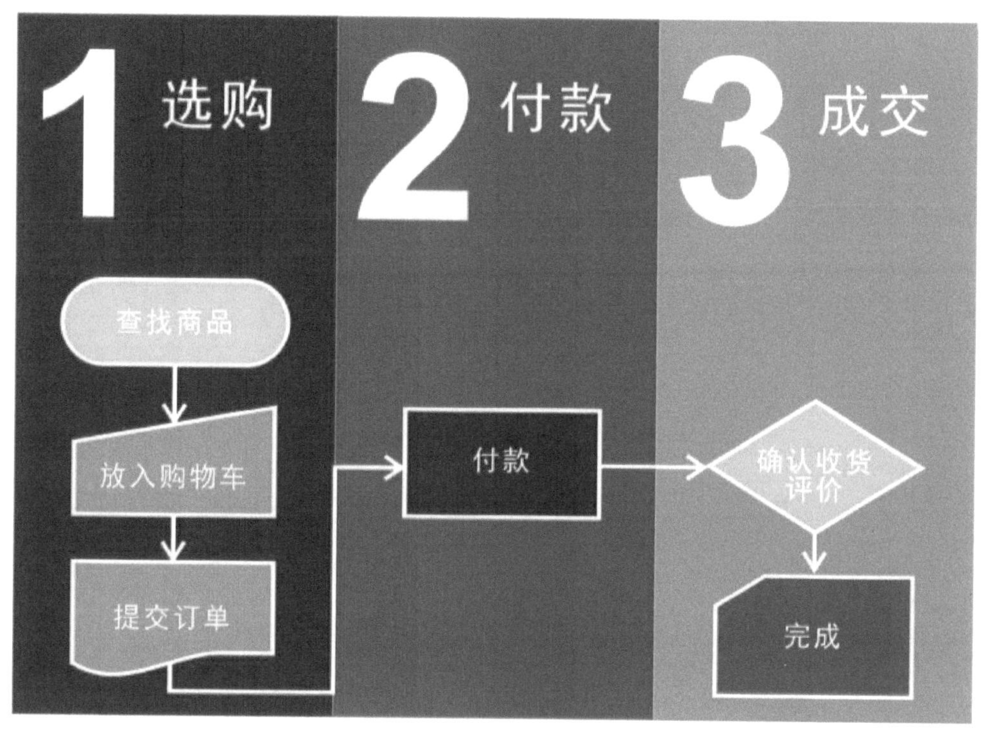

图6-22 流程图最终效果

6.2.3 绘制产品说明图

CorelDRAW为用户提供了丰富的度量工具，方便进行快速、便捷、精确的测量，包括“平行度量工具”“水平或垂直度量工具”“角度量工具”“线段度量工具”“3点标注工具”。使用度量工具可以快速测量出对象水平方向、垂直方向的距离，也可以测量倾斜的角度。本案例通过绘制产品说明图讲解度量工具的使用技巧。需要添加度量尺寸的产品效果图如图6-23所示。

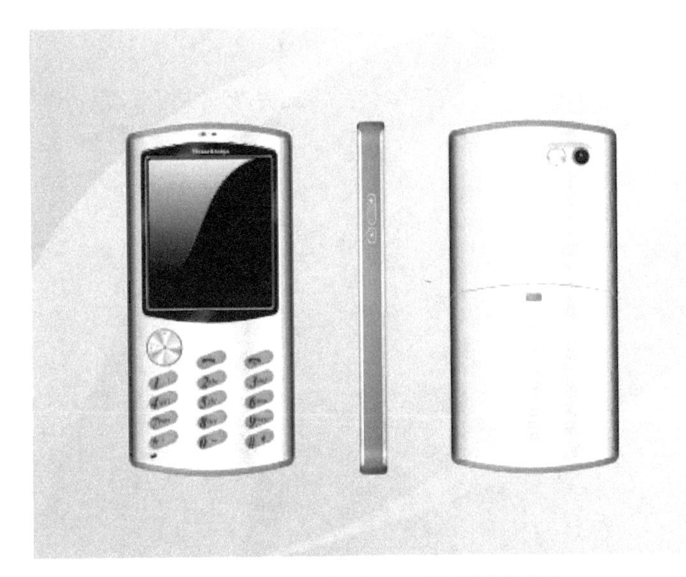

图6-23　待添加度量尺寸的产品效果图

选择【平行度量工具】中的水平或垂直度量工具，从要标注的距离的起点点住不放，一直拉到终点放开，分别拉出手机的长度、宽度、高度（见图6-24）。

分别选中每一个标注，点住不放，同时按下【Shift】键进行水平或竖直拖动。标注出度量结果后我们可以在属性栏调整度量的方式和格式，最终度量标注结果如图6-25所示。

图6-24　标注度量结果

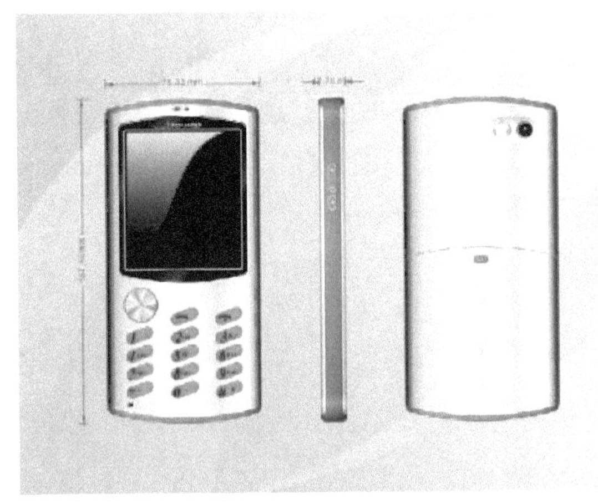

图6-25　最终度量标注结果

6.2.4 绘制LOGO

在LOGO的绘制工作流程中，我们一般不建议使用Photoshop，虽然Photoshop中也有矢量的钢笔及图形路径绘制工具，但综合比较起来，还是CorelDRAW符合我们的要求。不仅仅是它的绘制过程直观、专业、方便，而且在后续的延伸工作及最终的实际运用等环节上，CorelDRAW都有先天的优势存在。

企业商标、CD做出来图标清晰度要好很多，因为是矢量图，无论怎么放大都不会模糊的。

1 绘制背景和辅助图形。新建一个60mm×60mm的矩形框，用交互式填充工具由上至下填充由深灰到浅灰的线性渐变。用椭圆工具，按住【Ctrl】键拉出一个正圆形，在属性栏上选择270°饼图，轮廓为白色，无填充，这样方便看到圆形的圆心位置。用对齐工具将矩形和圆形饼图居中对齐（见图6-26）。

图6-26 绘制背景和辅助图形

2 绘制重复单元结构。用钢笔工具绘制一个封闭曲线，填充橘红色（R：247，G：148，B：41），无轮廓色（见图6-27）。用选择工具在这个封闭图形上单击鼠标左键，单击两下后，变成旋转工具，将该封闭图形的几何中心移动到上一步绘制的圆形饼图的圆心处（见图6-28），用变换泊坞窗旋转该图形60°，得到5副本（见图6-29）。删除掉作为参考图使用的圆形饼图，将复制得到的重复旋转的图形对象群组。

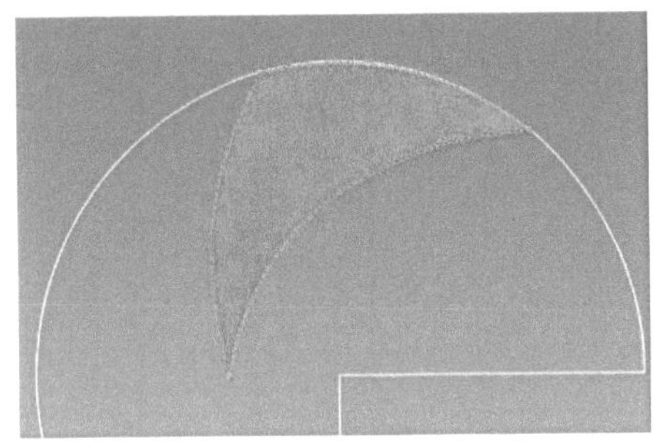

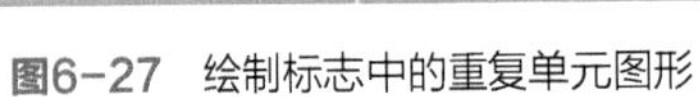

图6-27 绘制标志中的重复单元图形

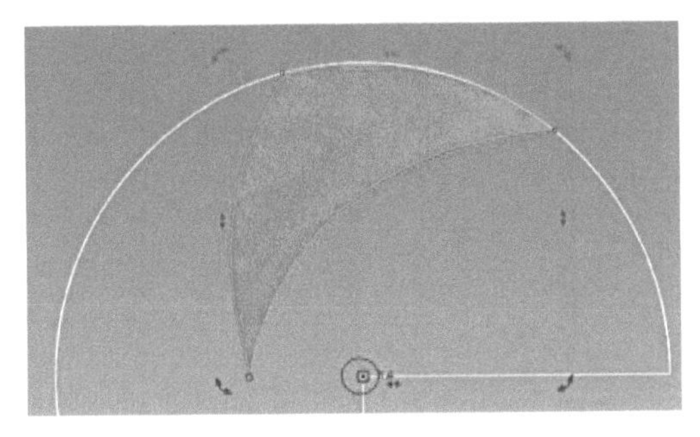

图6-28 移动图形的几何中心至圆形饼图的圆心处

3 绘制叶片形状。将2绘制得到的群组对象向下移动到适当的位置，用钢笔工具绘制一个叶片形状的封闭图形，填充绿色（R：181，G：222，B：90），取消轮廓色，然后用镜像泊坞窗水平镜像一个70%的叶片图形，选择左中位置放置，得到另一个叶片（见图6-30，图6-31），微调左边小叶片的位置，即得到最终的LOGO（见图6-32）。

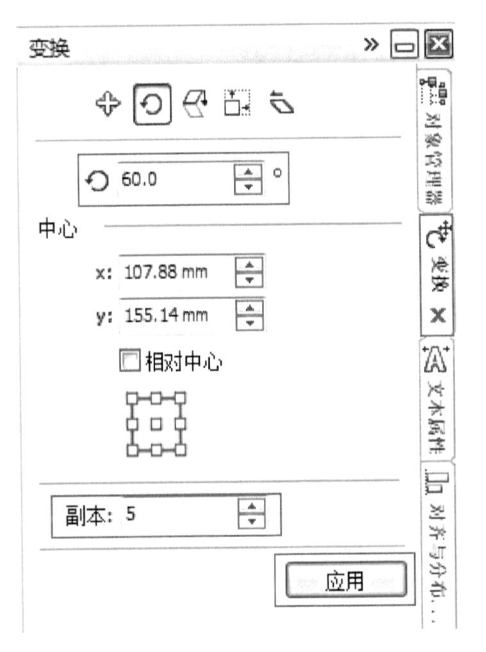

图6-29 旋转泊坞窗的设置

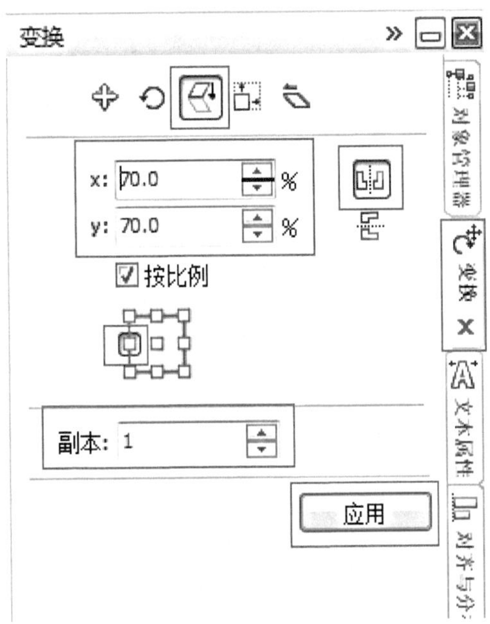

图6-30 镜像泊坞窗的设置

图6-31　镜像泊坞窗复制得到的左边小叶片

图6-32　最终LOGO

【课后练习】

练习1　绘制小图标

绘制以下小图标（见图6-33～图6-36），具体操作步骤见视频教程。

图6-33　Mac电脑图标

图6-34　相机图标

图6-35　地图图标

图6-36　时钟图标

练习2　绘制LOGO

绘制以下LOGO（见图6-37），具体操作步骤见视频教程。

图6-37　LOGO

第7章

CorelDRAW产品效果图表现实例

7.1 移动电源效果图表现

移动电源的设计，在基本几何造型的基础之上可以有一些小小的创意，图7-1所示的移动电源的设计主要在产品造型上增加了一些圆滑的造型设计，在效果图中着重通过渐变效果表达这种圆滑的外观造型特点，另外就是磨砂材质的特点，以及电源指示灯光的表现。该移动电源系列还有其他配色方案（见图7-2）。

图7-1　本例中的移动电源效果图

图7-2　移动电源多色彩效果图参考图

1 新建一个横向A4文档（宽度为297mm，高度为210mm），命名为“移动电源”，分辨率设定为300像素/in，原色模式为RGB（见图7-3）。

2 在界面左边的工具栏选择【钢笔工具】画出（见图7-4）路径1，并将

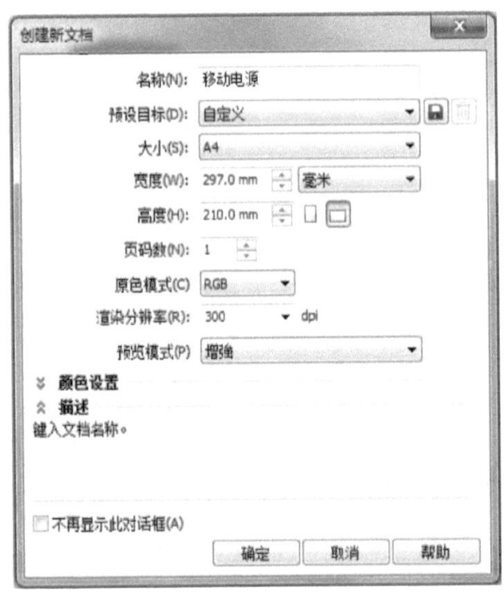

图7-3　新建一个文档

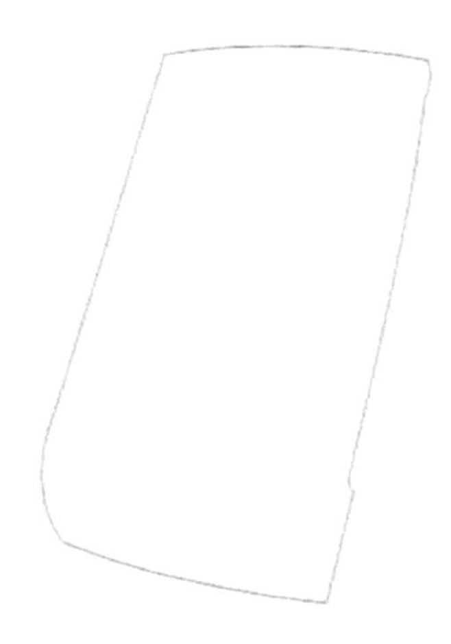
图7-4　移动电源路径

它命名为“移动电源整体”。选用【填充工具】为其填充一个深灰色到浅灰色的线性渐变，具体设置如图7-5～图7-7所示。再选用【交互式填充】调整渐变（见图7-8）。在该图形上单击右键，锁定对象。

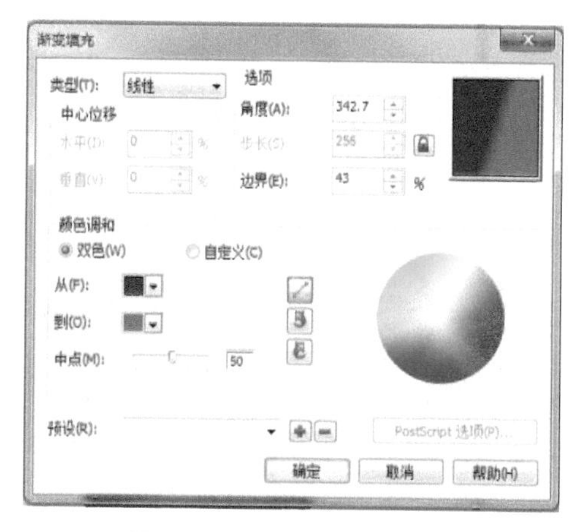

图7-5　设置深灰到浅灰渐变

图7-6　深灰色【#2F2F2F】

图7-7　浅灰色【#676767】

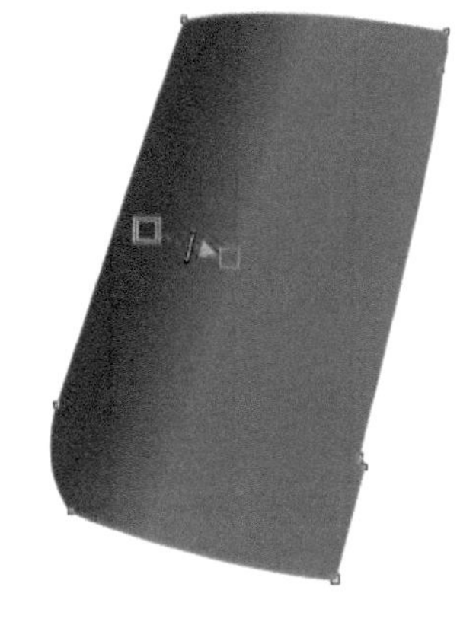

图7-8　用【调和工具】调整渐变效果

3 用【钢笔工具】画出图7-9中黄色对象的轮廓（见图7-10），并将它命名为“右侧黑灰渐变”。并用【渐变填充】为其填充一个灰色的渐变（见图7-11），在对象属性中设置五个位置点（见图7-12），五个色值从左往右分别为：#646464、#333333、#F0F0F0、#353535、#575757。再用【交互式填充工具】调整渐变方向（见图7-13），在颜色栏上第一格☒单击右键，去除其边框，最终效果如图7-14所示。锁定对象。

图7-9 画出黄色对象轮廓

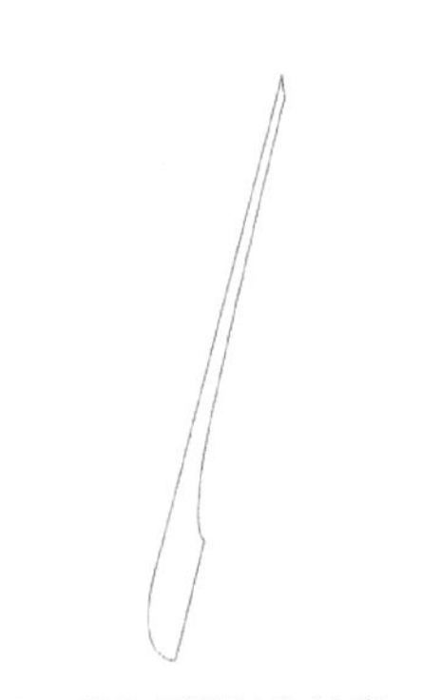

图7-10 硬盘侧面结构轮廓

图7-11 填充渐变

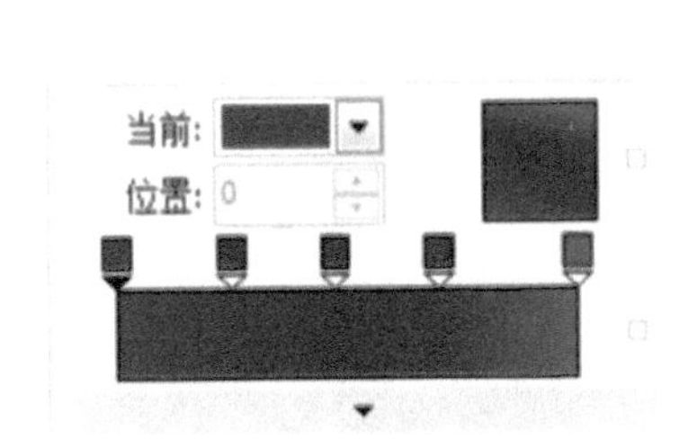

图7-12 调节五个色标位置

图7-13 调节填充位

图7-14 填充了渐变的侧面效果

4 用类似3中的方法画出图7-15中黄色对象的轮廓（见图7-16），并将它命名为“小椭圆灰黑渐变”。用【交互式填充工具】为其从下往上拉一个从浅灰色【#575757】到深灰色【#2A2A2A】的渐变，其效果如图7-17所示，并调整其渐变方向（见图7-18）。去除其边框，最终效果如图7-19所示。锁定对象。

图7-15 画出黄色对象轮廓

图7-16 硬盘侧面结构轮廓

图7-17 交互式填充

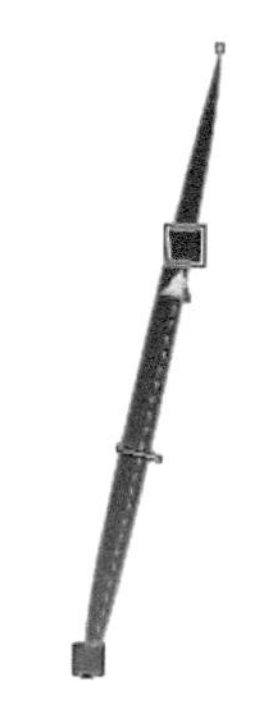

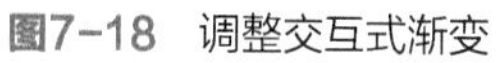

图7-18　调整交互式渐变

图7-19　侧面解构交互式填充效果

5 用类似3中的方法画出图7-20中浅灰色对象的轮廓，并将它命名为“白色高光”。用【均匀填充】为其填充浅灰色【#C9C9C9】，其效果如图7-20所示。再用【透明度工具】为其拉出如图7-21所示的透明度。去除其边框，最终效果如图7-22所示。锁定对象。

图7-20　画出浅灰色对象轮廓

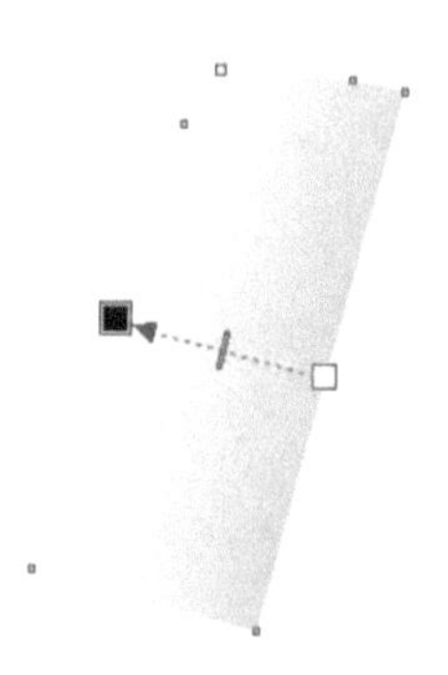

图7-21　调整透明度位置

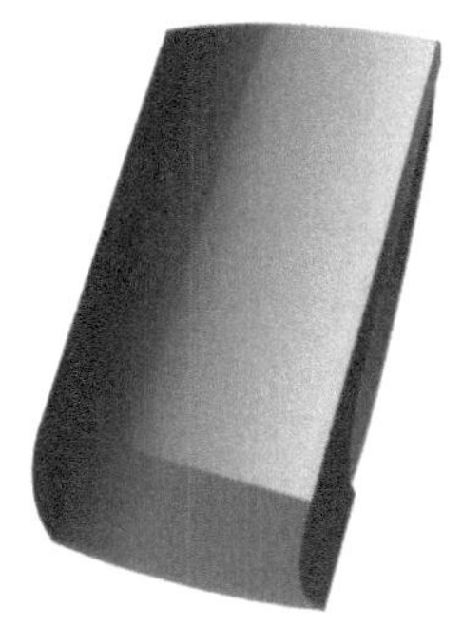

图7-22　“白色高光”最终效果图

6 用类似3中的方法画出图7-23中黄色对象的轮廓（图7-24），并将它命名为“下部黑色阴影”。用【均匀填充】为其填充纯黑色【#00000】（见图7-25），并用【透明度工具】从下往上为其拉出如图7-26所示的透明度。去除其边框，最终效果如图7-27所示。锁定对象。

7 用【贝塞尔曲线】在主体上画出一条纯黑色的斜线（见图7-28），并将它命名为“黑色斜线”。在对象属性中设置其宽度为0.5mm，具体设置数值如图7-29所示。最后锁定对象。

图7-23　画出黄色对象轮廓

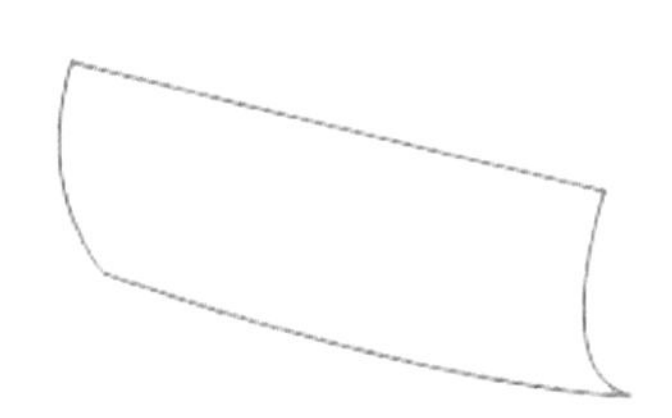
图7-24　硬盘下部解构轮廓

图7-25　填充纯黑色【#000000】

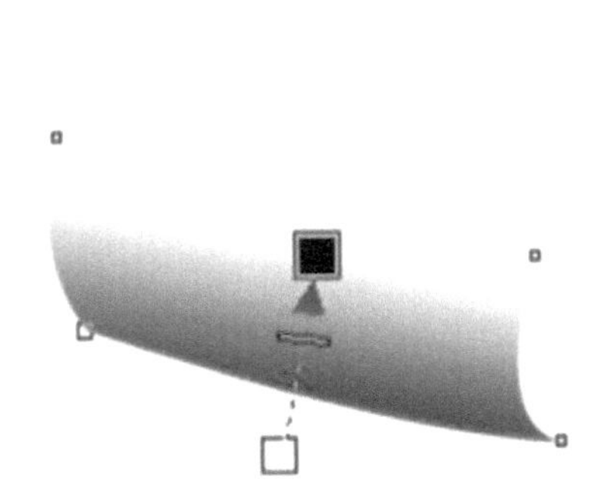
图7-26　调整透明度位置

图7-27　填充后的效果

图7-28　画出黑色斜线

图7-29　设置斜线宽度

8 用【钢笔工具】画出图7-30中黄色对象的轮廓，并将它命名为“黑色三角形”。设置其轮廓宽度为0.5mm，颜色为纯黑色【#000000】(见图7-31)。用【渐变填充】为其填充一个灰色渐变，三个位置点颜色从左往右分别为#2B2B2B、#434343、#535353(见图7-32)。用【交互式填充工具】调节渐变位置(见图7-33)，最终效果如图7-34所示。

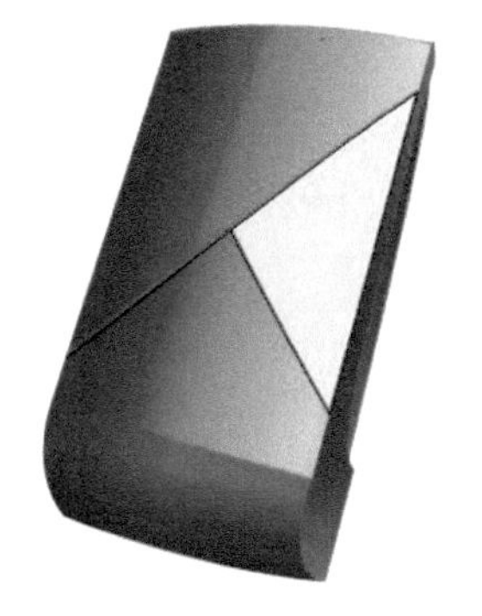

图7-30　画出“黑色三角形”轮廓

图7-31　设置轮廓宽度为0.5mm

图7-32　设置色标位置点

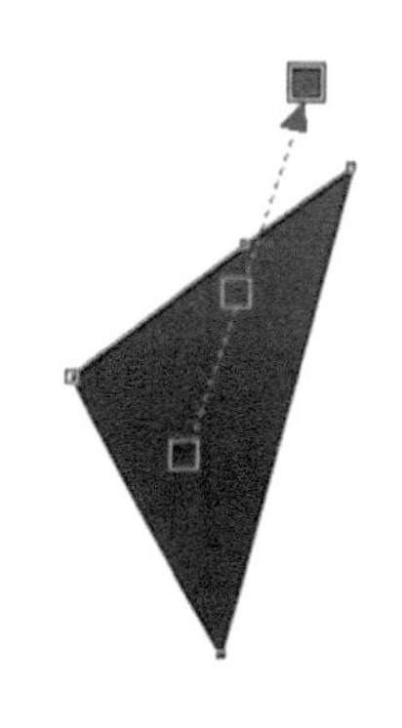

图7-33　调节渐变位置

图7-34　“黑色三角形”最终效果

9 制作其指示灯（见图7-35）。用【矩形工具】画一个小矩形，将其命名为“指示灯”，设置其颜色为#EA6267，去掉其边框。然后使用菜单【位图】/【转换为位图】，接着使用菜单【位图】/【模糊】/【高斯式模糊】，调节高斯式模糊半径及对象其大小（见图7-36）。再按以上方法制作出如图7-37所示的散光，并将其命名为“指示灯散光”，总体指示灯效果如图7-38所示。

图7-35　移动电源指示灯效果图

图7-36　指示灯

图7-37　指示灯散光

图7-38　指示灯最终效果

10 用【钢笔工具】画出图7-39中深红色对象的轮廓，并将其命名为“红色塑料下”，设置其颜色为#7A0F15，去掉轮廓，调整它的位置（见图7-39）。按住鼠标右键拖动该对象，复制一个新的图像（见图7-40），将其命名为“红色塑料上”。用【交互式填充工具】为其拉出一个从深红色【#A73736】到浅红色【#D67D79】的渐变色（见图7-41）。接着移动其位置，最终效果如图7-42所示。

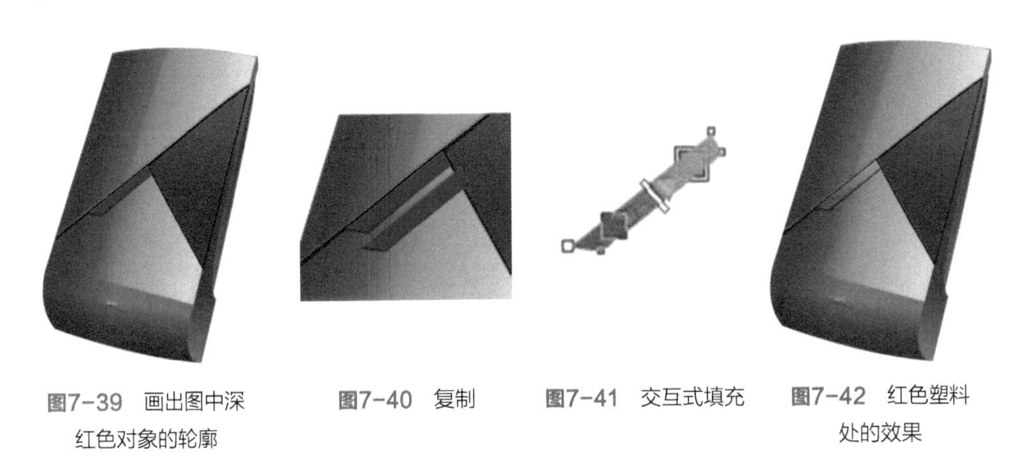

图7-39　画出图中深红色对象的轮廓　　图7-40　复制　　图7-41　交互式填充　　图7-42　红色塑料处的效果

11 用【文本工具】写“ZHAONENG”，为其设置一个合适的字体。为其填充深红色【#7A0F15】（见图7-43）。按住鼠标右键，拖动该对象，复制一个新的对象，为其填充浅红色【#973C3B】（见图7-44）。将两个对象叠合，并且圈选它们，对它们进行【群组】（见图7-45），接着，在菜单【位图】中将它们【转换为位图】（见图7-46）。最后调节它们的位置、大小以及方向（见图7-47）。移动硬盘的最终效果图如图7-48所示。

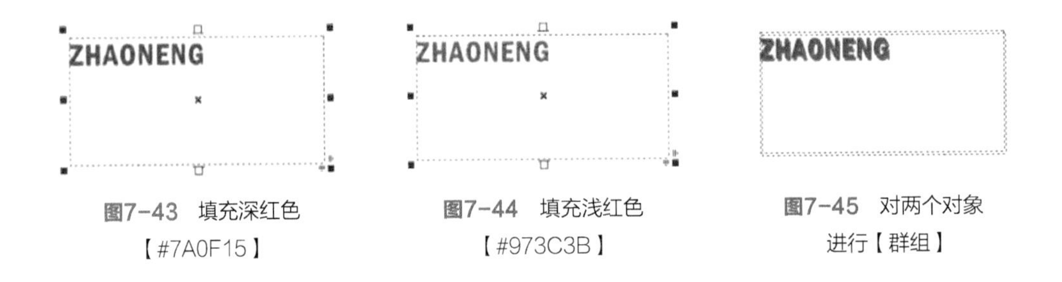

图7-43　填充深红色【#7A0F15】　　图7-44　填充浅红色【#973C3B】　　图7-45　对两个对象进行【群组】

ZHAONENG

图7-46　将对象转换为位图

图7-47　硬盘标志效果

图7-48　移动硬盘最终效果图

7.2 插座效果图表现

插座是日常生活中不可或缺的产品，图7-49所示为一个带开关的插座的正面和侧面效果图。本案例讲解该插座效果图的绘制方法。

图7-49　插座正面及侧面效果图

第1部分：绘制插座正视图

1 新建一个横向A4文档（宽度为297mm，高度为210mm），命名为“插座”，分辨率设定为300像素/in，原色模式为RGB（见图7-50）。

图7-50　新建一个文档

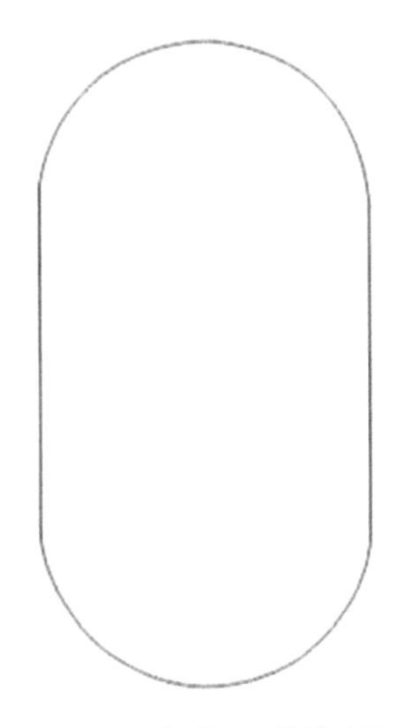

图7-51　插座正面整体路径

2 插座正视图整体。在界面左边的工具栏选择【钢笔工具】根据参考图画出如图7-51所示的路径1，并将它命名为“插座正视图整体”，选用【填充工具】为其填充一个白色到浅灰色的线性渐变，具体设置如图7-52所示。右击调色板上第一个色块，去除轮廓色，得到的效果如图7-53所示。

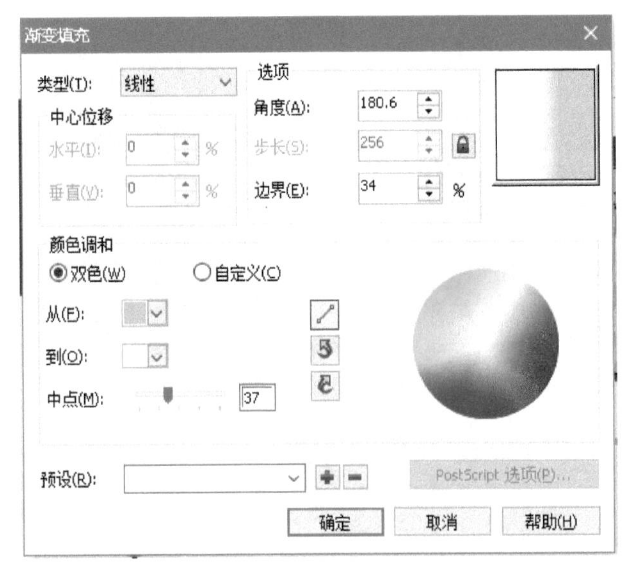

图7-52　插座正面填充设置

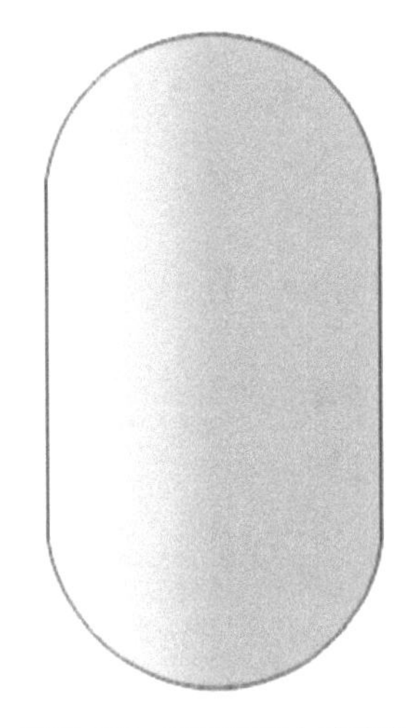

图7-53　插座正面大体轮廓

3 绘制插座插口周边阴影效果。在界面左边的工具栏选择【钢笔工具】根据参考图画出阴影的闭合路径（见图7-54），为其填充一个黑色到白色的辐射渐变，渐变填充效果如图7-55所示，渐变填充的具体设置如图7-56所示。使用【交互式填充工具】调节渐变效果，随后将其拖动至插座正面大体轮廓的下方，去除轮廓线（见图7-57）。

图7-54 阴影路径

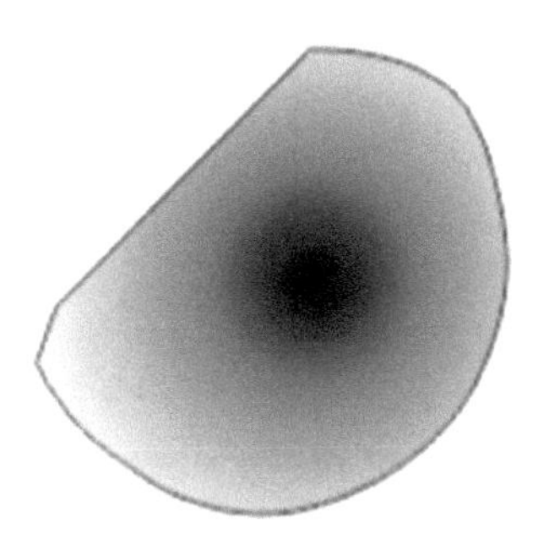

图7-55 填充效果

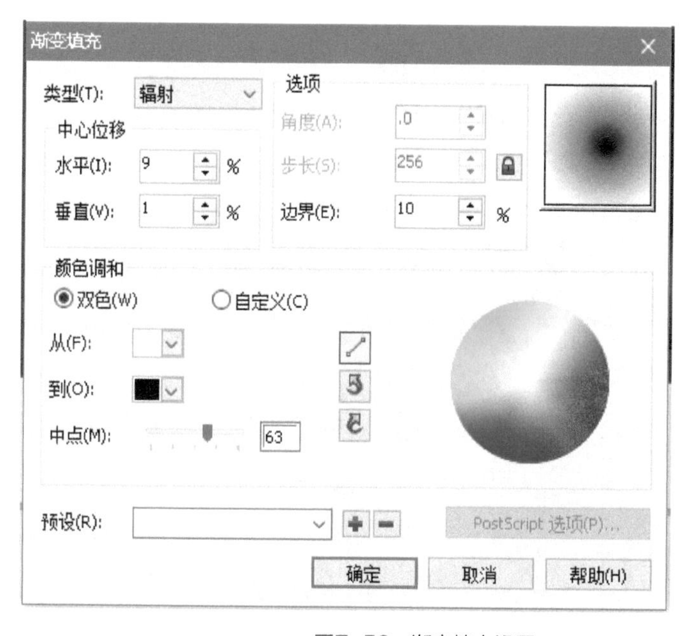

图7-56 渐变填充设置

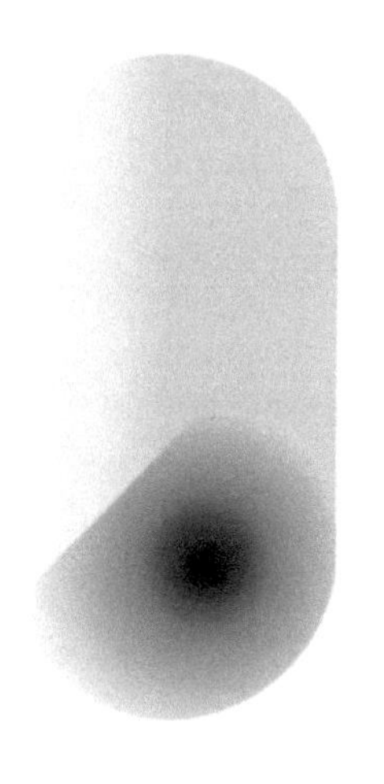

图7-57 插座插口周边阴影效果

4 绘制插孔面板。用【椭圆形工具】画出一个圆，调整大小，并为其填充一个灰色到白色的线性渐变，具体设置及填充效果如图7-58、图7-59所示。

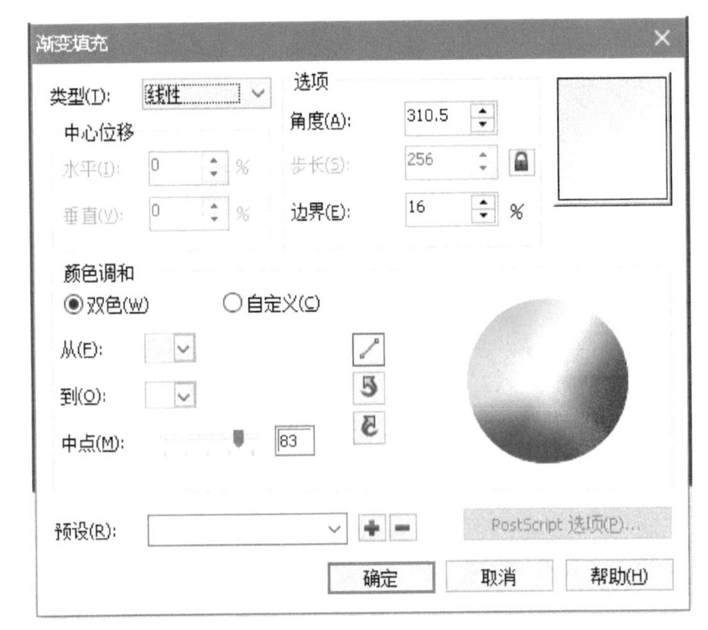

图7-58 插孔面板填充设置

图7-59 插孔面板效果图

图7-60 圆的位置

5 用【椭圆形工具】 画一个正圆（见图7-60），并在属性栏中修改轮廓笔设置，或者从工具箱中点开轮廓笔设置框 R: 0 G: 0 B: 0 (#000000)（快捷操作为【F12】键），调整宽度为0.25mm，并将颜色改为灰色（见图7-61），随后为其填充一个线性渐变（具体设置参照图7-62）。

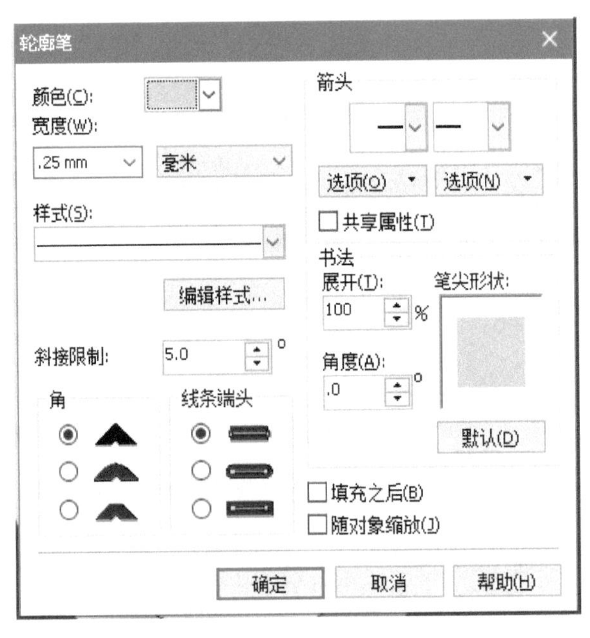

图7-61 轮廓笔设置

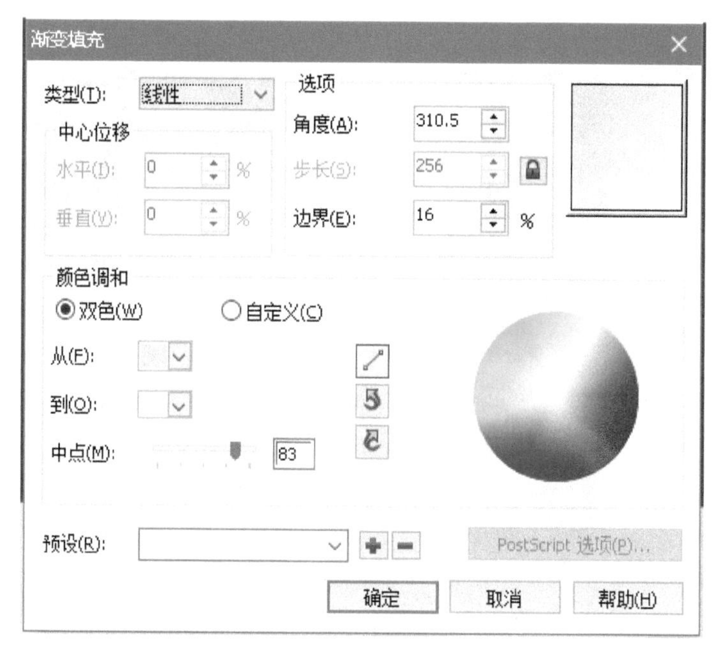

图7-62　填充设置

6 使用【钢笔工具】在所画的圆中间绘制三个矩形，并为其均匀填充一个深灰色（见图7-63）。将3个矩形的轮廓线颜色改为灰色。接下来将三个矩形中，上面命为G1，左下为G2，右下为G3。为G1增加如图7-64所示的线段，并按上面所说的修改轮廓线的方法修改轮廓线。用同样的方法处理另外两个插孔（见图7-65，图7-66）。最终插孔效果如图7-67所示。

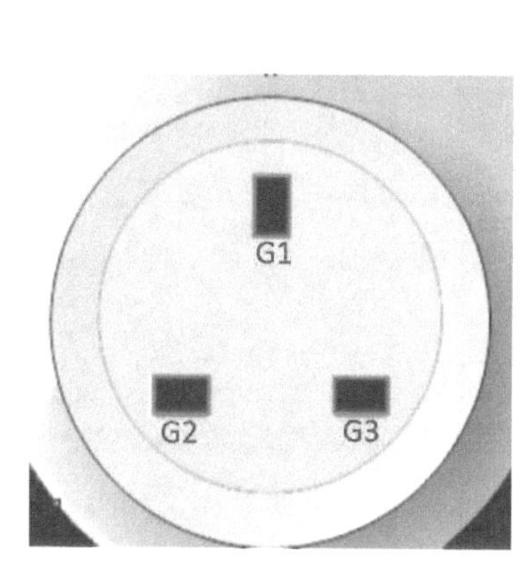

图7-63　3个插孔的名称及效果

图7-64　插孔G1示例图

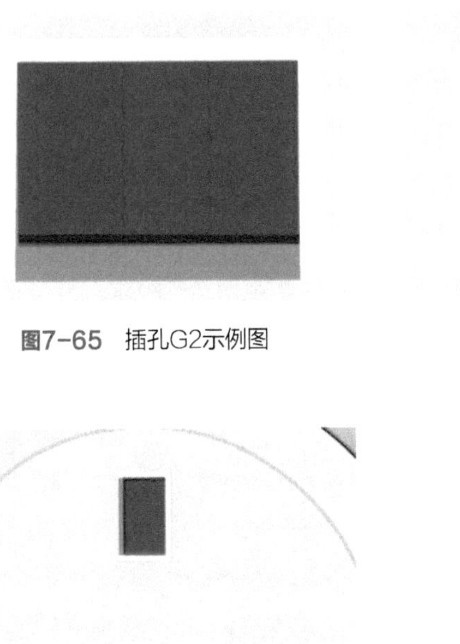

图7-65　插孔G2示例图

图7-66　插孔G3示例图

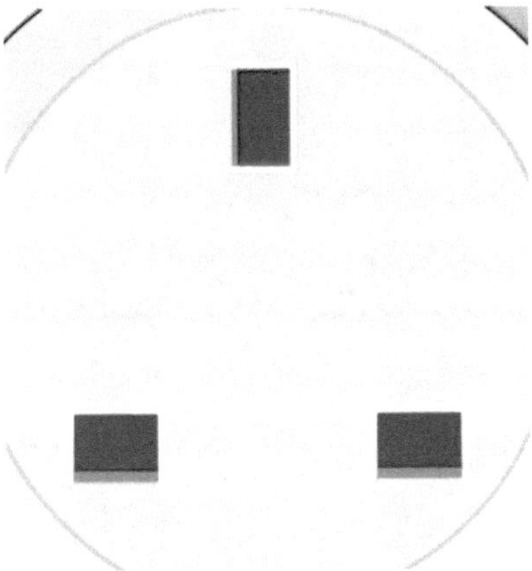

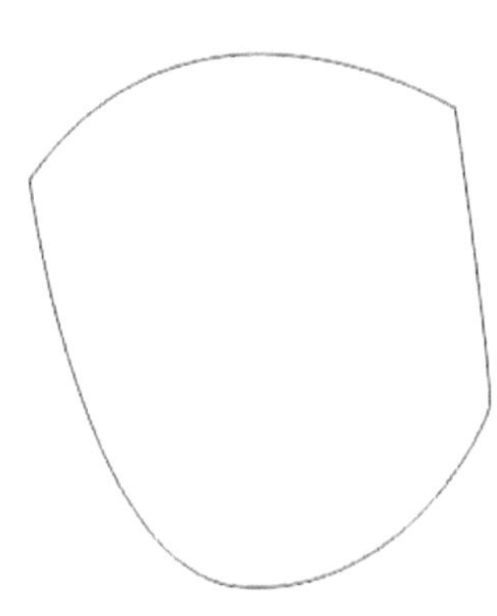

图7-67　3个插孔的最终效果

图7-68　插座按钮路径

7 绘制插座按钮效果。使用【钢笔工具】绘制图7-68所示的路径，并填充一个线性渐变，具体参数设置见图7-69，供读者参考，拖动至适当位置，得到的效果如图7-70所示。

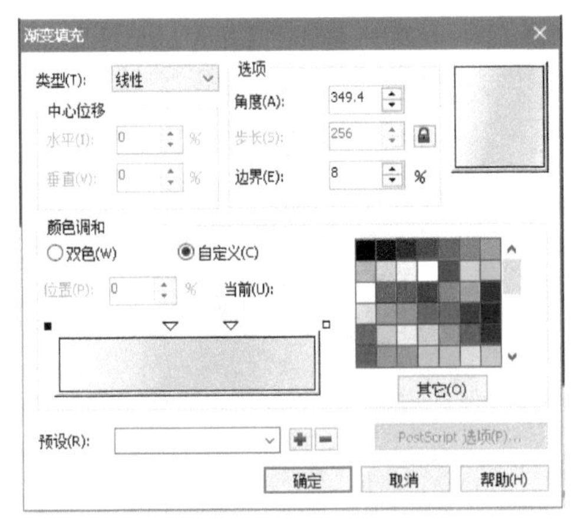

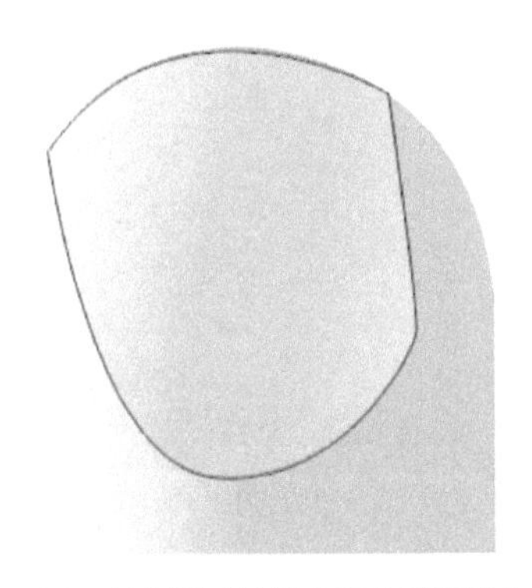

图7-69　插座按钮填充设置

图7-70　绘制插座按钮中间步骤效果1

8 选中 7 所绘制的路径，将其转换为位图，转换工具的位置及转换为位图的具体设置见图7-71、图7-72，供读者参考，转换为位图后，为其添加一个高斯模糊，像素是40～48之间，高斯模糊工具位置及其具体设置见图7-73、图7-74，供读者参考。添加完模糊后，适当调整一下位置，得到的效果如图7-75所示。

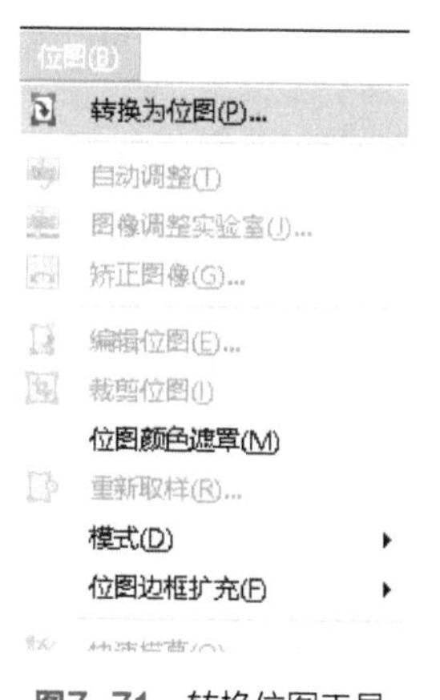

图7-71　转换位图工具

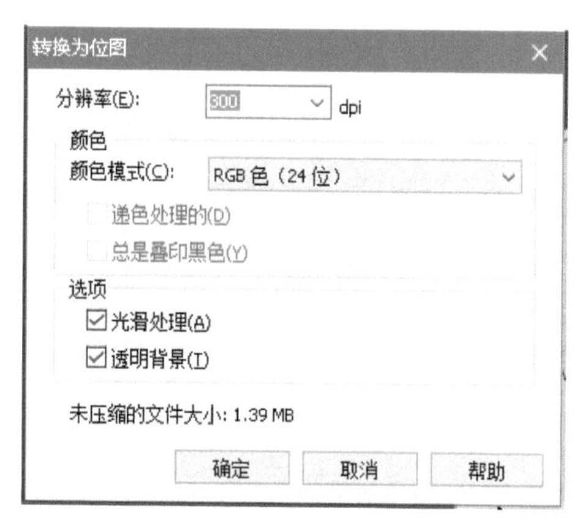

图7-72　转换位图具体设置

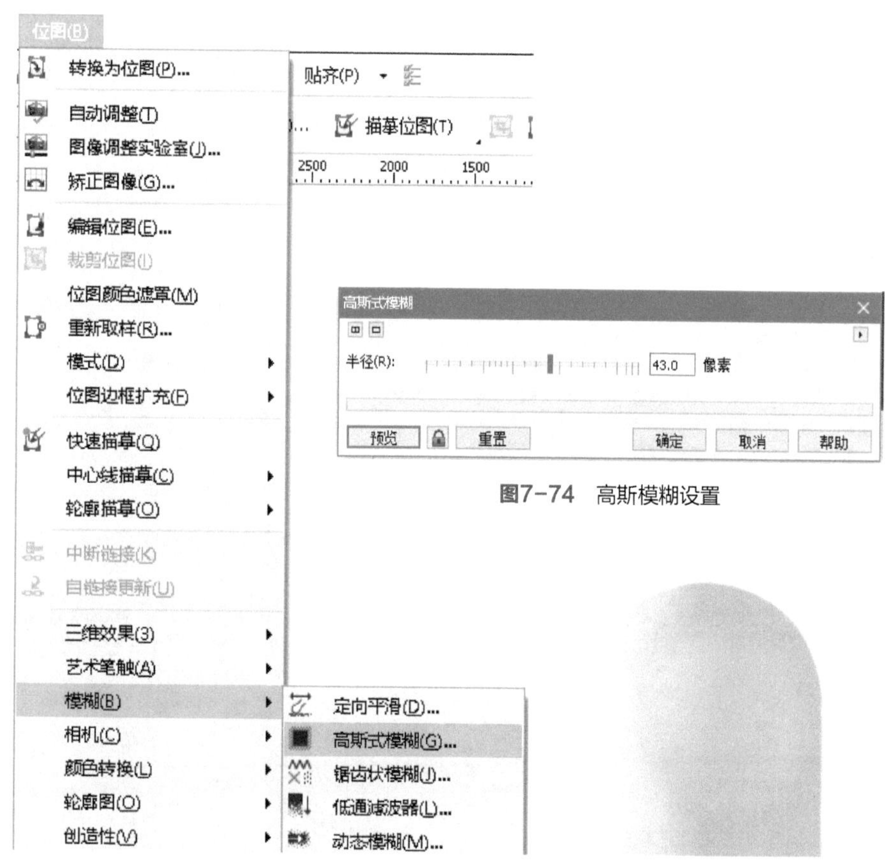

图7-74　高斯模糊设置

图7-73　高斯模糊工具位置

图7-75　绘制插座按钮中间步骤效果2

9 绘制按钮上方的灯光指示区域。使用【钢笔工具】绘制路径（见图7-76），修改轮廓线厚度及颜色。为其填充一个辐射填充，填充设置及最终效果如图7-77、图7-78所示，供读者参考。

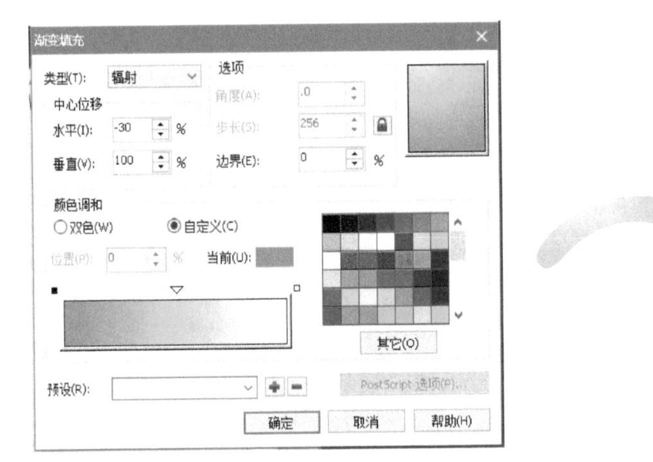

图7-76 灯光指示区域路径图　　图7-77 灯光指示区域填充设置　　图7-78 灯光指示区域效果图

10 选中9绘制的图形，将其轮廓线转换为对象，工具菜单的位置如图7-79所示。选中轮廓线，将其转换为位图，并为其添加一个高斯模糊，像素为43左右。最终按钮上方灯光指示区域总体效果如图7-80所示。

图7-79 工具位置

图7-80 灯光指示区域最终效果

11 绘制按钮立体效果。使用【椭圆形工具】画一个圆1，并修改其轮廓线（见图7-81）。为其填充一个灰色到白色的线性渐变，拖动至适当位置（见图7-82）。在圆1里面绘制一个圆2，并填充灰色到白色的线性渐变（见图7-83）。

图7-81　圆1

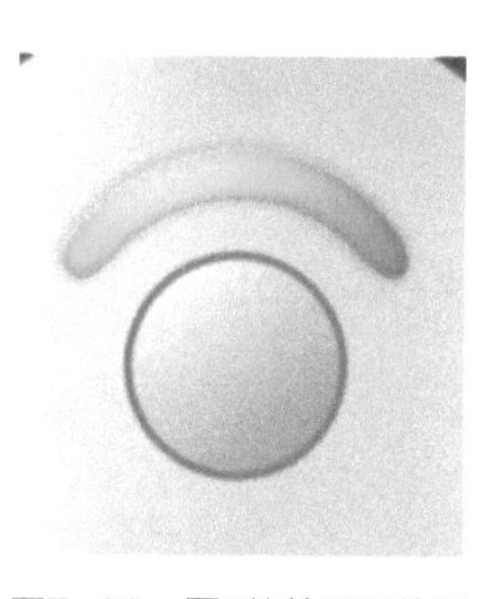

图7-82　圆1的效果及位置

图7-83　按钮立体效果

12 绘制电源开关指示标志。使用【椭圆形工具】在圆1、圆2里面绘制一个圆，并将其轮廓线颜色改为深灰色，线宽改为0.75mm。使用【形状工具】单击圆上的节点拖动至合适的位置（注：拖动时光标放在圆内即成饼形，放在圆外即成弧形，这里需要光标在外见图7-84）。在弧形缺口正中间画一段颜色宽度与弧形相同的竖直线段（见图7-85）。至此，插座正视图绘制完毕，最终效果如图7-86所示。

图7-84　弧形效果图

图7-85　线段效果图

图7-86　插座正视图最终效果图

第2部分：绘制插座侧视图

1 绘制插座侧面轮廓。使用【钢笔工具】绘制一个闭合路径（见图7-87），为其添加一个黑色到灰色的线性渐变（见图7-88）。

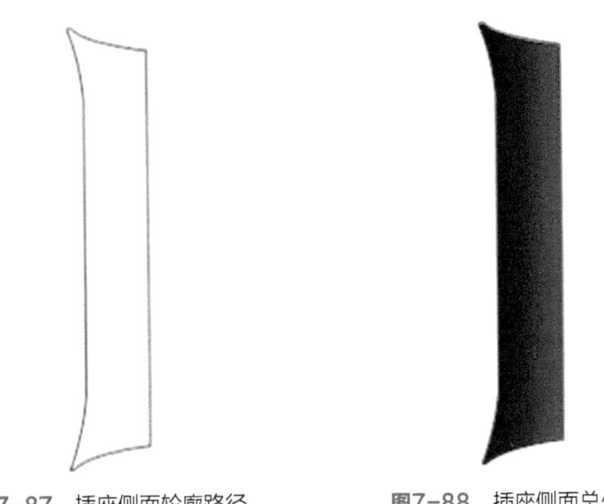

图7-87　插座侧面轮廓路径　　图7-88　插座侧面总体效果

2 绘制插座侧面光影轮廓。使用【钢笔工具】绘制一个闭合路径（见图7-89），并为其填充一个线性渐变，线性渐变的设置及填充效果如图7-90、图7-91所示，供读者参考。移动该轮廓至1绘制的插座侧面轮廓，水平右对齐，垂直居中对齐（见图7-92）。

图7-89　插座侧面光影轮廓路径　　图7-90　渐变填充效果

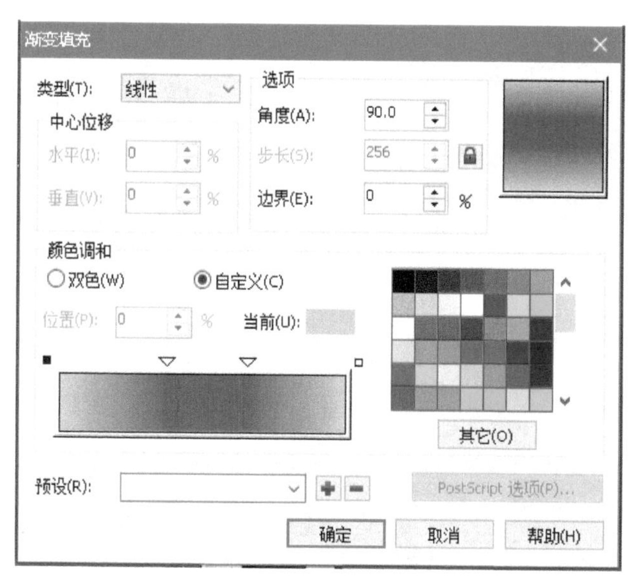

图7-91　渐变填充设置

图7-92　侧面光影轮廓的位置效果

3 将侧面光影轮廓转换为位图，并为其添加一个高斯模糊效果（见图7-93）。绘制插座左视图比较简单，所用的方法在前面的步骤中已经都提及了，这里便以插座底座为示例。绘制时要注意，先轮廓形状，然后色彩，最后材质质感。使用【矩形工具】绘制一个矩形，并为其填充一个深灰色。最终效果总图如图7-94所示。

图7-93　高斯模糊效果

图7-94　最终效果总图

7.3 概念鼠标效果图表现

帅气十足的Zero概念鼠标是由德国设计师Oliver Rosito设计的，这款鼠标不但富有艺术的美感而且材质轻巧，主要使用金属拉丝和光面材质，而其圆滑又不失时尚的外观更是让人爱不释手。我们可以通过如下所示的图片全方位了解这款鼠标的解构造型特点（见图7-95～图7-97）。本节教程重点讲解该鼠标正视和侧视角度效果图的绘制，参考图为图7-97。

图7-95　鼠标效果图1

图7-96　鼠标效果图2

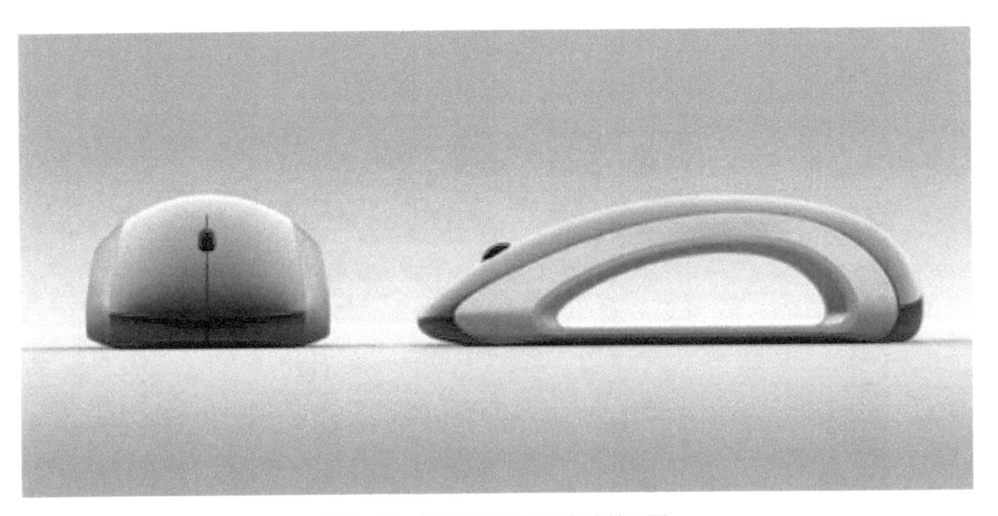

图7-97　鼠标正视和侧视角度效果图

第1部分：绘制鼠标正视图中间部分

1 新建一个横向A4文档（宽度为297mm，高度为210mm），命名为“鼠标”，分辨率设定为300像素/in，原色模式为RGB（见图7-98）。

2 在界面左边的工具栏选择【钢笔工具】根据参考图画出一个闭合路径（见图7-99），选用【填充工具】为其填充一个辐射渐变，填充后的效果如图7-100所示，辐射渐变的具体设置如图7-101所示，供读者参考。去除其轮廓色。

创建新文档
名称(N): Zero概念鼠标
预设目标(D): 自定义
大小(S): A4
宽度(W): 297.0 mm 毫米
高度(H): 210.0 mm
页码数(N): 1
原色模式(C) RGB
渲染分辨率(R): 300 dpi
预览模式(P) 增強
颜色设置
描述
不再显示此对话框(A)
确定 取消 帮助

图7-98　新建一个文档

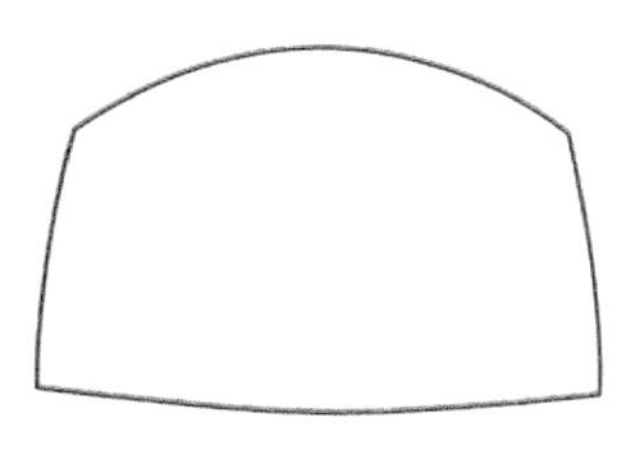

图7-99　路径图1

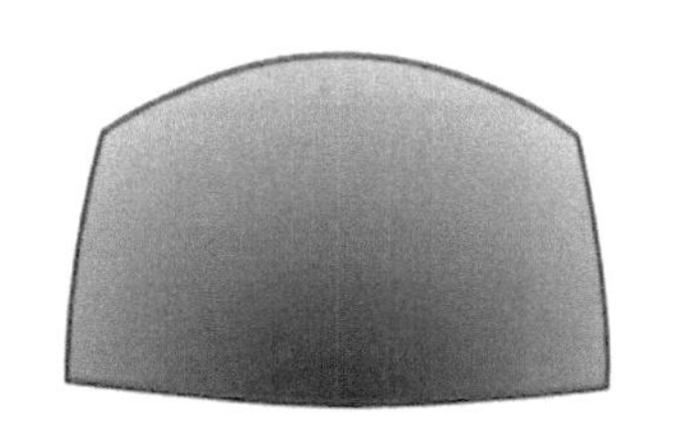

图7-100　填充效果图1

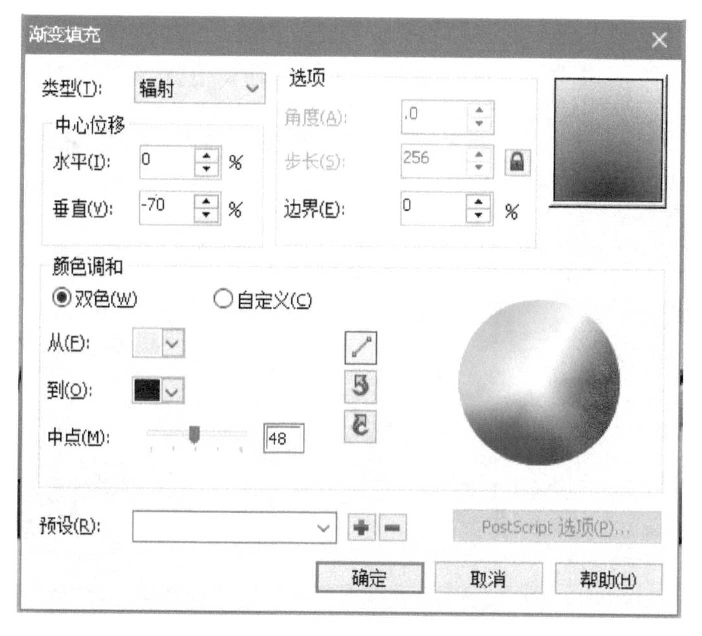

图7-101　填充设置1

3 在界面左边的工具栏选择【钢笔工具】画出（见图7-102）路径，选用【填充工具】为其填充一个线性渐变，填充效果和具体设置如图7-103、图7-104所示。去除其轮廓色，调整其位置，效果如图7-105所示。

图7-102　路径图2

图7-103　填充效果图2

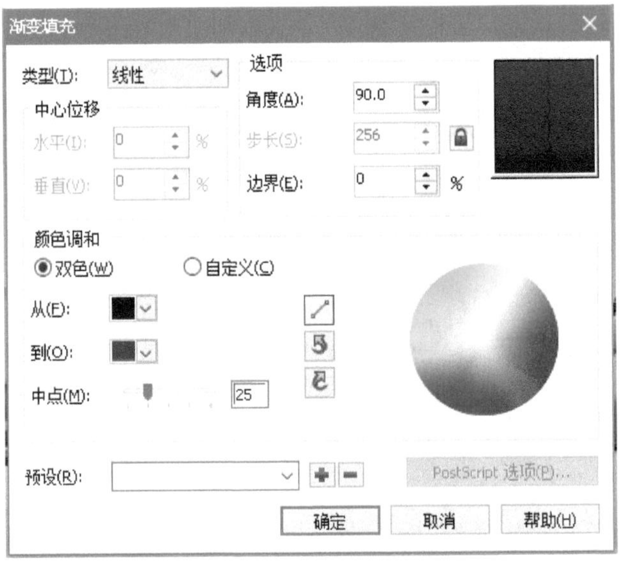

图7-104　填充设置2

4 在界面左边的工具栏选择【钢笔工具】画出一个闭合路径（见图7-106），选用【填充工具】为其填充一个线性渐变，填充效果和渐变设置如图7-107、图7-108所示，供读者参考。去除其轮廓色，调整其位置，效果如图7-109所示。

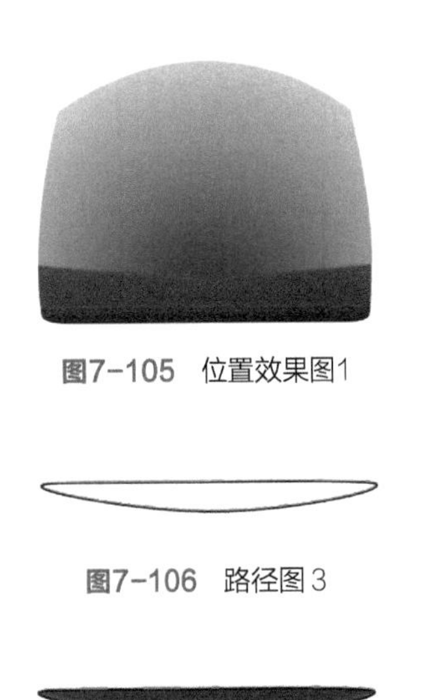

图7-105　位置效果图1

图7-106　路径图3

图7-107　填充效果图3

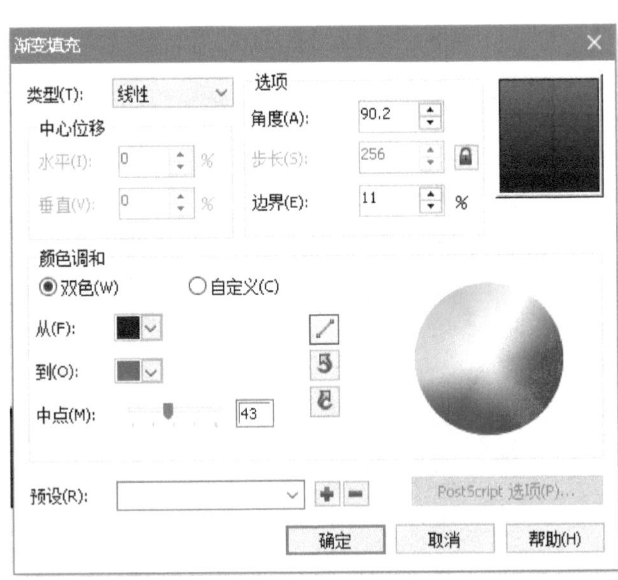

图7-108　填充设置3

5 选中2～4所绘制的3个曲线，将它们转换为位图，转换为位图工具位置及转换为位图设置如图7-110、图7-111所示，供读者查看。为转换的位图添加高斯模糊，像素约为9，高斯模糊工具位置及模糊后的效果如图7-112、图7-113所示供读者参考。

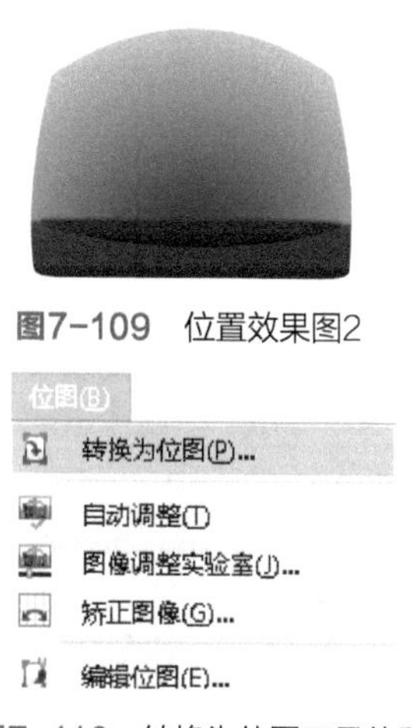
图7-109　位置效果图2

图7-110　转换为位图工具位置

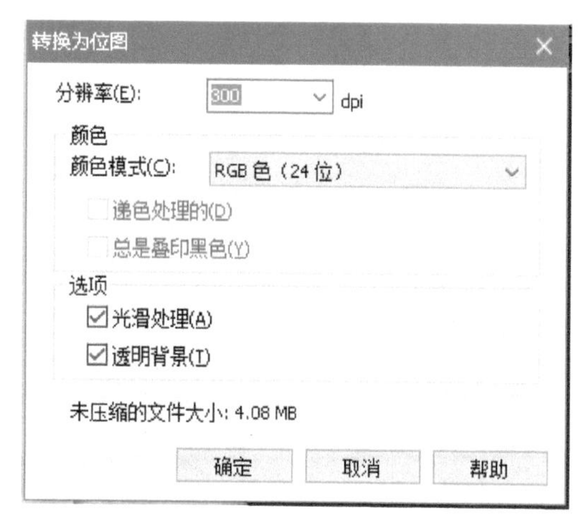

图7-111　转换为位图设置

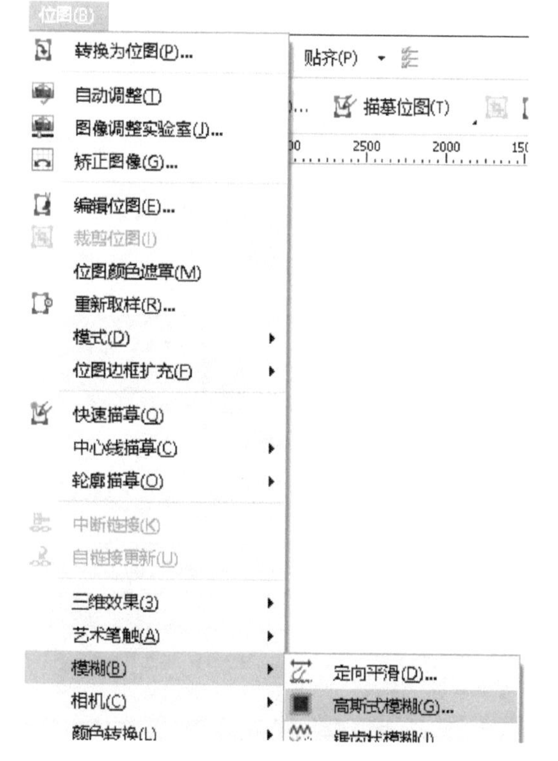

图7-112　高斯模糊工具位置

图7-113　高斯模糊效果图1

6 接下来绘制中间部分的暗处和高光处。在界面左边的工具栏选择【钢笔工具】画出高光部分的路径（见图7-114），为其填充白色。去除其轮廓色，调整其位置，效果如图7-115所示。

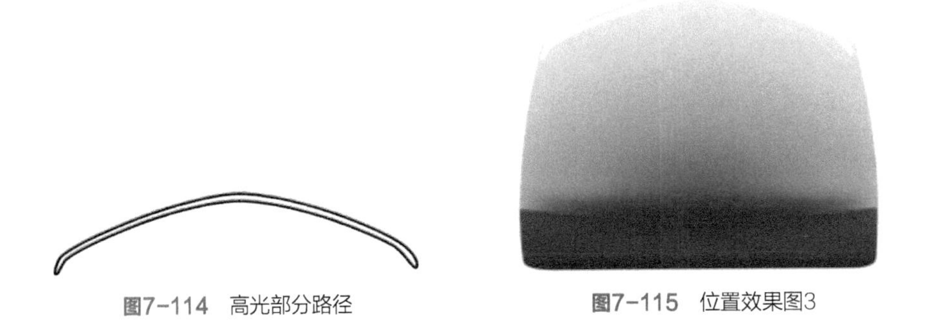

图7-114　高光部分路径　　图7-115　位置效果图3

7 选中 6 中绘制的高光部分曲线，将其转换为位图，并为其添加高斯模糊，像素约为4，模糊后的效果如图7-116所示。在界面左边的工具栏选择【钢笔工具】画出暗部路径（见图7-117），选用【填充工具】为其填充一个深黑灰色，具体设置及填充效果如图7-118、图7-119所示。去除其轮廓色，调整其位置，效果如图7-120所示。

8 选中 7 所绘制的暗部曲线，将其转换为位图，并添加高斯模糊效果，像素约为6，模糊后的效果如图7-121所示。

图7-116　模糊后的效果

图7-117　路径图4

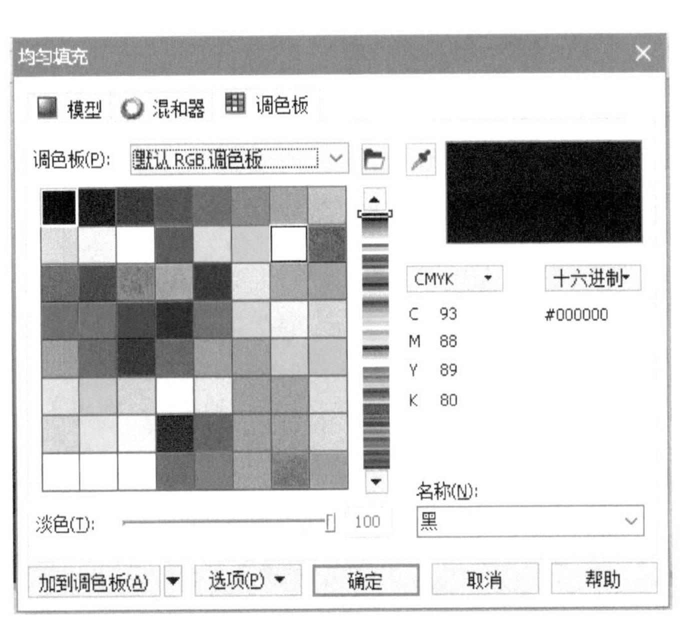

图7-118　填充设置4

图7-119　填充效果图4

图7-120　位置效果图4

图7-121　高斯模糊效果图2

9 绘制鼠标滚轮。使用【钢笔工具】绘制一个闭合路径（见图7-122），为其填充线性渐变（见图7-123）。绘制一条曲线（见图7-124），将其颜色改为深灰色，调整其位置，效果如图7-125所示。

图7-122　路径图5

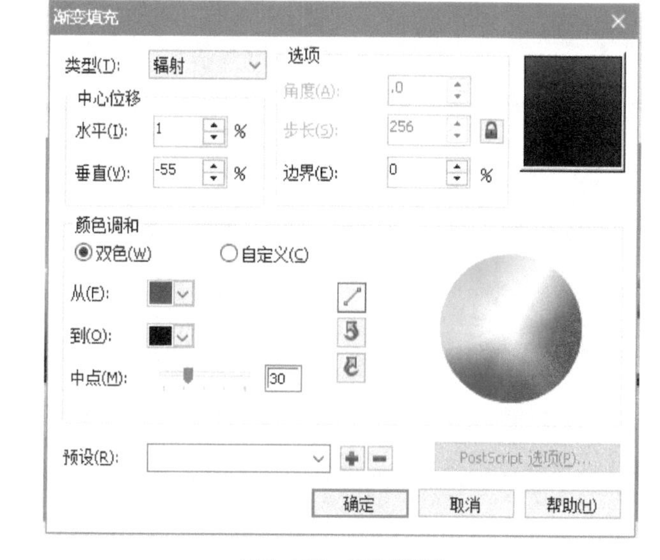

图7-123　填充设置5

图7-124　曲线

图7-125　位置效果图5

第2部分：绘制鼠标正视图左边及右边部分

图7-126　鼠标左边路径

1 在界面左边的工具栏选择【钢笔工具】画出闭合路径（见图7-126），选用【填充工具】为其填充一个线性渐变，填充渐变的具体设置及填充渐变后的效果如图7-127、图7-128所示，供读者参考。除其轮廓色，调整其位置，效果如图7-129所示。

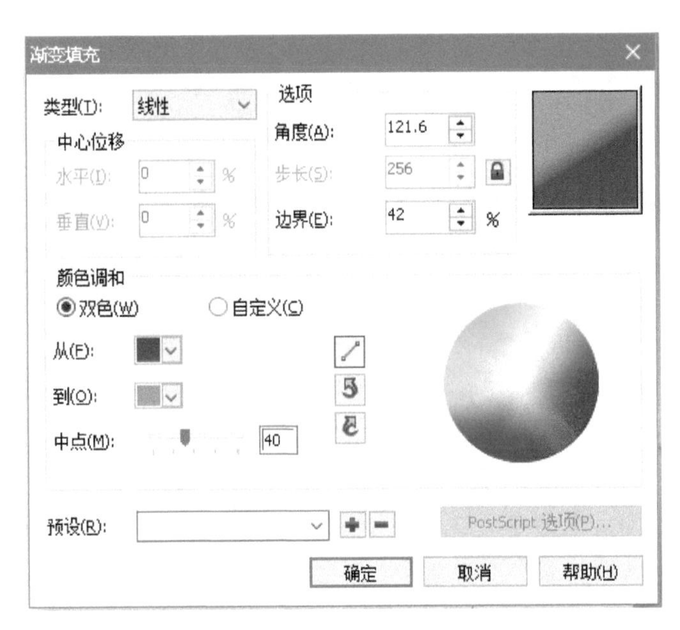

图7-127　填充设置6

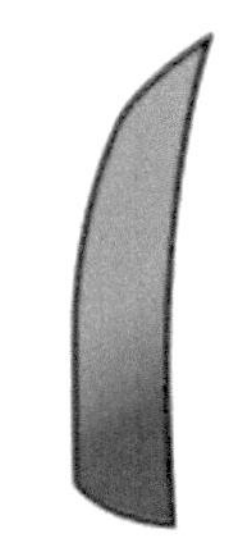

图7-128　填充效果图6

图7-129　鼠标左边放置到合适位置

2 在界面左边的工具栏选择【钢笔工具】画出闭合路径（见图7-130），选用【填充工具】为其填充一个线性渐变，填充渐变的具体设置及填充渐变后的效果如图7-131、图7-132所示，供读者参考。除其轮廓色，调整其位置，效果如图7-133所示。

3 选中图7-132所示曲线，转换为位图，并为其添加高斯模糊效果，模糊像素约为6。由于转换为位图之后，曲线原本轮廓会变成矩形，所以，打开【形状工具】，调节此位图边框至与原本轮廓大概相同（见图7-134）。调整后的效果如图7-135所示。

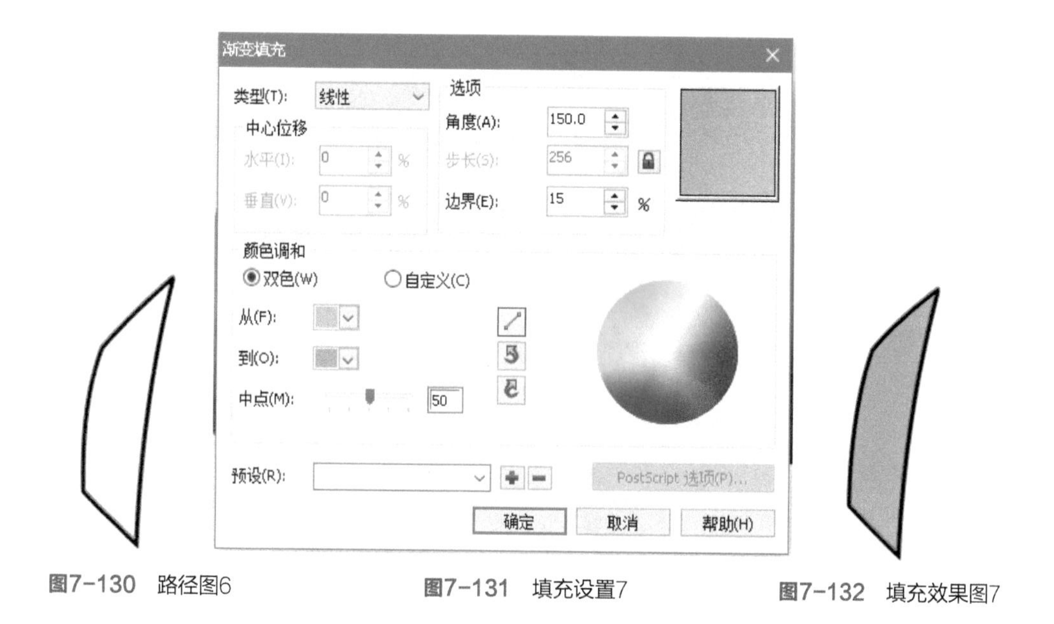

图7-130　路径图6　　图7-131　填充设置7　　图7-132　填充效果图7

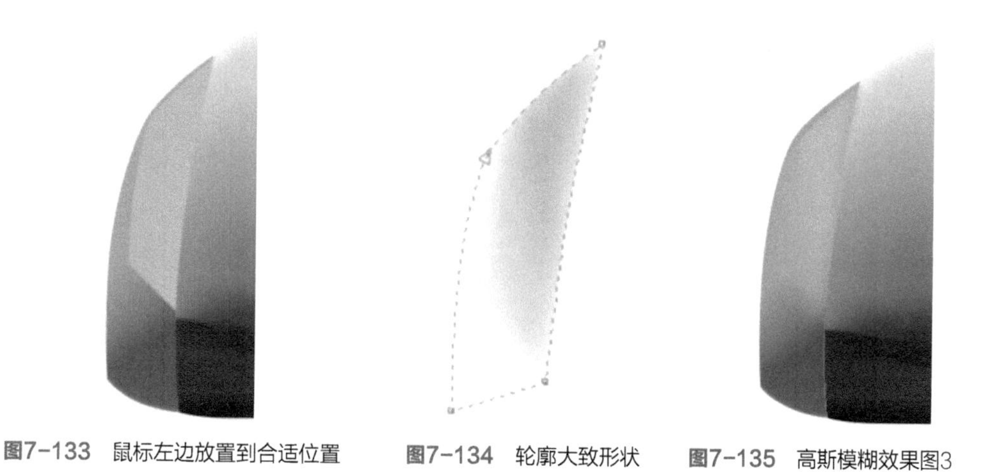

图7-133　鼠标左边放置到合适位置　　图7-134　轮廓大致形状　　图7-135　高斯模糊效果图3

4 至此，将第2部分 1 ~ 3 所绘制的图形全选，群组，命名为“左边”。随后选择变换泊坞窗中的“缩放和镜像”（见图7-136），具体设置及镜像变换后的效果如图7-137、图7-138所示。随后，鼠标击中镜像出来的曲面，按住【Shift】进行水平移动，移至鼠标右边大概位置后按方向左右键进行微调，鼠标正视图最终效果如图7-139所示。

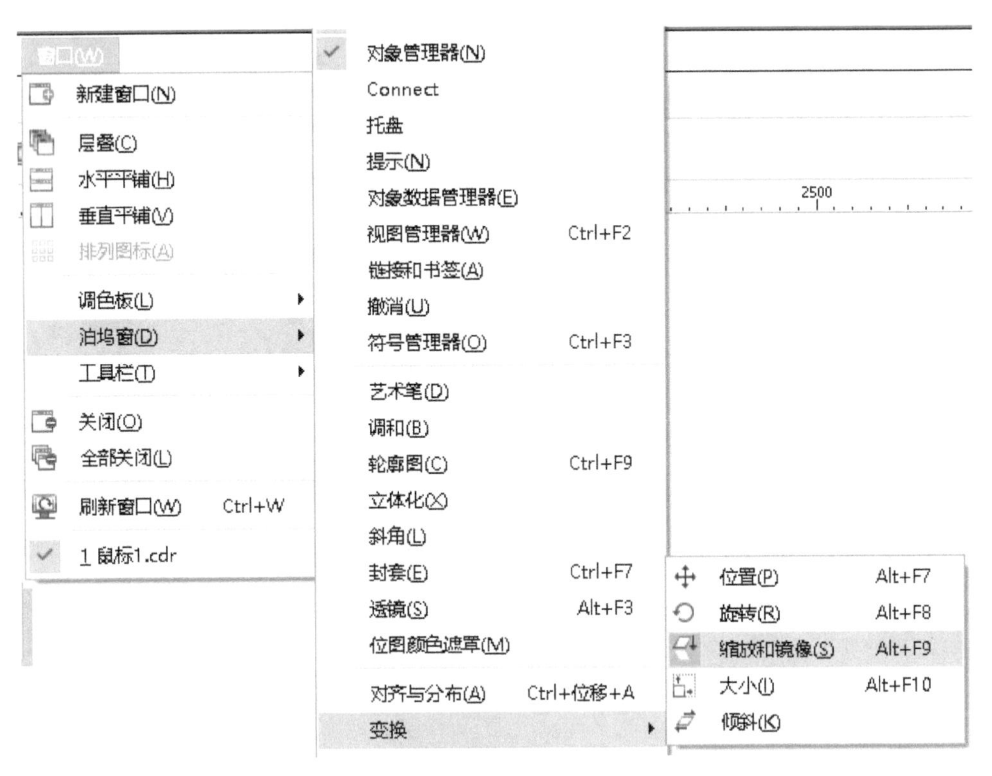

图7-136 镜像工具位置

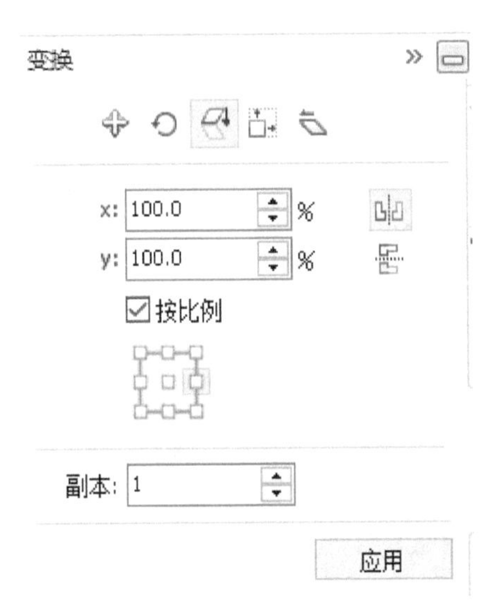

图7-137 镜像设置

图7-138 镜像结果

图7-139 正视图最终效果

第3部分：绘制鼠标左视图顶上部分

1 使用【钢笔工具】绘制顶上部分的轮廓，闭合路径如图7-140所示，为其填充线性渐变，填充效果及渐变设置如图7-141、图7-142所示，供读者参考。

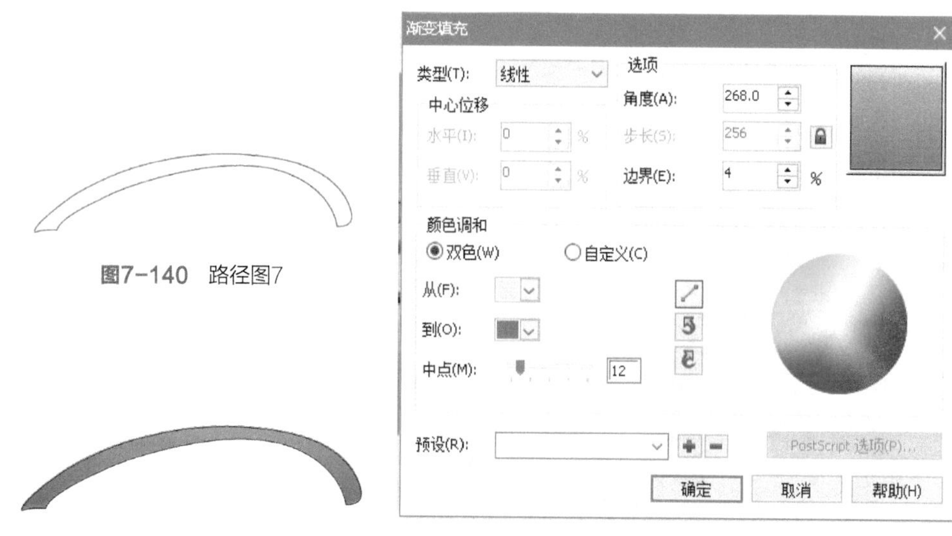

图7-140　路径图7

图7-141　填充效果图8

图7-142　填充设置8

2 使用【钢笔工具】绘制一个闭合路径（见图7-143），并填充上白色，去除轮廓线。将该路径放置在**1**所绘制图形的上方（见图7-144）。将其转换为位图，并为其添加高斯模糊效果，像素约为12。模糊后的效果如图7-145所示。

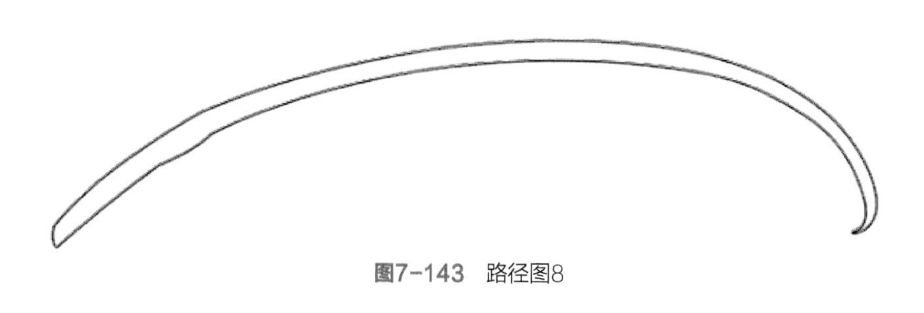

图7-143　路径图8

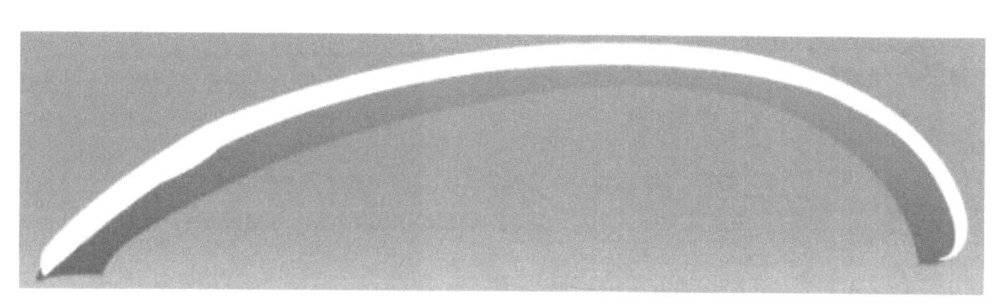

图7-144　位置关系图

图7-145　高斯模糊效果图4

3 选中 1 中绘制的位图，使用【形状工具】，调节此位图边框至与原本轮廓大概相同（见图7-146），调节后的效果图如图7-147所示。

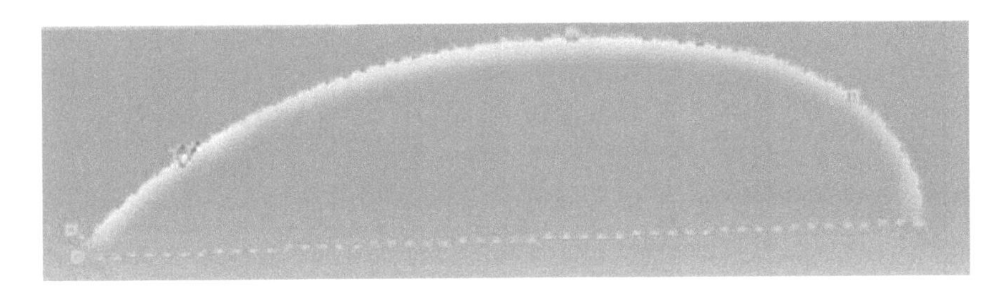

图7-146　调节完轮廓线形状

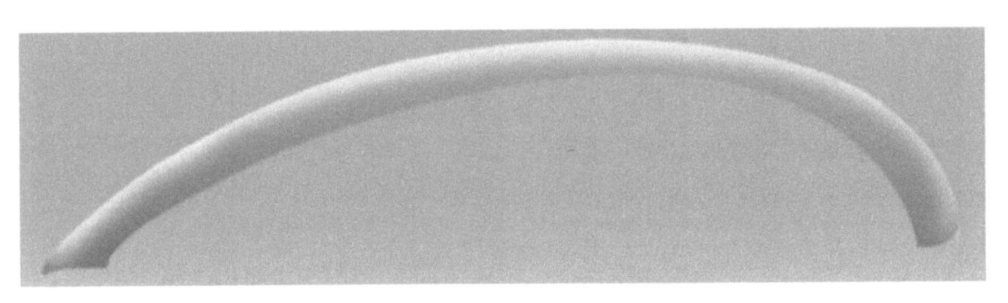

图7-147　鼠标左视图顶上部分效果图

4 绘制鼠标滚轮。使用【钢笔工具】绘制一个闭合路径（见图7-148），并为其填充黑色，调节其位置如图7-149所示，供读者参考。

图7-148　鼠标滚轮路径图

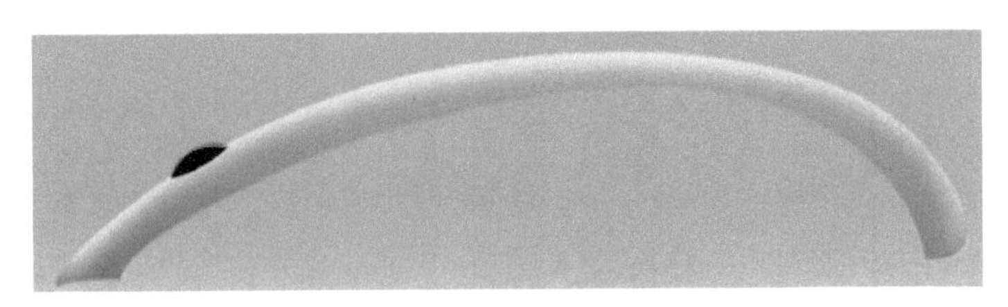

图7-149　鼠标滚轮位置效果图

第4部分：绘制鼠标左视图中间部分

1 使用【钢笔工具】绘制4个闭合路径，从大到小依次命名为圆1、圆2、圆3、圆4（见图7-150），将圆4往下移动至下边缘与圆3重合（见图7-151）。分别为其填充颜色，填充后的效果及位置关系如图7-152所示，供读者参考。

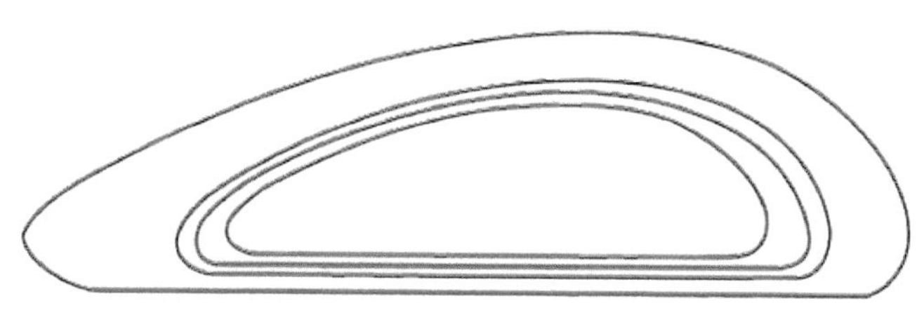

图7-150　圆1～圆4路径图

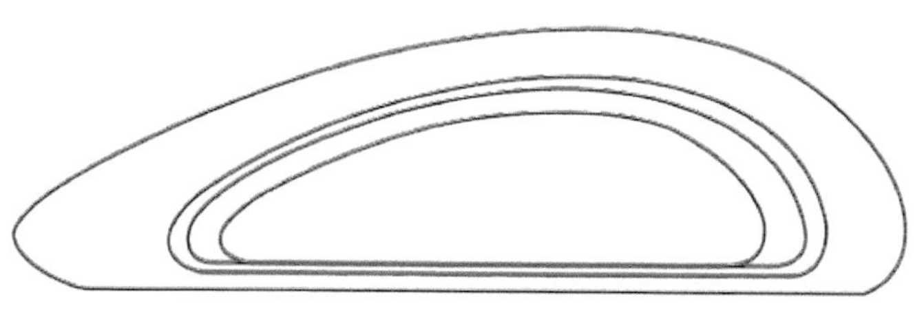

图7-151　圆1～圆4位置图

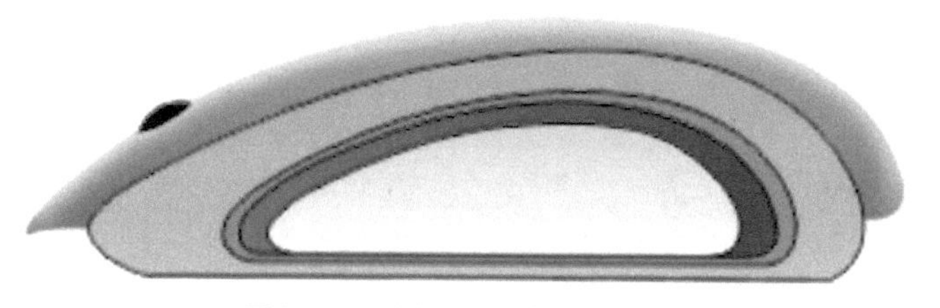

图7-152　圆1～圆4填充效果及位置

2 去除圆4的轮廓线，然后修改其他3个轮廓线（见图7-153）。

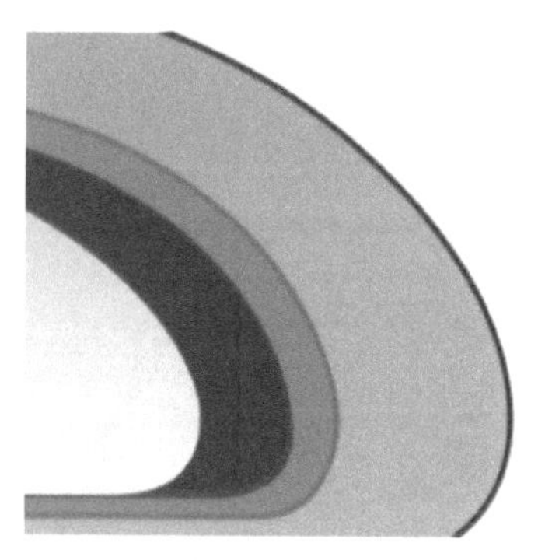

图7-153　3个轮廓线修改

3 使用【钢笔工具】绘制一段曲线，将其轮廓线修改为灰色（见图7-154）。调整其位置（见图7-155）。

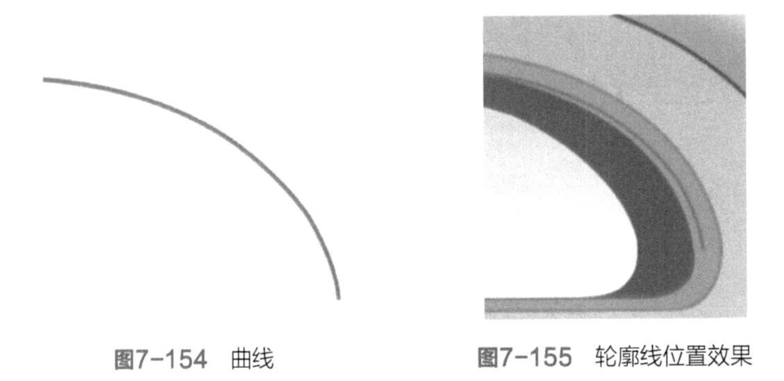

图7-154　曲线

图7-155　轮廓线位置效果

4 使用【钢笔工具】绘制2个路径（见图7-156），分别填充颜色（见图7-157），随后将其轮廓线均改为灰色，调整其位置（见图7-158）。

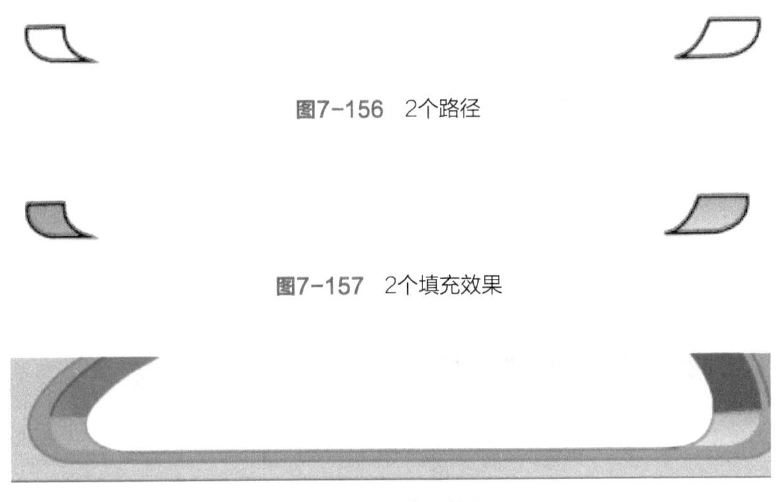

图7-156　2个路径

图7-157　2个填充效果

图7-158　位置效果

5 使用【钢笔工具】绘制一个闭合路径（见图7-159），为其填充线性渐变，渐变设置如图7-160所示，供读者参考。填充后的效果及摆放的位置如图7-161所示。

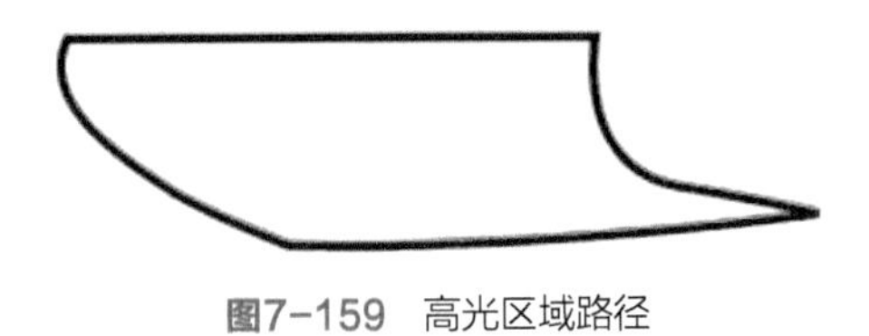

图7-159　高光区域路径

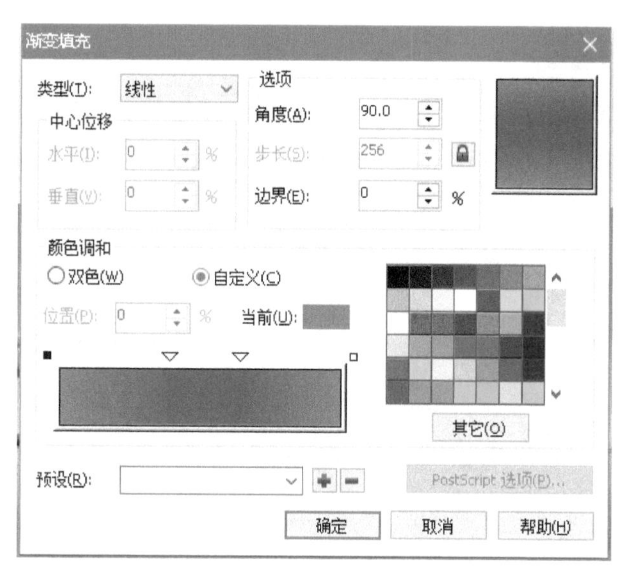

图7-160　高光区域填充设置

图7-161　高光区域填充效果及摆放位置

6 依照上面相同步骤，绘制另一边高光。使用【钢笔工具】绘制一个闭合路径（见图7-162），为其填充线性渐变，渐变设置如图7-163所示，供读者参考。填充后的效果及摆放的位置如图7-164所示。总体效果图如图7-165所示。

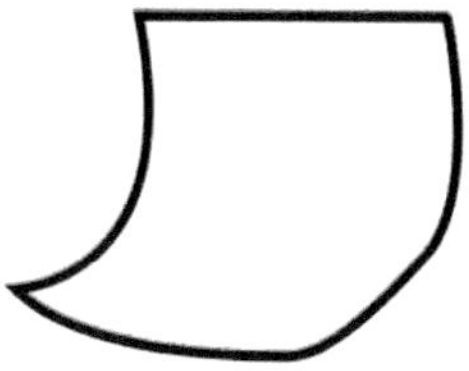

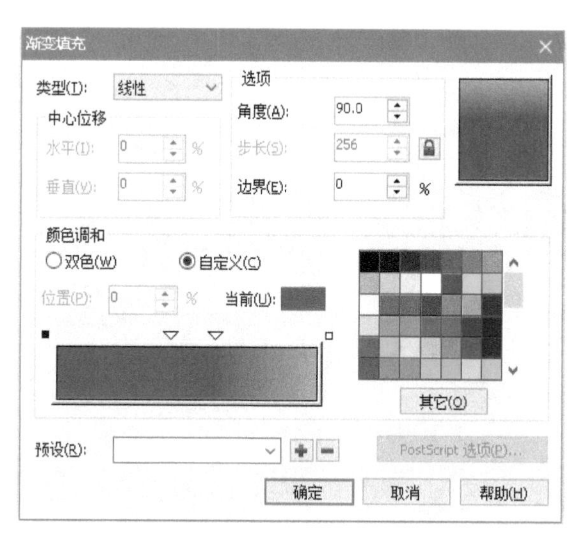

图7-162　另一边高光区域路径

图7-163　另一边高光区域填充设置

图7-164 位置及效果

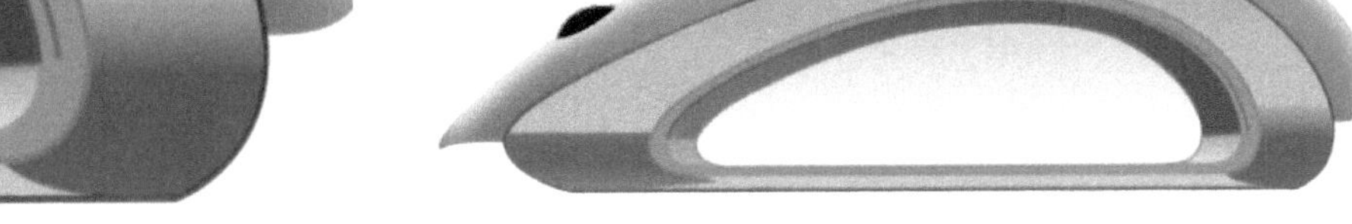
图7-165 总体效果图

绘制鼠标剩下部分的方法也是一样，本教程不做详细解释。

使用矩形工具绘制一个矩形，为其填充灰色到白色到灰色，命名为背景，按【Ctrl】+【End】将其置于底层。鼠标正面及侧面的最终效果图如图7-166所示。

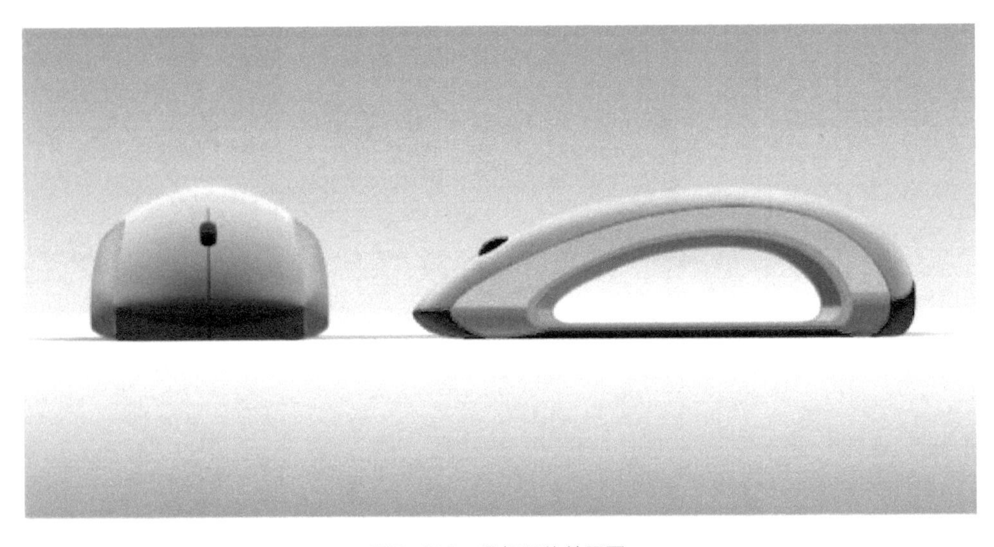
图7-166 鼠标最终效果图

7.4 电钻效果图表现

本案例讲解根据电钻参考图绘制电钻的效果图（见图7-167）。

第1部分：绘制电钻整体

1 新建一个横向A4文档（高度为297mm，宽度为210mm），命名为“鼠标”，分辨率设定为300像素/in，原色模式为RGB（见图7-168）。

HOYO
参考原图
本案例绘制效果图

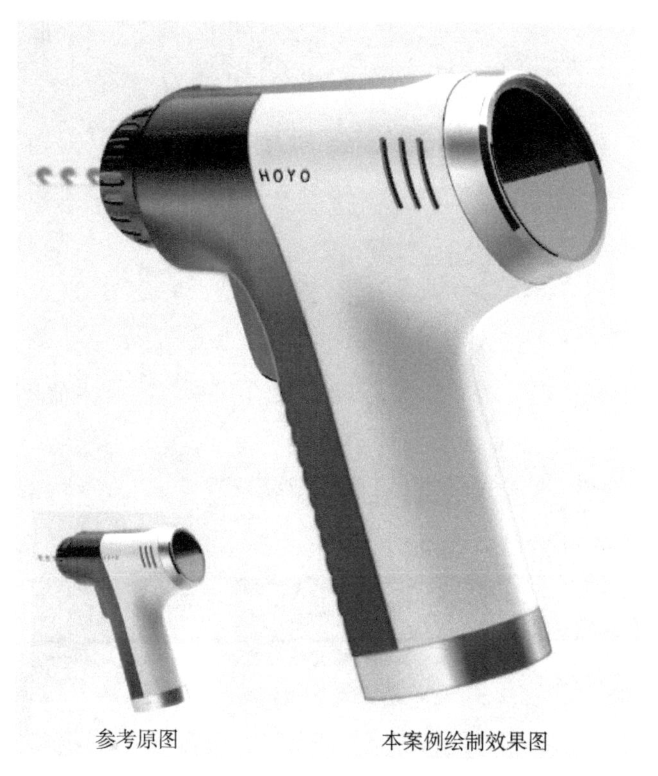

图7-167　电钻参考图及绘制的效果图

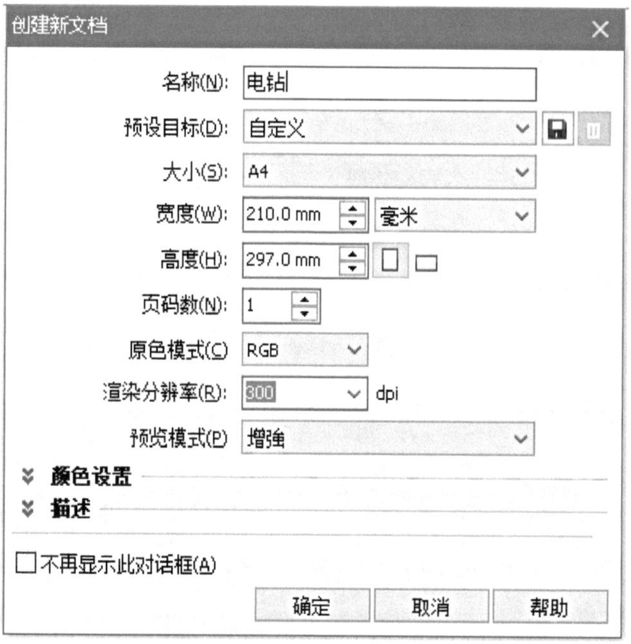

创建新文档
名称(N):
电钻
预设目标(D):
自定义
大小(S):
A4
宽度(W):
210.0 mm
毫米
高度(H):
297.0 mm
页码数(N):
1
原色模式(C)
RGB
渲染分辨率(R):
300
dpi
预览模式(P)
增强
颜色设置
描述
不再显示此对话框(A)
确定
取消
帮助

图7-168　新建一个文档

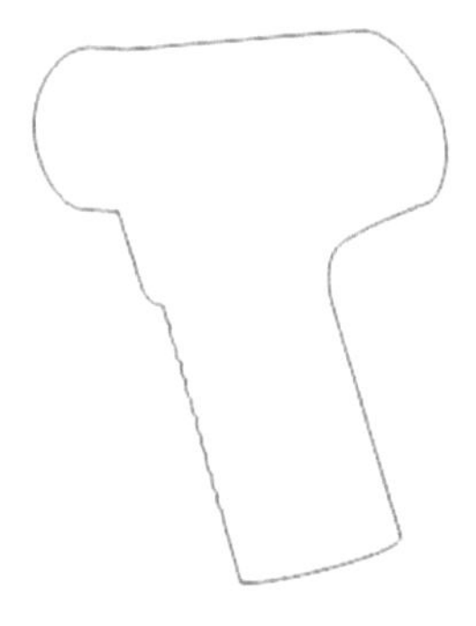

图7-169 “电钻整体”路径

2 在界面左边的工具栏选择【钢笔工具】根据参考图画出（见图7-169）路径1，并将它命名为“电钻整体”，选用【填充工具】为其填充深灰色，并去除轮廓色，填充设置及填充效果如图7-170、图7-171所示。

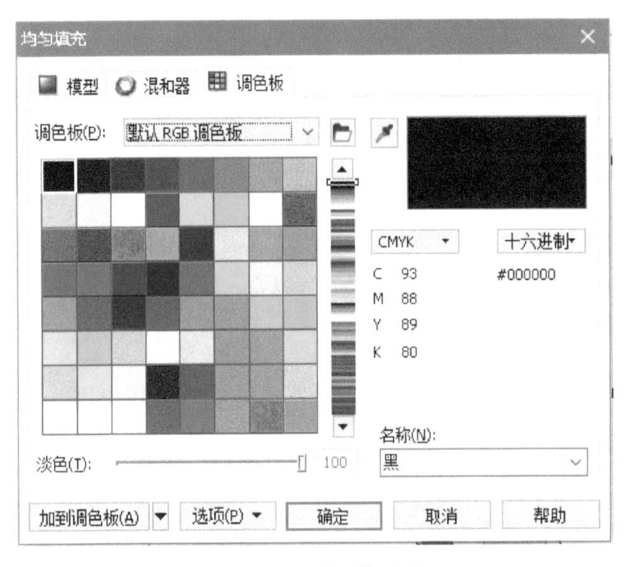

图7-170 “电钻整体”填充设置

图7-171 “电钻整体”效果图

第2部分：绘制把手底部金属环

在界面左边的工具栏选择【钢笔工具】根据参考图画出闭合路径（见图7-172），选用【填充工具】为其填充一个线性渐变，渐变填充效果及渐变具体设置如图7-173、图7-174所示，供读者参考。去除其轮廓色，然后选中这个图形，将其转换为位图，转换为位图的命令位置及具体设置如图7-175、图7-176所示，供读者参考，然后为转换后的位图添加一个高斯模糊，菜单位置如图7-177所示，供读者查看，像素大概为5，把手底部金属环的最终效果如图7-178所示。

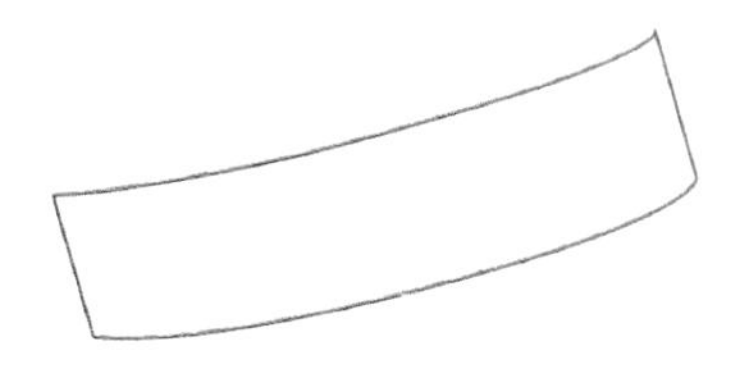

图7-172　把手底部路径图

图7-173　把手底部效果图

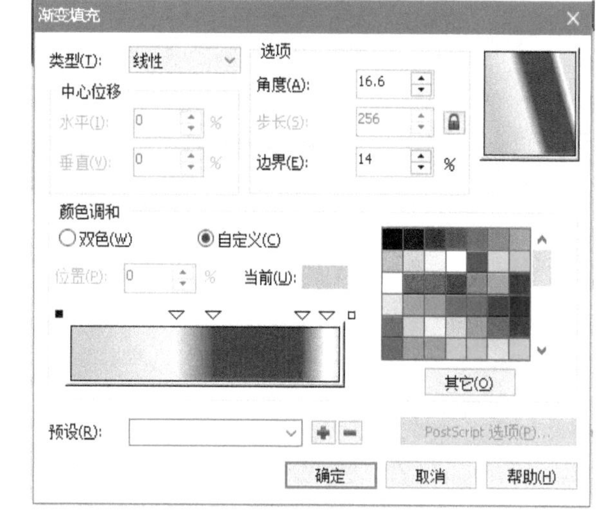

图7-174　把手底部渐变填充设置

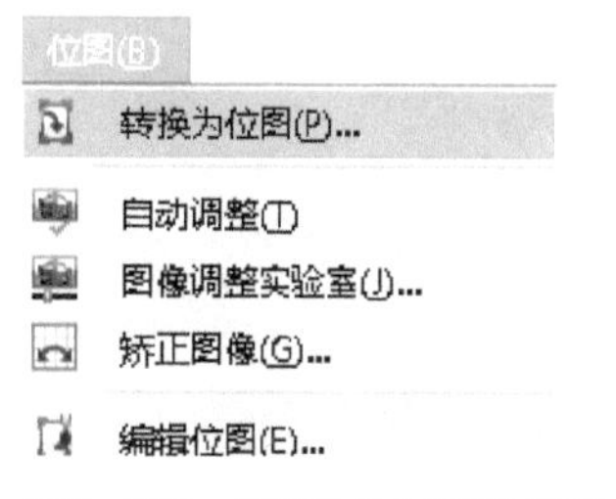

图7-175　转换为位图工具位置

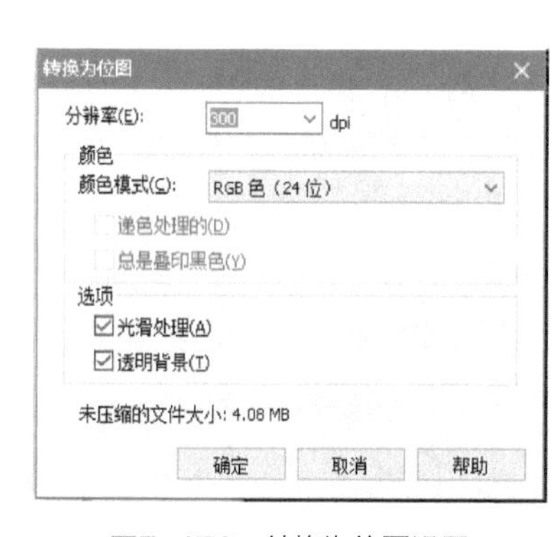

图7-176　转换为位图设置

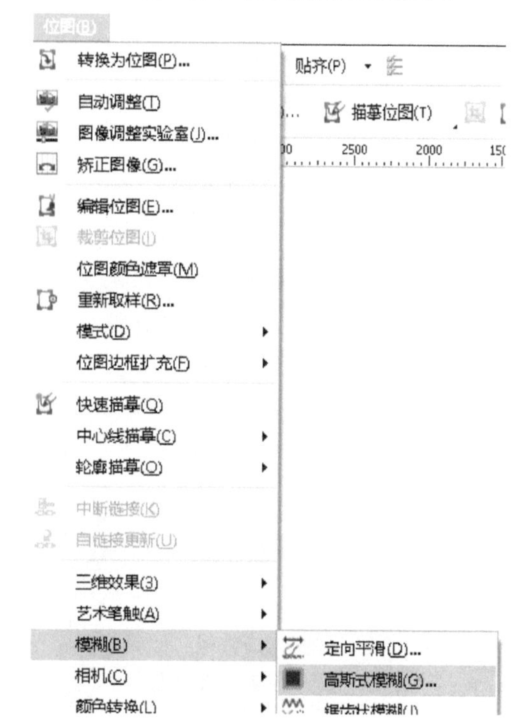

图7-177　高斯模糊工具位置

图7-178　把手底部金属环的最终效果

第3部分：绘制把手左部分

1 在界面左边的工具栏选择【钢笔工具】根据参考图画出如图7-179所示的闭合路径，选用【填充工具】为其填充一个线性渐变，去除轮廓色，线性渐变的填充效果及渐变设置如图7-180、图7-181所示，供读者参考。

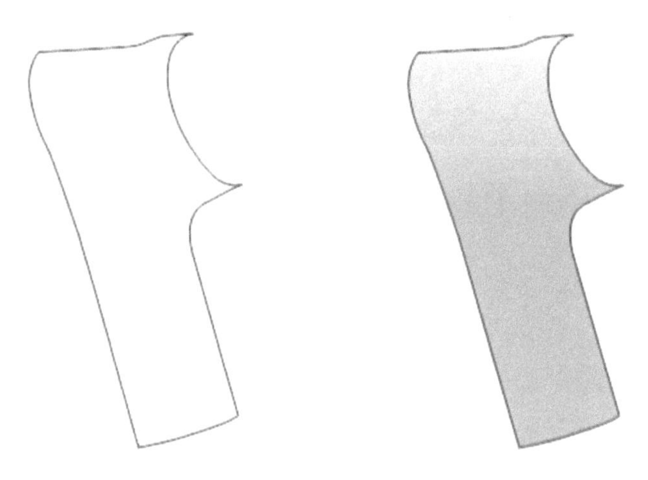

图7-179　把手左部分路径图　　图7-180　把手左部分填充渐变的效果

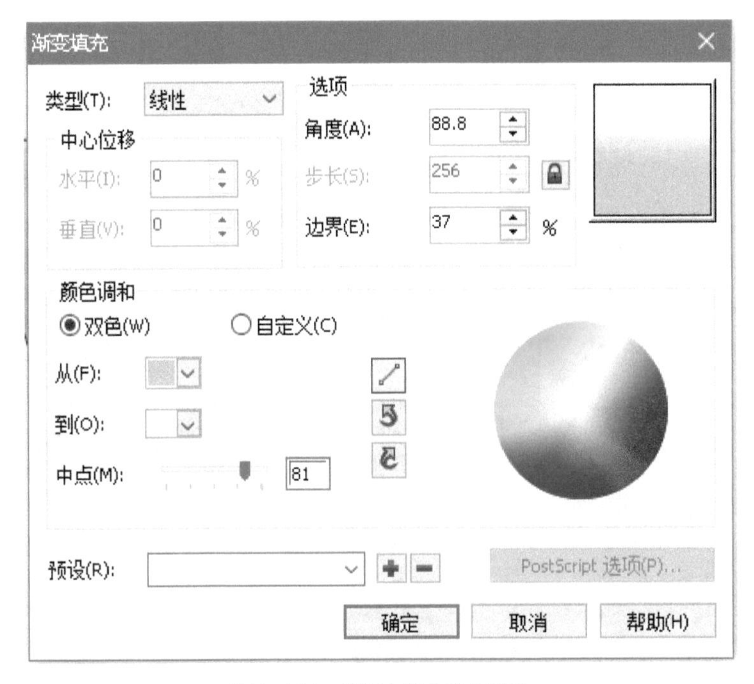

图7-181　把手左部分填充设置

2 使用【钢笔工具】绘制两个闭合路径（见图7-182），并为左边路径填充一个浅灰到白色的线性渐变，右边路径填充白色。位置及效果如图7-183所示。

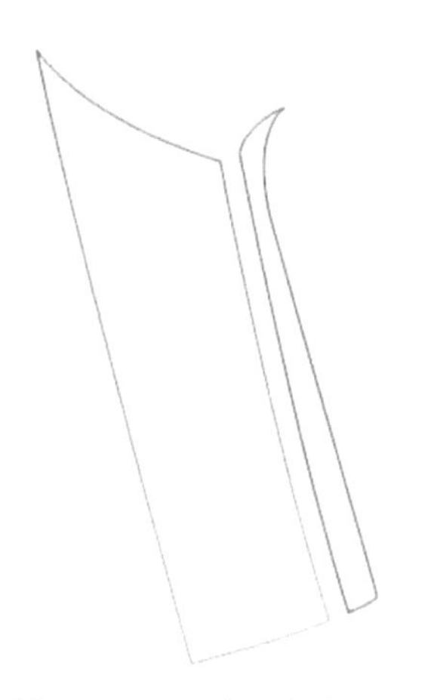

图7-182 两个闭合路径图

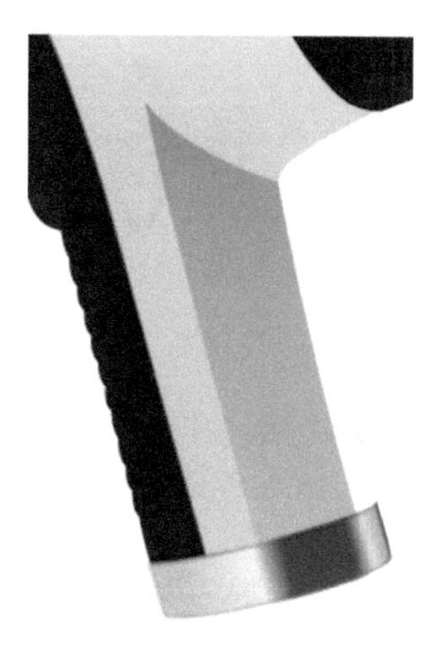

图7-183 位置及效果图

3 选择左边填充线性渐变的路径，将其转换为位图，为其添加一个高斯模糊效果，像素约为3。选择右边白色路径，按照以上操作，像素约为3，模糊后的效果参考图7-184。

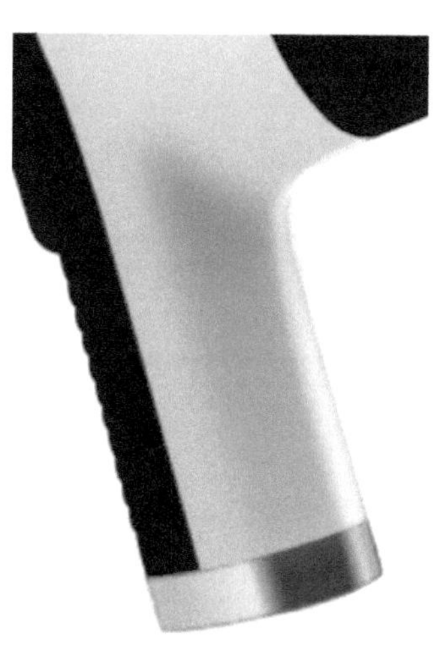

图7-184 模糊后的效果图

4 使用【钢笔工具】绘制一个闭合路径（见图7-185），并为其填充浅灰色，位置及效果参考图7-186。将其转换为位图，为其添加一个高斯模糊效果，像素约为13。模糊后的效果参考图7-187。

图7-185 矩形闭合路径图

图7-186 矩形闭合路径位置图

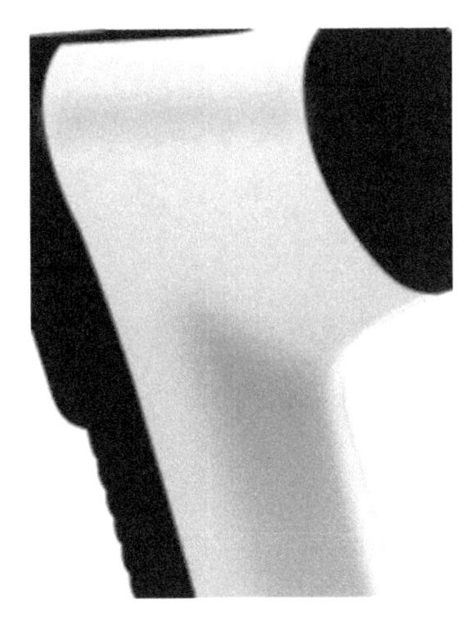

图7-187 矩形闭合路径效果图

5 电钻上的四个字母使用【钢笔工具】和【椭圆形工具】能画出（这里字母轮廓粗细约为0.5mm），字母效果参考图7-188。

图7-188 字母效果图

第4部分：绘制散热口

使用【钢笔工具】绘制三条不闭合的曲线段（见图7-189），分别修改三条曲线的颜色和线宽。上方曲线颜色改为灰色，线宽为0.5mm。左下曲线颜色为浅灰色，线宽为0.75mm。右下曲线颜色为深灰色，线宽1mm，具体效果参考图7-190。复制出另外两份，分别拖动至电钻主体部分之上（见图7-191），全选，群组。

图7-189　三条曲线

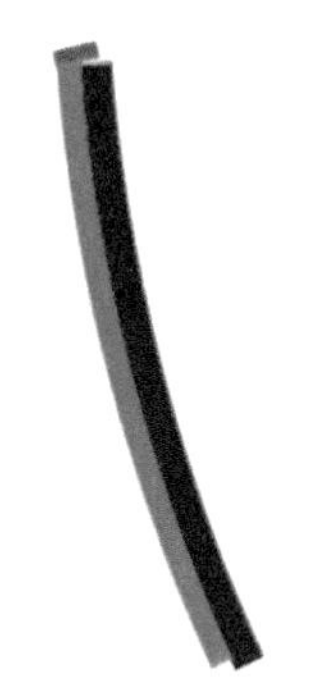

图7-190　三条曲线效果图

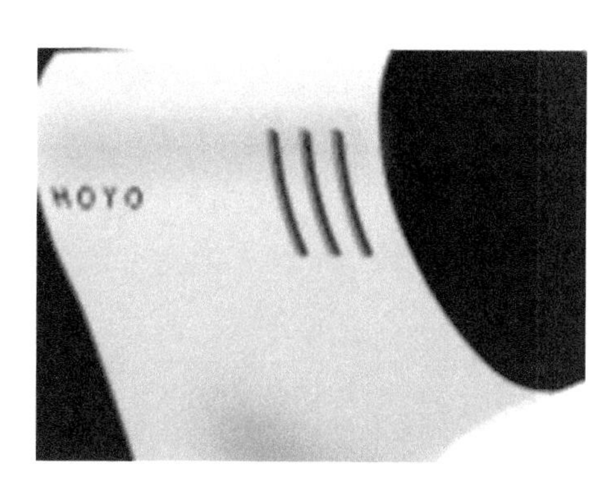

图7-191　三条曲线位置图

第5部分：绘制电钻最右边部分

1 使用【椭圆形工具】绘制1个椭圆（见图7-192），为其填充一个线性渐变，渐变设置参考图7-193，位置及效果参考图7-194。

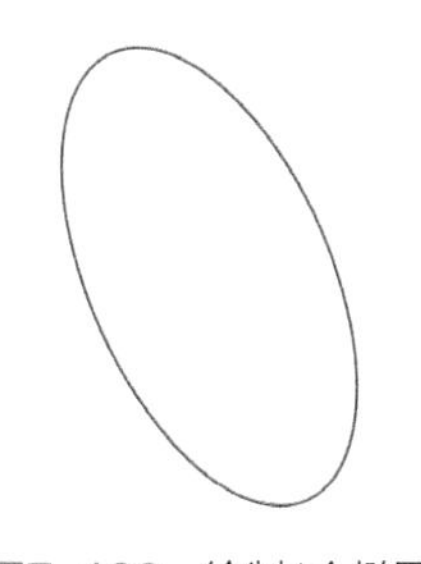

图7-192　绘制1个椭圆

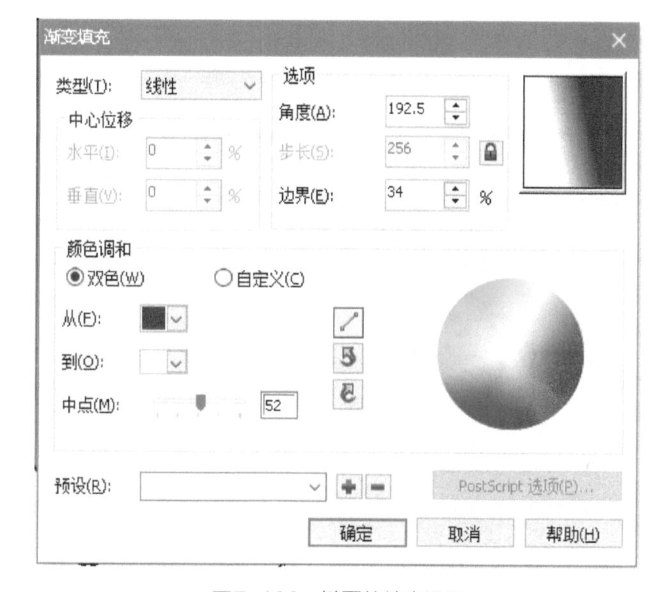

图7-193　椭圆的填充设置

图7-194　椭圆的位置及效果图

2 使用【钢笔工具】依次绘制出多条路径（见图7-195），把这些路径的位置摆放好，具体效果参照图7-196。分别为其上色，上色效果参考图7-197。绘制的路径摆放位置参考图7-198。

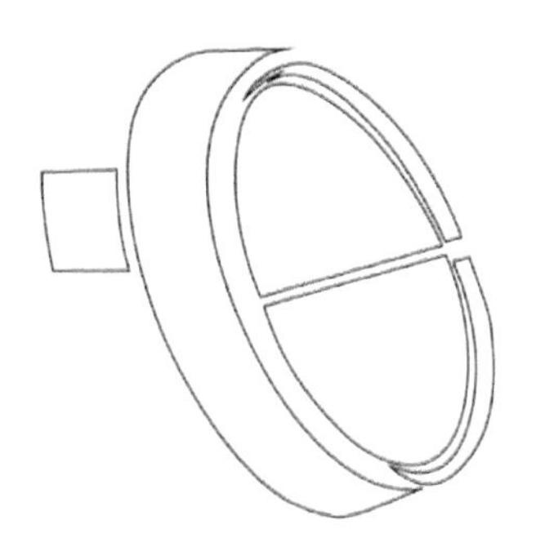

图7-195　多条路径图

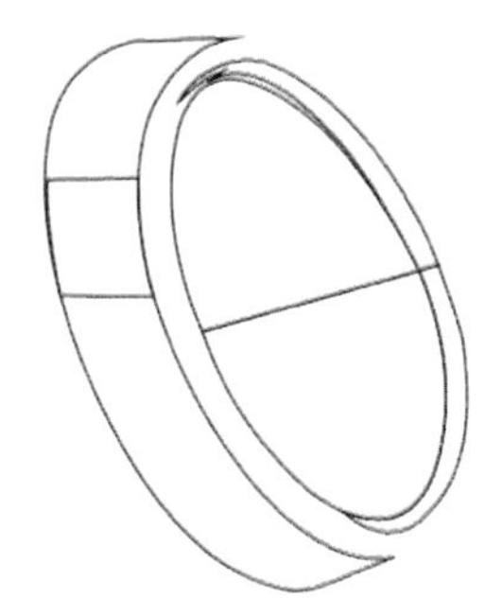

图7-196　多条路径排列

图7-197　多条路径上色图

图7-198　多条路径位置效果

3 接下来绘制最后部分细节。使用【钢笔工具】抠出细节（见图7-199），并排列好位置（见图7-200）。分别为每个闭合路径上色，上色效果参考图7-201。调整位置后的效果参考图7-202。

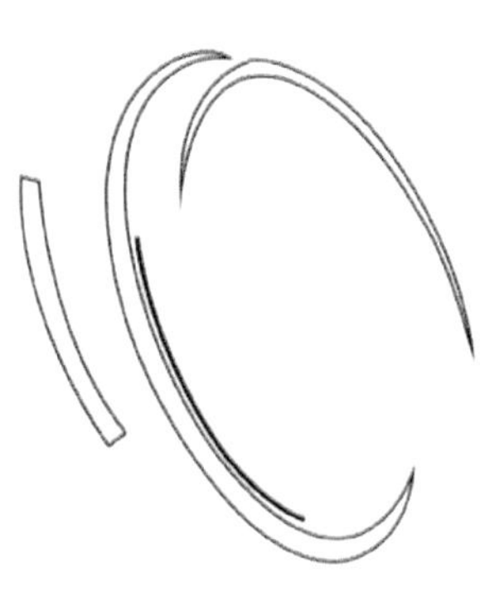

图7-199　细节路径图

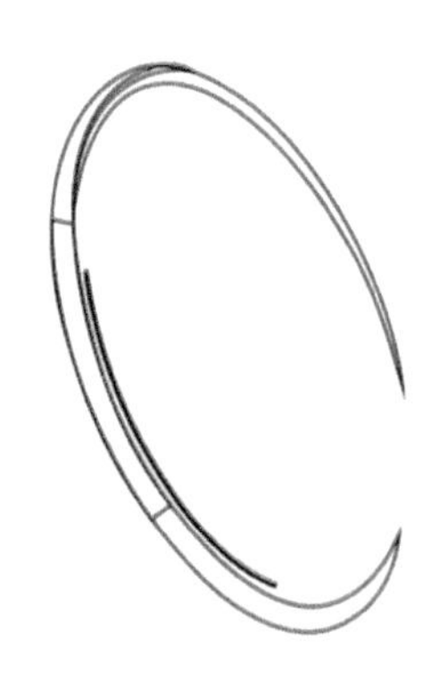

图7-200　细节路径排放图

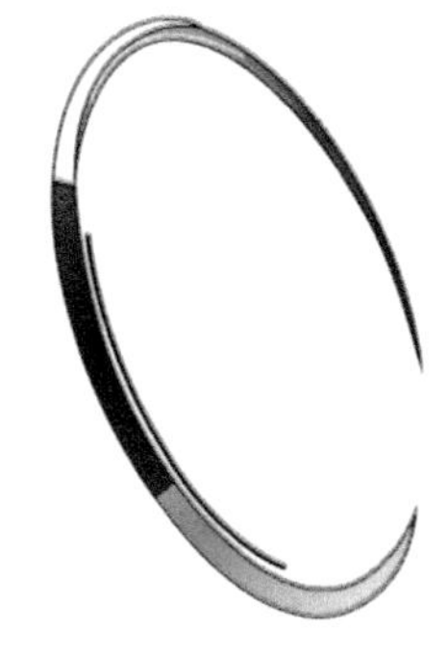

图7-201　细节路径上色效果图

图7-202　细节路径位置效果图

4 随后全选，去除轮廓线。最终放在电钻上的效果参考图7-203。

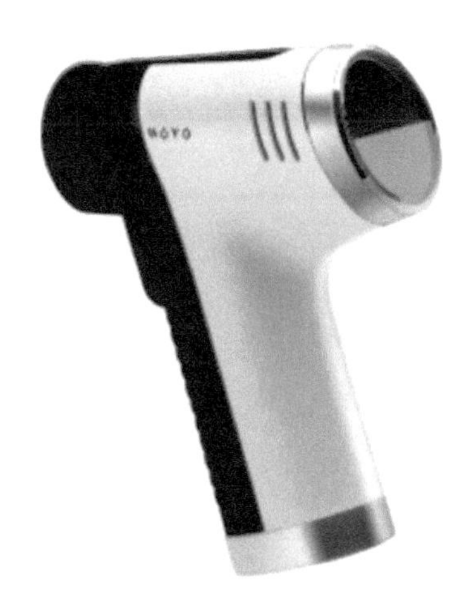

图7-203　效果图

5 电钻的钻头及钻头盖绘制方法与 **1** ~ **4** 的绘制方法相同，都是先整体结构绘制，然后是细节的绘制。图7-204所示的制作过程图解供读者参考。

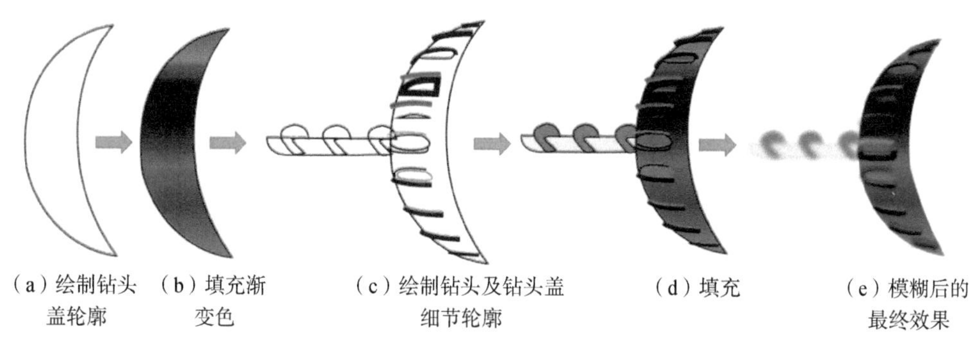

图7-204　绘制钻头及钻头盖过程图解

第6部分：绘制左边部分

1 在界面左边的工具栏选择【钢笔工具】根据参考图画出一条闭合路径（见图7-205），选用【填充工具】为其填充一个线性渐变，具体设置及填充后的效果参见图7-206、图7-207，去除轮廓色。

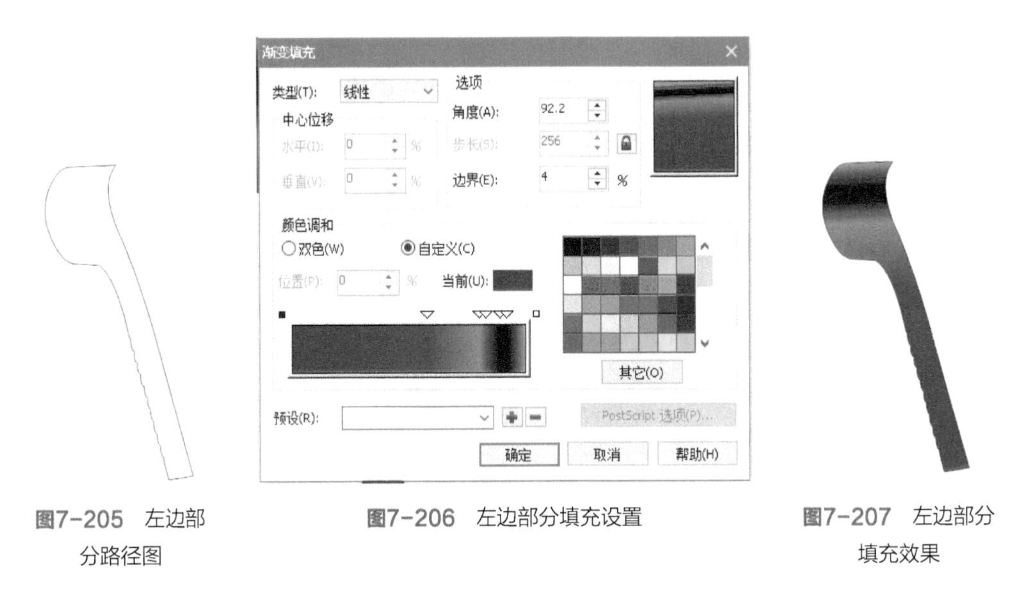

图7-205　左边部分路径图

图7-206　左边部分填充设置

图7-207　左边部分填充效果

2 使用【钢笔工具】依次绘制如图7-208所示的多条路径，调整好位置（见图7-209）。随后为其填充颜色，微调位置，具体效果参考图7-210、图7-211。

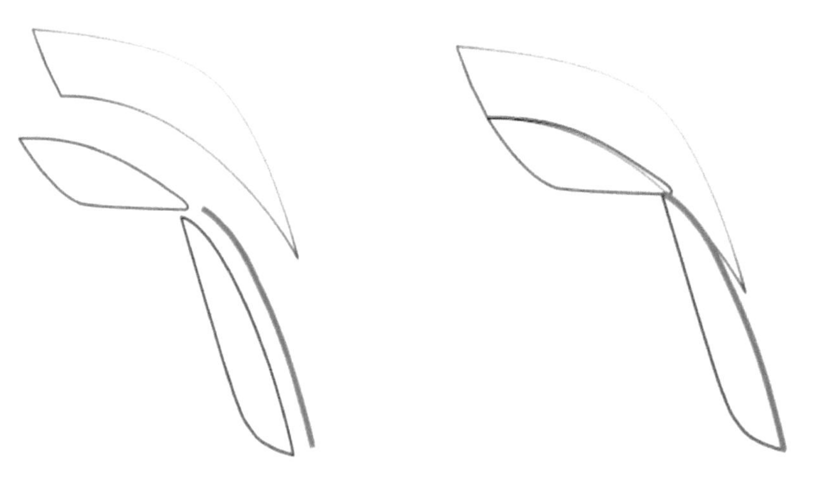

图7-208　左边部分多条路径图

图7-209　左边部分多条路径排列图

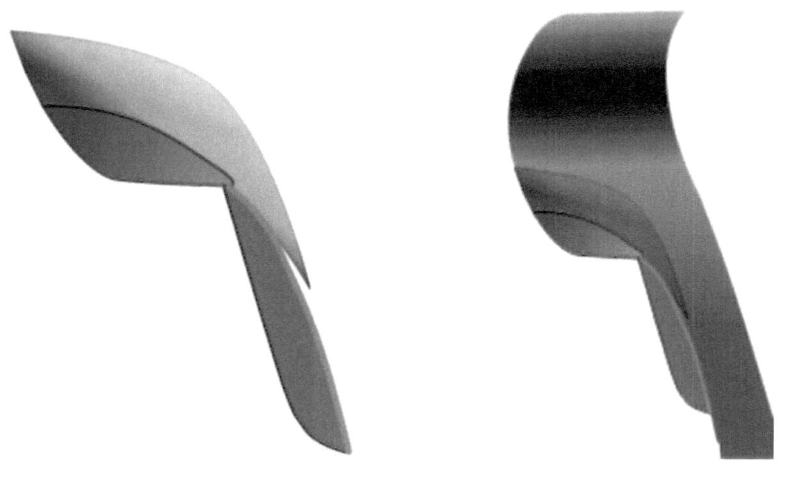

图7-210 2上色效果图　　图7-211 2位置效果图

3 选中2绘制的三个曲线面，转换为位图，然后为其添加高斯模糊。模糊后的效果见图7-212。

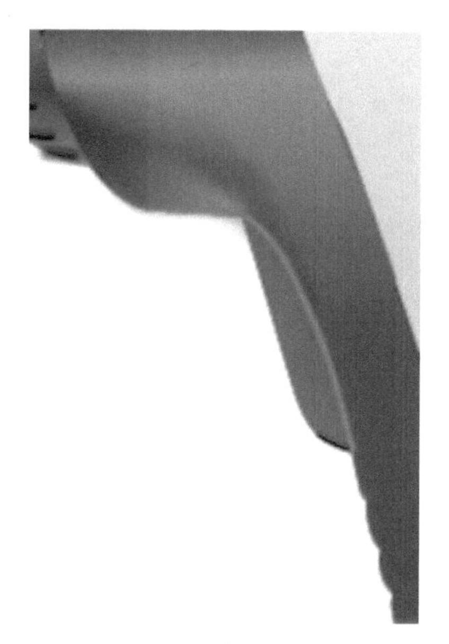

图7-212 高斯模糊效果

4 在界面左边的工具栏选择【钢笔工具】根据参考图依次画出图7-213、图7-214所示的路径，并摆放好顺序位置。选用【填充工具】为其填充颜色，去除轮廓色，填充效果并调整位置，效果如图7-215、图7-216所示。

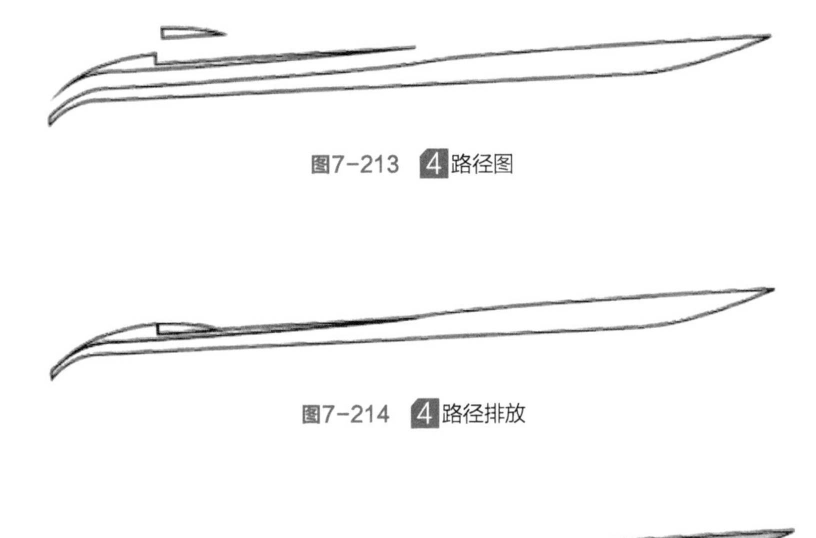

图7-213 4 路径图

图7-214 4 路径排放

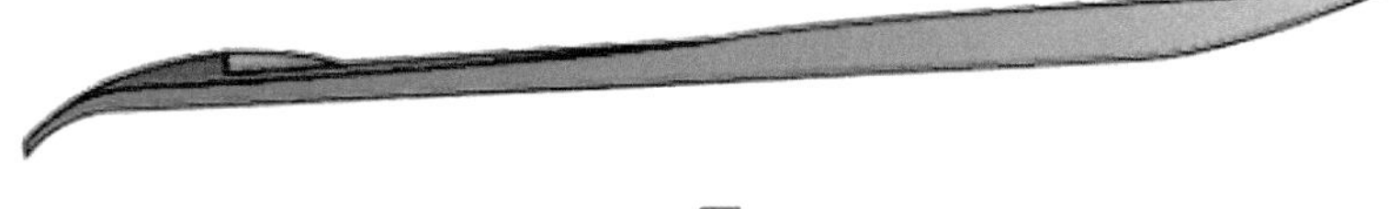

图7-215 4 上色效果

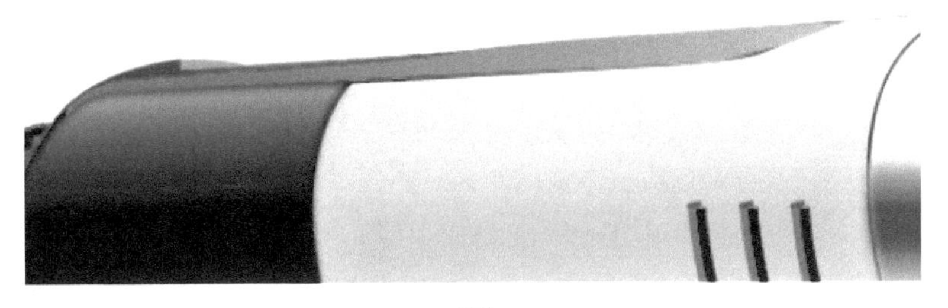

图7-216 4 位置效果图

5 在界面左边的工具栏选择【矩形工具】绘制一个矩形，命名为背景。选用【填充工具】为其填充一个浅灰到白色的线性渐变。去除轮廓色，再将其放置最底层。

最终绘制完成的电钻效果图如图7-217所示。

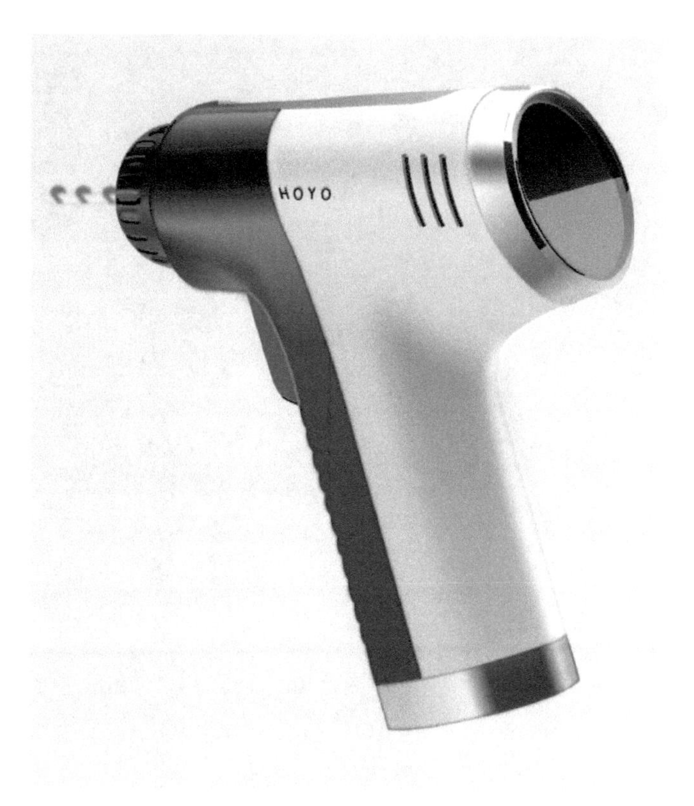

图7-217　电钻效果图

7.5 厨房料理机效果图表现

英国凯伍德公司的CHEF XL Titanium厨师机是一款高端的料理机。该产品获得了2016年德国IF设计金奖，它是一个全能的厨房助理，可以用来切碎、压碎、切片、搅动、揉捏、绞碎、搅拌、磨碎、粉碎、混合或挤压，快速、柔和却又强壮能干，几乎可以满足制作料理时的所有工序（见图7-218）。本节讲解根据产品参考图绘制效果图的方法。

图7-218 CHEF XL Titanium厨师机

第1部分：绘制料理机机身

1 新建一个横向A4文档（宽度为297mm，高度为210mm），命名为“料理机”，分辨率设定为300像素/in，原色模式为RGB（见图7-219）。

2 在界面左边的工具栏选择【钢笔工具】画出一个闭合路径（见图7-220），选用【填充工具】为其填充一个线性渐变，渐变设置和填充效果参考图7-221、图7-222。

创建新文档

名称(N): 料理机
预设目标(D): 自定义
大小(S): A4
宽度(W): 297.0 mm 毫米
高度(H): 210.0 mm
页码数(N): 1
原色模式(C) RGB
渲染分辨率(R): 300 dpi
预览模式(P) 增强
颜色设置
描述
让您选择与最后输出的文档最相似的预览模式。
不再显示此对话框(A)
确定 取消 帮助

图7-219 新建一个文档

图7-220 绘制一个闭合路径

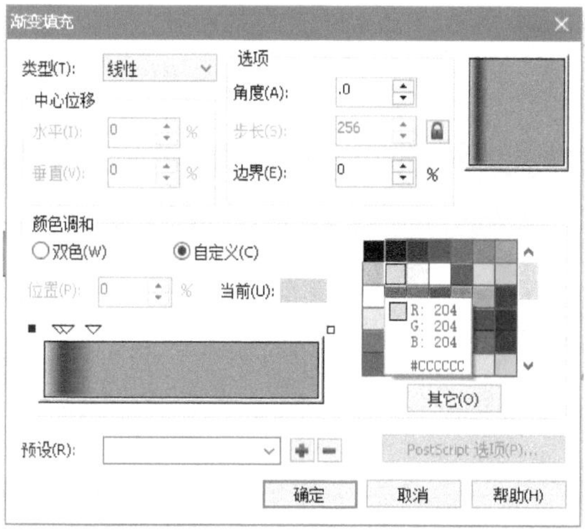

图7-221　填充设置

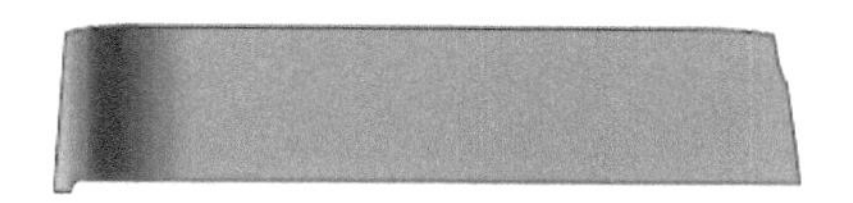

图7-222　填充结果

3 使用【钢笔工具】绘制图7-223所示的2个路径，设置左边路径的轮廓宽度为0.4mm，右边为0.2mm，为右边路径填充浅灰色，并调节2个路径的位置（见图7-224）。呈现出的效果参考图7-225。

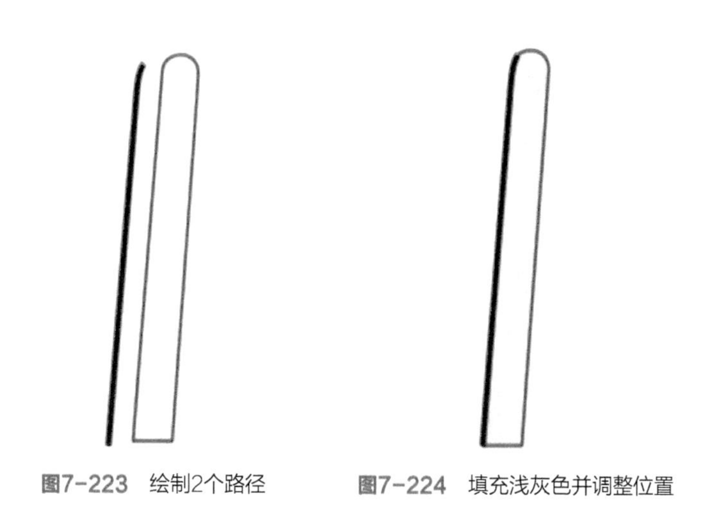

图7-223　绘制2个路径　　　图7-224　填充浅灰色并调整位置

图7-225　呈现出的效果

4 使用【钢笔工具】绘制如图7-226所示的2个路径，上面路径均匀填充灰色，下面路径填充线性渐变，渐变设置参考图7-227，填充效果及位置参考图7-228。

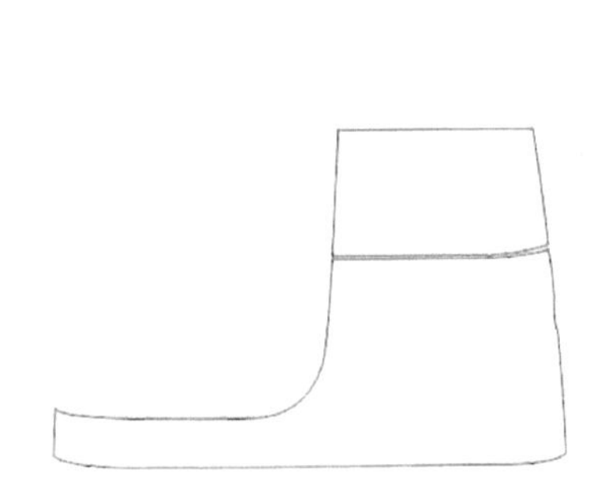

图7-226　绘制2个闭合路径

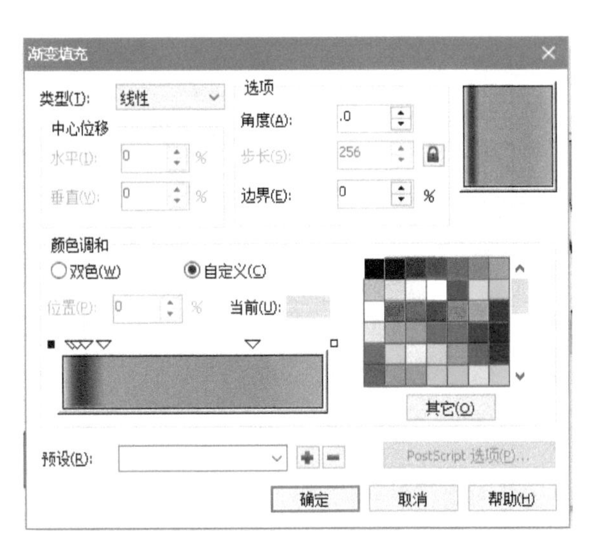

图7-227　下边路径填充设置

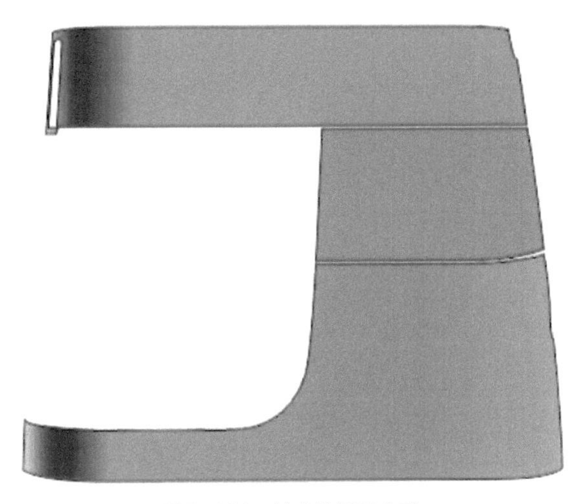

图7-228　填充效果及位置

5 使用【钢笔工具】绘制如图7-229所示的一个闭合路径，为其填充线性渐变（见图7-230），填充效果及位置参见图7-231。

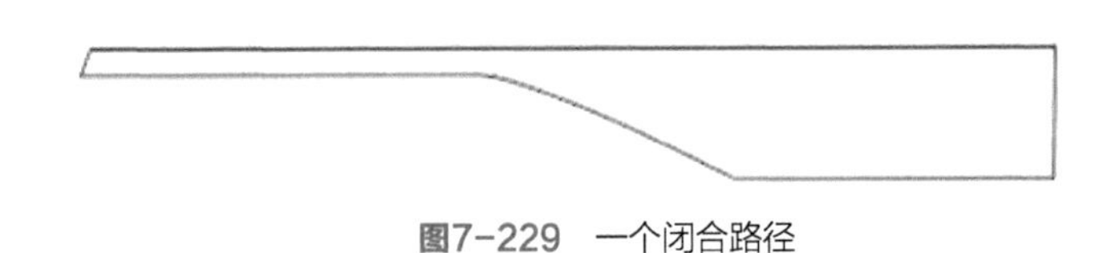

图7-229　一个闭合路径

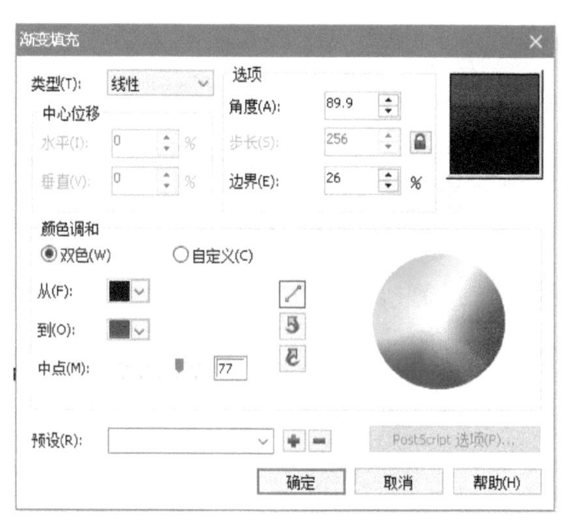

图7-230 线性渐变填充设置

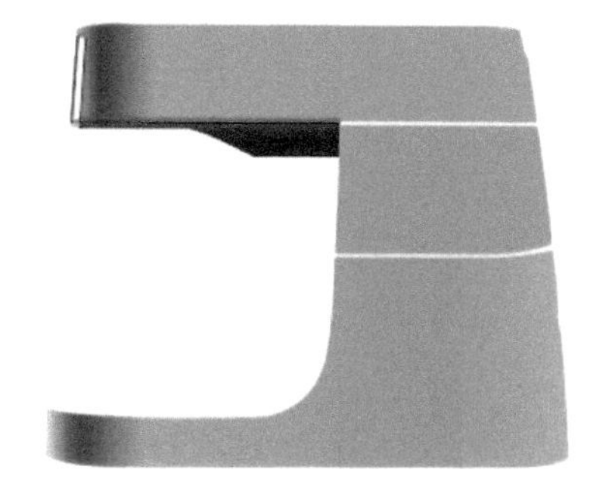

图7-231 位置及效果

6 下面3个路径与上面的绘制方法相同，具体绘制方法、最终位置及效果参见图7-232～图7-235。

图7-232 轮廓填充图1

图7-233 轮廓填充图2

图7-234 轮廓填充图3

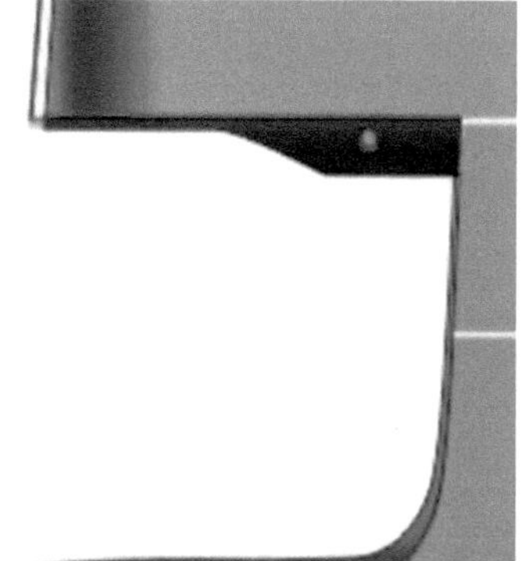

图7-235 6 位置效果

7 在界面左边的工具栏选择【钢笔工具】画出如图7-236所示的路径，选用【填充工具】为其均匀填充深灰色。填充及位置效果参见图7-237。

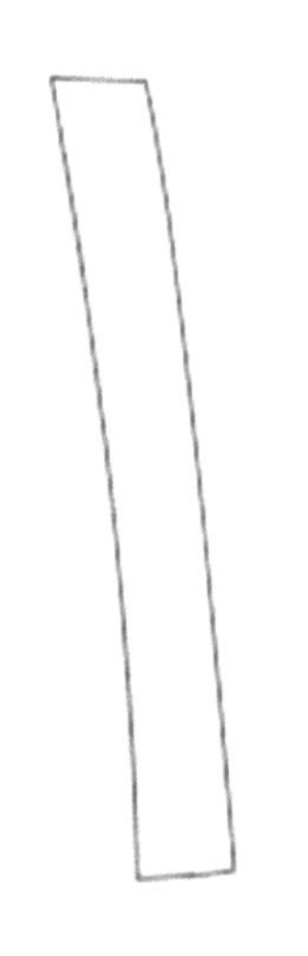

图7-236　路径

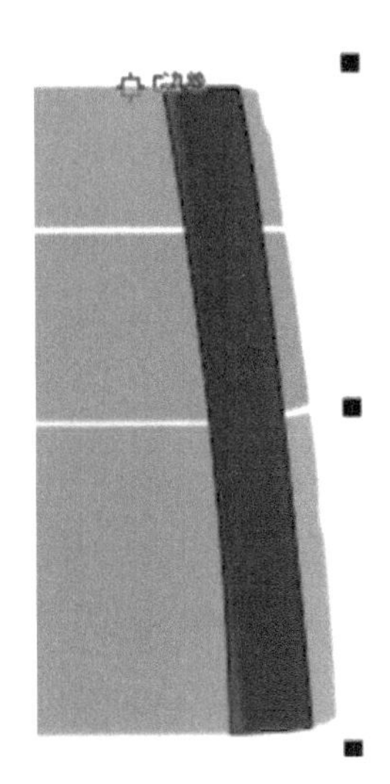

图7-237　填充及位置效果

8 选中并为其去除轮廓线，将其转换为位图，菜单工具位置参见图7-238、图7-239，并为其添加高斯模糊，像素约为45。命令位置及最终填充效果参见图7-240、图7-241。

图7-238　转换为位图工具位置

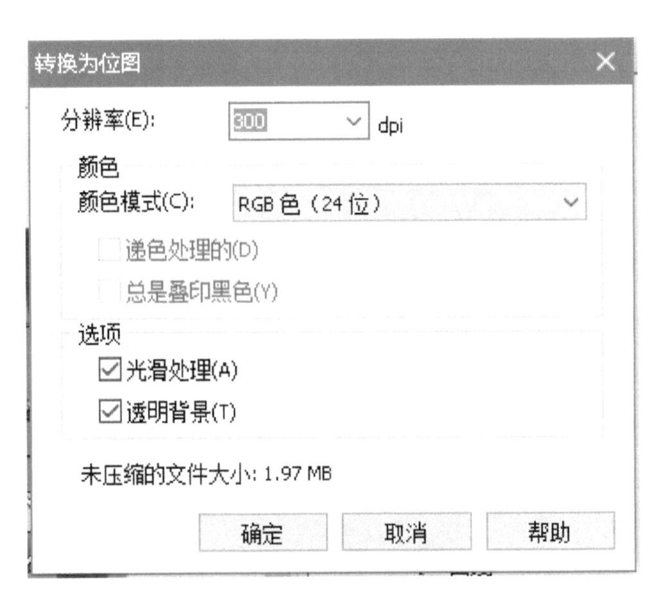

图7-239　转换为位图设置

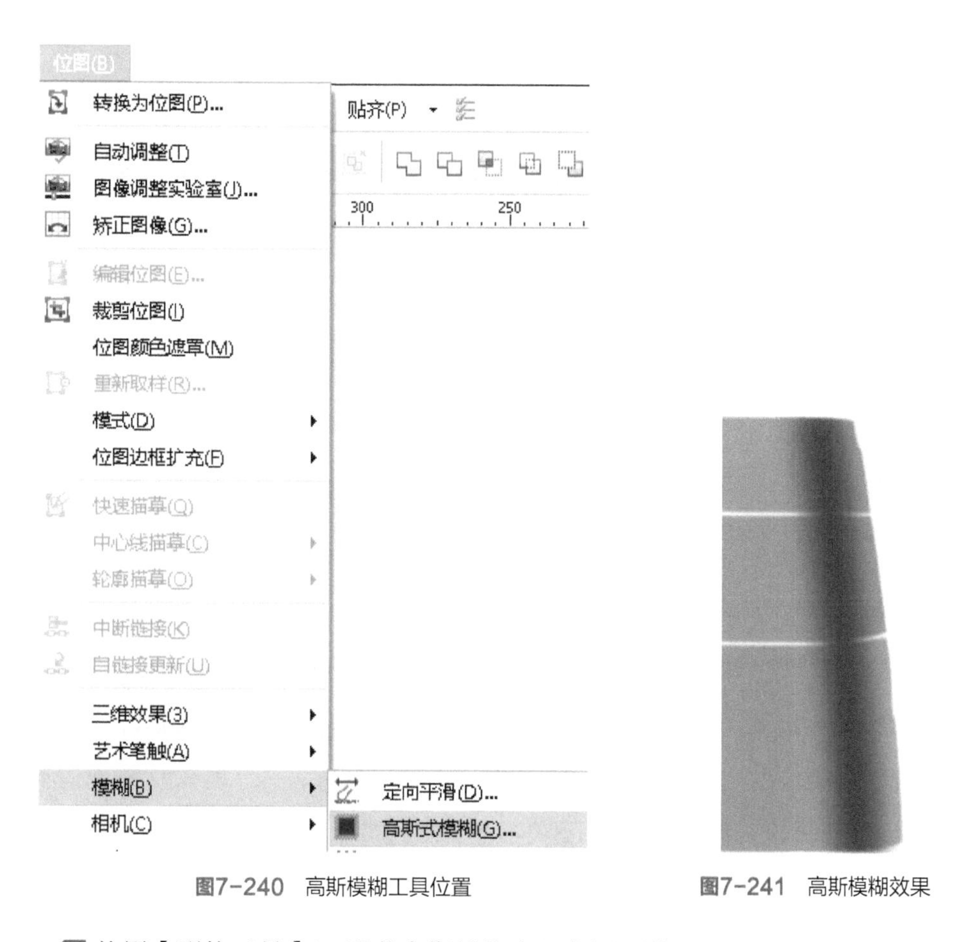

图7-240　高斯模糊工具位置　　　图7-241　高斯模糊效果

9 使用【形状工具】调节高斯模糊完的位图形状至图7-242所示，使模糊范围不超过料理机机身。

10 使用【钢笔工具】绘制如图7-243所示的两条曲线段，双击 R: 0 G: 0 B: 0 (#000000) 打开轮廓线设置框，将两条曲线的宽度均设置为0.75mm，其位置效果参见图7-244。

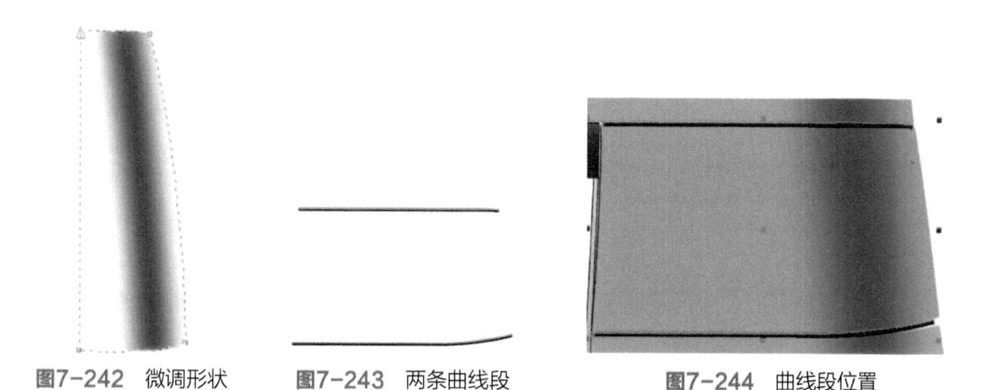

图7-242　微调形状　　图7-243　两条曲线段　　图7-244　曲线段位置

11 至此，料理机机身的绘制剩下几个小细节，均是采用绘制轮廓线，然后填充或者修改轮廓线宽度、颜色来实现，这里给出机身总体效果图（见图7-245）。全选此步骤所绘制的，按【Ctrl】+【G】群组，并命名为“机身”。

图7-245　机身最终效果

第2部分：绘制料理机开关按键及LOGO

1 使用【钢笔工具】绘制如图7-246所示的2个闭合路径，分别命名为“路径左”和“路径右”，为“路径左”均匀填充浅灰色，“路径右”填充渐变色，渐变设置参见图7-247。填充结果及相互位置参见图7-248。为“路径右”去除轮廓线。

图7-246　绘制2个闭合路径

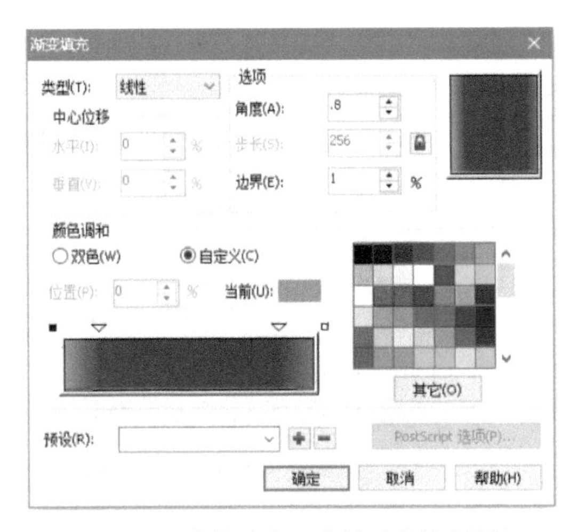

图7-247　“路径左”和“路径右”填充设置

图7-248　“路径左”和“路径右”填充结果及相对位置

2 在工具箱中选用【文本工具】字，在空白处点击，输入KENWOOD，并加粗字体，调节大小，拖动至上一步所绘制的路径正中心（见图7-249）。同时选中路径左、右以及文本，群组，命名为“LOGO”。

图7-249　LOGO位置及效果

3 使用【椭圆形工具】绘制一个如图7-250所示的椭圆，并均匀填充深灰色（注意：此椭圆不用去除轮廓线）。最终位置及效果参见图7-251。

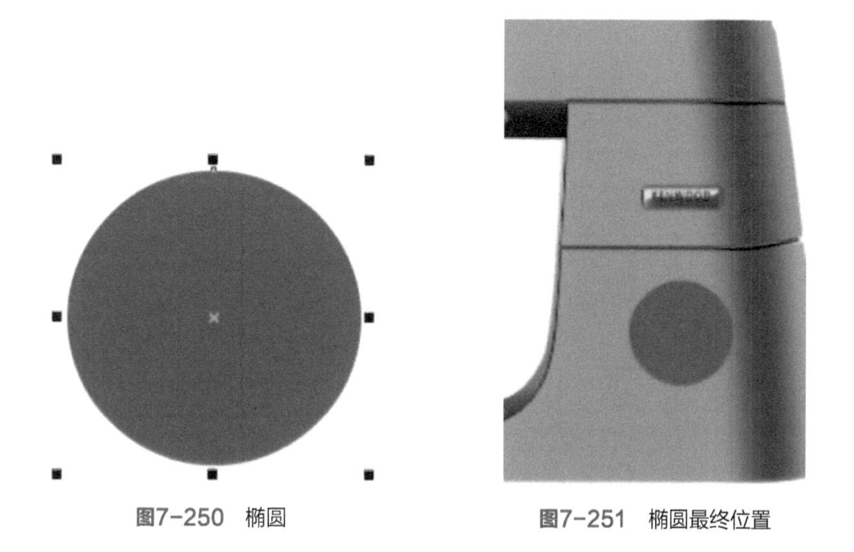

图7-250　椭圆　　图7-251　椭圆最终位置

4 绘制一个正圆（使用【椭圆形工具】拉出椭圆的同时按下【Ctrl】便能绘制正圆），并为其填充浅灰色，去除轮廓线，调整其位置（见图7-252）。

图7-252 正圆位置及效果

5 使用【钢笔工具】绘制如图7-253所示的闭合路径，并为其填充线性渐变，渐变设置参考图7-254，去除轮廓线，调整其位置（见图7-255）。

图7-253 5 绘制闭合路径

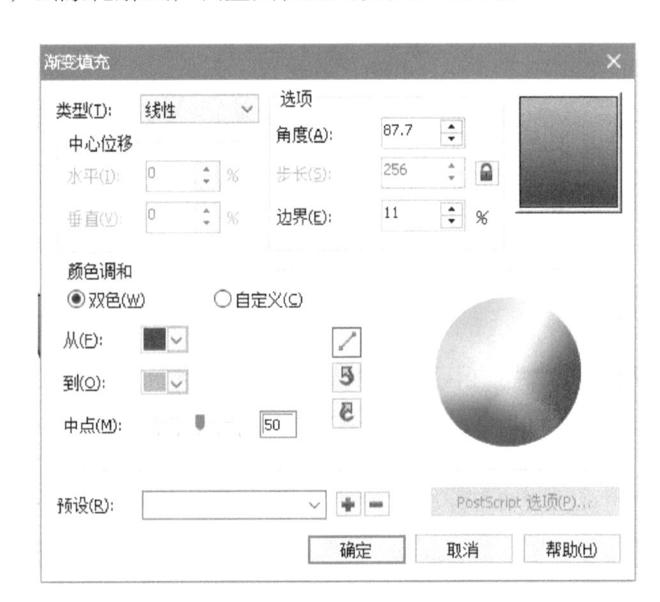

图7-254 5 闭合路径填充设置

图7-255 5 闭合路径位置

6 使用【椭圆形工具】绘制如图7-256所示的2个正圆形闭合路径，为大圆均匀填充白色，小圆均匀填充浅灰色，去除轮廓线，调整其位置（见图7-257）。

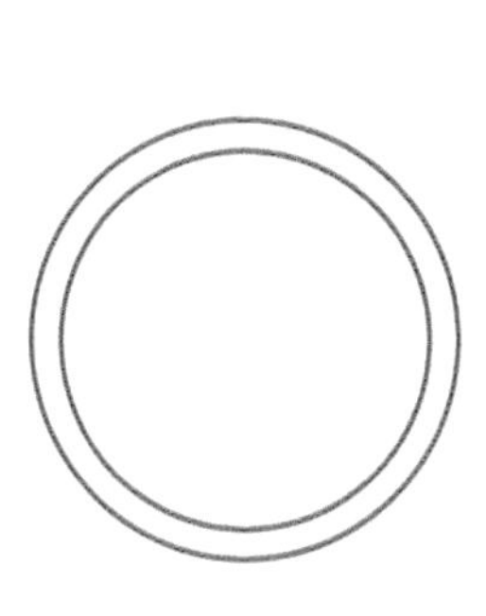

图7-256　绘制2个正圆形

图7-257　2个正圆形填充效果及位置

7 使用【钢笔工具】绘制如图7-258所示的闭合路径并为其填充线性渐变，渐变设置参考图7-259，去除轮廓线，填充效果及位置参见图7-260。

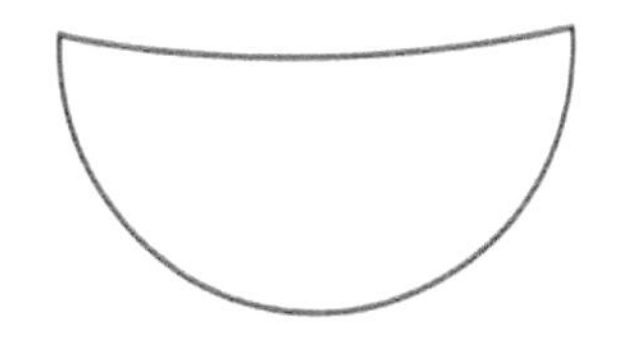

图7-258　7 绘制闭合路径

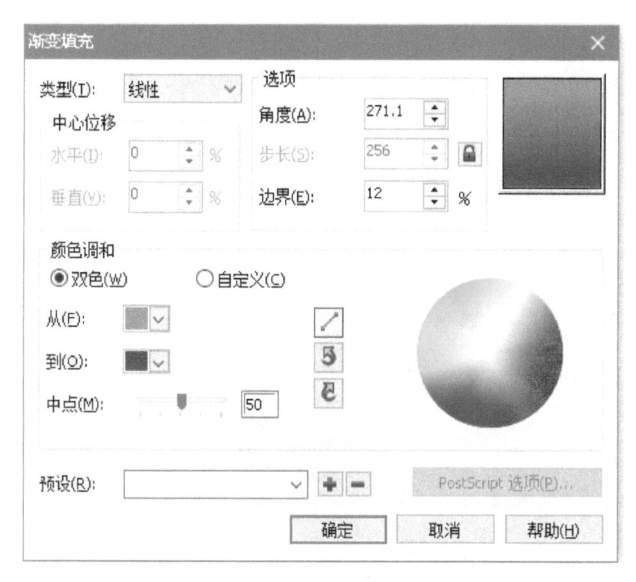

图7-259　7 填充设置

图7-260　7 填充效果及位置

8 绘制电源标识。使用【椭圆形工具】绘制一个小正圆，线宽改为0.35mm。使用【形状工具】单击圆上的节点拖动（注：拖动时光标放在圆内即成饼形，放在圆外即成弧形，这里需要光标在外）至图7-261所示的弧形。在弧形缺口正中间画一段颜色宽度与弧形相同的竖直线段（见图7-262）。全选组成开关按键的椭圆以及曲线，群组，命名为“开关按键”。

图7-261　绘制弧形

图7-262　弧形效果图

第3部分：绘制料理机电动机盒及底部阴影

1 使用【钢笔工具】绘制如图7-263所示的闭合路径，为其填充线性渐变，渐变设置参见图7-264，将其轮廓线修改为0.75mm，调整其位置（见图7-265）。

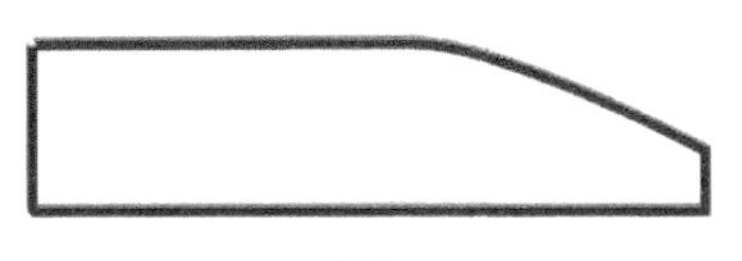

图7-263　1 绘制闭合路径

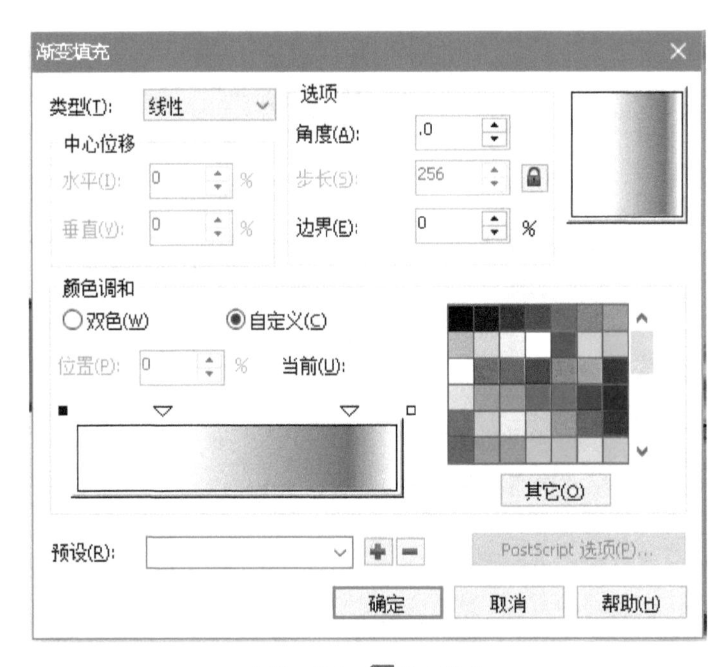

图7-264　1 填充设置

图7-265 1 位置效果

图7-266 2 绘制闭合路径

2 使用【钢笔工具】绘制如图7-266所示的路径，并为其填充线性渐变，渐变设置参见图7-267，去除轮廓线，调整其位置（见图7-268）。

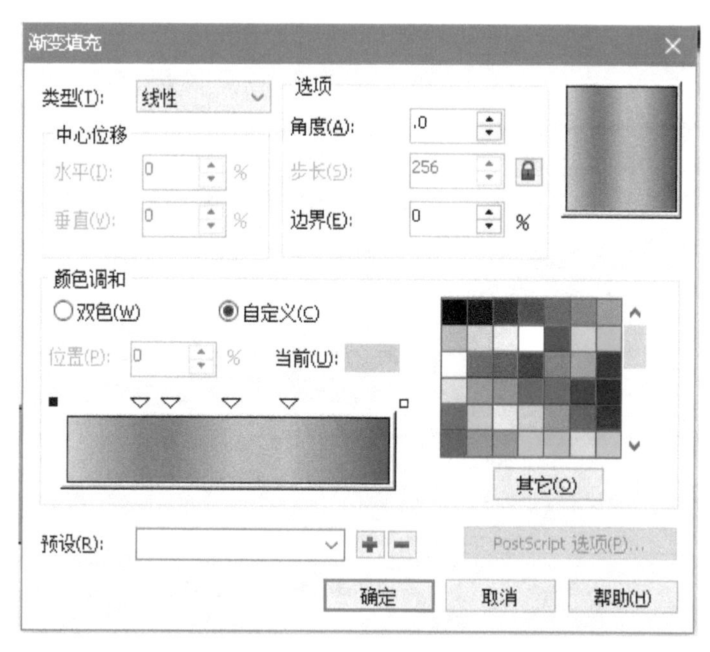

图7-267 2 填充设置

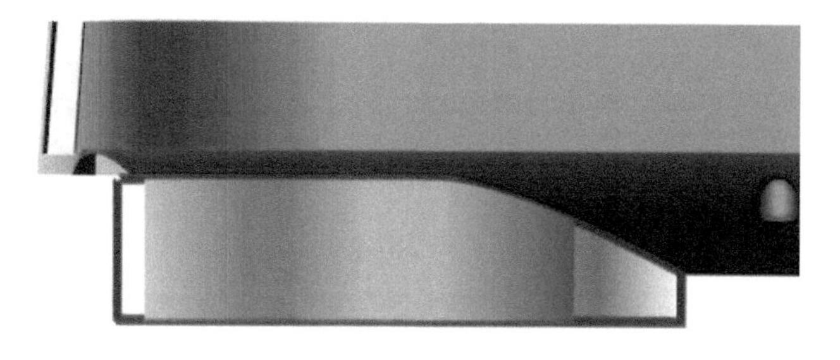

图7-268 2 位置效果

3 使用【钢笔工具】绘制如图7-269所示的路径并为其填充线性渐变，渐变设置和填充效果如图7-270、图7-271所示。调整其位置（见图7-272）。

图7-269 3 绘制路径

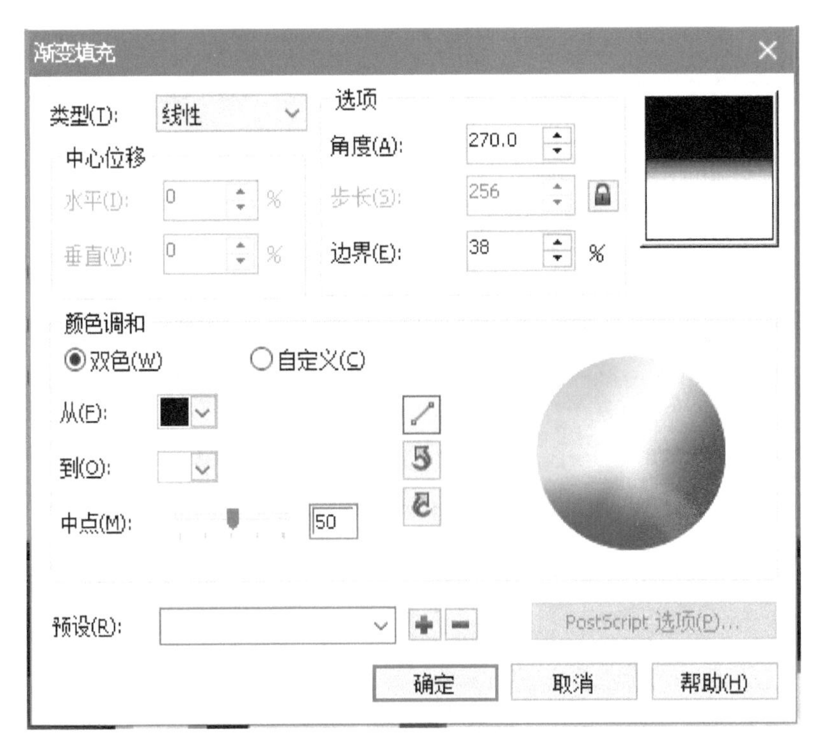

图7-270 3 渐变设置

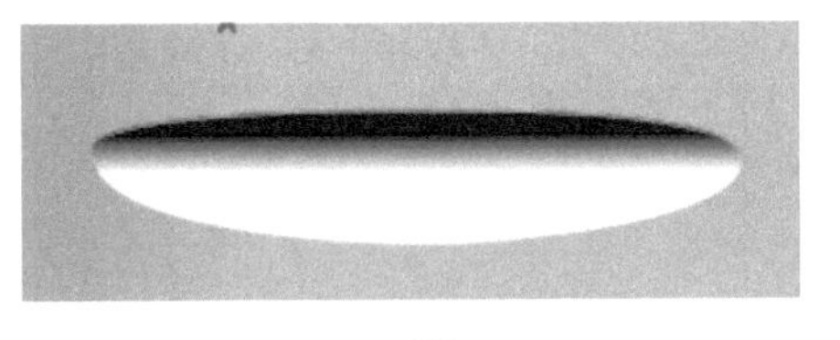
图7-271 3 填充效果

图7-272 3 位置效果

4 使用【钢笔工具】绘制如图7-273所示的两个路径，并调整其相对位置（见图7-274），并为左边路径填充线性渐变，渐变设置参见图7-275，右边路径均匀填充深灰色，填充效果如图7-276所示。去除轮廓线，调整其位置（见图7-277）。

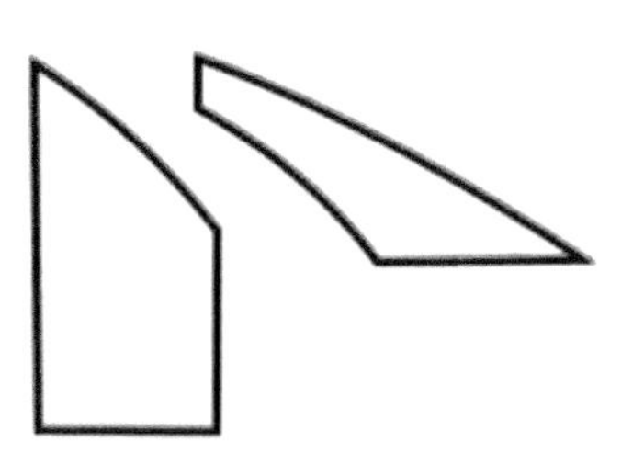

图7-273　绘制2个路径

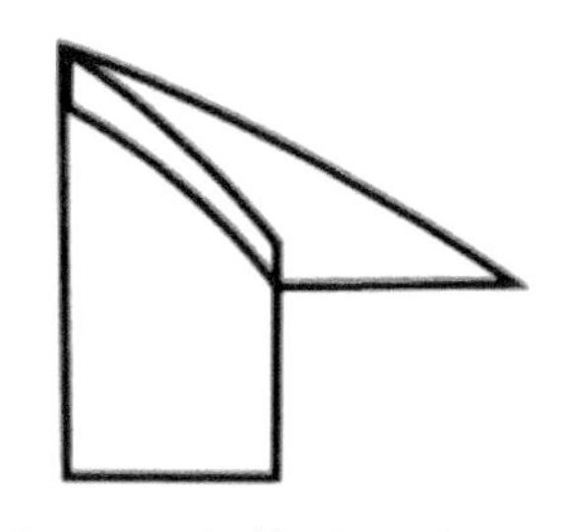

图7-274　调整2个路径相对位置

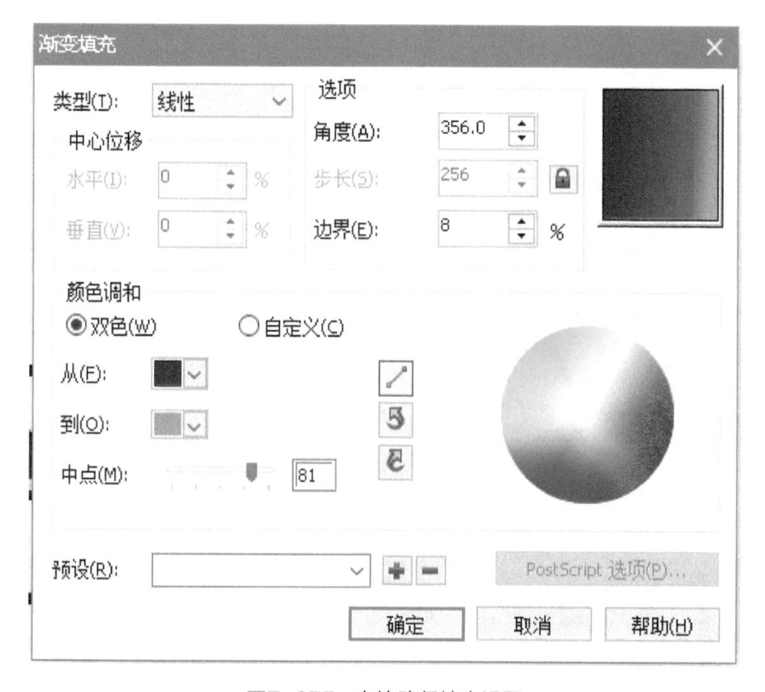

图7-275　左边路径填充设置

图7-276　4 填充效果

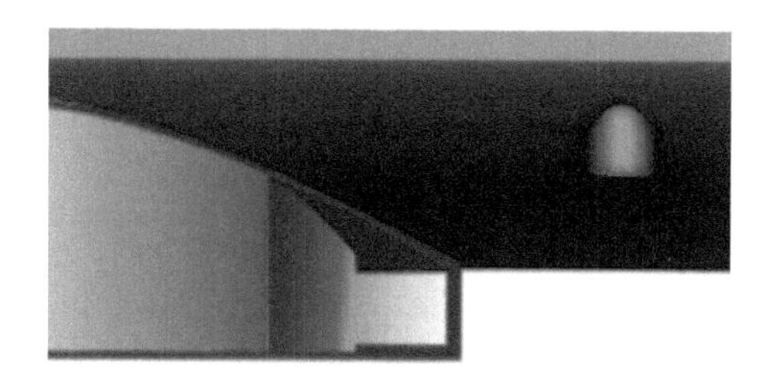

图7-277　4 位置效果

5 使用【钢笔工具】绘制一个如图7-278所示的路径，为其填充线性渐变，渐变设置参见图7-279，去除轮廓线，调整其位置（见图7-280）。

图7-278　绘制一个闭合路径

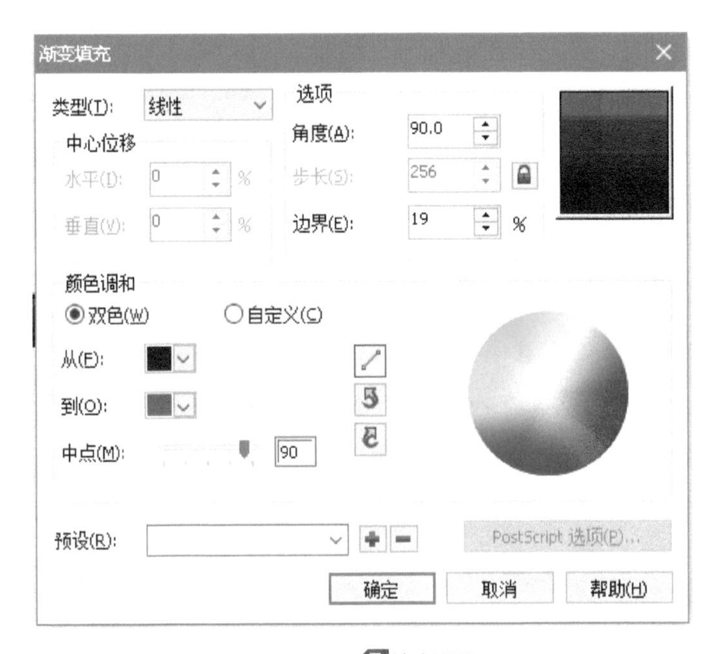

图7-279　5 填充设置

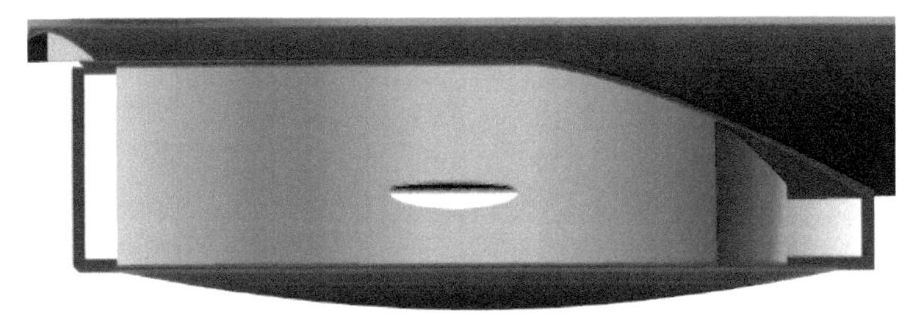

图7-280　5 位置效果

6 使用【钢笔工具】绘制如图7-281所示的闭合路径，并为其填充线性渐变，渐变设置参考图7-282，去除轮廓线，位置效果如图7-283所示。

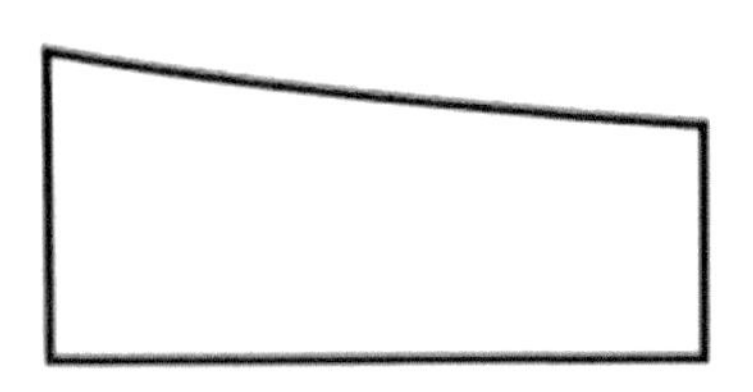

图7-281　6 绘制一个闭合路径

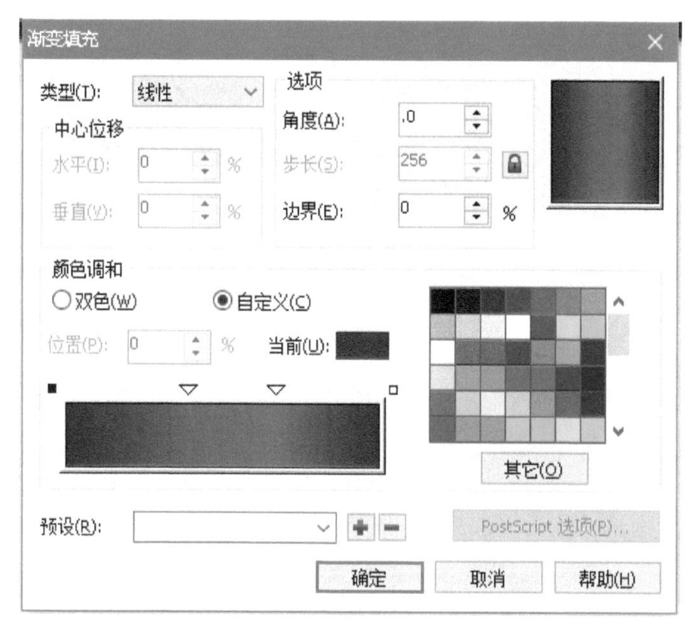

图7-282 6 填充设置

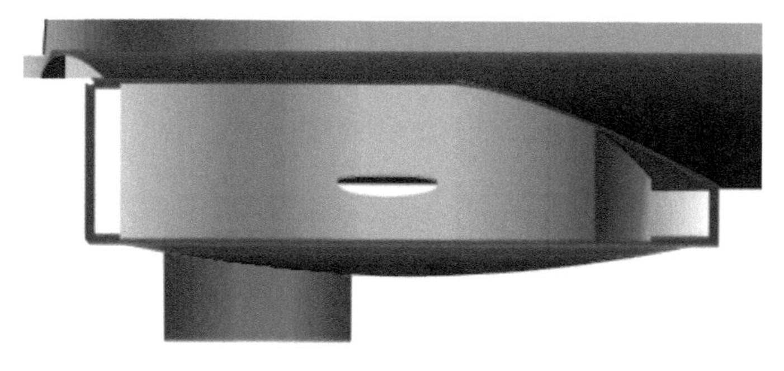

图7-283 6 位置效果

7 使用【钢笔工具】绘制如图7-284所示的3个路径，并将梯形路径轮廓线修改为0.35mm。从上往下分别均匀填充浅灰色，白色，浅灰色（见图7-285）。局部位置效果如图7-286所示。至此，电动机盒绘制完毕，全选此步骤所绘制的，群组，命名为“电动机盒”。

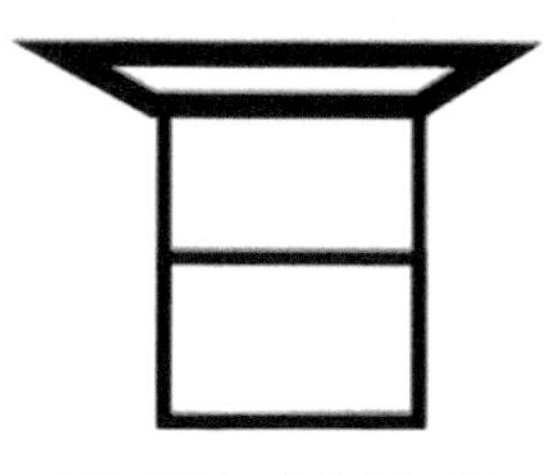

图7-284 绘制3个路径

图7-285 3个路径填充效果

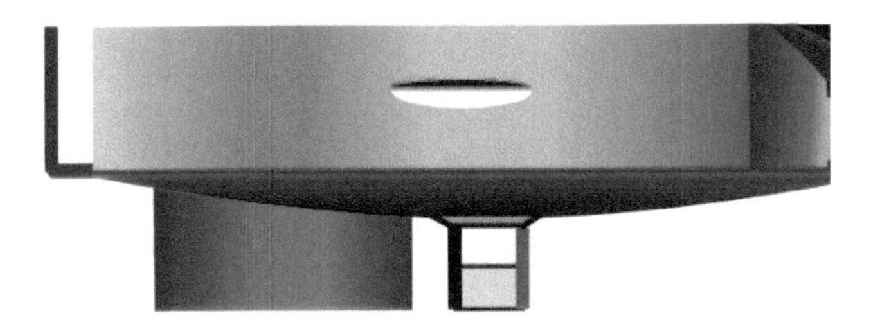

图7-286　3个路径位置效果

第4部分：绘制料理机底部阴影

1 参照参考图，使用【钢笔工具】绘制两个路径，左边路径和右边路径填充设置参考图7-287、图7-288，去除轮廓线，路径及其填充效果参见最终效果图（见图7-289）。

2 同时选中两个路径，群组，命名为“底部阴影”。请读者按照前面讲过的方法绘制料理机的盛物杯，其绘制思路也与“机身”和“电动机盒”一样，先整体绘制整体轮廓，填充；然后抠出其中细节，填充；较细的轮廓可以通过修改轮廓线的宽度和颜色实现。盛物杯的绘制在此就不再赘述，盛物杯效果参考图7-290。

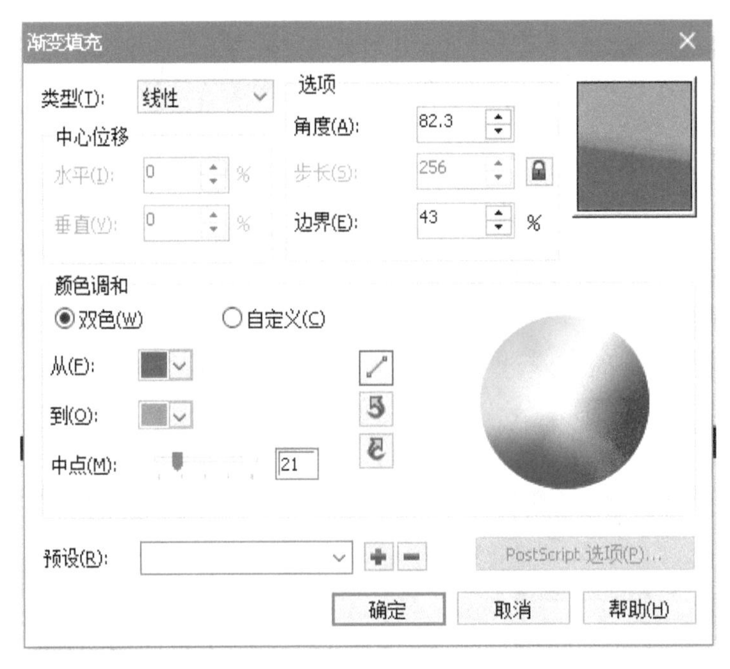

图7-287　左边路径填充设置

渐变填充

类型(T): 线性
选项
角度(A): .0
中心位移
水平(I): 0 %
步长(S): 256
垂直(V): 0 %
边界(E): 3 %
颜色调和
双色(W) 自定义(C)
位置(P): 0 % 当前(U):
其它(O)
预设(R):
PostScript 选项(P)...
确定 取消 帮助(H)

图7-288 右边路径填充设置

图7-289 最终效果图

图7-290 盛物杯

7.6 法拉利跑车效果图表现

本节以一张法拉利照片作为参考，在CorelDRAW中绘制跑车的效果图（见图7-291）。整个跑车的绘制分为七个部分：绘制车身整体；绘制车前盖及其高光部分；绘制前左车轮上方、左侧车身前部及其高光部分；绘制车前照灯；绘制车头进气栅网；绘制车玻璃；绘制车轮。

图7-291 法拉利跑车参考图

第1部分：绘制车身整体

1 新建一个横向A4文档（宽度为297mm，高度为210mm），命名为“法拉利”，分辨率设定为300像素/in，原色模式为RGB（见图7-292）。

图7-292 新建一个文档

2 在界面左边的工具栏选择【钢笔工具】根据参考图画出如图7-293所示的路径，并将它命名为“法拉利整体”，选用【填充工具】为其填充一个红色到红黑色的线性渐变，渐变设置参考图7-294。填充效果参考图7-295。

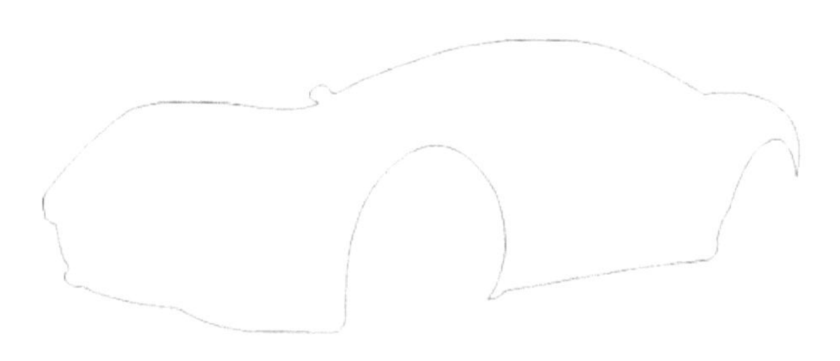

图7-293　车身整体路径

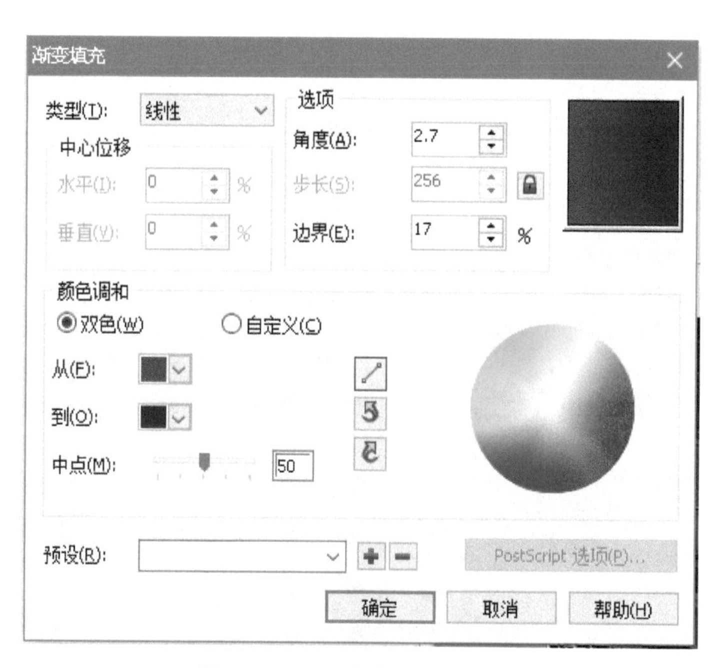

图7-294　设置红色到红黑色渐变

图7-295　车身整体填充效果

第2部分：绘制车前盖及其高光部分

1 在界面左边的工具栏选择【钢笔工具】，根据参考图画出如图7-296所示的路径并命名为“车前盖”，选用【填充工具】为其填充一个红色到红黑色的线性渐变，渐变设置参考图7-297。

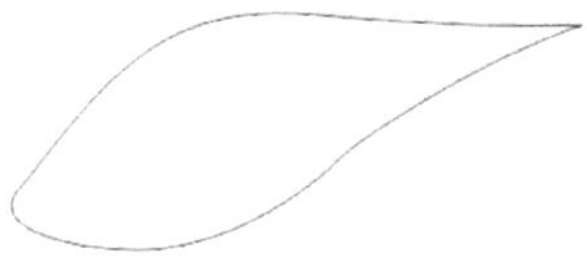

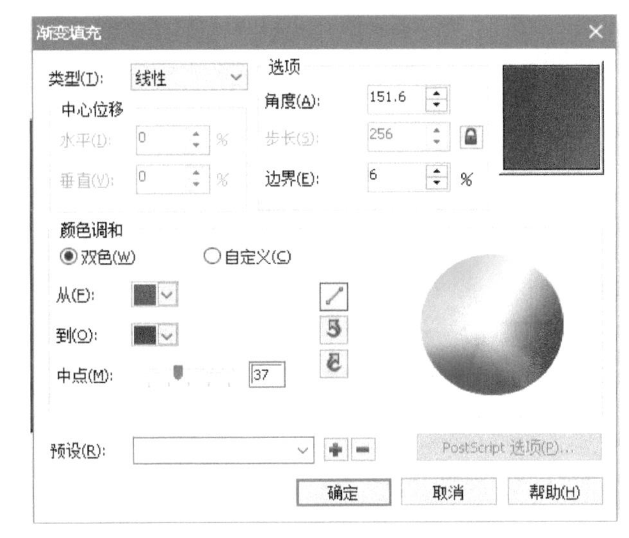

图7-296　车前盖路径

图7-297　车前盖线性填充

2 使用【钢笔工具】根据参考图画出如图7-298所示的路径并命名为“车前盖高光”，用【填充工具】为其填充一个淡红到粉红的辐射渐变，渐变设置参考图7-299，填充效果参考图7-300。

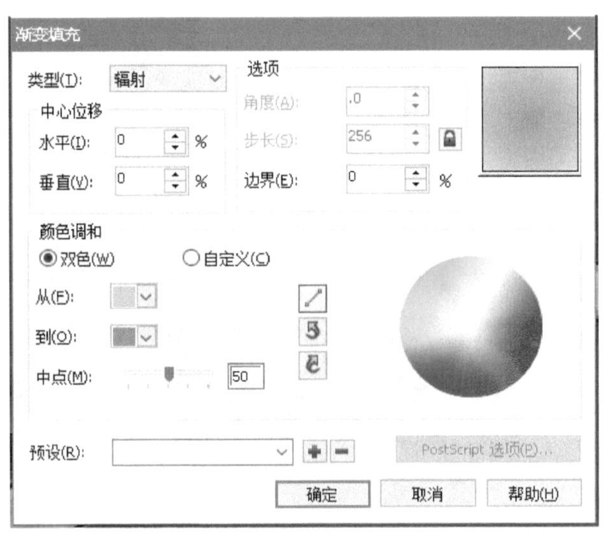

图7-298　车前盖高光路径

图7-299　车前盖高光填充

（a）高光效果图

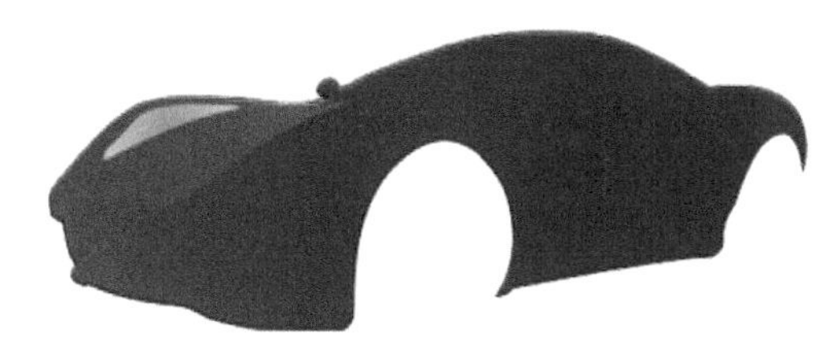

（b）整体效果图

图7-300 车身整体及高光填充效果

第3部分：绘制前左车轮上方、左侧车身前部及其高光部分

步骤如同“第2部分：绘制车前盖及其高光部分”的1～2，先用【钢笔工具】根据参考图画出如图7-301所示的路径，用【填充工具】填充颜色，具体设置参见图7-302；再用【钢笔工具】根据参考图画出如图7-303所示的2条高光部分的闭合路径，用【填充工具】填充线性渐变，具体渐变设置参考图7-304。最终填充的效果参见图7-305。

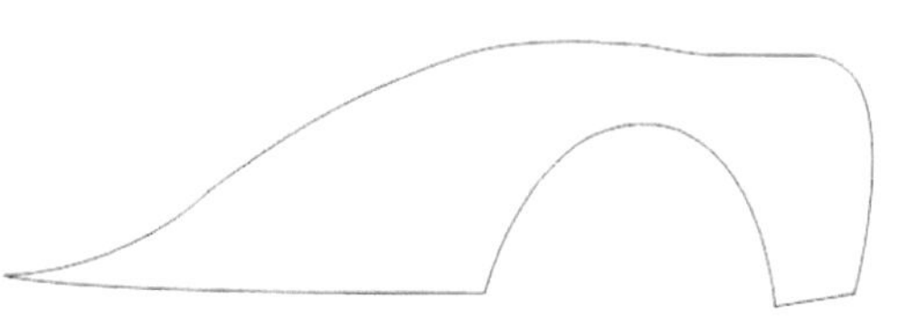

图7-301 前左车轮上方路径

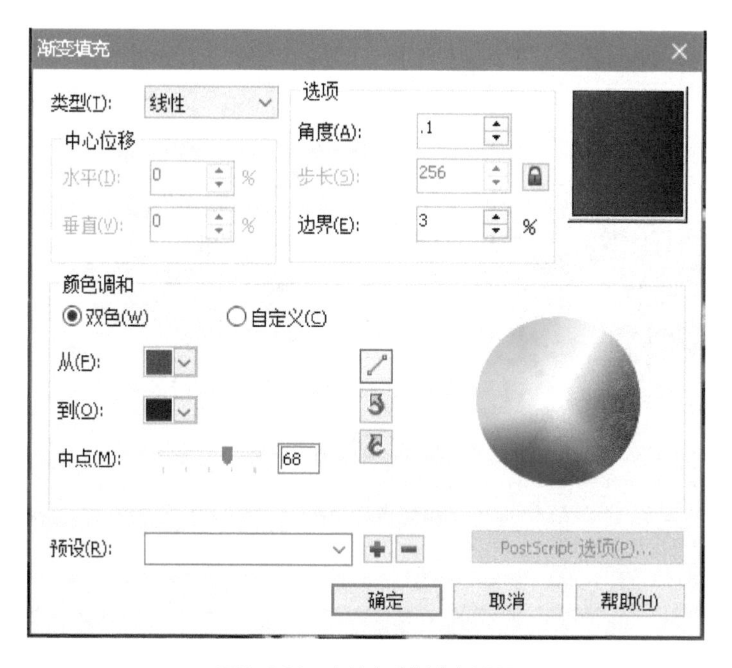

图7-302 车轮上方渐变色设置

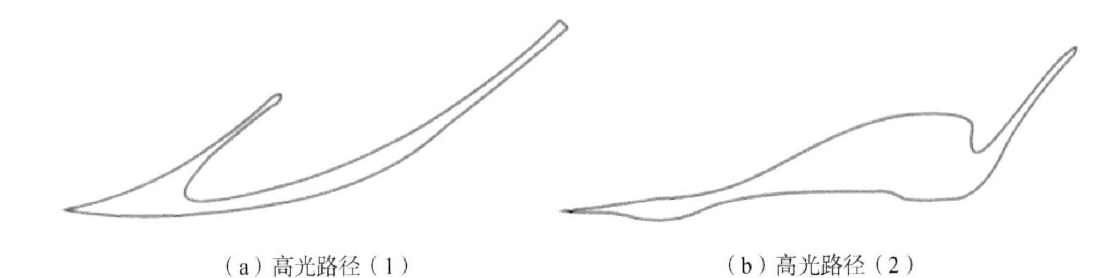

（a）高光路径（1）　　　　（b）高光路径（2）

图7-303　绘制2条高光部分的闭合路径

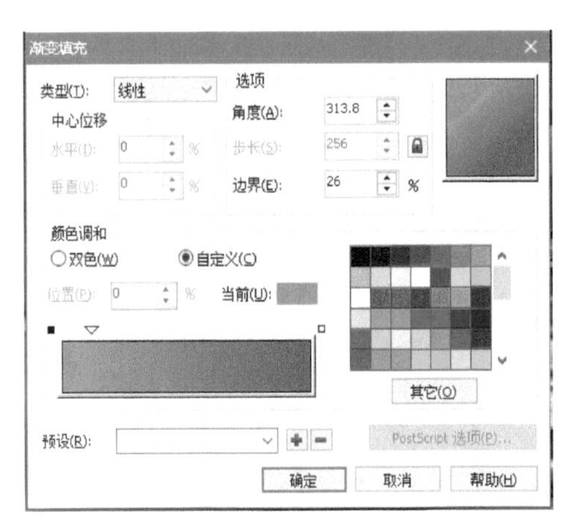

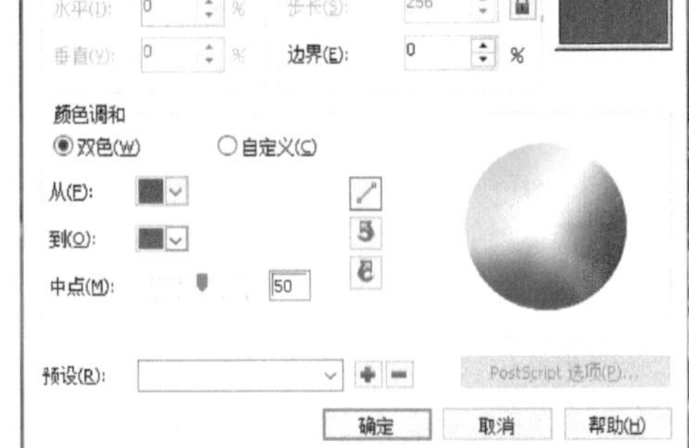

（a）对应图7-303（a）的高光路径填充　　　　（b）对应图7-303（b）的高光路径填充

图7-304　渐变设置

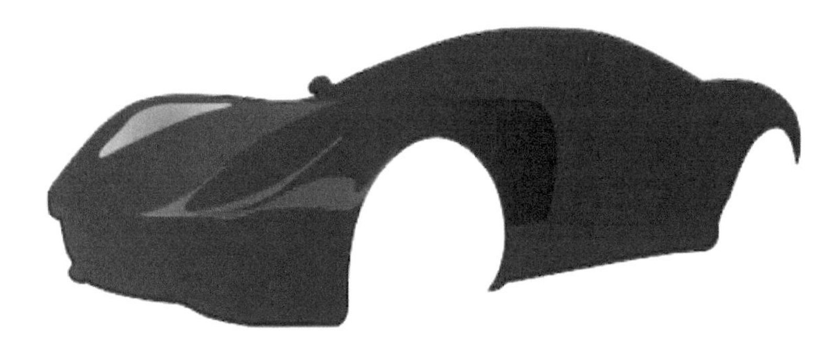

图7-305　填充后的效果

注：其他车身部分可参考第2部分及第3部分的步骤进行绘制，最终车身效果参考图7-306。

图7-306　最终车身效果图

第4部分：绘制车前照灯

1 用【椭圆形工具】根据参考图画出椭圆并调整位置（见图7-307），用填充工具填充每一个椭圆的颜色效果参见图7-308。选中全部椭圆，按【Ctrl】+【G】将其群组，并去除轮廓色。用【钢笔工具】绘制车灯轮廓和内部细节（见图7-309），并用填充工具填充渐变色（见图7-310），全选并按【Ctrl】+【G】将其群组，去除轮廓色。

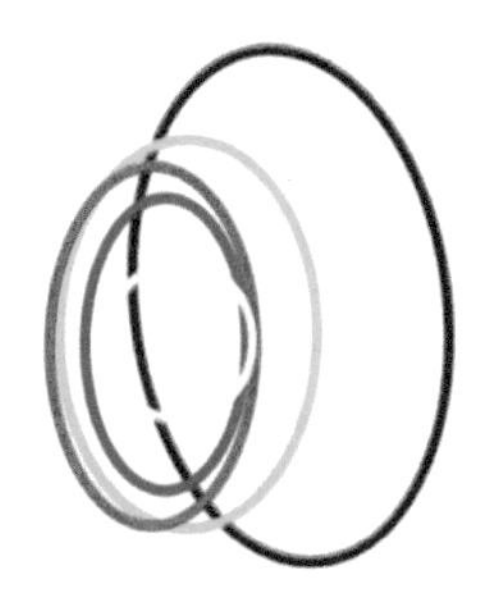

图7-307　车灯内部轮廓线

图7-308　车灯内部轮廓填充效果图

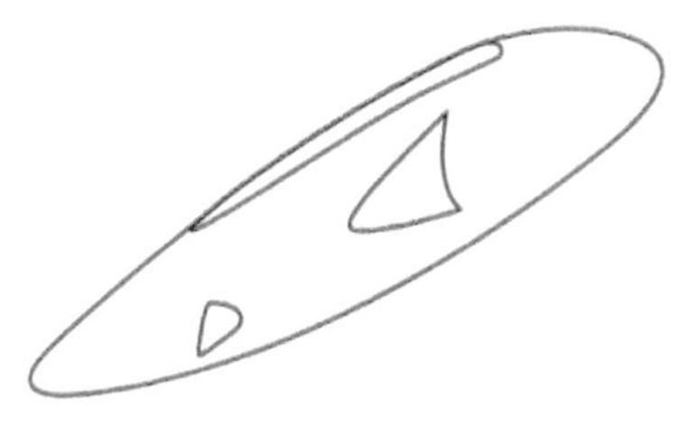

图7-309　车灯轮廓和内部细节

图7-310　车灯轮廓和内部细节填充效果图

2 拖动椭圆群组至车灯轮廓，参考图7-311调整位置，选中椭圆群组，选择菜单栏中的【效果】/【图框精确剪裁】/【置于图文框内部】(见图7-312)，然后选择车灯轮廓，将椭圆内置于车灯轮廓内部，调整后效果如图7-313所示，在软件界面右边属性栏将其命名为左车灯。最后将车灯移动至汽车前左部，用同样的方法绘制另外一边的车灯，放上车灯的效果如图7-314所示。

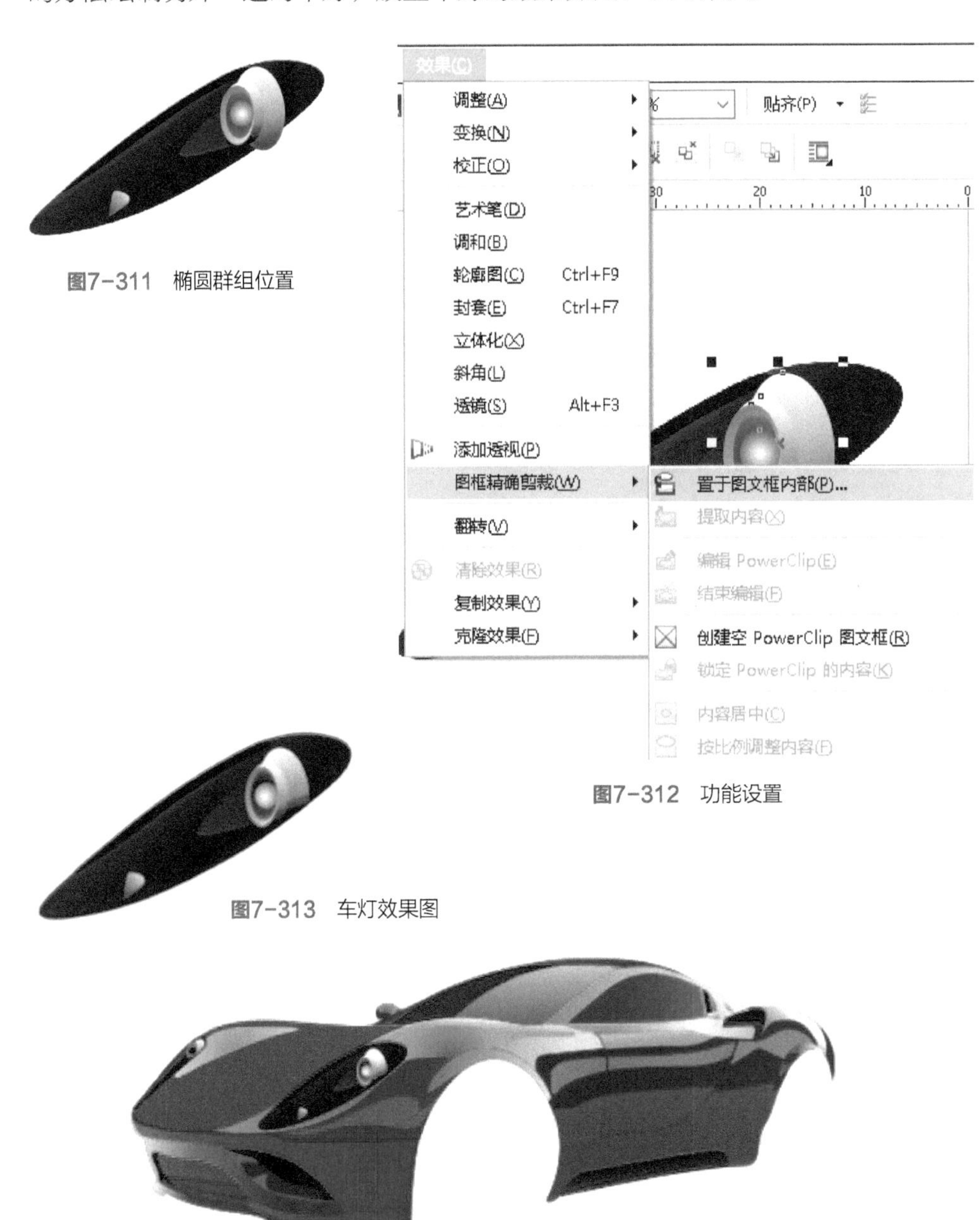

图7-311 椭圆群组位置

图7-312 功能设置

图7-313 车灯效果图

图7-314 放上车灯的效果

第5部分：绘制车头进气栅网

使用【钢笔工具】，根据参考图绘制曲线段（每段结尾按【Enter】结束），全选曲线段，双击 ■R: 0 G: 0 B: 0 (#000000) 打开轮廓笔设置框，调整宽度为1.0mm，并将颜色改为白色，单击确定（见图7-315）。全选曲线段，按【Ctrl】+【G】将其群组。使用【钢笔工具】绘制曲线框，并填充颜色为黑色（见图7-316）。选取曲线段，将其置于黑色曲线框内（置于图文框内部步骤可参考第4部分的2），命名为“进气栅”，调整至车头前适当位置，车头进气栅网效果参见图7-317。

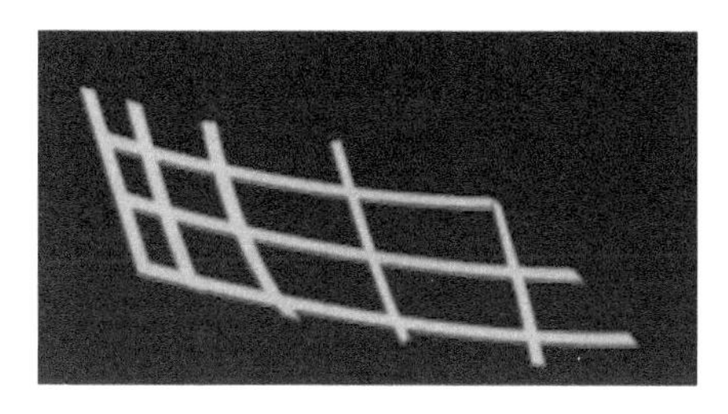

图7-315　进气栅效果图

图7-316　进气栅轮廓线

第6部分：绘制车玻璃

1 绘制车前挡风玻璃。使用【钢笔工具】根据参考图绘制车前挡风玻璃形状，并填充一个深灰色（见图7-318）。使用【钢笔工具】绘制车前挡风玻璃高光部分形状，并填充一个浅灰色到白色的线性渐变（见图7-319），全选按【Ctrl】+【G】群组，命名为“挡风玻璃”，并调整至适当位置。

2 绘制车窗玻璃。使用【钢笔工具】根据参考图绘制左侧车窗玻璃的形状，并填充一个灰色到浅灰色的线性渐变（见图7-320），命名为“车窗玻璃”并调整至适当位置，填充效果参见图7-317。

图7-317　放上车头进气栅网和车玻璃的效果图

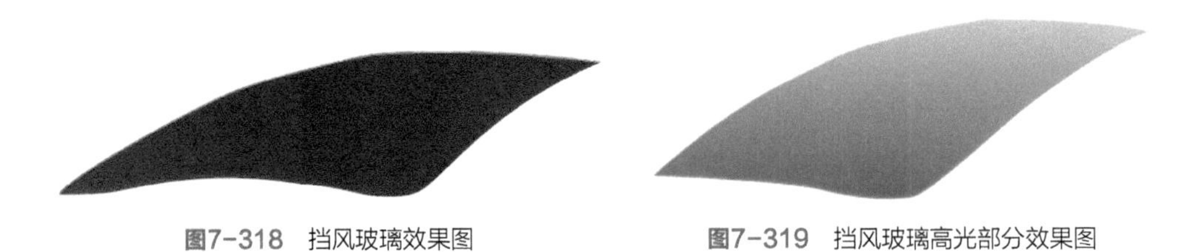

图7-318　挡风玻璃效果图　　图7-319　挡风玻璃高光部分效果图

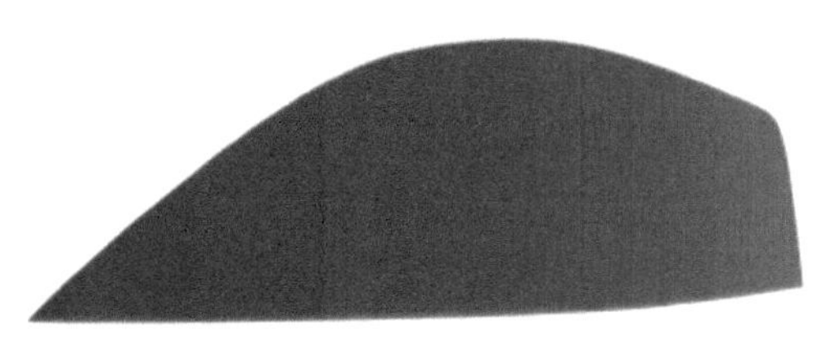

图7-320　车窗玻璃效果图

3 绘制车后视镜。使用【钢笔工具】绘制出左后视镜的形状和镜柄，填充上底色（见图7-321）。使用【钢笔工具】绘制后视镜底部细节部分，并填充颜色（见图7-322）。最后绘制后视镜投影形状，填充一个浅红色到深红色的渐变。全选后视镜和投影，去掉轮廓线，按【Ctrl】+【G】群组，命名为左后视镜，并调整至适当位置。同样的方法绘制右后视镜，最终效果参见图7-323。

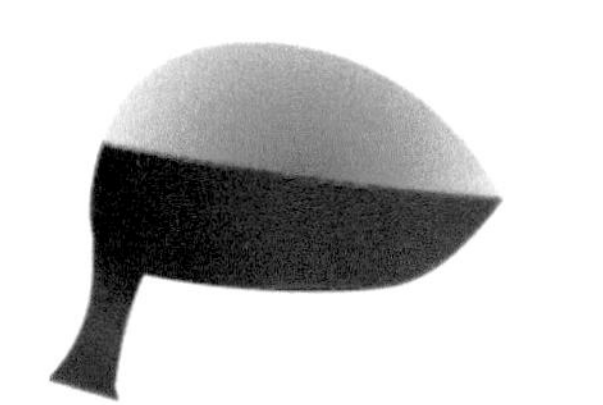

图7-321　后视镜造型效果

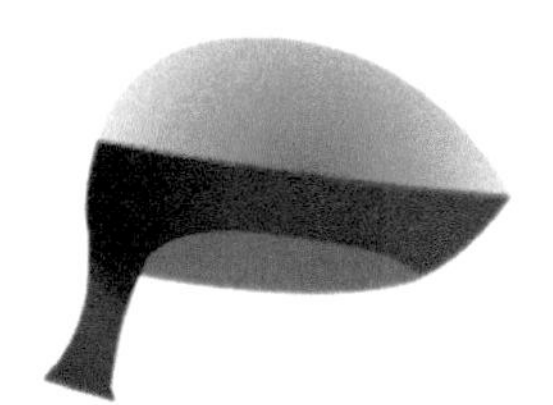

图7-322　后视镜效果图

图7-323　完成后视镜的车身效果

第7部分：绘制车轮

1 使用【椭圆形工具】绘制4个大小、位置不同的椭圆，并上色（见图7-324，图7-325），把图7-325中最后一个椭圆命名为“刹车碟片内”，倒数第二个为“刹车碟片外”。

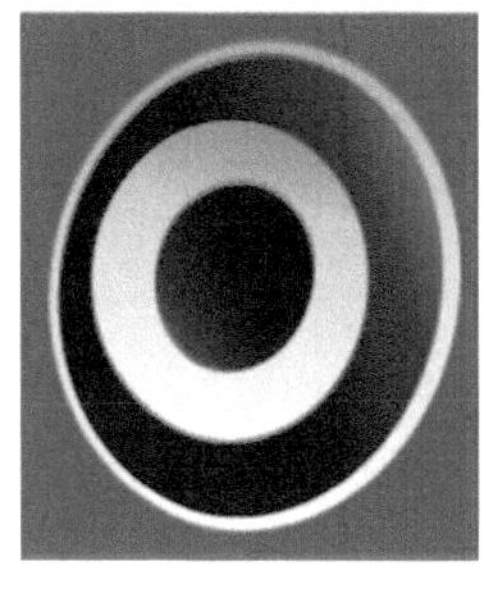

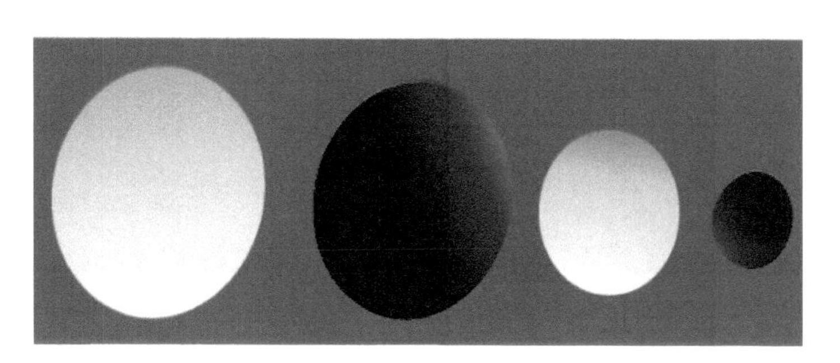

图7-324　车轮主要轮廓

图7-325　主要轮廓拆分图

2 使用【钢笔工具】绘制车轮中间部分（见图7-326），并用填充工具填充颜色（见图7-327），全选进行群组，去除轮廓线，命名为“轮毂支杆”，调整其位置（见图7-328）。

图7-326　轮毂支杆轮廓

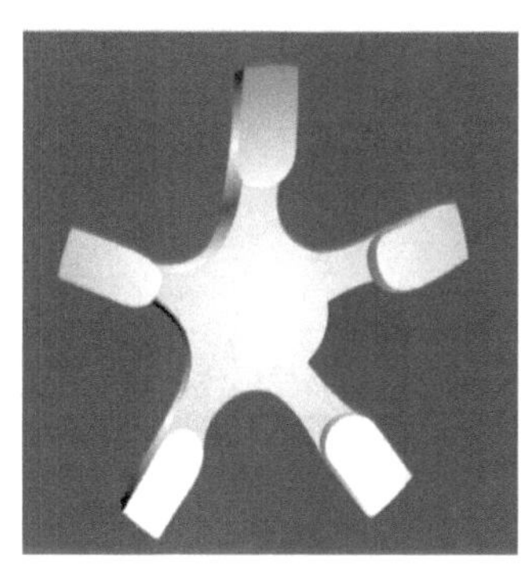

图7-327　轮毂支杆效果

图7-328　车轮效果

3 使用【椭圆形工具】绘制一个椭圆并调整其位置（见图7-329），并填充一个辐射渐变，渐变颜色设置参考图7-330，选中该椭圆，双击 R: 0 G: 0 B: 0 (#000000) 打开轮廓笔设置框，调整宽度为0.5mm。复制一个该椭圆，调整其位置（见图7-331），去掉新椭圆的轮廓线（见图7-332），并将其加入“轮毂支杆”群组中。

图7-329　椭圆位置及效果

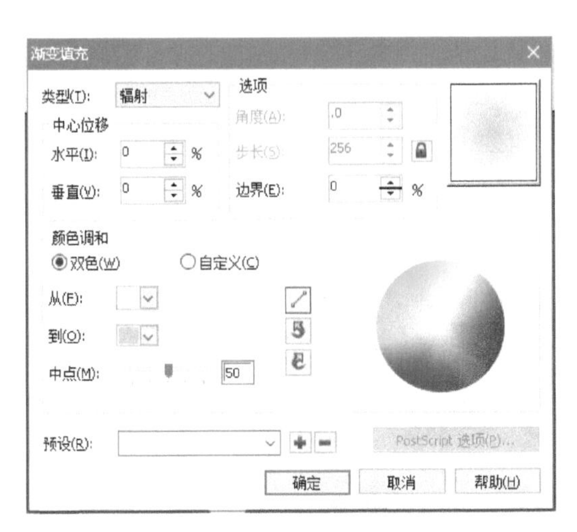

图7-330　椭圆填充设置

图7-331　第二个椭圆位置

图7-332　去除轮廓线后位置效果

4 使用【椭圆形工具】，画一个椭圆，调整其位置（见图7-333），并填充一个渐变颜色，渐变设置参考图7-334。复制3个新的该椭圆，按照图7-335所示的直线调整4个椭圆的位置，全选进行群组，去掉轮廓线。

图7-333　散气孔位置

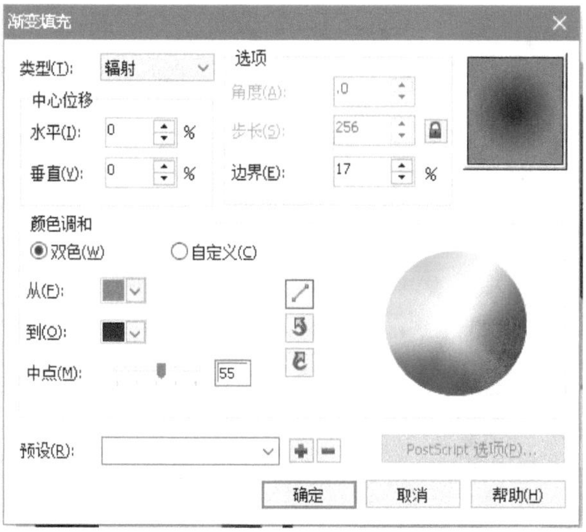

图7-334　散气孔填充设置

图7-335　散气孔位置

5 选择 4 个小椭圆群组，调出变换泊坞窗，在旋转属性栏设置旋转角度约 45°，副本约为 22（见图 7-336），旋转坐标约为前文所设置的“刹车碟片内”中心（坐标可根据软件界面左下角获取）。旋转完成后，微调副本位置，可参考图 7-337，选中全部小椭圆进行群组，并命名为“刹车碟片散热孔”。

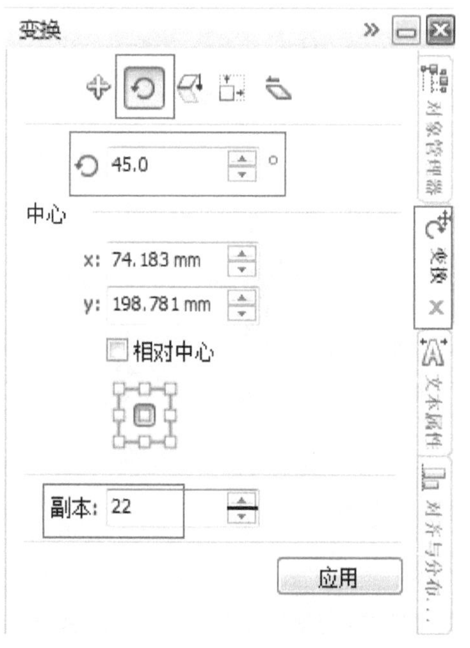

图7-336　变换泊坞窗旋转复制设置

图7-337　刹车碟片散热孔最终效果

6 使用【钢笔工具】绘制车轮内部投影部分（见图7-338），并填充一个深灰色。使用调和工具组中的【透明度工具】，为投影部分添加一个透明度，添加方式和透明度效果参见图7-339、图7-340。选中全部投影进行群组，并命名为“轮胎内部投影”。

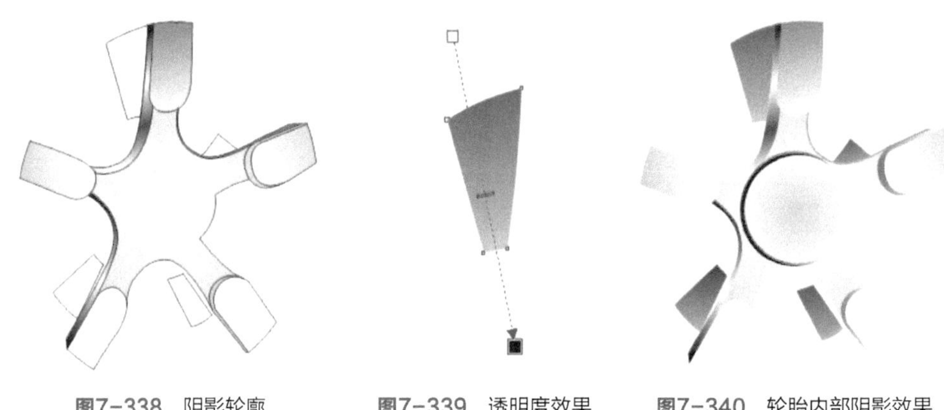

图7-338　阴影轮廓　　图7-339　透明度效果　　图7-340　轮胎内部阴影效果

7 使用【钢笔工具】绘制一个刹车器形状，并填充一个黑红到红色的线性渐变（见图7-341），在刹车器形状绘制形状并填充粉红色（见图7-342），全选进行群组，命名为“刹车器”。在软件界面右边属性栏中将刹车器调至轮毂支杆下面（见图7-343）。

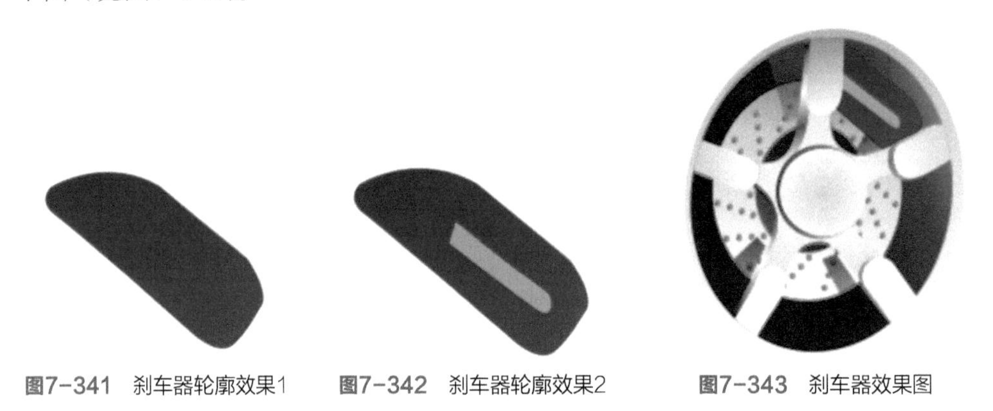

图7-341　刹车器轮廓效果1　　图7-342　刹车器轮廓效果2　　图7-343　刹车器效果图

8 使用【椭圆形工具】绘制一个椭圆（见图7-344），并填充黑色，调至轮毂下面。将黑色椭圆转换为位图（见图7-345），为其添加一个高斯模糊效果（见图7-346），模糊后的效果参见图7-347。至此，全选车轮所有部分，群组，将其命名为“车轮”并复制一份。

图7-344　轮廓线效果及位置

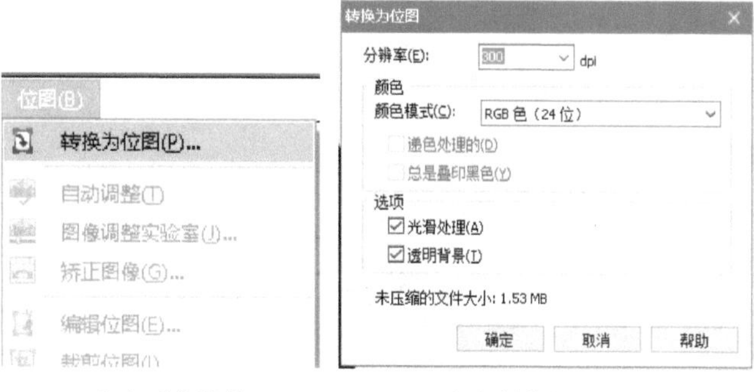

（a）功能设置　　（b）转换位图设置

图7-345　将黑色椭圆转换为位图

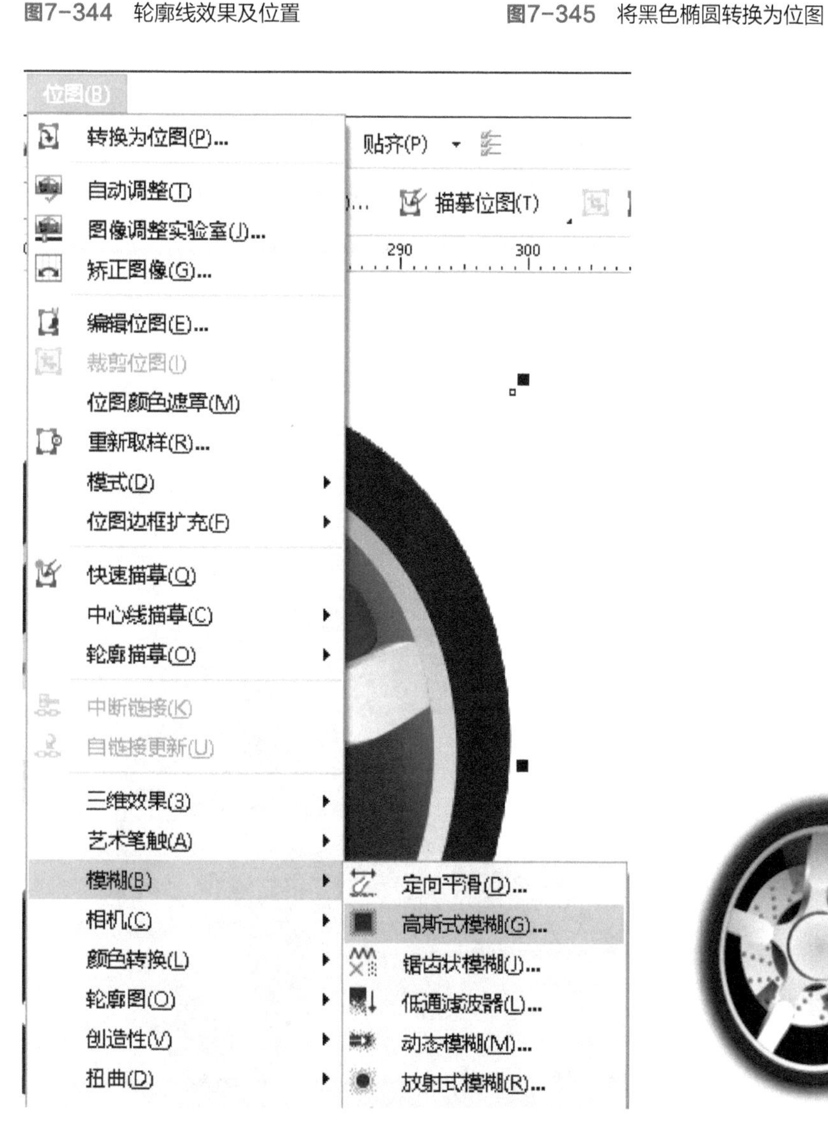

图7-346　高斯模糊功能设置

图7-347　车轮效果图

9 使用【钢笔工具】绘制一个形状（见图7-348），填充黑色，并调节至前车轮位置。将车轮置于此黑色图文框内部（置于图文框内部操作步骤参考“第5部分：绘制车头进气栅网”）。

图7-348 前轮轮廓线及效果

图7-349 后轮轮廓线及效果

10 使用【钢笔工具】绘制一个形状（见图7-349），填充黑色，并调节至后车轮位置。将前面复制的车轮转换为位图，并将其进行三维旋转（见图7-350），旋转角度大约是水平45°，旋转后的效果如图7-351所示。调整车轮大小，将其拖至后车轮位置并进行适当调整。

图7-350 三维旋转功能设置

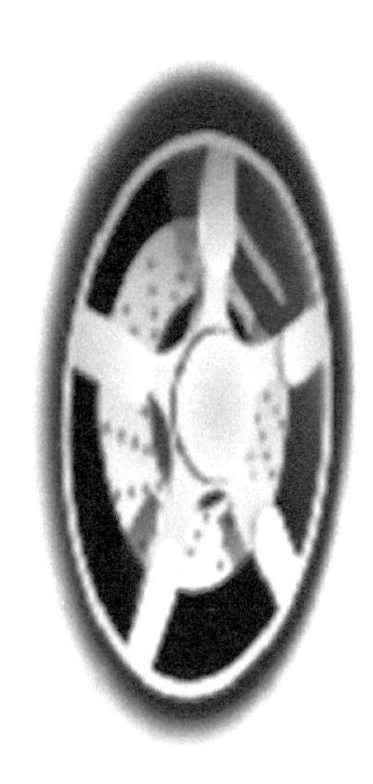

图7-351 车轮效果图

11 使用【钢笔工具】绘制一个底板投影的形状（见图7-352），并填充一个黑色到灰色的渐变，并调节至汽车底部。

图7-352　底板投影

12 使用【矩形工具】绘制一个比汽车大的矩形，并填充一个渐变颜色（见图7-353）。

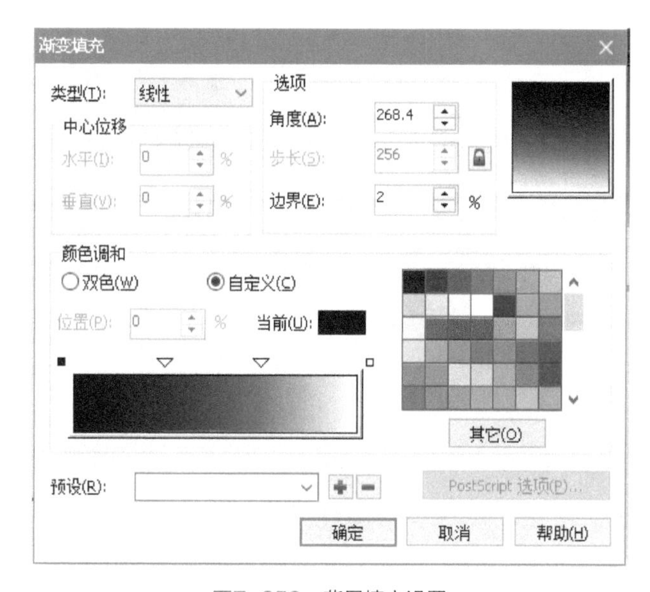

图7-353　背景填充设置

至此，本教程完毕。跑车的效果图如图7-354所示。

图7-354　跑车最终效果图

【课后练习】

练习1　插座效果图表现

该练习是根据插座参考图绘制插座的效果图（如图7-355所示），读者可以参照“7.2插座效果图表现”中制作插座效果图的方法完成该练习。现在简要提供该练习的操作步骤。

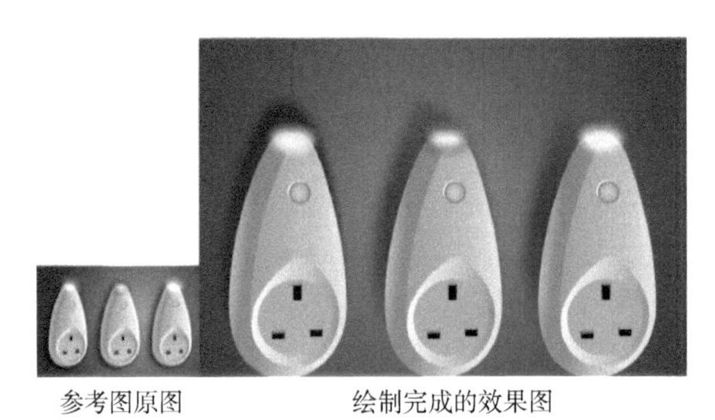
参考图原图　　绘制完成的效果图

图7-355　插座效果图

第1部分：插座整体表现

1 新建一个横向A4文档（宽度为297mm，高度为210mm），命名为“插座”，分辨率设定为300像素/in，原色模式为RGB（见图7-356）。

图7-356　新建一个文档

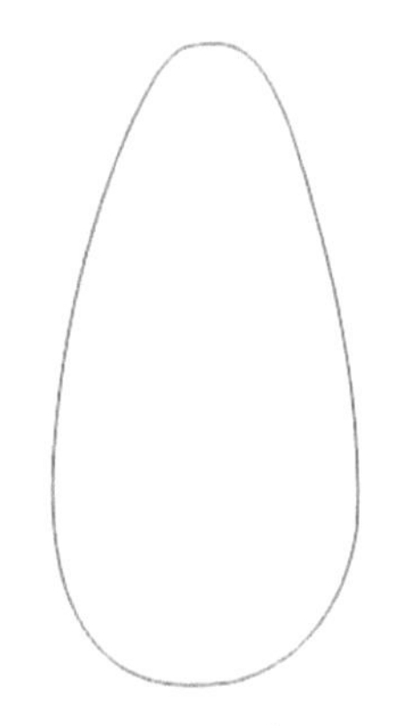

图7-357　插座整体路径图

2 在界面左边的工具栏选择【钢笔工具】根据参考图画出路径1（见图7-357），并将它命名为“插座整体”，选用【填充工具】为其填充一个线性渐变，渐变设置参考图7-358，填充后的效果参考图7-359，去除轮廓色。

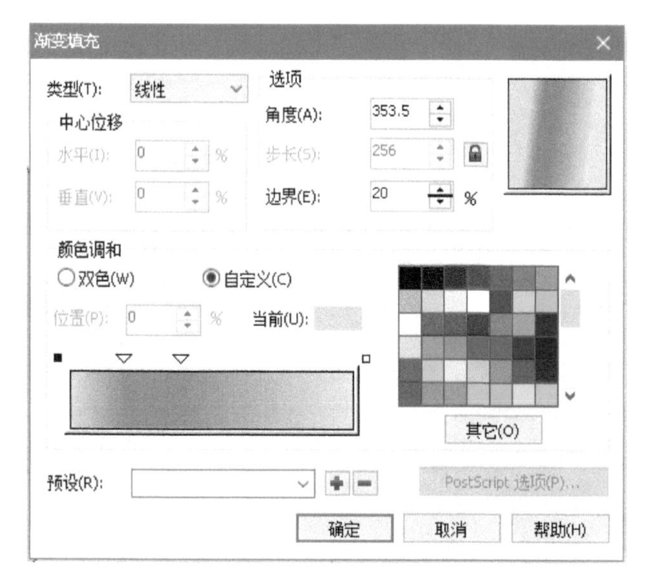

图7-358 渐变填充设置

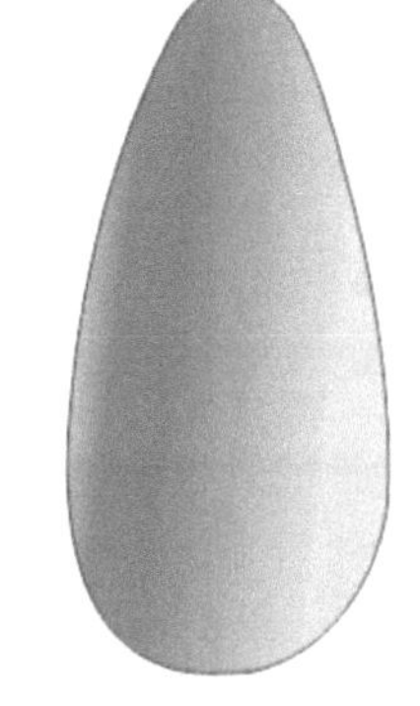

图7-359 插座整体效果图

第2部分：绘制插座整体高光部分

使用【钢笔工具】绘制如图7-360所示的路径，使用【填充工具】为其填充一个深灰色到浅灰色的线性渐变，填充效果参考图7-361。

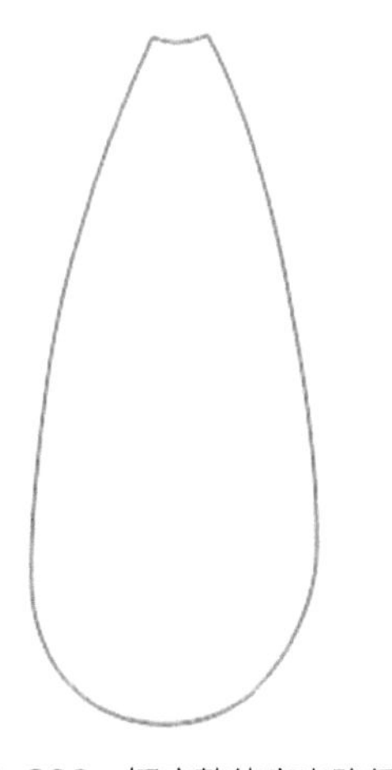

图7-360 插座整体高光路径

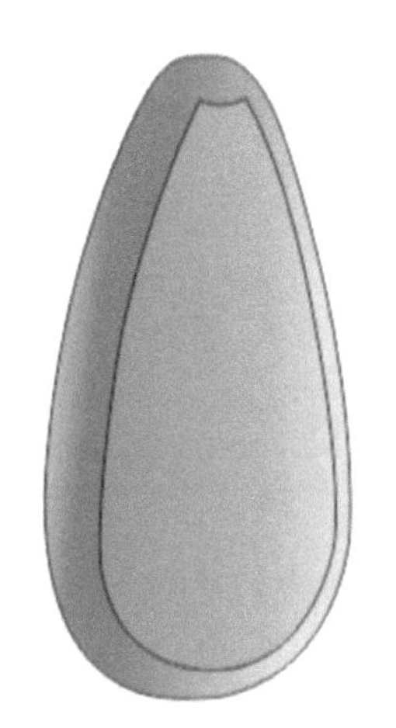

图7-361 高光部分位置及效果

第3部分：绘制插座插口及其周边

1 使用【钢笔工具】绘制如图7-362所示的路径，为其填充一个灰色到白色的线性渐变。效果及位置如图7-363所示。到这里，选中所画的，去除轮廓线。

2 使用【椭圆形工具】在如图7-364所示的位置画一个圆，选择工具箱中的第一个工具——【选择工具】，在圆上双击，变成如图7-365所示的状态，稍向右拉动上边正中间控制钮，随后稍向左拉动下边正中间控制钮，直至所画的圆变成如图7-366所示的形状。随后为其填充一个灰色到白色的线性渐变，填充效果参考图7-367。

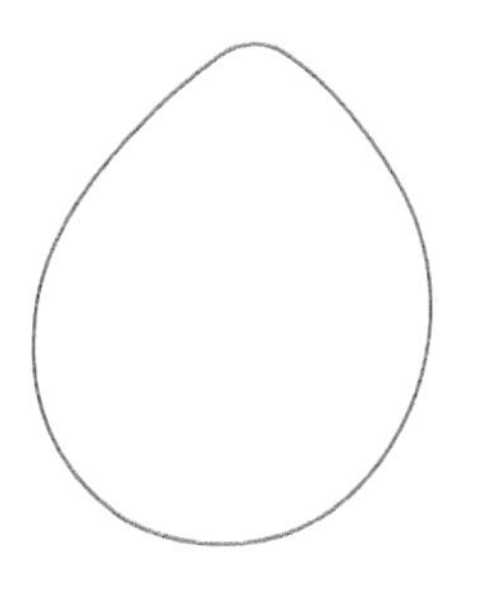
图7-362 绘制路径

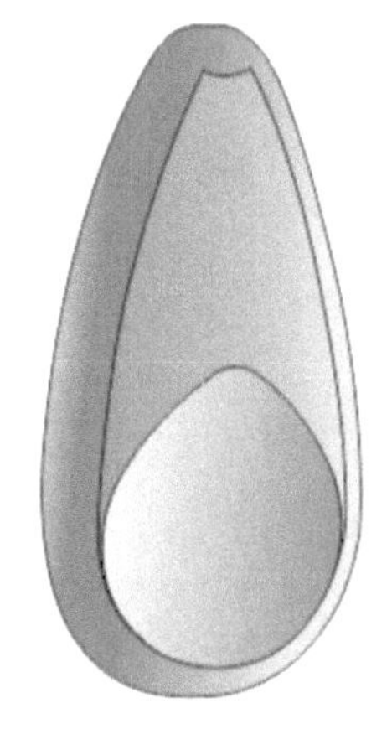
图7-363 效果及位置

图7-364 绘制一个圆

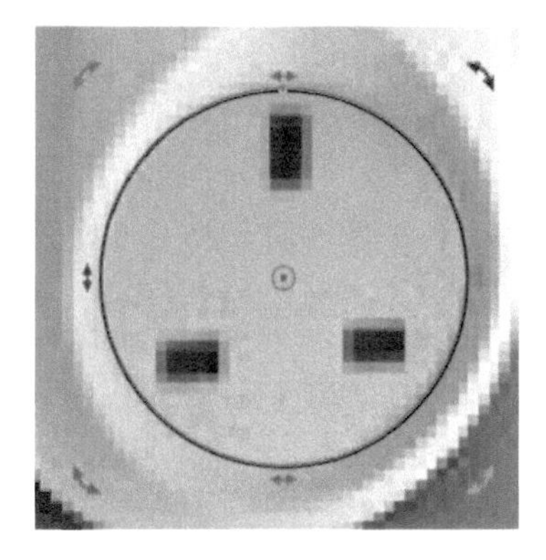
图7-365 双击后出现控制钮

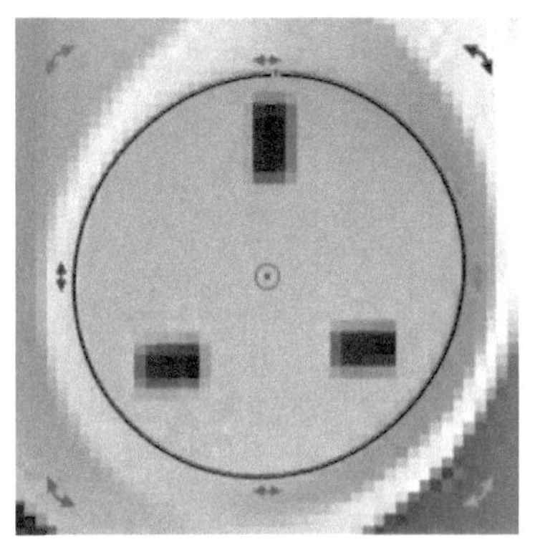
图7-366 拖动控制钮后效果

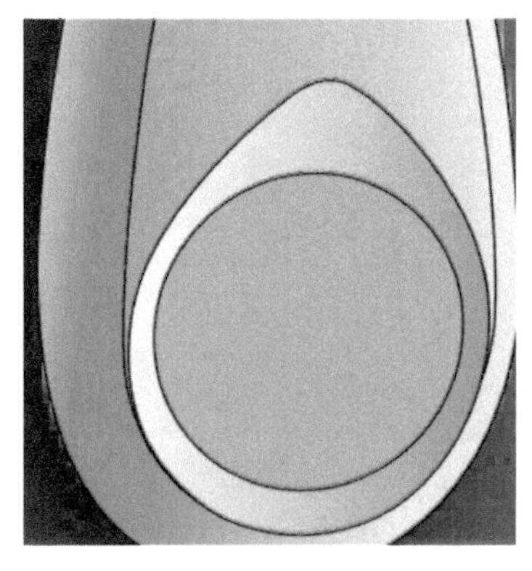
图7-367 效果图

3 使用【矩形工具】绘制三个矩形，并为其填充深棕黑色，并修改其轮廓线颜色为灰色，宽度约为0.25mm。效果参考图7-368。

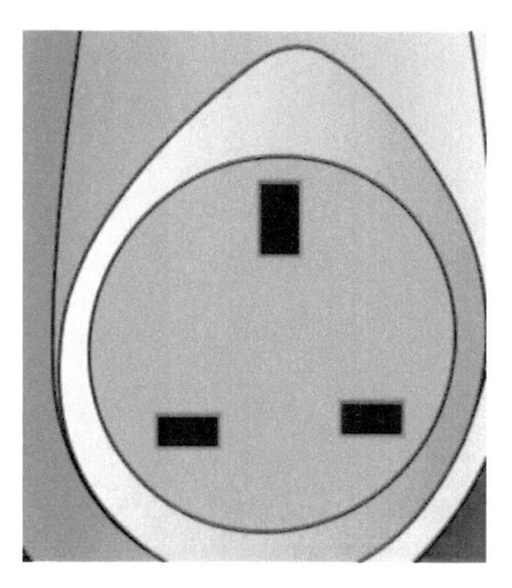

图7-368 插孔效果图

第4部分：绘制按钮

使用【椭圆形工具】绘制一个圆，调整其位置（见图7-369），随后复制一个圆，把置于下方的圆轮廓线改为白色，宽度约为0.75mm，图层在上的圆轮廓线改为灰色，宽度约为0.75mm，调整白色轮廓线，效果参考图7-370。随后为灰色轮廓线的圆填充一个灰色到浅灰色的辐射渐变（见图7-371）。

至此，全选以上所画的图形，群组，复制两份，分别命名为“插座2”与“插座3”。

图7-369 绘制一个圆

图7-370 两个圆相互位置及效果

图7-371 按钮效果及位置

第5部分：绘制插座发光处

1 使用【钢笔工具】绘制一个类椭圆形路径，并为其填充一个淡蓝绿色，将其轮廓线改为蓝绿色，效果参考图7-372，调整其位置（见图7-373）。随后，复制两份。

图7-372　类椭圆效果图

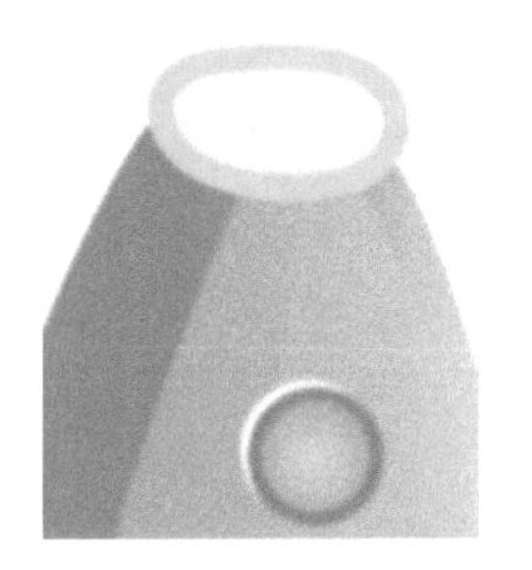

图7-373　类椭圆位置效果

2 将该类椭圆形曲线转换为位图，为其添加一个高斯模糊效果，工具位置参考图7-374、图7-375，像素大约为17。模糊后的效果参考图7-376。

图7-374　转换为位图工具位置

图7-375　高斯模糊工具位置

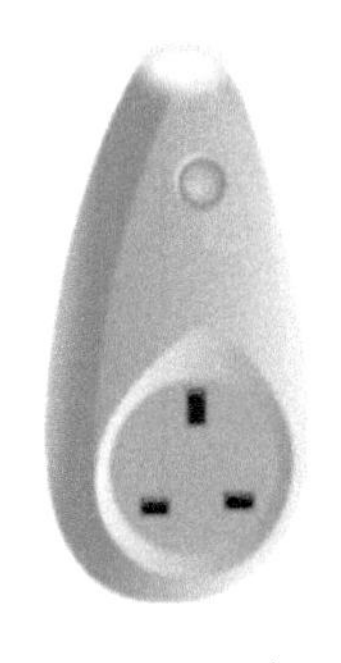

图7-376　插座效果图

第6部分：绘制另外两个发光处不同颜色的插座

1 将上面复制的插座拖动排列成一排（见图7-377）。将上面复制的类椭圆图形命名为“发光红”与“发光绿”。将“发光红”拖动至插座2上方，将“发光绿”拖动至插座3上方，具体位置参考图7-378。将“发光红”轮廓线改为红色，“发光绿”轮廓线改为绿色，并将它们转换为位图，添加高斯模糊，具体参照第5部分的**2**。调整发光后的效果参见图7-379。

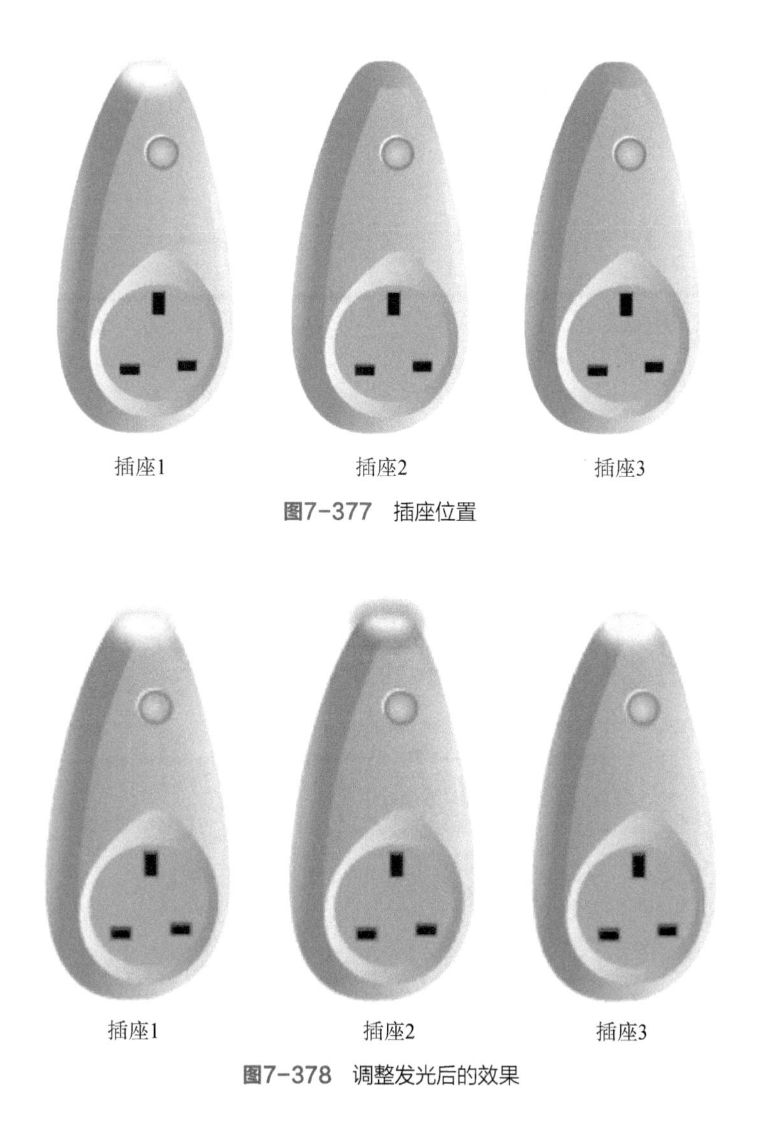

图7-377　插座位置

图7-378　调整发光后的效果

2 使用【矩形工具】绘制一个矩形，为3个插座添加一个背景。至此，插座的效果图绘制完毕，最终效果参见图7-379。

图7-379　插座最终效果图

练习2　鼠标效果图表现

该练习是根据鼠标参考图绘制鼠标的效果图（见图7-380），读者可以参照“7.3概念鼠标效果图表现”中绘制鼠标效果图的方法完成该练习。现在简要提供该练习的操作步骤。

图7-380　鼠标参考图

第1部分：绘制鼠标整体

1 新建一个横向A4文档（宽度为297mm，高度为210mm），命名为“鼠标”，分辨率设定为300像素/in，原色模式为RGB（见图7-381）。

2 在界面左边的工具栏选择【钢笔工具】根据参考图画出路径1（见图7-382），并将它命名为“鼠标整体”，选用【填充工具】为其填充一个辐射渐变，去除轮廓色，具体渐变设置及填充效果参见图7-383、图7-384。

图7-381 新建一个文档

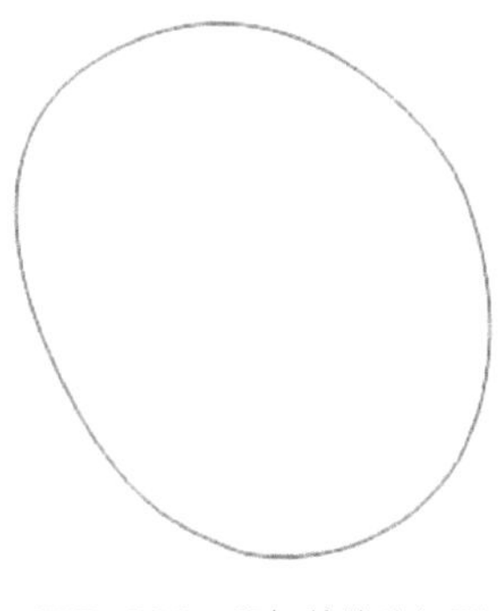

图7-382 鼠标整体路径图

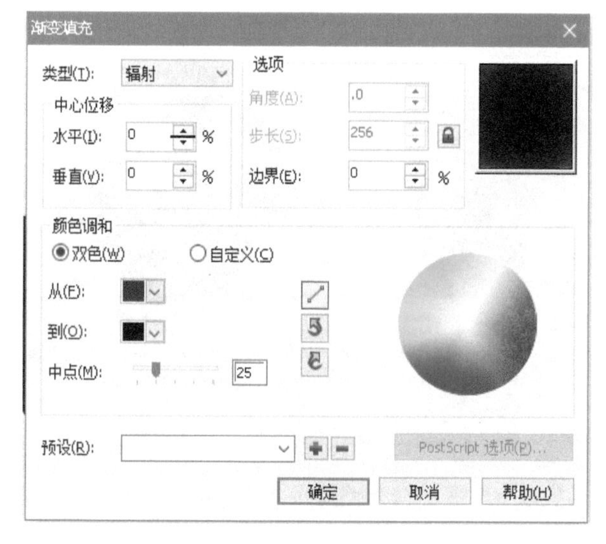

图7-383 鼠标整体渐变填充设置

图7-384 鼠标整体效果图

第2部分：绘制鼠标滚轮及附近高光部分

1 在界面左边的工具栏选择【钢笔工具】 根据参考图画出路径（见图7-385），选用【填充工具】 为其填充一个线性渐变，调整其位置，去除轮廓色，具体渐变设置及填充后的效果参见图7-386、图7-387。同样的方法绘制鼠标高光部分的2个路径，分别命名为“高光路径1”和“高光路径2”并填充渐变色，调整位置（见图7-388～图7-391）。

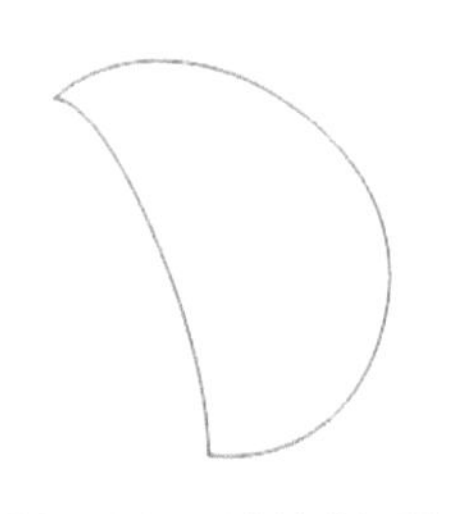

图7-385　滚轮路径图

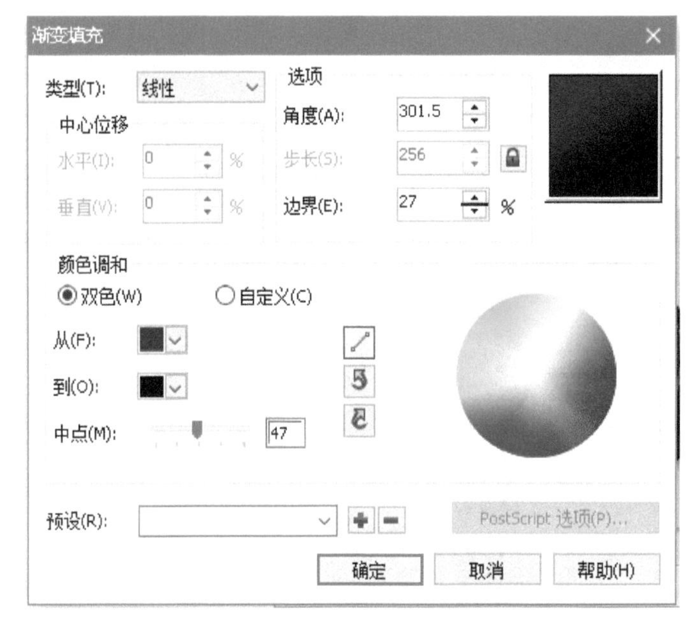

图7-386　滚轮渐变填充设置

图7-387　滚轮位置及效果图

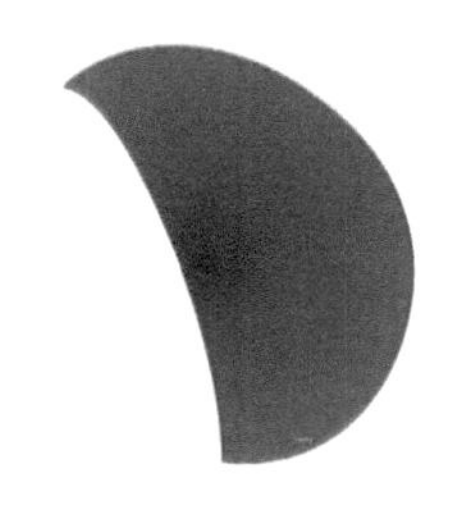

图7-388　高光路径1

图7-389　高光路径1的位置及效果

图7-390　高光路径2

图7-391　高光路径2的位置及效果

2 选中曲线“高光路径1”，将其转换为位图，并为其添加一个高斯模糊，工具命令的位置参考图7-392～图7-394。高斯模糊的像素设置为20，模糊效果参见图7-395。选中曲线“高光路径2”，同样地，先将其转换为位图，再为其添加一个高斯模糊，高斯模糊的像素设置为78，模糊效果参见图7-395。

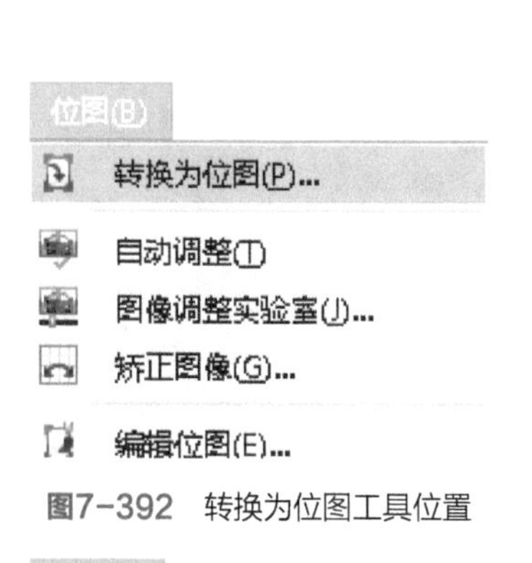

图7-392　转换为位图工具位置

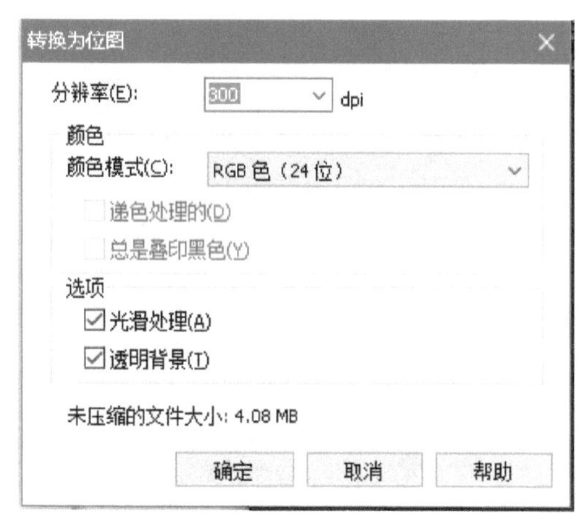

图7-393　转换为位图设置

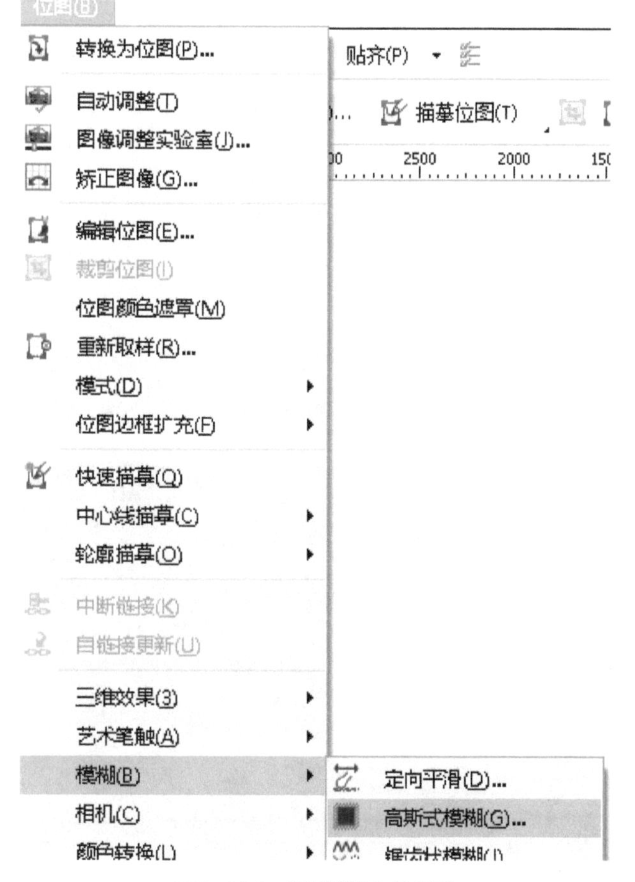

图7-394　高斯模糊工具位置

图7-395　鼠标高光部分效果图

3 使用【钢笔工具】绘制一个如图7-396所示的路径，为其均匀填充黑色，调整其位置（见图7-397）。

图7-396　路径图

图7-397　位置效果图

4 使用【钢笔工具】从左至右依次绘制3个闭合路径，命名为“轮1”“轮2”和“轮3”（见图7-398），调整这3条路径的位置（见图7-399）。“轮1”填充渐变色的设置参见图7-400，“轮2”和“轮3”均匀填充的颜色设置分别参见图7-401、图7-402。鼠标滚轮最终位置和效果参见图7-403。

图7-398　3个路径

图7-399　3个路径位置效果图

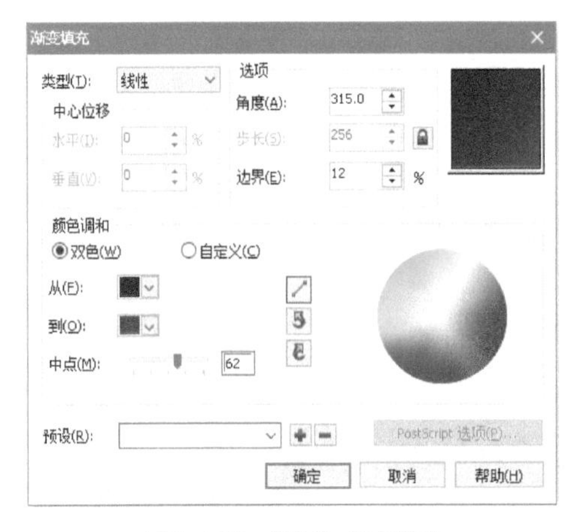

图7-400　“轮1”填充设置

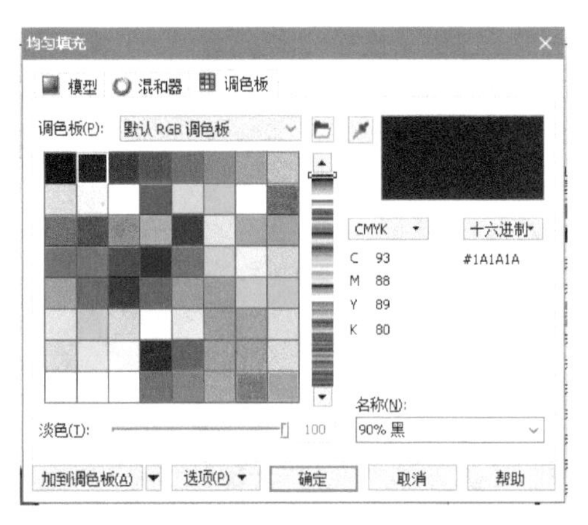

图7-401　“轮2”填充设置

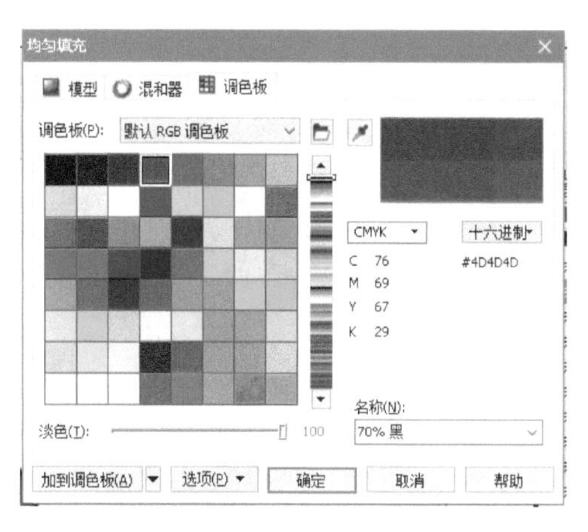

图7-402 “轮3”填充设置

图7-403 鼠标滚轮的位置及效果

5 选中“轮2”，转换为位图，为其添加一个高斯模糊，像素约为4。选中“轮3”，转换为位图，为其添加一个高斯模糊，像素约为8。使用【钢笔工具】画出如图7-404所示的轮廓曲线，双击 R: 0 G: 0 B: 0 (#000000) 打开轮廓笔设置框，修改其颜色为深灰色，宽度为0.75。鼠标滚轮部分的最终效果参见图7-405。

图7-404 轮廓曲线

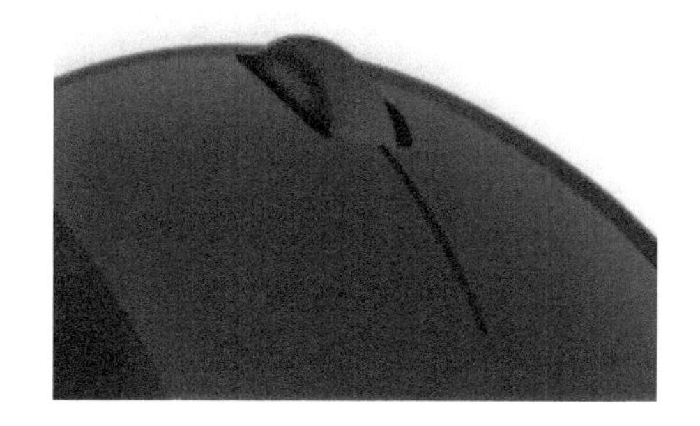

图7-405 轮廓曲线效果图

第3部分：绘制鼠标左边部分

1 在界面左边的工具栏选择【钢笔工具】根据参考图画出如图7-406所示的路径，调整其位置。选用【填充工具】为其填充一个线性渐变，去除轮廓色。渐变填充颜色的具体设置、填充后的效果参见图7-407、图7-408。

图7-406 鼠标左边部分路径

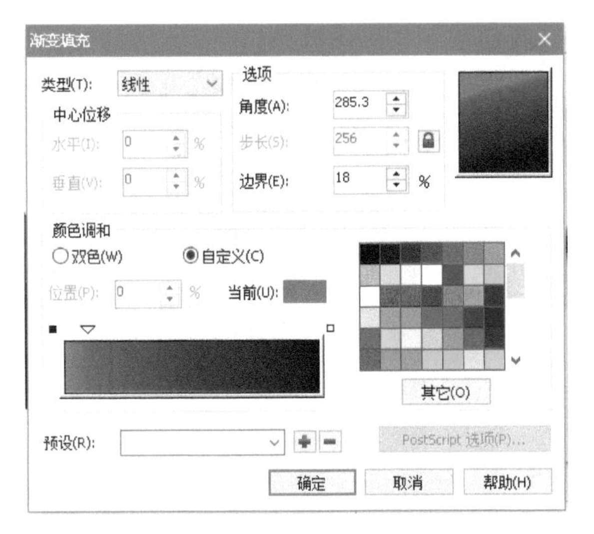

图7-407　鼠标左边部分填充设置

图7-408　鼠标左边部分位置及填充效果

2 使用上述方法绘制另一个路径，其填充设置以及最终效果参见图7-409、图7-410。

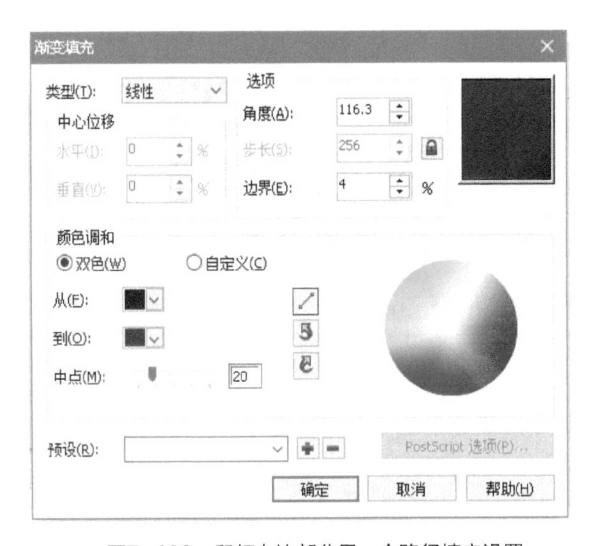

图7-409　鼠标左边部分另一个路径填充设置

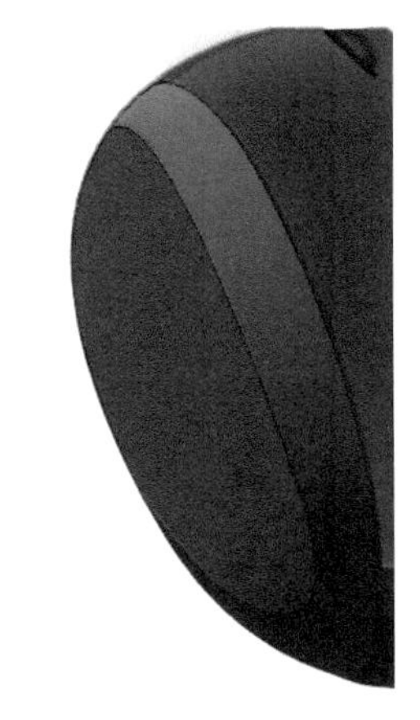

图7-410　鼠标左边部分另一个路径位置及效果图

3 使用【钢笔工具】绘制一个如图7-411所示的曲线并为其填充一个灰色。然后使用【钢笔工具】依次绘制如图7-412所示的3个路径，从左到右依次命名为“曲线1”“曲线2”“曲线3”，均填充深灰色，将其拖动至图7-410所示曲线上及下部，具体位置参考图7-413。将4个路径一起拖动至鼠标主体中，具体位置参照图7-414。

图7-411　灰色路径图

图7-412　3个曲线路径

图7-413　路径的效果及位置

图7-414　4个路径放置的位置及效果

4 选中“曲线1”，转换为位图，为其添加一个高斯模糊，像素约为12。选中“曲线2”，转换为位图，为其添加一个高斯模糊，像素约为7。选中“曲线3”，转换为位图，为其添加一个高斯模糊，像素约为7。模糊后的最终效果参见图7-415。

图7-415　模糊后效果图

第4部分：绘制图标

1 在工具箱中选择【钢笔工具】根据参考图画出如图7-416所示的路径，选用【填充工具】分别填充天蓝色和白色，填充效果如图7-417所示。去除轮廓色。

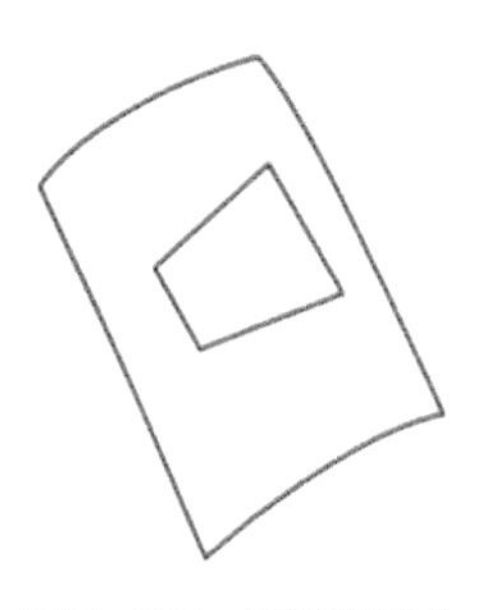
图7-416　图标路径图

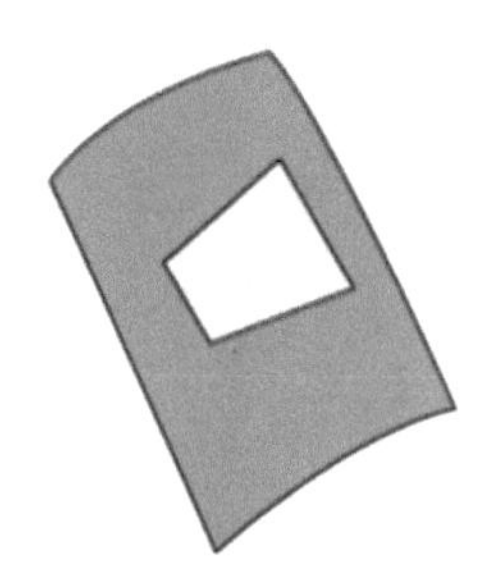
图7-417　图标填充效果

2 使用【钢笔工具】绘制如图7-418所示的两条曲线，将其颜色修改为灰蓝色，宽度修改为0.5mm。调整其位置（见图7-419）。全选群组并命名为“图标”。将图标拖动至鼠标上，调整位置（见图7-420）。

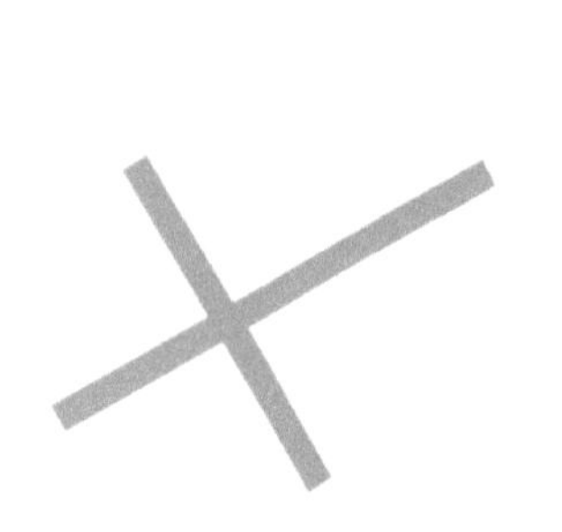
图7-418　绘制曲线

图7-419　曲线位置及效果

图7-420　图标放置于鼠标上的效果

第5部分：绘制阴影及背景

1 在工具箱中选择【钢笔工具】根据参考图画出如图7-421所示的阴影的路径，选用【填充工具】为其填充一个深灰色（见图7-422）。去除轮廓色。

图7-421　绘制阴影路径

图7-422　阴影路径填充效果

2 选中上一步中填充的阴影路径，将其转换为位图，并为其添加一个高斯模糊，像素约为55，模糊后的效果参见图7-423。

3 使用【钢笔工具】绘制一条曲线（见图7-424），将其宽度改为约0.75mm。拖放至鼠标上，调整其位置（见图7-425）。

图7-423　阴影模糊后的效果

图7-424　曲线

图7-425　曲线位置

4 使用【矩形工具】绘制一个矩形，为其填充一个浅灰色，单击鼠标右键，选择【顺序】/【到图层后面】，即可将其移至底层作为背景。至此，鼠标绘制完毕，鼠标的最终效果图如图7-426所示。

图7-426　鼠标最终效果图

练习3　智能搅拌机效果图表现

图7-427所示是一款Sensi推出的概念产品：Sensi Standmixer智能搅拌机，可以实现远程操控。

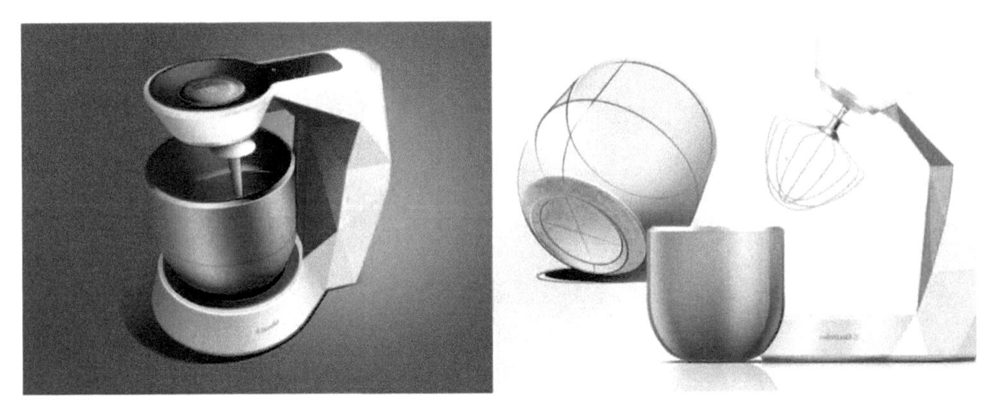

图7-427　Sensi Standmixer智能搅拌机效果图

读者可参考“7.5厨房料理机效果图表现”的教程，学习相关表现技法。接下来以图7-428右边的搅拌机为例进行讲解。

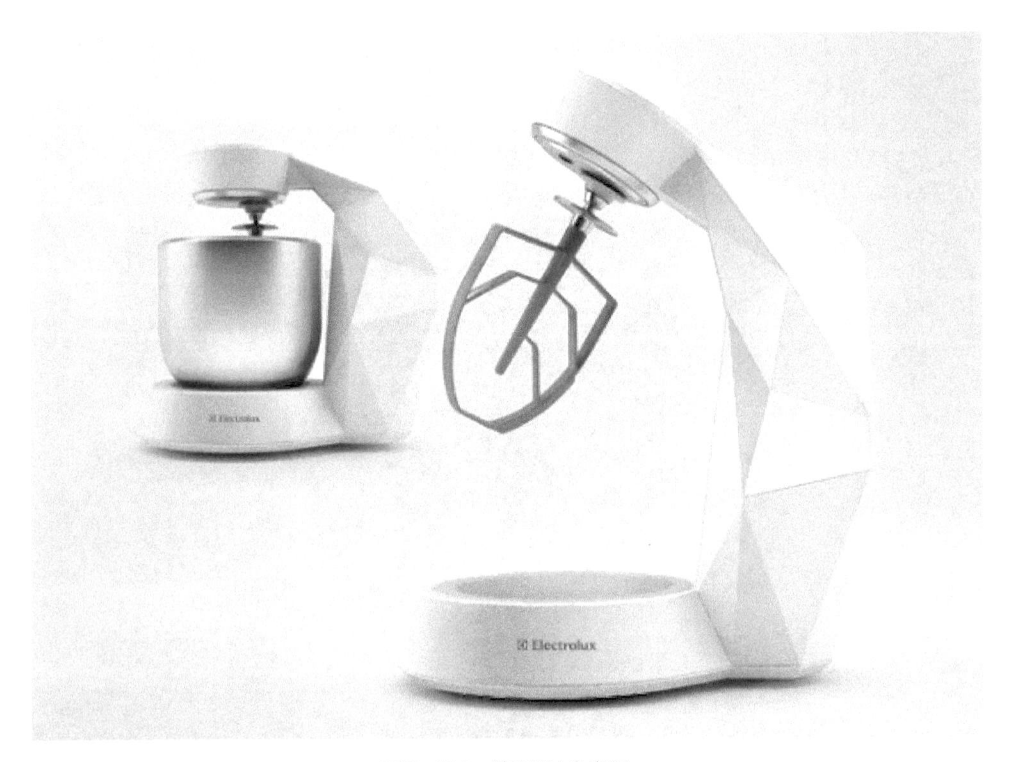

图7-428　练习3的参考图

第1部分：绘制搅拌机底座

1 新建一个横向A4文档（宽度为297mm，高度为210mm），命名为“Sensi搅拌机”，分辨率设定为300像素/in，原色模式为RGB（见图7-429）。

图7-429　新建一个文档

2 在界面左边的工具栏选择【钢笔工具】根据参考图画出如图7-430所示的路径，选用【填充工具】为其填充一个辐射渐变，修改其轮廓线颜色为灰色，渐变填充的具体设置以及填充的效果参见图7-431、图7-432。

3 使用【椭圆形工具】绘制如图7-433所示的3个椭圆，并分别填充颜色（见图7-434）。

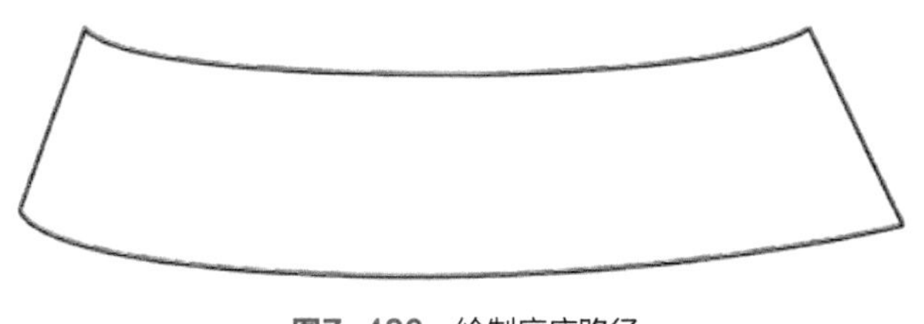
图7-430　绘制底座路径

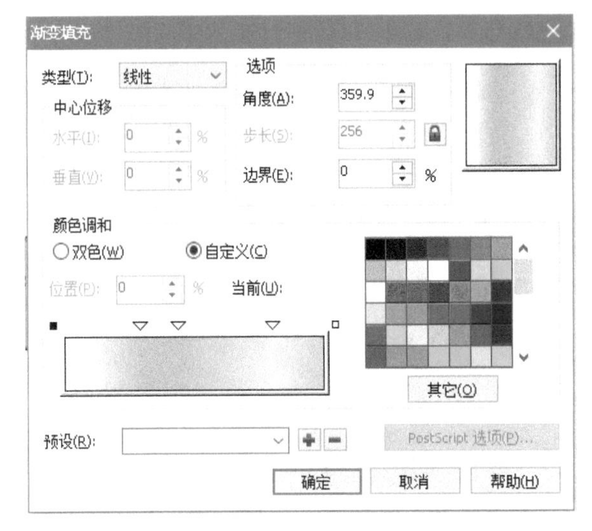

图7-431　底座填充设置

图7-432　底座填充效果

图7-433　绘制3个椭圆

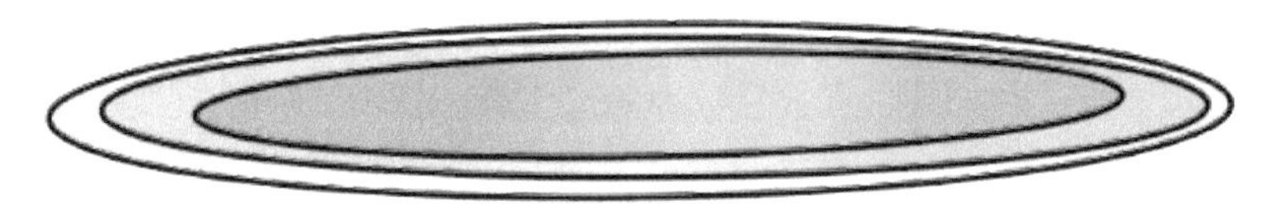

图7-434　3个椭圆填充效果

4 选中中间的椭圆，双击 R: 0 G: 0 B: 0 (#000000) 打开轮廓线设置框，将其轮廓线宽度修改为0.4mm，颜色为灰色。最小的椭圆轮廓线颜色修改为灰色。最大的椭圆轮廓颜色修改为白色。位置及效果参见图7-435。

图7-435　3个椭圆位置及效果

5 使用【钢笔工具】绘制如图7-436所示的路径，为其填充一个线性渐变，渐变设置和填充后的效果参见图7-437、图7-438。将其轮廓线修改为白色。微调位置（见图7-439）。

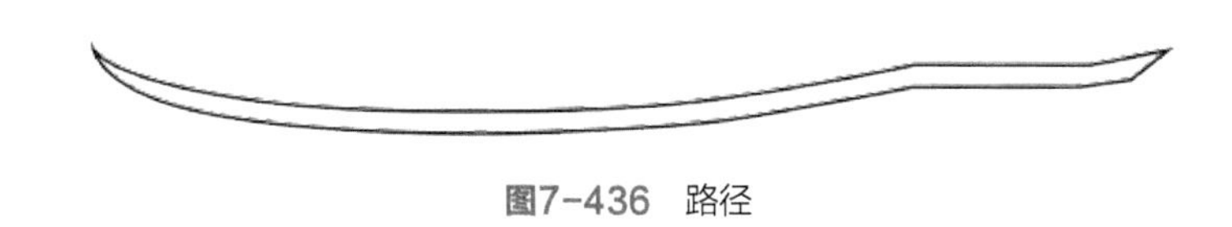

图7-436 路径

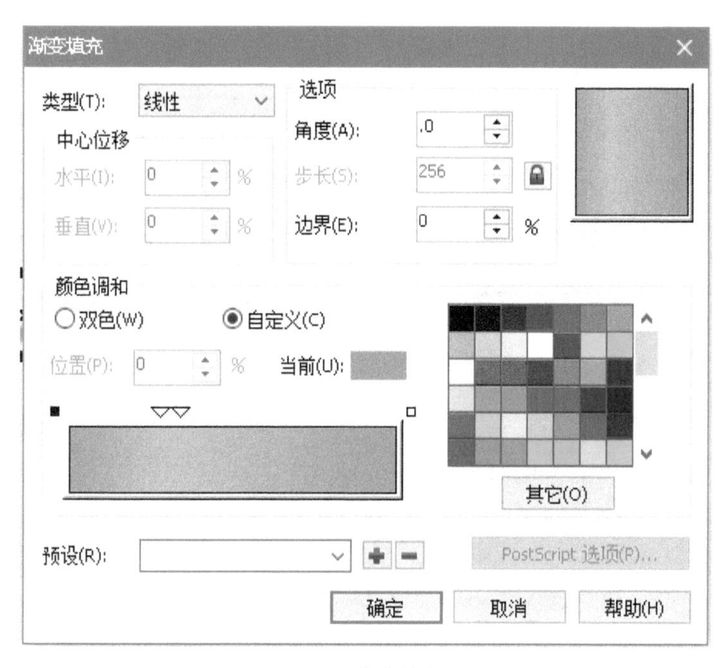

图7-437 渐变填充设置

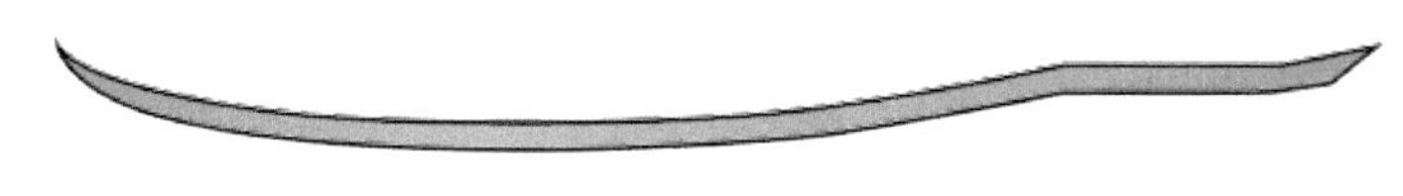

图7-438 填充效果

图7-439 位置效果

6 使用【钢笔工具】为如图7-440所示的位置加上2条线段。分别修改为灰色与浅灰色（见图7-440）。

图7-440　添加的2条线段位置及效果

7 使用【钢笔工具】绘制如图7-441所示的路径，并为其填充线性渐变，渐变设置及填充后的效果如图7-442、图7-443所示。修改其轮廓线为灰色，位置及效果如图7-444所示。

图7-441　路径

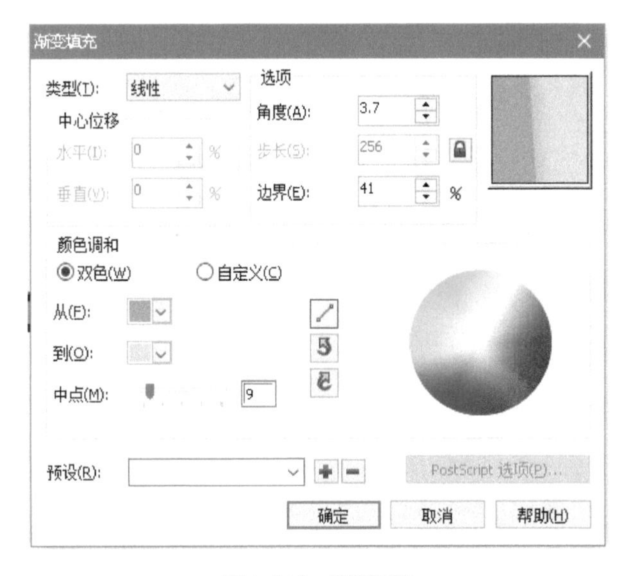

图7-442　填充设置

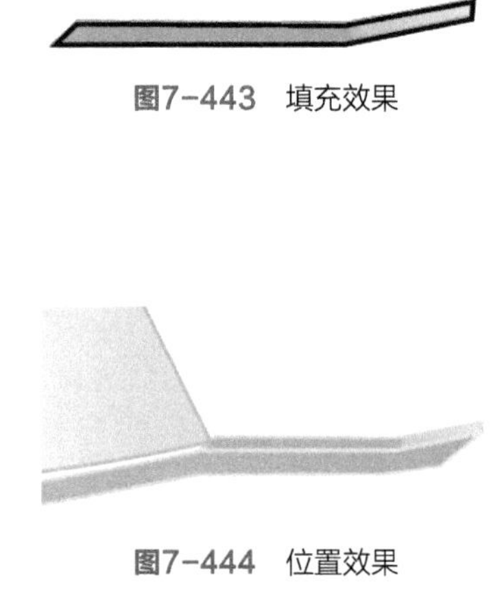

图7-443　填充效果

图7-444　位置效果

8 选中“第1部分：绘制搅拌机底座”所绘制的所有图形，按【Ctrl】+【G】群组，并命名为“搅拌机底座”。

第2部分：绘制搅拌机柄

1 使用【钢笔工具】绘制如图7-445所示的5个三角形，并分别填充颜色，去除轮廓色，并根据参考图将这5个三角形无缝排放好（见图7-446）。用同样的方法绘制整个搅拌机的支撑柄。

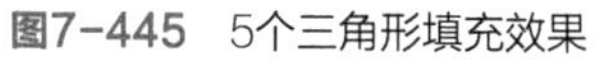

图7-445　5个三角形填充效果

图7-446　排放位置

2 搅拌机支撑柄上三角形边缘有部分有高光或者阴影。使用【钢笔工具】绘制如图7-447所示的线段，将该线段放置于支撑柄的左边，微调其位置（见图7-448）。修改线段颜色为浅灰色。

图7-447　曲线

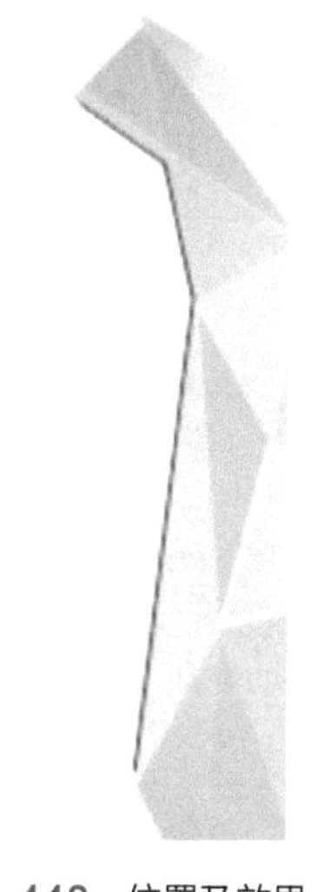

图7-448　位置及效果

3 用同样的方法绘制搅拌机支撑柄其他三角形之间的阴影或高光，在此不做赘述。完成后的支撑柄效果如图7-449所示。选中全部此步骤所绘制的图形，按【Ctrl】+【G】群组，并命名为“搅拌机支撑柄”。

图7-449　搅拌机支撑柄效果

第3部分：绘制搅拌机柄电动机盒

1 在工具箱中选择【钢笔工具】绘制出如图7-450所示的路径，选用【填充工具】为其填充一个线性渐变，渐变填充设置及填充效果参见图7-451、图7-452。去除轮廓色，制作效果参见图7-453。

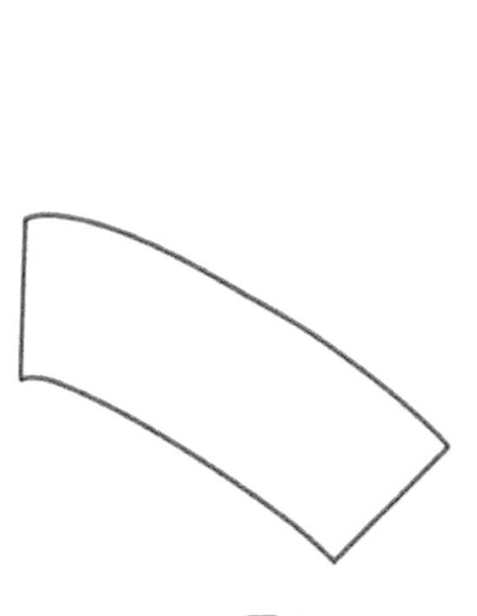

图7-450　1 绘制路径

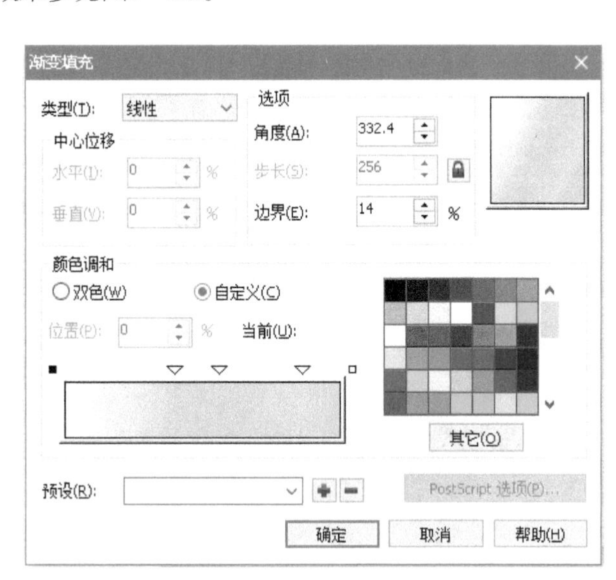

图7-451　1 渐变填充设置

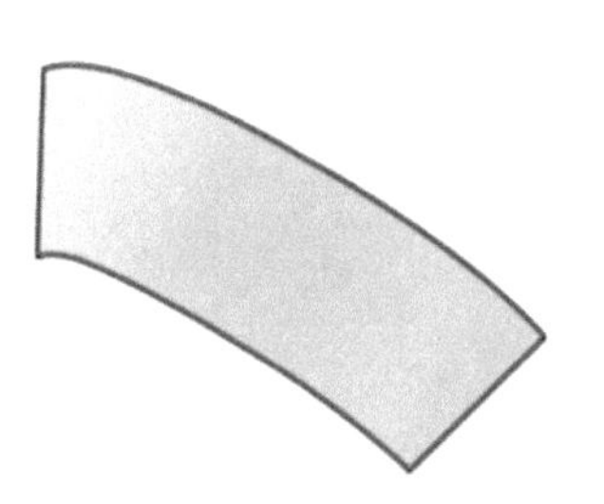

图7-452 1 渐变填充效果

图7-453 1 制作效果

2 在工具箱中选择【钢笔工具】绘制出如图7-454所示的路径，选用【填充工具】为其填充一个线性渐变，渐变设置参见图7-455。去除轮廓色，填充位置及效果参见图7-456。

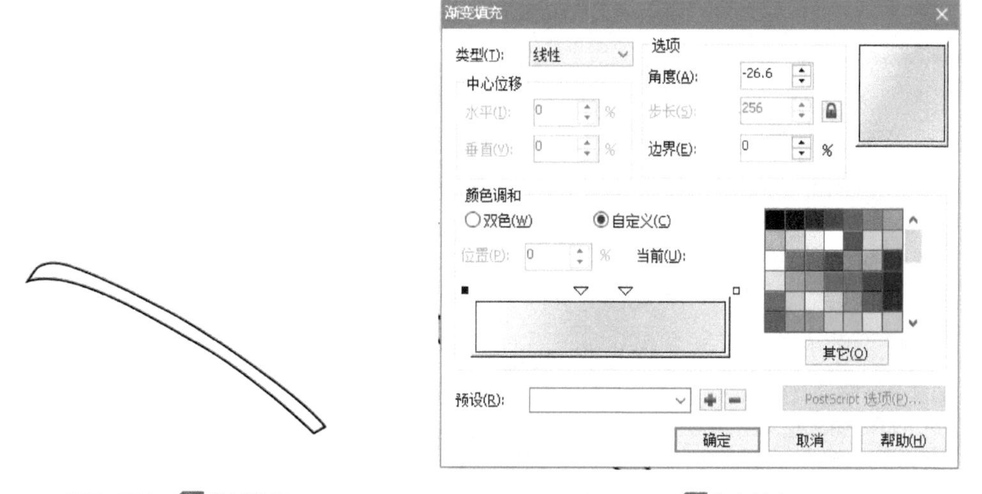

图7-454 2 绘制路径

图7-455 2 渐变填充设置

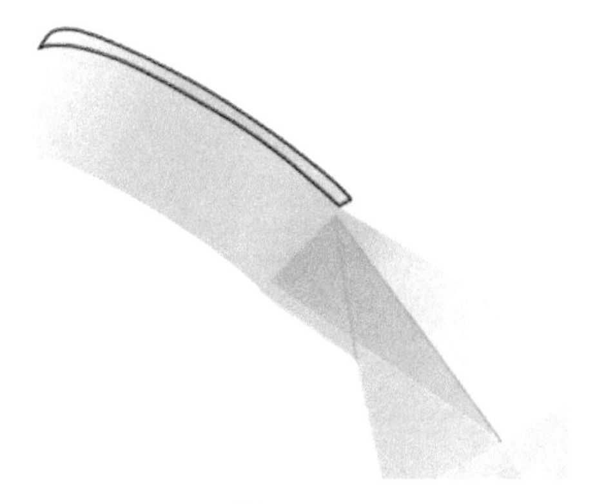

图7-456 2 填充位置及效果

3 使用与上述相同方法绘制路径（见图7-457）并填充颜色（见图7-458），将轮廓线修改为深灰色，最后位置及效果参见图7-459。

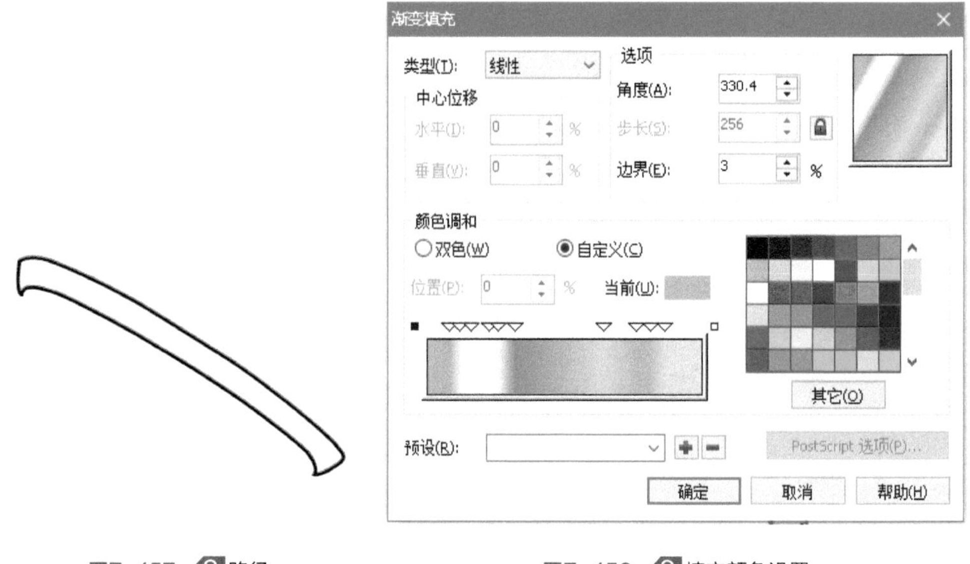

图7-457 **3** 路径　　图7-458 **3** 填充颜色设置

图7-459 **3** 位置及效果

4 使用【椭圆形工具】绘制如图7-460所示的4个椭圆，分别为其填充颜色，填充效果参考图7-461。调整其位置及最后的位置效果参见图7-462、图7-463。

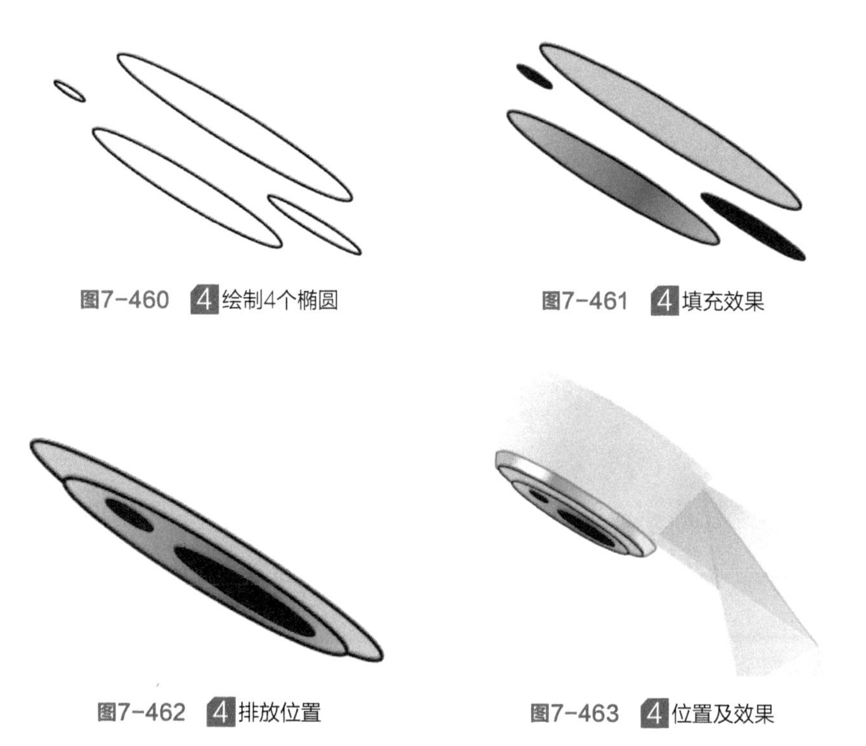

图7-460 4 绘制4个椭圆

图7-461 4 填充效果

图7-462 4 排放位置

图7-463 4 位置及效果

5 使用【钢笔工具】绘制一个如图7-464所示的路径，为其填充线性渐变，渐变设置及填充效果参见图7-465、图7-466。去除轮廓线，微调其位置（见图7-467）。

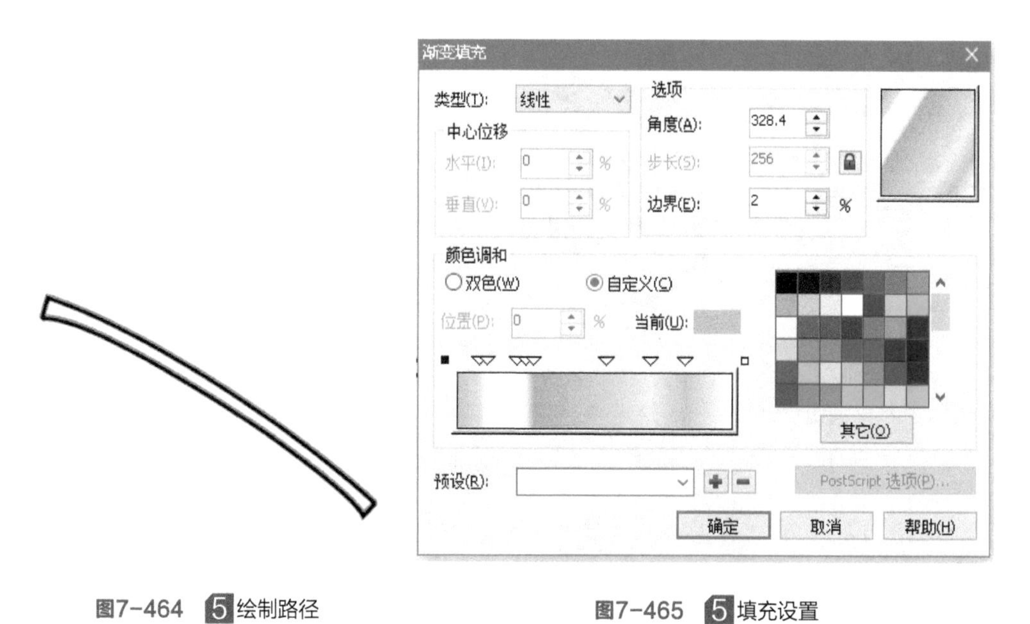

图7-464 5 绘制路径

图7-465 5 填充设置

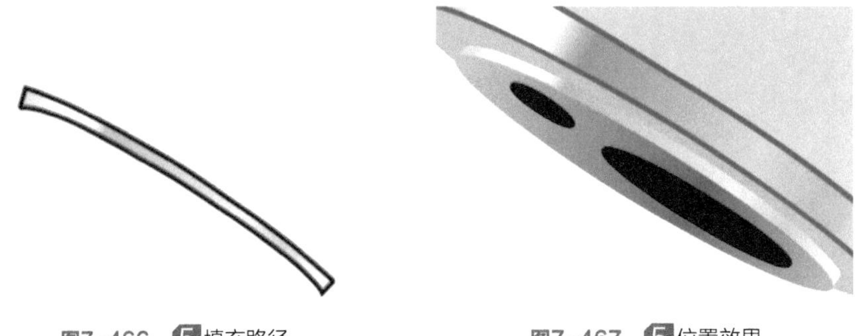

图7-466 5 填充路径　　图7-467 5 位置效果

6 选中“第3部分：绘制搅拌机柄电动机盒”部分所绘制的全部图形，按【Ctrl】+【G】群组，并命名为“搅拌机电机盒”。

7 绘制搅拌机的转动轴及刀头。绘制该部分所需要用到的命令及绘制方法前面已经讲过，在此不再赘述。值得注意的是，转动轴绘制主要是使用【椭圆形工具】，以及【钢笔工具】、【填充工具】。刀头的绘制主要使用【钢笔工具】。其刀的厚度、体现暗部和高光均可通过修改轮廓线宽度和颜色来实现。完整的搅拌机效果如图7-468所示。

图7-468　完整的搅拌机效果图

8 绘制渐变背景。使用【矩形工具】绘制一个矩形，为其填充一个灰色到白色的渐变填充，按【Ctrl】+【End】放置最底层。至此，搅拌机效果图绘制完毕，最终效果图如图7-469所示。

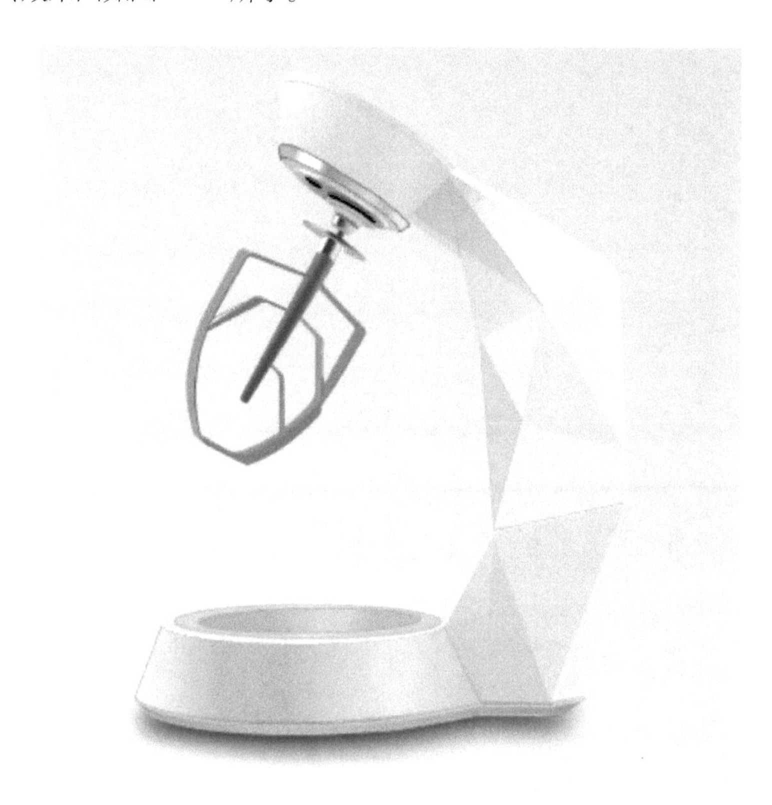

图7-469　搅拌机最终效果图

第8章

Photoshop和CorelDRAW综合运用

对于从事任何领域的设计师来讲，都离不开图像的处理、图形的绘制及版面的编排等工作，那么在实际的设计制作中就要注意软件的结合使用，例如要印一本宣传册，可以先用Photoshop来处理图片（照片等），再用CorelDRAW来进行排版并制作菲林出版印刷。这一章我们主要掌握软件间文件如何转换，并通过两个案例学习Photoshop和CorelDRAW综合运用的方法与技巧。

8.1 软件间文件的转换

在实际工作中要制作出效果更加丰富完善的图形，往往需要综合使用CorelDRAW和Photoshop软件，这就涉及到如何将CorelDRAW中的图形、图像输出到Photoshop中去。这里介绍三种方法，即直接复制法、位图法和EPS法。

方法1：直接复制法

利用系统自带的剪贴板进行图形图像格式的转换，图像较粗糙，没有消除锯齿效果。

① 选中CorelDRAW中要输出的图像，选择【复制】命令；

② 在Photoshop中新建一个文件，选择【粘贴】命令，即可将CorelDRAW中的图像输出到Photoshop中去。

方法2：位图法

利用CorelDRAW支持的多种位图格式，可以直接将矢量图导出为.psd、.pdf、.jpg、.png、.bmp等位图格式，在导出时再在Photoshop中打开。

① 选中CorelDRAW中要输出的图像，使用CorelDRAW中的【导出】命令 导出 (Ctrl+E)，选择合适的格式，将矢量图转换为位图；

② 再用Photoshop打开即可。

方法3：EPS法

先导出.eps矢量图，再在导入Photoshop中时光栅化。所以输出过程和最终图像的分辨率无关，最终图像的质量，取决于在Photoshop中置入的图档的分辨率。

① 选中CorelDRAW中要输出的图像，使用CorelDRAW中的【导出】命令，保存类型选【EPS】，保存为.eps格式的文件；

② 在Photoshop中新建一个文件，打开【文件】菜单，选择【置入】命令，选择①中导出的.eps文件；

③ 此时输出到Photoshop中的图像会出现图像框，可拉动图像框改变其大小（按住【Shift】可约束长宽比例），最后在框中双击，图像即被置入到Photoshop中。三种方法优劣比较如表8-1所示。

表8-1　由CorelDRAW向Photoshop格式的转换三种方法优劣比较

方法	优点	缺点	评价
方法1（直接复制法）	简便易用，不用生成中间文件	图像质量差	图像较粗糙，有锯齿，不建议
方法2（位图法）	生成的图像质量比方法1有所提高	一经输出后，分辨率即已确定，如果图像需要放大，将会有明显的锯齿。	简单易操作，但图像质量仍然不够好
方法3（EPS法）	输出的.eps文件仍是矢量图，导入时才根据图像大小栅格化，无论图像大小，质量仍然一样好	无	虽然步骤多一点，但转换效果是最好的

8.2 Photoshop和CorelDRAW的合作

8.2.1 背景处理

对位图图像的处理是Photoshop所擅长的。我们在7.6节的案例中曾经用CorelDRAW绘制了一个法拉利跑车效果图（见图8-1），现在我们为这辆跑车添加一个经Photoshop滤镜处理过的背景图片，以增加车的速度感。具体操作步骤详述如下。

1 文件的导出与导入。用CorelDRAW打开这辆法拉利跑车的工程文件，将这辆跑车导出为.eps格式文件（见图8-2），然后打开Photoshop，选择【文件】/【打开】打开这个.eps文件，这时会弹出一个对话框，我们保持默认的设置不变（见图8-3、图8-4）。导入的图像保留了透明背景，这对于我们添加新的背景来说非常方便（见图8-5）。

图8-1　用CorelDRAW绘制的法拉利跑车效果图

图8-2　在CorelDRAW中选择以.eps格式导出

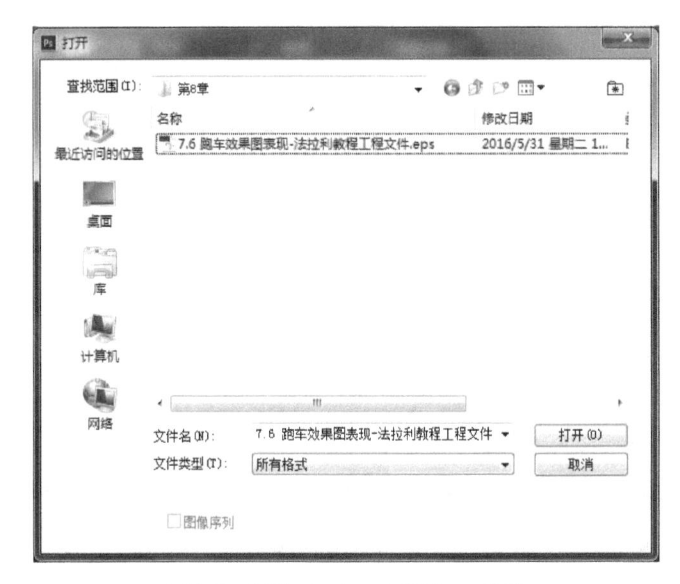

图8-3 在Photoshop中打开.eps文件

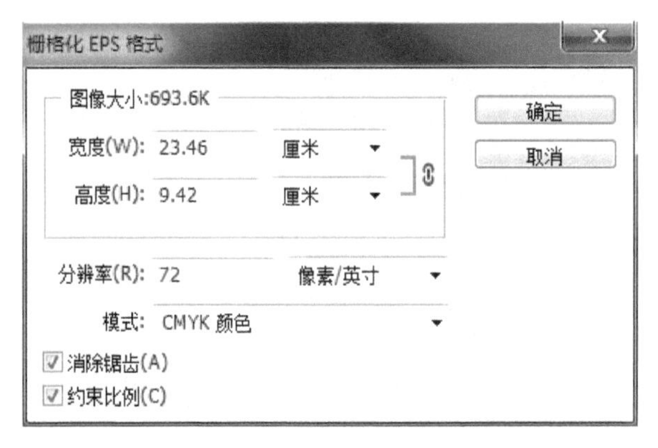

图8-4 导入时的设置

图8-5 导入的图像

2 从网上找到一张马路风景图片，在Photoshop中打开，将汽车图层复制到风景文件中，选中风景背景图层，从菜单中选择【滤镜】/【模糊】/【动感模糊】。动感模糊能够沿着指定的角度处理图片的模糊效果，带来一种速度感。我们默认模糊的角度为0°，当“距离”参数的数值越大，模糊的程度就越大，数值不同时，带来的不同的效果如图8-6～图8-11所示。

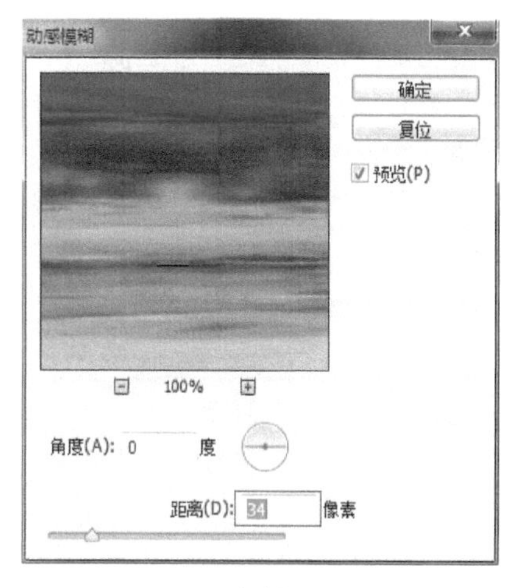

图8-6　动感模糊设置1

图8-7　动感模糊效果1

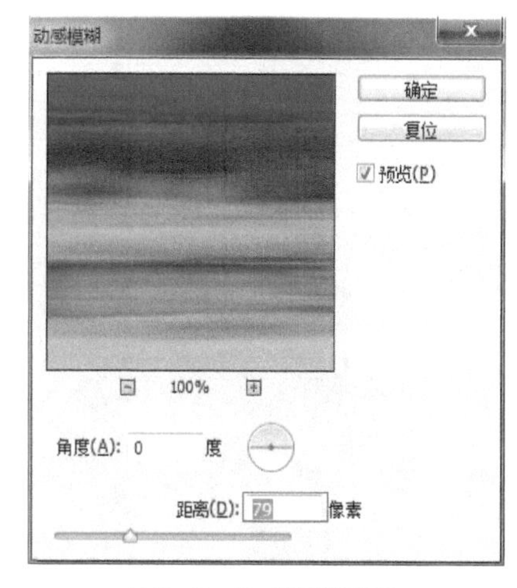

图8-8　动感模糊设置2

图8-9　动感模糊效果2

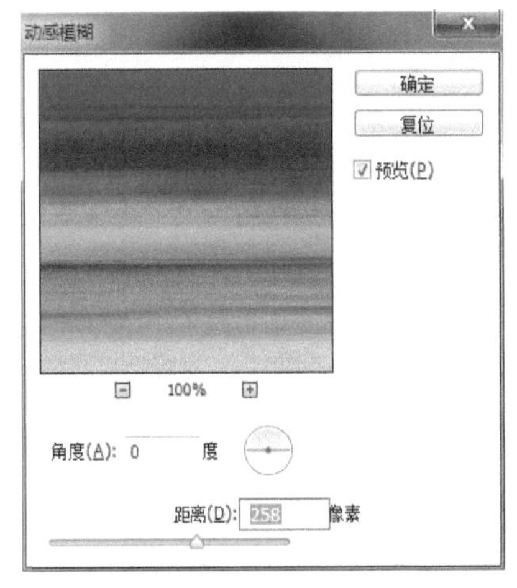

图8-10　动感模糊设置3

图8-11　动感模糊效果3

8.2.2　多图排版

对图文进行排版编辑是CorelDRAW擅长的。本节将本书中制作的多个案例编排到同一个页面上，通过CorelDRAW来对多个图片进行排版。具体制作步骤详述如下。

1 打开CorelDRAW，新建一个A4横版文档，分辨率300像素/in。选择【矩形工具】，绘制一个矩形，宽70mm，高65mm，选择变换泊坞窗，在位置属性上选择水平轴位置x为70mm，y轴为0不变，副本数量为3，单击【应用】按钮（见图

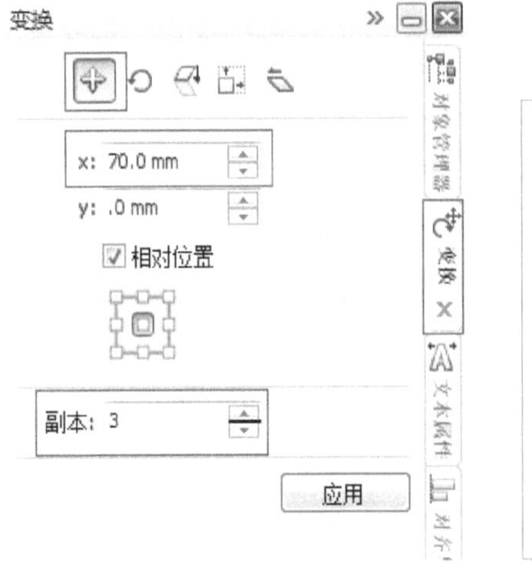

图8-12　复制横排矩形框设置

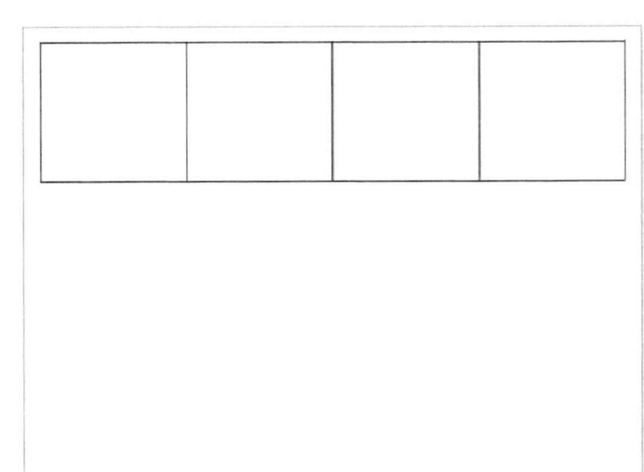
图8-13　复制一行矩形框效果

8-12），则复制了一行3个矩形框（见图8-13），然后选中这一行矩形框，用变换泊坞窗将这一行矩形框复制出2份（见图8-14，图8-15）。然后为每个矩形框填充一种颜色，最后统一设置矩形框无轮廓色（见图8-16）。

图8-14 复制另外2列矩形框的设置

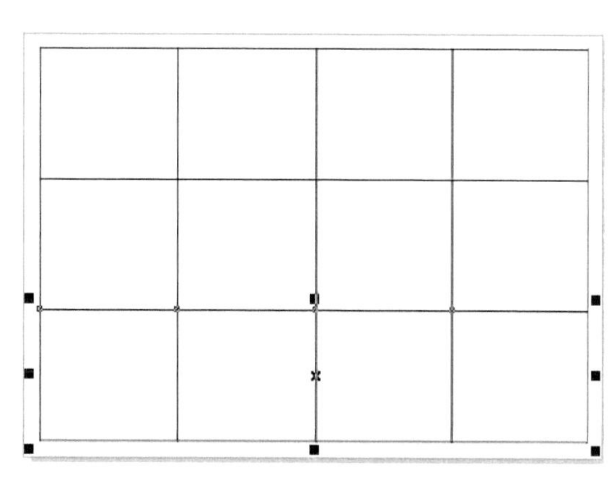

图8-15 复制另外2行矩形框的效果

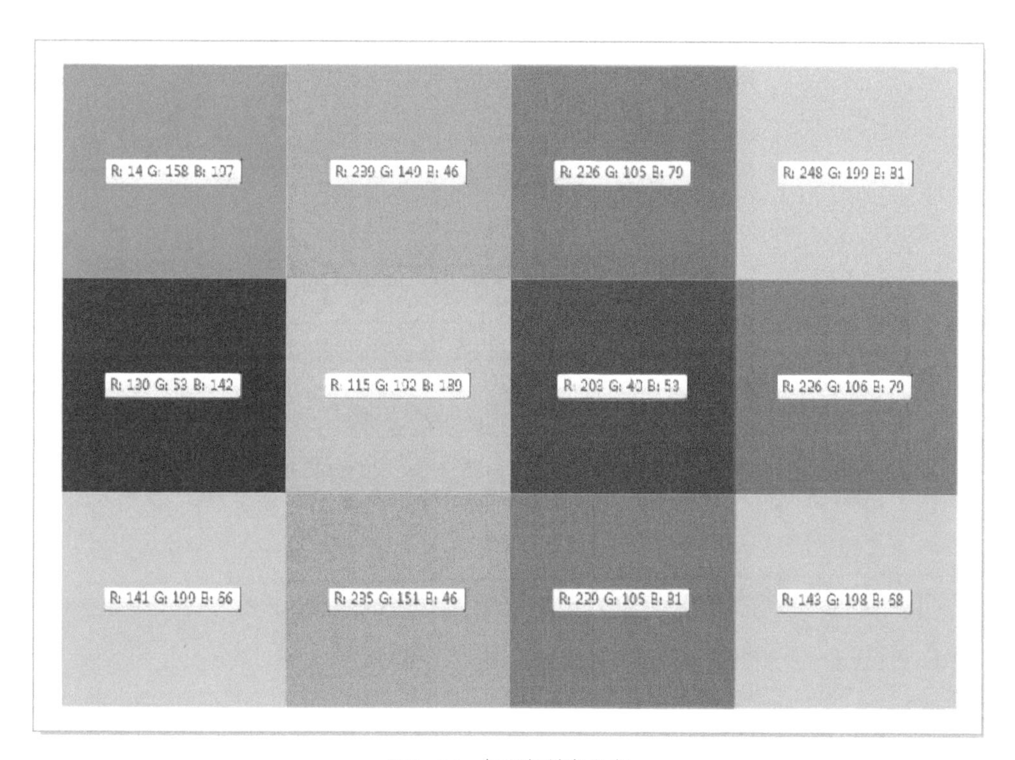

图8-16 矩形框填色参考

2 导入本书中绘制好的产品效果图案例，摆放到矩形框中。从Photoshop中导出的文件，可以存储为.png格式，存储为透明背景，方便导入进来与新背景合成。调整好导入图片的大小尺寸，利用对齐工具，排好版式。最终效果如图8-17所示，供读者参考。

图8-17　多图排版最终效果

附 录

附录1 常用图形图像术语

1. 像素：也称像素点，它是一个小的方形网格（栅格），每个像素点都有特定的位置和颜色值。像素是组成图像的最基本单元。

2. 位图：又称栅格图像、像素图、点阵图、图像。位图图像与分辨率有关，每一幅图像都包含固定数量的像素，每个像素都会被分配一个特定位置和颜色值，在编辑位图图像时只针对图像像素而无法直接编辑形状或填充颜色。将位图放大后图像会“发虚”，并且可以清晰地观察到图像中有很多像素小方块，这些小方块就是构成图像的像素，代表图像数据。如果在屏幕上以较大的倍数放大显示，或以过低的分辨率打印图像时，位图就会出现锯齿边缘，而且会遗漏图像细节。位图以记录图像平面的每一个像素来反映图像，适用于具有复杂色彩、虚实丰富的图像，如照片、绘画等。典型的图像编辑工具有Photoshop、Corel PHOTO-PAINT和Painter等；常用的基于位图的软件还有Windows自带的绘图板等。

3. 矢量图：又称面向对象绘图、图形，是由数学方式描述的曲线组成的，其基本组成单元为锚点和路径，在数字意义上是一系列由线连接的点，是根据几何特性来绘制图形，矢量可以是一个点或一条线。矢量图只能由CorelDRAW、Illustrator、FreeHand等矢量图软件绘制生成，占用内在空间较小。矢量图与分辨率无关，因此在进行任意移动或修改时都不会丢失细节或影响其清晰度。矢量图编辑时可以无级缩放不影响分辨率，适合于工艺美术设计、插图和计算机辅助设计等。

4. 图像分辨率：即单位面积内像素的多少。图像分辨率和图像尺寸的值决定了文件的大小及输出质量，单位面积内像素越多，分辨率越高，图像的效果越好，图像的信息量也越大。图像分辨率的单位为像素/in（即PPI，pixels per inch），如300PPI表示该图像每平方英寸含有300×300个像素。用于显示器的图像分辨率一般设定为72像素/in；用于报纸印刷的图像分辨率一般设定为150像素/in；用于普通纸张印刷的图像分辨率一般不低于300像素/in，换算为120像素/cm；用于铜版纸印刷的图像分辨率一般设定为600像素/in。

5. 设备分辨率（device resolution）：又称输出分辨率，指的是各类输出设备每英寸上所代表的像素点数，单位为DPI（dots per inch）。与图像分辨率不同的是，图像分辨率可更改，而设备分辨率不可更改（如常见的扫描仪）。

6. 位分辨率（Bit resolution）：又称位深或颜色深度，用来衡量每个像素存储的颜色位数。决定在图像中存放多少颜色信息。所谓“位”，实际上是指“2”的平方次数，比如Photoshop中一个RGB色彩模式的文件包含RGB 3色通道，一个通道的色深度是8位，则每个通道能表示的颜色数量即为2^8=256种，那么3各通道总共可以表达的色彩数量为：$2^8 \times 2^8 \times 2^8 = 2^{24}$=16777216，约为1670万种，这就是我们通常所说的真彩色。

7. 颜色模式：又称色彩模式。色彩模式就是把色彩分解成几部分颜色组件，然后根据颜色组件组成的不同定义出各种不同的颜色。对颜色组件不同的分类，就形成了不同的色彩模式。不同色彩模式在Photoshop中定义的颜色范围的不同，还可以影响图像的通道数目和文件大小。常用的图像色彩模式有RGB、CMYK、LAB、灰度等。一般来讲，凡是在屏幕上显示的内容都选择RGB颜色模式，凡是需要印刷的文件都设置成CMYK颜色模式。

8. RGB模式：Photoshop最常用的一种颜色模式，以红色、绿色、蓝色三种原色作为图像色彩的显示模式；彩色图像中每个像素的RGB分量分配一个从0（黑色）~255（白色）范围的强度值。RGB色彩模式又称加色模式，一般从屏幕上观看的图形图像都是用的RGB色彩模式。加色模式的一大特点是“越加越亮”，当R、G、B三色光最强时，混合得到白色，即（R：255，G：255，B：255），当R、G、B三色光最弱时，得到的是黑色，即（R：0，G：0，B：0）。

9. CMYK模式：也称作印刷色彩模式，由青色Cyan、洋红色Magenta、黄色Yellow、黑色Black四种原色作为图像的色彩显示模式；在Photoshop的CMYK模式中，每个像素的每种CMYK四色印刷油墨可使用从0~100%的值，如青色（C：100%，M：0%，Y：0%，K：0%），品红（C：0%，M：100%，Y：0%，K：0%）。

10. 灰度模式：由256种灰度颜色组成的8位图像，灰度图像的每个像素都可以具有0~255之间的任意一个亮度值，也可以用黑色油墨覆盖的百分比来表示。当灰度模式向RGB转换时，像素的颜色值取决于其原来的灰色值。

11. 位图模式：使用两种颜色值（黑白）来表示图像中的像素，因此也叫黑白图像或一位图像。当图像要转换成位图模式时，必须先将图像转换成灰度模式后才能转换成位图模式。

12. 图层：使用图层可以在不影响图像中其他图素的情况下处理某一图素。可以将图层想象成是一张张叠起来的醋酸纸。如果图层上没有图像，就可以一直看到底下的图层。通过更改图层的顺序和属性，可以改变图像的合成。

附录2　常用图形图像文件格式

1. PSD格式：Photoshop默认的文件格式，可以保存可编辑的图层，所以一般用来保存在Photoshop中制作的工程文件，便于修改编辑。

2. PNG格式：名称来源于“可移植网络图形格式（Portable Network Graphic Format，PNG）”。PNG用来存储灰度图像时，灰度图像的深度可多到16位，存储彩色图像时，彩色图像的深度可多到48位，并且还可存储多到16位的α通道数据。能保存透明信息，如果有渐变的透明效果都可以很好地保存下来。

3. GIF格式：GIF（graphics interchange format）的原意是“图像互换格式”，是CompuServe公司在1987年开发的图像文件格式。GIF文件的数据，是一种基于LZW算法的连续色调的无损压缩格式，其压缩率一般在50%左右，它不属于任何应用程序。目前几乎所有相关软件都支持它，公共领域有大量的软件在使用GIF图像文件。GIF通常用于网页的图片格式，支持动态显示，支持背景透明的效果，但不支持渐变，GIF图片使用的索引色彩存储图像，图像的色深度只有8位，能表示的颜色总数为256种，它的特点是质量稍差，但所占空间小，支持透明背景。

4. BMP格式：Windows画图默认格式，无损压缩，是位图格式，不支持α通道。

5. TIFF格式：无损压缩格式，一般文件较大，用于打印居多。

6. JPEG格式：常用压缩格式（照片常用），是有损压缩，但文件很小，适合网络。

7. EPS格式：用于绘图和排版。

8. PDF格式：世界上最通用的电子文档格式。

附录3　Photoshop常用快捷键

Ctrl+Enter：将路径转换为选区

Ctrl+D：取消选区

Ctrl+Shift+I：反选选区

Ctrl+Z：撤销

Ctrl+T：变换图形

Ctrl+J：将选区内的图像复制到新的图层中

Ctrl+“+”：放大视图

Ctrl+“−”：缩小视图

Ctrl+“0”：视图最大化显示于窗口

Ctrl+Alt+“0”：或双击缩放工具，实际像素大小（即100%显示比例）

Ctrl键在导航器中拖拉：放大该区域

]：放大画笔笔触

[：缩小画笔笔触

Alt+Ctrl+Shift+E：盖印所有可见图层

在任何工具下，按Space：临时切换到抓手工具

F：显示模式循环切换

Alt+Del或Alt+BackSpace：前景色填充

Ctrl+Del或Ctrl+BackSpace：背景色填充

Ctrl+R：显示隐藏标尺

Ctrl+Alt+D：羽化选区，使用边缘有光晕和柔和的效果，降低边缘的对比度

Shift+规则选框工具：绘制正的选区

Alt+规则选框工具：从中心点开始绘制

Shift+Alt+规则选区工具：从中心点开始绘制的正选区

Ctrl+Shift+T：再次执行上次的变换

Ctrl+Alt+Shift+T：复制原图后再执行变换

附录4　CorelDRAW常用快捷键

Ctrl+G：群组

Ctrl+U：解散群组

Ctrl+End：置于图层底部

Ctrl+Home：置于图层顶部

Ctrl+Z：复原操作

Ctrl+C：复制文件

Ctrl+V：粘贴文件

Ctrl+A：选择全部对象

F6：打开矩形工具

F7：打开椭圆形工具

F12：轮廓笔设置框

F10：形状工具

按住Shift：水平或垂直操作

按住Ctrl：绘制正圆、正矩形等

双击轮廓线：直接调整轮廓形状（形状工具）

方向键上、下、左、右：微调位置

附录5　学生作品展示

以下作品展示选自2014级工业设计专业部分学生考试作品。考试时间为220分钟。学生经过一学期48学时的学习，在限定的时间内对照临时指定的参考图绘制汽车的效果图，每个同学得到的参考图都是不同的，但都可以根据表现需要及个人习惯在Photoshop或CorelDRAW中自由选择软件。由于是现场限时考试，效果图的绘制可能没有尽善尽美，但已经显示出学生对软件的掌握水平，以及对产品效果图表达方法和技巧的熟练掌握程度。

陈晓纯作品

莫书勤作品

邹子琪作品

林洁作品

蔡健和作品

罗厚坚

2015 12.21

罗厚坚作品

邓小冰

2015 12.21

邓小冰作品

赵诗豪作品

蔡铿作品

孔斌作品

陈瑛瑜作品

蔡健强作品

林鑫泓作品

郑旭作品

何斯琦作品

寇昊天作品

谢伯安作品

吴月柳作品

沈正作品

雒宇轩作品

陈国斌作品

蔡灿莉作品

陈晓祝作品

林炫作品

罗佳瑜作品

卢富兴作品

郑泽先作品

黄洁英作品

李陶然作品

常舒萱作品

韩青青作品

参 考 文 献

[1] 罗挽澜，徐继峰，贺运. Photoshop Illustrator CorelDRAW商业产品设计［M］. 北京：中国铁道出版社，2006.

[2] 周艳. 产品设计创意表达·CorelDRAW Photoshop［M］. 北京：机械工业出版社，2013.